人生·社会

——修身治国之系统思维

薛惠锋◎著

人民出版社

目　　录

引　言

　　人生是指人的生存和生活,每个人都在追求一个完美的人生。然而,自古至今,海内海外,一个绝对完美的人生几乎是不存在的。在人生前进道路上,我们会面对各种错综复杂的情形,如何做出正确的选择显得尤为重要。怎样才能正确认知我们所熟悉的周边环境? 如何智慧地运用智商、情商、位商? 一个人要健康的成长,到底需要具备怎样的能力? 当你在人生的舞台上演绎时,究竟该怎样才能培育有利于自身发展的舞台? 当万事俱备,是不是只欠东风就可以坐等成功呢? 其实在你的手中还有可以制胜的人生法宝,它又是什么? 当你的事业在按部就班完成时,是不是可以借助外力来助推成功? 所有这些是不是可以成就我们的智慧人生? 领袖人物追求事业成功根基源于能力、人品、权限和政策等要素;百姓事业成功奠基源于能力、人品、机会和决策等要素,这些都只有用系统工程视角探索人生才是你成功的重要途径,如此种种,都是我们在生活中可能面对的现实。当你为此感到困惑时,希望此书可以解你的燃眉之急,增加你的智慧,提升你的人生。

　　人们以共同物质精神生产活动为基础,按照一定的行为规范相互联系而结成有机的总体就是人生社会,它的整体构成要素也就是人类、自然环境和文化。人类在其时空环境中通过实践活动或通过生产关系派生了各种社会关系,构成了社会系统,这个系统在一定的行为规范控制下活动,使得社会可以正常运转和进化发展。无论是洞察全球世界人类文明,还是追溯上下几千年的人类社会进化,生产力的时空扩张和生产关系的提升变革永远是社会系统变革的主题。当今世界的中国,社会管理与发展始终是执政者、国家机器及人们所关注的核心。那种头痛医头、寅吃卯粮、倾其祖业、毁其载体、封闭自负的发展模式早应革除,时代变革的呼声已经奏响。用系统工程的光芒铺就社会健康永续之路迫在眉睫。

人生是社会的主体,社会是人生的舞台。人生无舞台就失去了意义,社会没有人生就不复存在。人生与社会构成的系统如何实现其功能的最优运转是系统工程专家追求的命题。古代那些要想在天下弘扬光明正大品德的人,先要治理好自己的国家;要想治理好自己的国家,先要管理好自己的家庭和家族;要想管理好自己的家庭和家族,先要修养自身的品性;要想修养自身的品性,先要端正自己的思想;要端正自己的思想,先要使自己的意念真诚;要想使自己的意念真诚,先要使自己获得知识,获得知识的途径在于认知研究万事万物。通过对万事万物的认识研究,才能获得知识;获得知识后,意念才能真诚;意念真诚后,心思才能端正;心思端正后,才能修养品性;品性修养后,才能管理好家庭家族;家庭家族管理好了,才能治理好国家;治理好国家后天下才能太平。平天下里面的平字并不是平定的意思,在《礼记·乐记》中说:"修身齐家,平均天下,此古乐之发也。"说明修身齐家平天下中的平是指天下平均,表示的是一个公平、公正、秩序的意思,而不是简单的平定,而是平均或者均平的意思。"平天下在治其国"的主题下,具体涉及以下内容:一、君子有絜矩之道。二、民心的重要:得众则得国,失众则失国。三、德行的重要:德本财末。四、用人的问题:唯仁人为能好人,能恶人。五、利与义的问题:国不以利为利,以义为利。相由心生改变内在才能改变面容。一颗阴暗的心托不起一张灿烂的脸。有爱心必有和气有和气必有愉色有愉色必有婉容。口乃心之门户。口里说出的话代表心里想的事。心和口是一致的。一个境界低的人讲不出高远的话,一个没有使命感的人讲不出有责任感的话,一个格局小的人讲不出大气的话。关于修身修养篇章认为,企业跟企业最后的竞争是企业家胸怀的竞争境界的竞争;看别人不顺眼是自己的修养不够;有恩才有德有德才有福这就是古人说的"厚德载物"。修身修养就是人的一生要体道悟道、最后得道的过程。好人,就是没有时间干坏事的人;同流才能交流,交流才能交心,交心才能交易。同流等于合流,合流等于合心,合心等于交心。

　　本书不同于人生科学发展的教科读本和普通人生智慧故事读本,通篇以社会和人生系统工程为本底,对如何将系统工程思想渗透到人生各个方面进行思考和研究,加之以理性分析、科学逻辑、典型事例,最终诠释了如何用系统工程成就智慧人生、助推社会发展和管理,实现人生与社会联动,服务于人民,服务于社会,服务于国家和民族,最终实现执政党的历史使命和夙愿这一重大主题。

　　书中结合现实生活中的典型案例及作者亲历的党政、人大等行政工作与教学科研实践,详尽的解析在各种挑战与机遇中如何描绘展示和发展人生,从高视野、多角度、多侧面、全方位展现如何在人生进步道路上把握时机,适应和培育舞台,提升技能和水平,科学谋划与破俗,是真正实现将系统工程运用于人生发展的最佳读物。

第一章　人生抉择　重在定位

人是社会的产物,是环境的产物,但是,社会又是由人的活动生产的,环境又是由人的活动创造和改变的。如马克思在《1844年经济学哲学手稿》中所说:"正像社会本身作为人的人一样,人也生产社会。"

社会的主体是人,每个人都不是彼此隔绝,各自孤立存在的个体,总是按一定矛盾集合成一定的群体共同生存。而社会是人活动的结果,是人自己创造了社会。一方面,社会为人的活动提供舞台和空间,另一方面,社会发展又有着自身规律,不以人的意志为转移。社会与人彼此互为前提,既互相依存又互相制约、互相作用,由此推动并构成人类活动的过程。

人生是人的生命存在发展和社会化的完整过程。它是伴随着人的生理存在、变化及消亡过程而同步进行的。人生是人在社会中生存、生活、成长和成熟的过程,同时也是人认识自己,实现自己本质的过程。就是说,人生就是做人的过程。在此过程中,人们身处不同境况,站在各自不同的立场上,以及各种社会实践感受和理解人生,并按照自己的感受和理解做人。

对人生的不同感悟,直接影响着人们的人生态度,决定着人生道路的选择。而一个人的人生要想达到幸福圆满,就必须善于把自己的人生与整个社会的发展有机结合,在千变万化的社会选择一条正确的人生道路。

茫茫人海,或许匆匆前行,或许踟蹰徘徊,或许苦苦探索,或许左顾右盼,我们每个人无时无刻不在经历着方方面面的抉择。世界总是朝着变化方向发展,面对千变万化的社会和人生,最重要的不是你现在的位置,而是你即将选择的方向。生活选择人生,人生改变生活,这是一个社会的系统工程。诚然人类趋利避害的本性使得我们注定要在各种可能性之间做出最优的抉择，同时尽量避免错误抉择可能带来的损失甚至危险。抉择究竟是什么？我们为什么要做出抉择呢？如何才能做出科学合理的抉择？我们的抉择都是客观有效的吗？这就涉及抉择的定义、抉择的必要性、抉择的方法和抉择的评价标准等一系列问题。

笔者认为，人生的抉择必须在"知"与"行"上冲破错误和腐朽思想、观念、习俗的束缚。所谓"现实如此并非理应如此"，勇于抉择、科学抉择、理性抉择、实事求是，这样人生事业才会成功，人活着才能真正体现出价值和意义。对于一个国家和民族来说，文明、进步、科学、道德的部分，我们应当传承并发扬光大；而对于不合时宜的观念、腐朽的传统和习俗，甚至错误但却习以为常所谓正确的"知"与"行"，我们必须敢于问俗、勇于破俗。如果我们盲目地尊重不合时宜的传统，认同那些已经毫无意义的种种制度、习俗、法律规章乃至宗教仪式及"知"与"行"，将会造成更大的危害。只有坚持改革创新，才能冲破一切不合时宜的观念、做法和体制的束缚，破除教条主义、主观主义和形而上学的桎梏。新的政治主张需要有全新的理论和技术支持，需要破除"俗"等所谓范式，只有制度创新、技术革命，方能让一切创造新生活的活力和源泉竞相绽放，国家和民族才能有所突破和创新，人民才能和谐满意，社会才会发展，时代才能进步，这也正是系统工程追寻之目标。

正确抉择人生

四百多年前，莎士比亚就曾在《哈姆雷特》中发出过关于抉择的感慨："To be or not to be, that is a question!（活着还是死亡，这是个问题!）"纵观人类社会的发展，思想家、哲学家们从没停止过对抉择的思考。究竟何为抉择？而我们又究竟为何必须要做出抉择？

抉择即挑选，选择。古今对这一概念各有说法，众说纷纭。尤其是对人生的抉择更是见仁见智。明朝王廷相《雅述》上篇："故古人之学谓之该博，后人之学不过博杂而已。观其纬说异端无不遵信，九流百氏罔知抉择，循世俗之浅见,以为夸多靡之资,岂非惑欤?"清朝戴名世《〈程爽林稿〉序》:"爽林自为抉择,凡得若干篇,属余点定而行之于世。"秦牧《艺海拾贝北京花房》:"(我们)难道还会赞美那种不起主观抉择作用,只像一面普通镜子那样,死板板地反映事物的艺术家?"

抉择对任何系统都有着非比寻常的意义与分量。小到个人,大到社会、组织、国家,不同的抉择可能意味着截然不同的发展方向、前进道路以及最终结果。当面对抉择时,每个人都有着各自不同的追求、理想、设计、态度,或果敢、或犹豫、或乐观、或焦虑。但同生与死一样,抉择是任何一个人都无法逃避的现实。面对抉择的时候,能够得出科学和系统的结论并做出选择,对于一个系统的发展起着至关重要的作用。

1961 年,对时任哈佛大学教授和国际关系研究所执行主任、国际问题研究中心负责人的基辛格①来说,是令人担忧的一年。20 世纪已经进入了 60 年代,而美国的形势却不容乐观。美国人不得不从简单、安逸的生活和对自身坚不可摧的幻想中清醒过来,一切形势都变得错综复杂。随着美国原子垄断业的终结和共产主义事业的不断壮大,其承受的压力与日俱增。在国家安全方面,缺乏战略理论和墨守成规的军事政策使得美国军事计划的制订毫无目的性。在外交上,一方面,实行个人外交和企图表现灵活性的结果使美国政府的威信空前下降;另一方面,在反殖民运动方面,由于没有正视西方需要和新兴国家问题之间的根本矛盾,导致美国在对新兴国家实施经济援助时政治建设活动的失败。这一切使得美国的外交政策陷入困境。美国的领导地位以及北大西洋公约组织存在的意义均遭到盟国的质疑,联盟内部不断出现的混乱局面也使美国在盟友方面出现了危机。换言之,就是美国在当时一段时期里地位不断下滑,而在现实的历史阶段,美国在其外交政策的任何方面都到达了转折点,都需要采取新的方针。在每一个转折点上,美国都直接并迫切地面临必须做出选择的问题。

---

①　亨利·艾尔佛雷德·基辛格(Henry Alfred Kissinger),犹太人后裔,美国外交家、国际问题专家,美国国务卿。1923 年 5 月 27 日出生于德国费尔特市,1938 年移居美国,1973 年获诺贝尔和平奖。

基辛格敏锐地洞察到了这些"酝酿成熟的危机"，撰写了《选择的必要：美国外交政策的前景》①一书，言辞犀利地指出这一时期美国外交政策面临的一些主要问题，并列举了多种选择，但根本的选择仍然是："在美国实力日趋衰落，力量对比发生变化的情况下，通过狡猾的施展反革命两手，以图摆脱困境，赢得时间，重振实力，继续实现其全球战略计划和建立世界霸权的梦想。"正是由于在别人犹豫徘徊之时，基辛格勇敢地站出来，唤醒了迷梦中的美国人，使国家走出困境，最终成就了所谓的世界霸权。

国家如此，社会组织难免亦然。诺基亚就是一个鲜活的例子。诺基亚1987年首度推出移动电话，成为手机行业的先驱者。1998年超越摩托罗拉，成为全球最大的手机制造商。2008年诺基亚收购Symbian手机操作系统，一度成为拥有全球最大的智能手机操作系统的品牌。随着Symbian系统的大获成功，诺基亚也达到了其事业的顶峰。然而2007年苹果公司推出iPhone以及之后谷歌Android系统的迅速崛起，未能引起诺基亚公司足够的重视。在最应当做出抉择的时候诺基亚公司没能把握住时机，其摇摆不定的态度及一系列不恰当的选择，最终导致市场及行业地位的急速下滑。如今，诺基亚已经面临着生死抉择，尽管抉择得如此艰难，尽管抉择得令人争议，但这一步必须迈出，只有做出抉择才有新的希望。细察诺基亚的兴衰史，不难发现，诺基亚当初强盛的原因，同样是今天衰落的根源。同样的选择，处于不同的时代，却有着截然不同的结果。这也是基辛格当时必须做出抉择的原因。一种抉择并非永远都是正确的、成功的，这也是人生不可逃避抉择的原因。人生只有不断地审时度势、不断地发现新的矛盾、不断地做出新的抉择，并与发展变化的社会和时代相适应，才能生生不息、成就辉煌。

对于社会和个人来讲，在每一个人做出抉择的时候，往往会把个人利益和

---

①　《选择的必要：美国外交政策的前景》，英文名：*The Necessity for Choice：Prospects of American Foreign Policy*，本书是基辛格在洛克菲勒兄弟基金会的支持和资助下写成，于1961年出版，是继作者1957年出版的《核武器与对外政策》之后的又一部重要著作，被视为当时"美国外交和军事政策的纲领性著作"，并定为国务院和国防部官员的"必读书"。这本书在相当大的程度上代表了当时美国统治集团、特别是洛克菲勒财团的看法。本书中文译本是国际关系研究所编译室翻译，1962年4月由世界知识出版社作为内部读物出版。1972年由商务印书馆重印。

个人计划作为主要因素加以判断。然而实际上，集体乃至民族和国家的利益与个人利益并不矛盾。鲁迅先生作为近代文坛巨擘，被誉为"文学家、思想家、革命家"。终其一生，其所作的抉择中对后世影响最深的当属"弃医从文"。正是由于鲁迅先生的先知先觉，敏锐地观察到中国落后的根源——封建社会的奴性以及国人内心的麻木，以及先生民族为先、国家为重的思想境界，使他毅然决然地"弃医从文"，开启了人生新的征程，也因此成就了一代文坛巨擘和精神导师。大丈夫相时而动，"弃医从文"是鲁迅先生做出的智慧抉择。被誉为"人民科学家"、"中国航天之父"、"火箭之王"和中国系统科学奠基人的钱学森同志，年仅 36 岁已是美国科学界一颗闪亮的明星——世界知名的火箭喷气推进专家、美国空军科学咨询团成员、美国海军炮火研究所顾问。虽然在美国拥有众多殊荣，又享受良好待遇，但在得知新中国成立的消息后，在强烈的爱国精神和为祖国服务的思想驱动下，忍受了长达五年的人身限制，打破了重重威胁和阻碍，钱学森毅然选择了重回祖国。最终在成就了祖国的航天事业和"两弹一星"事业的同时，也更加完美地诠释了自身的人生价值，成就了世界人眼中伟大的钱学森形象。活生生的事实证明，钱学森的这次抉择，不仅成就了自己，也为祖国的导弹火箭和航天事业的发展作出了不可磨灭的巨大贡献。从某种意义上讲，这不仅改变了自己的命运，改变了中国社会的命运，也改变了祖国的命运。

上述的两位大师，在中国历史上有着举足轻重的地位。他们的事例都说明，智慧的抉择是不以牺牲国家与民族利益为代价，来换取个人利益的。同样，智慧的抉择也不会因为成就了集体的利益，就使个人利益或者个人发展受到极大的损害。智慧的人深深懂得观察形势的变化，分析矛盾的根源，以此为据，进行判断和抉择。智慧的人同样善于将个人利益与集体利益统筹兼顾，据此做出抉择。大部分人只是急功近利，也往往难以认识自己，认清形势，懵懵懂懂，只有到了最后，才想起先前所做抉择的对错和得失，此时也只庆幸或者后悔。只有学会将个人利益与集体利益统一考虑，并适应现实条件和科学发展做出的抉择，才是智慧的抉择，这样的人才是智慧的人，才能成就大业。

然而现实生活中，有些人依旧在逃避和惧怕着抉择。他们不愿意做出抉择,还为自己的逃避寻找各种借口。还有些人认为人生根本无法抉择,一个人来到世间,有些东西生来既定,出生于何种家庭、由谁来养育、身体是否健康、智商是否健全、前进道路上会遇到什么样的挫折。所有这些,都不是今天可以抉择的,而是从昨天带来的。这种观点看似有几分道理,但仔细斟酌却经不起推敲。倘若如此,那么人生在世,一切的努力与奋斗,智慧与聪颖以及追求人生目的和价值的行为将毫无意义。笔者认为,这是人生悲观主义的思想,其实,不能因人的出身条件这些无意识的思维活动掩盖了人生路径和条件选择的客观事实。人生路径本就是一连串的抉择,谁也无法逃避,必须面对并做出抉择。细想,人的出生本身就是一种选择,以基因与染色体之间的选择为主要表现形式,而这种抉择只是在无意识状态下进行的而已。它符合普适的自然规律和自然法则,只是少了人的主观能动和理性逻辑。而人存活于世,就是要在符合自然规律的基础上,加之以理性逻辑和人生智慧,来做出抉择,以达到自身的人生目标,实现人生价值。

人之所以惧怕抉择,或面对抉择表现出痛苦与焦虑,往往是因为在两个或者更多的抉择面前不敢放弃。如果没有抉择,或只有一种抉择,也便淡然。更多的抉择意味着不同的方向,不同的方向意味着不同的道路,选择一条道路就意味着失去另一条道路,而不同的道路也就意味着不同的命运。惧怕与痛苦就来源于对命运的未知。那命运又是什么? 英国著名哲学家和思想家培根在《习惯论》中说过这样的话:"思想决定行为,行为决定习惯,习惯决定性格,性格决定命运"。那么思想又从何而来呢? 有人说思想来源于智慧。明智的抉择是智慧的体现,所以智慧的人往往能做出正确的抉择。圣贤往往与一般人看待问题的角度和方向不同,所以抉择结果也往往不同。

那么我们不禁要问,智慧是什么? 智慧并非简单指头脑的聪慧和智商等天赋。智慧应当是把握个人人生,和谐自身与他人、自身与环境的能力。那么如何才能拥有智慧呢? 笔者认为,系统工程可以帮你开启智慧人生的大门!

事实上,人生所做的正确的抉择过程几乎都是系统工程。那么如何利用系统工程的方法做出抉择? 系统工程视角下的抉择又是什么样的呢?

笔者曾归纳出系统工程的十个法则,分别为最优说、全局说、结构说、动力说、运转说、程序说、时空说、环境说、模型说、决策说。任何抉择都有着相同目标,即达到系统的最优状态。要做到全局的最优就要准确把握整体与局部、局部与局部以及整体与环境的相互关系。任何好的决策都是充分考虑局部利益,善于把握全局,筛选最优而做出的。为达到全局利益的最大化,有时候牺牲局部要素的最优利益也是必要的。拥有全局思维则必然要求对系统结构的准确把握、科学搭建和系统优化。结构一旦确定,则要寻求强劲持久的动力并把握运转的规律来驱动系统规律地运转。一切系统的运转都要符合一定的程序,只有这样才能保证系统的稳定性。系统运行是一个持续动态的过程,在决策与抉择的过程中也应同时充分考虑系统在时间与空间中的动态转换。系统的存在当与环境相适应,人生的抉择也当与环境相符合。在决策过程中,系统模型的构建也至关重要。它是对系统结构及各要素关系的集中反映。不管承认与否,人在做出抉择的时候,都会先在大脑中形成所分析事物的基本模型,并在对模型认识的指导下,完成决策与抉择。

开弓无回头箭

人生的路要靠自己来行走,抉择不同,人生便有所不同。然而,无论做出怎样的抉择,人生路径不可回转,一旦做出抉择就是开弓没有回头箭。

高中生会在文理科中间抉择,因为选择的课程侧重点不同,以后的就业方向也会因此而有所差异;大学毕业生会在继续深造与就业中徘徊,因为一时的选择会决定一生的工作和生活的环境;年轻人会在家庭与事业中踌躇,有时不得不割舍与家人在一起的时间。这些都是鱼和熊掌的故事,那该作何抉择呢?

世界上很少有两全其美的事情,多数是鱼与熊掌不可兼得的状况,因此必须做出抉择;术贵在精,精来于专,因此不得不抉择;人生无多,人力有限,因此怎能不抉择?

英国有一位科学家,曾做过一个有趣的蚂蚁实验:他先将一只死蚱蜢精细地分割成3块,使第1块比第2块小1半,第2块又比第3块小1半。即3块的比例正好为1:2:4。然后,将这三块死蚱蜢放在蚂蚁的洞穴口观察。从洞穴中陆续出来的蚂蚁发现了这 3 块食物后,先是相互联络,大约过了半个小时后,第 1 块蚱蜢的残体上聚集了 24 只蚂蚁;第 2 块蚱蜢的残体上聚集了 44 只;第 3 块蚱蜢的残体上聚集了 89 只。三块蚱蜢残体上聚集的蚂蚁只数,正好接近 1∶2∶4。其余剩下的蚂蚁,又总在圈外,或独自徘徊,或各行其是,从"不越雷池半步"。当我们在感叹蚂蚁惊人的计算本领的同时,更为感叹的是那种"蚂蚁现象"!试想,是一种什么力量,使蚂蚁在搬运蚱蜢时定岗、定员这么准确?那些没有能够"上岗"的蚂蚁,为什么自甘于在圈外徘徊呢?那么,蚂蚁现象和人类社会有什么异同呢?

从飞机上看人类社会,将地球上的人缩小上千倍甚至上万倍,就会发现其实人类社会和蚂蚁很类似。在现实生活中,人生道路有很多岔道口,当你选择了不同的方向,你的人生就会沿着不同的轨迹走。有的人活一天算一天,抱着做一天和尚撞一天钟的想法而活着;有的人看破红尘踏入佛门,认为那才是自己最终的归属;有的人选择放弃,认为死了就一了百了;有的人为追求更好的生活质量而不断进取,不断努力,最后成功。简言之,既有坐车的也有拉车的,既有站岗的也有运粮的,既有踏实苦干的也有盲目跟从的。那些盲目的人不知道他们在乱转什么,也许他们自己都不明白自己在做什么,自己忙忙碌碌转了几年,回头一看,怎么一无所获?为什么都没弄明白?同时也有很多风云人物,或在政界如鱼得水,或运筹帷幄于股票交易市场,他们和盲目的人到底哪里不一样呢?

如果你有一天的空闲时间,你会做些什么呢?有人选择睡懒觉,有人会去爬山,还有人选择在图书馆看书。这些虽然都是生活中的琐事,但你的抉择却会反应内心的价值取向,最终使你生命的质量完全不同。选择睡懒觉的或许会变成懒惰者,选择爬山的或许会成为登山队员,而选择看书的则有可能成为教授。

也许这样讲还不足以说明什么,那么让我们来看看下面的故事,猜猜他们是谁?

一、他出身卑微,年轻时被称作"死跑龙套的",曾在 1983 年版的《射雕英雄传》中扮演宋兵乙,为增添一点点戏份,他请求导演安排"梅超风"用两掌打死他,结果被告知"只能被一掌打死"。第一次当着导演的面谈演技时,在场的人无一例外都哄堂大笑。但他依然不断思索,不断向导演"进谏"。2002年,他自己当上导演,同年获得金像奖"最佳导演奖"。

二、20 世纪 90 年代,在一趟开往西部的火车上,梳着分头、戴着近视眼镜的他看上去朝气蓬勃,内心却带有微微的彷徨。1998 年他第一次主持的电视节目播出时,却发现自己说的话几乎全被导演剪掉了。他让身为制片人的妻子准备了一个笔记本,把自己在主持中存在的问题一一记录下来,哪怕是最细微的毛病都不肯放过,然后逐条探讨、改正。即使今天身价已过 4 亿,成为中国最具影响力的主持人之一,他仍未放弃面"本"思过。

三、他在大学里曾被视为"小混混",由于经常逃课而被老师多次责备,毕业后被分到地方电信局当小职员。面对冗杂的机关工作,他感到既劳累又苦恼,后来他勇敢而果断地辞了职,然后自创网站,从而走向中国互联网浪潮的浪尖,他在 2003 年福布斯中国富豪榜中位居第一。

四、他曾是一个防盗系统安装工程师,但酷爱作曲,有时候装监视系统要先挖洞,一旦想到歌词就赶快写下来。当年就是这么边干活边写词,半年积累了两百多首歌词,他选出一百多首装订成册,寄了 100 份到各大唱片公司。"我当时估计,除掉柜台小妹、制作助理、宣传人员的莫名其妙、减半再减半地选择性传递,只有 12.5 份会被制作人看到吧,结果被联络的概率只有 1%。"但其实那 1%,也就是 100%!1997 年 7 月 7 日凌晨,他正准备去做防盗系统安装工作时,有人打电话给他,那个人叫吴宗宪,同时走运的还有另一个无名小卒——周杰伦。他和周杰伦合作的歌从没人问津,到要曲不要词,到曲词都要,到单独邀词,直到最后指定要他的词。

可能你已经猜到了他们是谁,一个是周星驰,一个是李咏,一个是丁磊,一个是方文山。他们都属于目前中国最具知名度的人士。

他们在成名前和其他人并无多大不同。不要抱怨贫富不均,生不逢时,社会不公,机会不等,制度僵化,条理繁复,伯乐难求。要知道,其实每个人都平等地享有出人头地的机会,就看今天的你究竟做何抉择,对人生持什么样的态度。一个人对人生的态度源于他对自己定位的人生目的。

那么人生的目的到底是什么？怎样生活才有意义呢？人们对人生意义的探索就如同对爱情的咏叹一样，被奉为人类生活中永恒的主题之一。对此，众说纷纭，莫衷一是，对于关键时刻做出抉择显得非常必要。让我们以宗教为例来看看不同的人对人生的态度。

伊斯兰教是严格的一神教，①教徒相信除安拉之外别无神灵，安拉是宇宙间至高无上的主宰，即"万物非主，唯有真主，穆罕默德是安拉的使者"。真主给人了灵魂，赐予了人认知和控制事物的能力，并使人拥有了慈爱、忍耐、真诚等美善的德性。为了使人的灵魂能得以发展，真主给予了人类能支配地面上万物的权力，故人类将来会因如何使用地上的资源而向真主作交代。这就是称人为真主在大地上的"代理者"的原因。很多人以为死亡是生命的终结，但伊斯兰教认为死亡只是从今世过渡到后世的一个阶段。相信在世界末日，每个人都将会复生，并在真主的面前接受审判，审判的标准是每人在今世所做的善恶；如果某人是信仰正确，而且行善，这人就会得到天园②的赏赐；相反，如果某人不信真主，恶绩昭彰，所得的将会是火狱的刑罚。

基督教信仰圣父、圣子、圣神三位一体的上帝，造物之主、圣子是太初之道而降世为人的基督耶稣、圣神受圣父之差遣运行于万物之中，更受圣父及圣子之差遣而运行于教会之中。

人世间充满了罪恶，皆因亚当与夏娃在伊甸园中违逆上帝出于爱的命令，偷吃禁果，企图脱离造物主而获得自己的智慧，自此与上帝的生命源头隔绝，致使罪恶与魔鬼缠身，而病痛与死亡则为必然的结局。后世人皆为两人后裔，生而难免犯同样的罪，走上灭亡之路。人有灵魂，依生前行为，死后接受审判，生前信仰基督者，得靠基督进入永生。怙恶不悛者，将受到公义的刑罚与毁

---

① 认为只有一位人格神存在并对其崇拜的宗教，与多神教相对。不同于认为有内在于世界（包括人类自己）的非人格神的泛神宗教以及相信神是处于世界的自然神论。一般认为，一神教包括犹太教、基督教和伊斯兰教。但是一神教的观念也是相对的、不断演变的，没有任何一种宗教是绝对的一神教。

② 伊斯兰教提倡两世兼顾，"两世"即后世和今世。今世短暂，后世永存。从某种意义上讲，相信后世可以制约人们今生的行为。其号召穆斯林要在现世努力创造美好生活，同时也应该以多做善功为未来的后世归宿创造条件，两者相辅相成。火狱则是叛教者或作恶者的受难之地，有七层、七道门；而天园是后世的极乐世界，共有八层，坐落在七层之上，最上面放着真主的宝座，保存着《古兰经》以及记载着人们活动的账簿，天园由天使守护的天门，只对应该入内者开放。

灭。世界终有毁灭的末日,但在上帝所造的新天新地中,却是永生常存。

人类既然有了原罪,又无法自救,于是天主派遣其独生子耶稣降世人间,为人类的罪代受死亡,流出鲜血,以赎人类的原罪。审判地上的活人和死人,善人将进入天国获得永生,恶人将被抛入地狱受永罪。教会把天堂描绘成一个极乐世界。它是"黄金铺地、宝石盖屋"、"眼看美景、耳听美音"、"口尝美味,每一感官都能有相称的福乐"。地狱则到处是不灭之火,蛇蝎遍地,可怕到了极点。此外,在天堂和地狱之间,还有炼狱。有一定的罪,但不必下地狱者,就被暂时放在炼狱里受苦,等所有罪过炼干净,补赎完了,方可进入天堂。

佛教则反对把人分成等级,宣扬"众生平等",同情不幸的人,宣传因果报应,主张人活着是为了解脱烦恼,脱离轮回。佛教的核心是去除烦恼,而不是关于求神拜佛、佛菩萨保佑等跟真正的佛教无关的问题。烦恼不单指烦躁、苦闷、焦虑,还包括贪婪、执著、自私、傲慢、虚荣、妒忌、吝啬、错误的见解、怀疑、猜忌、生气、愤怒、憎恨、残酷、反感、愚昧、无知、麻木、散乱,等等。用现在的话来讲,就是负面情绪、不好的心理状态。潜修佛学最根本的目标就是要去除这些烦恼。佛陀教导我们要真正认识自己的身心,去除自己的烦恼,这才是佛教。

佛教视"佛"为"人"的升华。唯有不断努力去实现做一个没有瑕疵的"人",人间才有希望成为一个没有痛苦的极乐净土。佛给了半劫(一亿多年)的宽限期,届时所有人都能成佛。人类的存在是这个宇宙得以运转的一部分,生生死死,全都是自然(天道)的需要,站在天道的高度来看待。

在中国,早在春秋战国时期,文化空前繁荣,形成了儒、墨、道、法、名、农、架、纵横、阴阳、小说等许多学派,出现了"百家争鸣"的文化奇观。孔子、墨子、老子、荀子、庄子、孟子、邹衍、韩飞等人是各学派著名的代表人物。而道家、儒家学派的思想是中华文化源远流长的重要源泉。

道教①以"尊道贵德"为最高信仰、以"仙道贵生"为特色、以"清静寡欲"为标准、以"自然无为"为生活态度、以"柔弱不争"为自我修养、以"返璞归

---

① "道"从无始而开始,"教"亦无所终结,故"道教",无始亦无终。《道德经》曰:"道可道,非常道;名可名,非常名。无,名天地之始,有,名万物之母。"故常"无",欲以观其妙;常"有",欲以观其徼。此两者,同出而异名,同谓之玄。玄之又玄,众妙之门。

真"为理想状态、以"天人合一"为文化主体、以"天道承负"之善恶报应、以"性命双修"为修炼要诀,将"道"看成是化生宇宙万物的本原,其宗旨是追求得道成仙、救济世人。理想世界是希望世界成为一个公平、和平的世界,没有灾祸、没有战争的"仙境"。人从荒蛮中"受道"而进化,开发到一定的潜能可以明白世间事物,以哲学形式启悟人类"道"的概念,和圣人之道,以期众生可以得到个好的环境,去悟道,随着人朝"道"方向走,所知所学越趋复杂,亦开始有了道派,将各圈子学说有系统地组合起来。就如人生命开始后,从基本的技能而到学习事物,进而成长,产生自己的圈子,各圈子又再形成组织。人死后通过一些形式的锻炼可以长生不死,到达仙境,成仙以后可以一样生活在普通人的世界里,作"活神仙",也可以到仙境中去生活。道的教化时刻都运转,却又如虚无一般,看不见、摸不着,单以文字无法言明,需以"体验"而得启悟。人以自身不同潜能条件、意识印象,因缘得以悟道,感应从"道教"所得。黄帝、孔子、庄子、科学家等无数人士都在这情形下,体验"道教",得以"受道",着下阴阳、五行、仁爱、仙学、科学等等无数的学说,人终其一生仍然努力朝"得道(成功)"方向走。

儒家自孔子删订"六经"和创立私学开始,直到《论语》、《孟子》、《大学》及《中庸》成书,形成了一套完整的以孔子为代表的儒家学说。他的"仁者爱人"及"以民为本"的人本思想、"和而不同"的胸襟、中庸之道的哲学智慧、"大道之行也,天下为公"的政治思想,早已超越了国界和时空,成为人类的共同精神资源。中华民族则在儒家文化的长期熏陶下,形成了特有的世界观、价值观和思维方式,培养了中华民族以人为本、以和为贵、尊民爱物、尊老敬贤、重信义、保气节、宽厚中正的道德品质和艰苦自立、积极入世的精神风貌。

尊道贵德立业

中国在20世纪80年代左右曾开展过一次人生观大讨论,发起者名叫"潘晓",这场讨论在全国持续了6个月。"潘晓"是黄晓菊和潘祎两个名字合在一起的简称,黄晓菊原是北京第五羊毛厂工人,潘祎为北京经济学院数学系计算机程序设计专业学生,两者受邀于《中国青年》思想教育部编辑马丽珍参与人生观转变的讨论,后以"潘晓"的名义向社会发出"人生的路为什么越走越窄①"的呐喊。"人生呵,你真正露出了丑恶、狰狞的面目,你向我展示的奥秘难道就是这样!？为了寻求人生意义的答案,我观察着人们,我请教了白发苍苍的老人,初出茅庐的青年,兢兢业业的师傅,起早摸黑的社员……可没有一个答案使我满意。如说了为革命,显得太空不着边际,况且我对那些说教再也不想听了;如说为名吧,未免离一般人太远,'流芳百世''遗臭万年'者并不多;如说为人类吧,却又和现实联系不起来,为了几个工分打破了头,为了一点小事骂碎了街,何能侈谈为人类？如说为吃喝玩乐,可生出来光着身子,死去带着一副皮囊,不过到世上来走了一遭,也没什么意思。有许多人劝我何必苦思冥想,说,活着就是为了活着,许多人不明白它,不照样活得挺好吗？可我不行,人生、意义,这些字眼儿,不时在我脑海翻腾,仿佛脖子上套着绞索,逼我立即选择。""后求助人类智慧的宝库,如黑格尔、达尔文、欧文的有关社会科学方面的著述,巴尔扎克、雨果、屠格涅夫、托尔斯泰、鲁迅、曹禺、巴金等人的作品。大师们像刀子一样犀利的笔把人的本性一层层地揭开,让我更深刻地洞见了人世间的一切丑恶。社会达尔文主义给了我深刻的启示。人毕竟都是人哪！谁也逃不脱它本身的规律。在利害攸关的时刻,谁都是按照人的本能进行选择,没有一个真正虔诚地服从那平日挂在嘴头上的崇高的道德和信念。人都是自私的,不可能有什么忘我高尚的人。过去那些宣传,要么就是虚伪,要么就是大大夸大了事实本身。如若不然,请问所有堂皇的圣人、博识的学者、尊贵的教师、可敬的宣传家们,要是他们敢于正视自己,我敢说又有几个能逃脱为私欲而斗争这个规律呢？过去,我曾那么狂热地相信过'人活着是为了使别人生活得更美好','为了人民献出生命也在所不惜'。现在想起来又是多么可笑！""我自己知道,我想写东西不是什么为了给人民作贡献,什么为了'四化'。我是为了自我,为了自我个性的需要。我体会到这样一个道理:任何人,不管是生存还是创造,都是主观为自我,客观为别人。就像太阳发光,

---

① 摘自《中国青年》1980 年第 5 期。

首先是自己生存运动的必然现象,照耀万物,不过是它派生的一种客观意义而已。所以我想,只要每一个人都尽量去提高自我存在的价值,那么整个人类社会的向前发展也就成为必然的了。这大概是人的规律,也是生物进化的某种规律——是任何专横的说教都不能淹没、不能哄骗的规律!

有人说,时代在前进,可我触不到它有力的臂膀;也有人说,世上有一种宽广的、伟大的事业,可我不知道它在哪里。人生的路呵,怎么越走越窄⋯⋯"

在这场辩论中,有些人认为人生不该是这样"主观为自我,客观为社会",他们认为,只有达到"主观为社会,客观成就自我"这一人生境界,才是社会主义青年。还有一些人持更高尚的观点,他们说"人活着是为了使别人活得更美好",这样才是最有意义的活着。当然也不乏偏激的看法,那就是认为"自私是人的本质,人活着就是为了自己更好的活着"。当时的政治环境下,那些不合时宜的政治倾向性观点是会受到谴责的。在争论几乎处于混乱境况下,有人提出封锁和禁止,这必然导致解放思想的倒退。按照中国的政治惯性,马克思主义理论家胡乔木针对潘晓的观点做出了这样的评价:"一个人主观上为自己,客观上为别人,在法律上经济上是允许的。在工厂劳动,劳动得好,得了奖励,受了表扬,他也为社会增加了利益。他可以是一个善良的公民,他客观上是为了别人的,因为他做的不是坏事,不是损人的⋯⋯对上述这种人不能耻笑,不能否定。"

也许我们每个人面前都有一块长满麦穗的麦田,生活的幸福、感情的甜蜜、事业的成功,不正是我们所期冀的最大的麦穗吗? 可是最大的麦穗在哪里呢? 在前面,在后面或是在中间? 也许我们错过的正是最大的麦穗,也许眼前的正是最大的麦穗,也许最大的麦穗在前面等着我们,也许永远摘不到最大的麦穗,也许摘到手中的本就是最大的麦穗却浑然不觉。由于不同的人对于最大的麦穗持有不同态度,故而就会采用不同的抉择方式。有的人拥有却不知珍惜,总以为最大的麦穗还在未来等候;有的人患得患失,害怕失去再难寻觅,好像抓住了救命的麦穗就不肯放手;还有一些人,他手中的麦穗正是他心中最大的麦穗,虽然实际上那未必是麦田里最大的麦穗。

不论是升学、就业,追求爱情、建立婚姻,还是找寻事业的基点、设计职业生涯、人生的自我定位,等等,我们眼前都晃动着许多的麦穗,这时需要拥有一双慧眼,从众多的麦穗中择其大者而取之。抉择造就人生之路,生存的第一法则就是要学会抉择,善于放弃,这样才能摘取最大的麦穗。佛家有言:"舍得,舍得,有舍有得"。然而人在面临抉择的时候往往是脆弱的,18 世纪的诗人荷尔德林曾说过:"时代的贫乏在于痛苦、死亡和爱情的本性不能显现,贫乏是自身贫乏"。人抉择时往往盲目仓促、举棋不定、患得患失,因为在面临抉择之时,面前众多的选择项不能显现其本性。抉择意味着放弃,放弃是一种痛苦的抉择,有时是需要很大的勇气的,关键是当处于人生岔道口时,能否举重若轻,拿得起,放得下。成功的抉择来源于明智的放弃。时光不会倒流,人生只是单行线。每个人的一生都是这样一块不能走回头路的麦田,最大的麦穗不是一种虚无的概念,而是的的确确存在于麦田的某一个位置,过早地被某一较大的麦穗诱惑或是总期冀后面有更大的麦穗,都将铸成终生的憾事。摘取最大的麦穗需要智慧,这种智慧源于对自己的自知之明和对麦田的了然于心。

那么,人生到底该如何抉择才能真正体现人生的意义呢?

如何选择角色

社会是人的社会,人是社会的人。社会是由人组成的,不同的人扮演着不同的社会角色,这些人以及他们之间复杂的关系组成了社会。人也不可能离开社会而存在,任何一个人,都不是单纯的个人,而是社会人,人在世界中生活,就必须与他人、社会发生各种关系,这就是人生存的根本。有人说如果我们远离这个社会远离人群,那么我们还是社会人吗?

1651 年 9 月 1 日,鲁滨逊·克鲁索,一个 19 岁的小伙子登上一艘从赫尔驶往伦敦的船只。然而,他乘坐的非洲商船突然遭到土耳其海盗袭击,随后被变卖为奴隶。值得庆幸的是,他找到了一条比鱼划子还小的小船冒死逃脱,并被一艘驶往巴西的葡萄牙货船搭救。在巴西,他从事甘蔗种植业大获成功。可是他感到需要黑奴来帮助开垦种植园,于是便在另一英国种植园主的劝说下前往非洲奴隶口岸。不幸的是,他们的船在南美洲东北海岸一个不知名的岛屿附近失事,而鲁滨逊成为唯一的幸存者。他被海浪冲卷到一个荒无人烟的小岛上,身上只带着一把小刀、一个烟斗和一些烟草。而他们的船也并未真的沉没,只是撞毁在几块礁石上。次日天气晴朗,鲁滨逊设法游到失事的船边,他发现满船的有用的物品依然完好无损。回到岛上后他扎制了一只简陋的木筏,撑着它往返于破船与海岸之间达两周之久,运回了枪支、弹药、锯子、斧子和锤子。鲁滨逊感激上帝保佑他幸免于难,并为他提供了在这荒岛上生存下去的机会。他开始每天写日记,将自己的活动及思想记录下来。如此生活了24年后,第25年的一天,他搭救了一个野人,给他取名叫星期五,以纪念他获救的日子。鲁滨逊将星期五带回他的住处,逐渐教会他说一些英语,这些语言足以使他们相互之间交流思想和感情,使之成为他忠诚可靠的仆人与朋友。后来他们又救出了星期五的父亲及一位西班牙人,还有其他一些白人水手。28年后他们最终获救回国。

一个人在孤岛上生活了二十多年,他是否还是社会人?答案当然是肯定的,他手中的枪支是社会制造出来的,火药也是别人留下的,从破船上小箱子里面找到的刀子、斧子、钉子等各种工具也是别人制造的。他生活所用到的很多东西都是社会劳动产品,如果离开了这些工具,他怎么能够对付野兽,猎取食物,怎么驱走、击毙吃人的生物,或者砍伐树盖起房屋。这说明他本质上并没有完全脱离社会。后来,他还有了自己的仆人——当地土人"星期五"。他们一起在荒岛上播种庄稼,驯养家畜,战胜大自然和其他外来的威胁。所以,小说中描写的鲁滨逊绝不是与社会完全隔绝的人,他依然是社会的人。因此,无论你愿不愿意,无论你走到什么地方,你都是社会的人,你都必须扮演着你的社会角色,发挥你的社会作用。

莎士比亚曾说:"全世界是一座舞台,所有的男人女人不过是演员"。世界的舞台不是任由自己选择的。人生活在世界这个大舞台上,只要在这个世界生活一天,就要演好这台戏。有所不同的是,这场戏有的人能演一百年,而有的人只能演几十年甚至更短。登上这个舞台就由不得自己,注定要演这样一场戏。既然如此,我们还有哪些主动权呢?除非放弃角色,否则必须用毕生的精力来演好自己的角色。从纵向来看,人的一生要扮演着一系列角色;从横向来看,人在每一个点上都是多种角色的集合体。在人生的这个舞台上,我们的角色并不是固定不变的,而是不断地在主配角之间交替演绎。不同的场合,不同的阶段,扮演不同的角色,更重要的是,无论演什么,都要像什么。有的人或许在家是配角,到了单位就变成了主角;有的人和陌生人在一起不善言谈,又可能成为了观众。所以不论是演主角或是配角,不论是他人为自己服务或是自己为他人服务,都必须认真负责地扮演好自己的角色。在当主角时演好戏,在当观众时鼓好掌,把握好这种身份转换十分关键。

在自然界里,我们看到大树从种子到发芽,到枝叶,再到枝繁叶茂,历经了从低级到高级的不同阶段,经过岁月的洗礼最终成为参天大树。在空中翩翩起舞的蝴蝶,其实也经历了从卵期、幼虫,再到破茧成蝶的艰辛历程。大树和蝴蝶一步一步地走向成熟,选择扮演好自己的角色。那么,一个人的成长到底遵循什么样的规律呢,怎么才能在人生中的每个阶段做出正确的选择呢?

笔者与苗治平副教授曾经合作撰写过一本书,叫《人生科学发展系统工程》,书中对人生的不同阶段做出了总结概括,将人的这一生归结为生态人、后天人和成功人三个阶段,正是因为对人生做了不同的选择所以才会展现出上述的这三种人生状态。

我们先来探究一下生态人。什么是生态人?是我们通常所理解的原始人吗?虽然听起来有几分相似,其实不然。这里的生态人是指包括从受精卵起始的胚胎期在内的新生儿和婴幼儿时期,这一阶段奠定了人类后天发展的生理基础。人体的脑神经系统在从受精卵着床到发展成胚胎的这一时期里,会受到遗传、母体内环境等各种直接因素的影响,故而"天才"与"智障"都可在这一时期内产生,体现人脑认知功能的智力自然会受到这一时期各种因素的影响,生态人个体之间相关智力的各种因素也会在这一时期存在着显著差异。这一时期能否良好发展对一生起着至关重要的作用。"生态人"个体之间相关智力的各种因素也会在这一时期存在着显著差异。

常言道:"3岁看老",一个人在3岁时的表现,可以很明显地预见其成年后的一些表现。事实果真如此吗?

1980年英国伦敦精神病研究所教授卡斯比同伦敦国王学院的精神病学

家们进行了一项别具一格的试验观察。研究者以当地 1000 名 3 岁幼儿为研究对象,先是经过一番调查分析,然后将他们分为 5 种类型:充满自信型、良好适应型、沉默寡言型、自我约束型和坐立不安型。到 2003 年,当这些 3 岁孩子都长成了 26 岁的成人时,卡斯比教授再次与他们进行了面谈,并且对他们的朋友和亲戚进行了走访。

这些 3 岁幼童的言行竟然准确预示了他们成年后的性格,让卡斯比教授十分惊讶:

当年被认为"充满自信"的幼儿占 28%。小时候他们十分活泼和热心,为外向型性格。成年后,他们开朗、坚强、果断,领导欲较强。

40% 的幼儿被归为"良好适应"类。当年他们就表现得自信、自制,不容易心烦意乱。到 26 岁时,他们的性格依然如此。

10% 的幼儿被列为"坐立不安"类,主要表现为行为消极,注意力分散等。如今,与其他人相比,这些人更易于对小事情做出过度反应,容易苦恼和愤怒。熟悉他们的人对其评价多为:不现实、心胸狭窄、容易紧张和产生对抗情绪。

还有 14% 的"自我约束"型幼儿长大后的性格也和小时候一样。

当年被列入"沉默寡言"类的幼儿仅占 8%,这是比例最低的一类。如今,他们要比一般人更倾向于隐瞒自己的感情,不愿意去影响他人,不敢从事任何可能导致自己受伤的事情。

于是,卡斯比教授对自己的试验结果进行总结,并在 2005 年发表了报告演说。这一报告在国际育儿学术界引起了轰动,为"3 岁看老"的说法提供了强有力的证据。他指出,一个人对 3 岁之前所经历的事情会像海绵一样吸收。这意味着孩子性格形成和能力培养的关键期就在 3 岁之前,这个阶段的孩子跟随什么样的人,接受什么样的教育,就将会形成相应的性格。和其朝夕相处的成人所说的每一句话,所做的每一个动作都可能会深深地烙在他们的心灵深处。

现有研究表明,大脑皮层单位体积内的突触数目(突触密度)在出生后迅速增加,到 3 岁左右,幼儿大脑皮层各区的突触密度达到顶峰,约为成人的 150%。而突触数目则是影响大脑智力的重要因素。因此,3 岁幼儿智力的脑神经生理基础已经发育成熟,并逐渐开始执行脑神经相关智力活动的认知功能。这一时期,不论从生物学与遗传学角度还是从发育行为儿科学、营养与教育学等领域的认识出发,一致认为是能够决定和影响生态人在后天成长过程中对知识学习的能力、自我控制的能力、决策把握能力以及智力的提升速度的关键时期。

这段时期对于我们来说是如此的关键,但是我们该怎么选择呢? 答案是我们无法自主选择。这段时期我们虽然已经进入社会了,然而我们的理解能力、判断能力等都在一个很低的水平,所以,这段时期内我们的选择绝大多数都是被动抉择。有些是自然的抉择,有些是父母的抉择。这里主要介绍一下父母的一种抉择方式——智力测量。学界以往的智力测量大多是用于测验学龄前儿童而很少顾及生态人阶段的智力测量;其测量方法不论项目多少,绝大部分都是以"纸笔测验"为主的做题测试方法,可以说是一种静态的测量模式,而这在一定程度上很难客观地排除知识、经验等外在因素的干扰,致使智力测量不能反映出真实的智商水平。笔者认为客观性及系统性应成为智力测量未来改进的重要考察指标。所谓客观性就是要将制约着个体智力后天发展的先天因素——人体脑神经先天发育的智力水平与影响智力后天发展的补偿因素,诸如知识、经验、环境、物质营养、自然生长条件等对智力的影响区分开来。所谓系统性就是能够通过一次测量,将体现智力的记忆力、语言理解及表达力、注意力、观察力、想象力、思维力和应变力这七大方面的综合能力包含在内,全面认识被测对象的智力水平。依据幼儿生长发育行为特点及其心理特征,将"静态测量"变为"动态测量",将"纸笔题目"变为"实验游戏",从而在效度上提高智力测量的准确性。在陕西省科技厅科技计划项目基金、西北工业大学科技创新基金的资助下,苗治平副教授带领课题组经过多年的反复调研与大量实证检测,创建了一个新的测量体系——人体脑神经先天发育水平的智力测量。

前期有了这样一个先天发育水平的基础,随着年龄的增长和社会阅历的增加,生态人不断地获取知识、加工知识、存储知识、应用知识、创新知识,适应多变的社会环境,从而进入后天人的发展阶段。

如果说生态人阶段是指从受精卵起始到胚胎分化期至降生后的婴、幼儿时期;那么,后天人阶段是否一定是指从幼儿期到成人期以后的阶段呢? 如果这样去理解,那就失去了人生阶段性划分的意义了。以下将从心理学研究方面的大量科学资料中举例说明怎样做才能成就真正意义上的人生。

提升自控能力

1920 年,在印度加尔各答东北部的山地里,人们捕获了两个生活在狼群中的女孩,大的 8 岁,小的 2 岁。人们把她们送到了孤儿院。据记载,这两个狼孩的行为如同狼崽:行走时四肢爬行,吃食时趴在地上舔,白天蜷曲着身子睡觉,晚上出去寻找食物,像狼一样嚎叫,不会说话,智力只相当于 6 个月婴儿的水平。

1987 年,辽宁省鞍山市科委主持召开"心理畸形儿童教育实验研究鉴定会",会上公布了一个过着半人半猪生活的儿童及其教育过程的事例。这一个被称为"猪孩"的女童,从出生后就经常与猪为伍,一直持续了 9 年多。她吃猪奶、学猪爬、模仿猪的行为,形成了许多猪的习性,如吃饭、喝水和拿东西不用手,而是用嘴去叼、去撕;性别不分、颜色不分、不识字、没有数的概念、情绪不稳、孤独冷漠。1983 年被有关部门发现时,虽然已 9 岁多,但经智力测查和综合评价,其智力水平仅相当于 3 岁半的幼儿。

1961 年,美国普林斯顿大学的心理学家赫尤进行了一项有名的"感觉剥夺"实验。他们把 55 名自愿接受实验的大学生分别关闭在一人一间的隔音暗室里,剥夺了他们的视觉刺激和听觉刺激。为了尽量减少他们的触觉,还给他们的双手套上了筒子,要他们除了吃饭和大小便之外,不做任何事情,只是睡觉。结果发现,在这种状态下,大多数人只能忍受 2—3 天,个别人最多也只能忍耐 6 天。所有人在这种状态下都无法集中思考,都出现了幻觉,并都感到了难以忍受的痛苦。实验进行了 4 天后,研究人员对被放出来的大学生做了各种测试,发现他们的各种能力都受到了不同程度的损害。大约经过 1 天的时间,他们才逐渐恢复了正常状态。

上述典型实例与心理学实验研究说明，一个生态人脱离了正常的人类社会生活环境，不论其活了多久，先天素质（包括遗传素质）多么好，仍然是个生态人。也就是说，任何一个四肢健全、生理机能等发育正常的个体，都会经历婴、幼儿期那样的生态人阶段，但是，其后天的心理发展则依赖于社会环境与所受教育。因此，生态人能否成为后天人，并不是以个体的实龄来划分的，而是以人的智慧和人的社会性来区分的。

那么，如何由生态人这一人生的初级阶段向中级阶段——后天人迈进呢？

"后天人"阶段是指脑神经生理基础已经发育成熟，并全面尝试表达智力活动、执行智力认知功能的开始直至生命终结的阶段。虽然这一阶段的后天因素如知识、经验、营养物质、自然生长环境等对智力均有影响，但是从能够把握自身及对智力有直接重要影响的意义上，将相关智力后天发展的获得性要素概括为：智商、情商和位商，并认为智商、情商和位商分别是人体脑神经相关智力活动的能量来源。尽管其彼此间相互依赖、共同促进，但是它们各自却又是一个相当复杂的、相对独立的完整系统，分别执行其特有的功能，而这些功能对智力后天的增长和成熟都是至关重要和缺一不可的。由此可见，人生发展是个复杂的系统工程，人生的发展必须科学规划，规划的前提必须先设定目标，只有成功和完美的标准才能是人生规划的指南。

后天人作为社会人，首先，最重要的是三商：智商、情商、位商，将三商融合在一起，把握身边的环境。其次，在生活中要善于塑造自己的角色，培养自己持续的辨识能力、有效的实干能力、过硬的业务能力、高尚的修养能力，一个领导者还需要培养自己超人的团结能力、卓越的领导能力。在社会中努力扮演好自己的角色，在人生的这个舞台中展示自己。

这个舞台上航行需要有航标和追求，因为它能够改变人的命运，这个道理人人皆知。但是，怎样的人生才算是成功，或者说人生舞台如何扮演角色才是最称职的？成功人究竟有怎样的评价标准呢？是不是所有的人都可以套用固定的模式进行评价呢？

能否在这一人生漫长的成长阶段里，充分利用后天环境条件，调动个体的主观能动性，在个体年幼时期即树立起正确的价值观，在不断发展的智商、情商和位商中,获得积极、自信和勇敢的人生态度,拥有诚实、自省和宽广的胸怀。在追寻理想的过程中,发现兴趣、勤奋学习、团结友爱、完善自我。在自负与自卑两种极端态度中体会真正的自信与自省;在霸道与盲从两者中学会积极进取与学会理解他人;在莽撞与懦弱的两个极端中善于把握勇敢,理解凡事都拱手相让,甚至惧怕别人,并非是宽广的胸怀。通过后天各方面的努力,对自己的素质、潜能、特长、缺陷、经验等有一个清醒的认识,对自己在社会生活中可能扮演的角色有个明确的定位。了解并正确评估自己的资质、能力与局限,相信自己的价值和能力,这是后天人迈向成功的根本保证,也是成功之士必须具备的前提条件。

俗话说:"三百六十行,行行出状元。"长期以来,我们都陷入了一元化的成功评价模式之中,特别是在当今的社会环境中,许多人认为拥有财富(或地位或权利或学历)就是成功的,这种看法有失偏颇。

新东方教育创始人俞敏洪①说过这样一句话:"一个饭店里递毛巾的小伙子,也许他就是成功的,因为他至少可以把递毛巾这个工作做得特别熟练。"因此,成功不能只从外在的财富、地位、权力等方面对人生进行评价。

在豌豆荚②团队有一位北大的才女,名叫崔瑾。她的经历最让人感叹的一点是,她作为北大国际关系专业的毕业生,非常想学习创业。她先是去申请百度的职位,当时百度才刚起步,没有合适的职位,就跟她说,要来的话只能做前台。作为一个北大毕业生,她答应了。今天,崔瑾经过在百度、奥美、谷歌的积累,学到了很多做事、做人的方法。她今天能够成为豌豆荚的首席运营官,很大程度来自毕业那一天的决定。她没有因为北大人可能会有的自豪感而拒绝接受一个前台的工作。她愿意从基层做起,虚心地学习。也许正是因为自

① 俞敏洪,出生于1962年10月。两次高考失利后,第三次(1980年)高考考入北京大学西语系,1985年毕业后留校任外语系教师。1991年9月,进入民办教育领域,先后在北京市一些民办学校从事教学与管理工作。1993年创立新东方学校并担任校长,开始了艰辛的创业旅程。2001年,成立新东方教育科技集团。2006年,新东方在美国纽约证交所上市。2008年,新东方获民政部颁法的"中华慈善奖"。2009年,获评CCTV年度经济人物。2010年,获"中国最具魅力校长"称号。其代表著作有《生而为赢》《永不言败》《生命如一泓清水》《挺立在孤独、失败与屈辱的废墟上》《从容一生》等。

② 豌豆荚是创新工场的最早的一个产品。创新工场(英文Innovation Works)由李开复博士创办于2009年9月,是一家致力于早期阶段投资,并提供全方位创业培育的投资机构。

己的正确选择,才取得现在的成绩,在成功的道路上迈进了一步。

奥地利小说家卡夫卡①是举世闻名的大文豪,但其生前也不过就是一个普通的小职员,他只是为自己内心写作,从没有想到让自己的作品去出版,更别提震撼世人了。他在临终前还叮嘱好友要把他生前的作品销毁,但好友却违背了他的意愿,从而使卡夫卡在世界文坛上占据了一席之地。卡夫卡没有想过要成名,结果却一鸣惊人。用简单的一元化的概念来衡量,卡夫卡生前不过是个小职员,但其在文学界却是成功的。

可以说,成功并没有固定模式,每个人的天分与机遇不同,理想与兴趣也千差万别,只要实现了自己的人生价值就是成功的。而人生价值的体现首先是生物功能的延续,其次是社会功能的逐渐完善,最终才是实现自我的突破。有些方法却可以让你离成功更近。系统工程十法则便是笔者凭借多年来对系统工程的研究、探索,潜心挖掘隐藏在系统工程背后的一些较深层次的问题,它可以为我们显化自身问题、寻求解惑之道、勇攀智慧之峰提供一些初步的参考、启发的途径。

弱水三千一瓢

古希腊哲学大师苏格拉底带领三个弟子来到一片麦田,只许弟子前进且只有一次选择机会,从麦田中选择出一个最大的麦穗。第一个弟子走进麦地,很快就发现了一个很大的麦穗,他担心错过这个就摘不到更大的麦穗,于是迫不及待地摘下了。但继续前进时,才发现前面有许多麦穗比他摘的那个大,他只能无可奈何地走过麦田。第二个弟子看到不少很大的麦穗但总也下不了摘取的决心,总认为前面还有更大的,当他快到终点时才发现机会全错过了,只能在麦田的尽头摘了一个较大的麦穗。第三个弟子先用目光把麦田分为三块,在走过前面这一块时,既没有摘取,也没有匆匆走过,而是仔细地观察麦穗

---

① 弗兰兹·卡夫卡(Franz Kafka,1883—1924),奥地利小说家。出生于犹太商人家庭,18 岁入布拉格大学学习文学和法律,1904 年开始写作,主要作品为 4 部小说集和 3 部长篇小说。其作品大都用变形荒诞的形象和象征直觉的手法,表现被充满敌意的社会环境所包围的孤立、绝望的个人。

的长势、大小和分布规律,在经过中间那块麦田时,选择了其中一个最大的麦穗,然后就心满意足地快步走出麦田。为了摘取最大的麦穗,三个弟子采取了不同的选择策略。无疑,第三个弟子是明智的,他既不会因为错过了前面那个最大的麦穗而悔恨,也不会因为不能摘取后面更大的麦穗而遗憾。"明者远见于未萌,而智者避危于未形",我们每个人面前是不是也有这样一块麦田呢? 人生如麦田,那么生活的幸福、感情的甜蜜、事业的成功,是否为我们所期冀的最大麦穗呢? 如若不是,那么最大的麦穗在哪里呢? 关键是看怎样才算是有效的抉择。

"天下熙熙皆为利来,天下攘攘皆为利往",生活在这个世界上,就应该有所作为。人活着一定要知晓自己的所作所为,知晓自己的追求与目标,唯有如此才能在麦田中撷取那个最大的麦穗,才能明白人生的价值与意义,才能拥有并度过一个完美而智慧的人生,而不会终其一生碌碌无为,空留下一抔黄土。

"世人都晓神仙好,唯有功名忘不了! 古今将相在何方,荒冢一堆草没了! 世人都晓神仙好,只有金银忘不了! 终朝只恨聚无多,及到多时眼闭了!"曹雪芹①以凌越人生的高度描述了人间百态,清醒而冷峻。那么什么样的人生才算是完美而智慧的人生,怎么样才能真正实现人生的价值取得成功呢? 功成名就,或者富甲万代,或者香车宝马,所谓的成功人生或者完美人生是否是真正意义上的成功呢?

现实生活中无论是工人、企业家、农民,还是知识分子、机关干部,尽管职业不同、岗位不同,但所从事的事业都是在实现不同的人生价值,追求不同的人生目标。人生的价值不是以你的身份、地位、财富和名声来衡量的,而是在不断的实践中将自身潜在的欲望转化为被别人认可的价值,和为社会贡献的价值。环卫工人清扫马路,他给我们的城市带来了优美洁净的环境,这就是实现了的人生价值。漫漫历史长河中,流传于世、名扬千古的名字虽只是弱水三千中的一瓢,而其追寻人生价值的精神却源远流长,生生不息。无论是"平凡

---

① 曹雪芹,名沾,字梦阮,号雪芹,又号芹溪、芹圃,是清代小说家、著名文学家。他出身一个"百年望族"的大官僚地主家庭,后因家庭的衰败而饱尝了人生的辛酸。

中体现出伟大"之人之岗位,还是举世皆知的楷模,每个人都需要抱有一颗平常心,正确对待个人的名利得失,在任何时候都应当拿得起放得下,在岗位上实现人生的价值,成就智慧的人生。笔者认为,成功人生或者智慧人生的成就,至少应该完成以下三项功能才算是对人生价值最好的诠释。

其一,生物功能的延续。人首先要完成自己生物学意义上的责任,实现新陈代谢,使生命得以延续。每个人在这个世上走一回,首先对人类的贡献就是生物本能的贡献,譬如孝敬父母、长辈;譬如繁衍后代。作为生物本能的这种延续,就是作为一个人在这个世界上成功的最起码的标志之一。现在社会有很多人,在自己取得些许成绩的时候,却忘了孝敬哺育他们成长的父母。"树欲静而风不止,子欲养而亲不待",这是多少人的扼腕叹息。父母是我们每个人在这个社会上最最需要珍惜的人,他们对我们的人生影响是任何人都无法取代的;还有一些人或孑然一身,自诩"赤条条来去无牵挂",整天沉浸在自己的世界里;或顾影自怜,哀叹无伯乐之士赏析其造势之才,而罔顾自身最基本的责任。

如果说连这个最基本的生物功能都没有实现的话,那么你的人生可以说是不完整的。譬如灿烂华夏文化中的初唐四杰之一——王勃。

王勃①才华早露,自幼聪慧过人,15 岁作《上刘右相书》言政,即被司刑太常伯刘祥道赞为神童,向朝廷表荐,对策高第,授朝散郎。乾封初年(公元 666年)为沛王李贤闻其名,征为王府侍读。

在中国文学史上,尤其是唐代文学史,没有不讲"王杨卢骆"的。在文学创作方面,王勃"思革其弊,用光志业"(杨炯《王勃集序》),创作"壮而不虚,刚而能润,雕而不碎,按而弥坚"的诗文,一改当朝"争构纤微,竞为雕刻","骨气都尽,刚健不闻"之文风,对当朝文坛,尤其是后世,颇有影响。王勃的诗今存 80 多首,赋和序、表、碑、颂等文,今存 90 多篇。

"长风一振,众荫自偃,积年绮碎,一朝清廓",王勃以其独具特色的文风,

---

① 王勃,(649 或 650—675 或 676)唐代诗人,字子安。上元二年(公元 675 年)或三年(公元 676年),王勃南下探亲,渡海溺水,惊悸而死。

奠定了他在中国文学史上的地位。"诗圣"杜甫赞赏"不废江河万古流",《唐才子传》则记道:"勃欣然对客操觚,顷刻而就,文不加点,满座大惊。"

然而,咸亨三年(公元 672 年),王勃授补虢州参军,因擅杀官奴当诛,遇赦而除名。其父亦受累贬为交趾令。上元二年(公元 675 年)或三年(公元 676 年),王勃南下探亲,渡海溺水,惊悸而死,时年 27 岁。

或因仕途失意而万念俱灰,或因自然意外而乏力回天,王勃的离去草草的终结了他的一生。在人生的历程中,他是成功的,揽收了无数的赞赏与成就。可是这样的人生却是不完美的,他还未勇敢的承担最起码的责任、履行最起码的义务。滕王阁里,不见了"落霞与孤鹜齐飞,秋水共长天一色"的豪情,只剩下遗憾在槛外的长江空自流。

一直流传着这么一个让人津津乐道的故事。曾有人在陕北一带,问一名正在山坡上放羊的孩子:"你放羊为了什么?""放羊为了挣钱。""挣钱为了什么?""挣钱为了盖房子、娶媳妇。""娶媳妇干什么?""生孩子。""生孩子干什么?""放羊。"你能说这孩子没有理想吗? 他不仅有,而且是长远理想,但是他的理想仅仅是停留在生物功能的层面上,循环反复并以此完成其人生历程。任何一个有生命的健康生物不论是否有意识都可以完成这项简单的基本的功能,这对于智慧人生而言,只是迈上了无数台阶中的一个台阶。

其二,社会功能的延续。任何一个自然人都不是孤立存在的,他同世界有着千丝万缕的联系,既然要生活就会消耗世界的资源,还要汲取前人所积累的财富。同理,人也需要有所付出,需要为社会大舞台添砖加瓦。只有这样才能维持人与自然的平衡,才能发挥人性的本能造福后世万代。

在《钢铁是怎样炼成的》一书中,作者奥斯特洛夫斯基有这样一句话:"人最宝贵的是生命。生命对于我们只有一次。一个人的生命应当是这样度过的:当他回首往事的时候,不因虚度年华而悔恨,也不因碌碌无为而羞耻。"这段话告诉我们,人的一生不要虚度年华,不要碌碌无为,要让被赋予的生命开出智慧之花,灿漫一如夏花。在有限的人生历程里,科学高效的利用周围的资源,彰显人生的价值,为历史长卷描绘上绚烂的一笔。

《庄子》曾曰:"吾生也有涯,而知也无涯,以有涯随无涯,殆已。"人的一生是有限的,而知识是无限的,若不加以抉择和放弃,而用有限的人生追求无限的知识,是必然失败的。这就要求人生一定要有一个目标或者一个信念,如此才不致终其一生碌碌无为。人生的路很漫长,每个人无时无刻不在面临着抉择和放弃。追寻自己终身不变的信念,实现人生的意义,成为每个人选择成功的坚强后盾。笔者曾访问了许多成功者,问他们有哪件事是他们今天已经懂得,但在年轻的时候却留下了遗憾的事情。在受访者的回答中,最多的一种是:"希望在年轻的时候就有前辈告诉我鼓励我去追寻自己的理想。"

笔者有一次在去陕西汉中调研,中途在一个服务区休息,不经意间看到的一幕让人很是揪心:有三个二十来岁的青年男子穿着统一的服装,衣服背后有着引人注意的一番景象,一个写着"我是混蛋",一个写着"我是流氓",一个写着"我是无赖",相对的都配有非常形象的图片。面对这么一种现象,我们不禁会问人怎么能是这种境界呢? 当然,我们也可以把这理解为一种人生,或者说是一种挑战时代的文化,是一种客观存在,但在这现象的背后究竟有什么样的深层次原因,究竟什么样的人生才能够充分体现自身价值呢,到底什么样的人生才是我们所追求的人生? 这个问题十分值得我们去反思和反省。

中国近代资产阶级著名政治家、思想家谭嗣同,早年就系统学习了中国的典籍,并开始接触算学、格致等自然科学。此后又周游各地,结交名士并与其一起研究王夫之等人的著作,汲取其中的民主性精华和唯物色彩的思想,同时广为搜罗和阅读当时介绍西方科学、史地、政治的书籍,不断地丰富自我。

当时清政府正处于遭受帝国主义的侵略中,深重的民族灾难,和清政府"竟忍以四万万七千万人民之身家性命一举而弃之"的妥协行径,焦灼着谭嗣同的心。在变法思潮的影响下,谭嗣同开始"详考数十年之世变,而切究其事理",苦思精研挽救民族危亡的根本大计。他感到"大化之所趋,风气之所溺,非守文因旧所能挽回者",必须对腐朽的封建专制制度实行改革,才能救亡图存。《仁学》一书是他这一时期的思想精髓。

由于触犯了当权者的利益,谭嗣同身陷囹圄。在这种情况下,他决心以死殉身变法事业,用自己的牺牲去向顽固势力作最后的一次反抗。"各国变法无不从流血而成,今日中国未闻有因变法而流血者,此国之所以不昌也。有之,请自嗣同①始。"他毅然回绝了日本使馆的保护,"不有行者,无以图将来,不有死者,无以召后起"。他慷慨谢绝了梁启超的劝阻。翌日,谭嗣同和其他5位志士英勇就义于北京宣武门外菜市口。

"望门投止思张俭,忍死须臾待杜根。我自横刀向天笑,去留肝胆两昆仑。"这是何等的英雄气概! 为了国家的昌盛,为了民族的兴旺,为了心中的信念,谭嗣同不惜以血荐轩辕,完成心中之所念。他这一生回报给社会的,该怎么去衡量呢? 同样,民主革命先行者、中华民国的主要缔造者宋教仁,一直致力于民族的强盛和民众的平等共和,他在临死前仍叮嘱"诸公皆当勉力进行,勿以我为念,而放弃责任心"。

救亡国存护国

假如谭嗣同、宋教仁这些仁人志士没有选择为民族为民众而奋斗终生,而是凭借自己的学识和地位去谋取一官半职,或许会平步青云衣食无忧,平安的了却一生。那么百日维新的历史不再那么激情,民国的创建也不再那么绚烂,这段时期的历史是否会是另外的一个书写景象? 当初他们义无反顾的选择,不仅仅是改变了自己的人生,更是突破了自我,深化了人生与国家命运息息相关的意义。

除上一节所谈到的两项功能以外,还要实现自我功能的突破。不论在古代还是现代,做人都不能太自私,要胸怀天下,心有国家。但是,人必须首先学会珍爱自己。如果一个人连自己都不爱惜,那又如何爱惜别人呢? 对自己要有一种适度,既需要适度放纵,也需要适度约束。人只有在工作或学习中寻找快乐,才能把工作和任务变成一种享受。要知道自己在做什么,知道自己会做什么知道自己追求的是什么,如此才不会终其一生而碌碌无为,才能使人生更有价值,才能让生活更有乐趣和意义。可见,服务人民、服务于社会、服务于国

---

① 谭嗣同(1865—1898),汉族,湖南浏阳人,是中国近代资产阶级著名的政治家、思想家,维新志士。

家和民族,才是我们应当追求的人生。

表现主义的先驱,荷兰后印象派画家文森特·威廉·梵·高,是一位具有真正使命感的艺术家。他着意于真实情感的再现,也就是说,他要表现的是对事物的感受,而不是所看到的视觉形象。受到革新文艺思潮的推动和日本绘画的启发,大胆的探索、自由地抒发内心感情的风格,追求线条和色彩自身的表现力,追求画面的平面感、装饰性和寓意性。在作品中他饱含着深刻的悲剧意识,强烈的个性和形式上的独特追求,一切形式都在激烈的精神支配下跳跃和扭动。

然而在当时所处的社会背景下,梵·高的作品往往不为世人所承认,一直遭受着为生存而斗争中的障碍与困难的不断压迫。坎坷的爱情生活,潦倒的财政情况,甚至几度的精神失常,只能进入精神病院疗养。种种的不幸和困窘却不足以消除他对于艺术高度的追求。在谈到他的创作时,梵·高对这种感情这样总结道:"为了它,我拿自己的生命去冒险;由于它,我的理智有一半崩溃了;不过这都没关系。一个人绝不可以让自己心灵里的火熄灭掉,而是要让它始终不断的燃烧。你知不知道,这是诚实的人保存在艺术中最最必要的东西!然而并不是谁都懂得,美好的作品的秘密在于有真实与诚挚的感情。"梵·高从来没有放弃他的信念:艺术应当关心现实的问题,探索如何唤醒良知,改造世界。他在追求美好作品的过程中,突破了自我功能,在自己的人生历程中画上了最绚烂的一笔。

这里不得不再一次提到钱学森钱老的壮举。不同于梵·高,钱学森的抉择与自我突破更让人肃然起敬。留学美国的钱学森同志,先后在美国麻省理工学院航空系、美国加州理工学院航空系学习,同时先后获得了航空工程硕士学位和航空、数学博士学位,并很快成为世界著名空气动力学教授冯·卡门的得意弟子,从事空气动力学、固体力学和火箭、导弹等领域的研究,并与导师共同完成高速空气动力学问题研究课题和建立"卡门—钱近似"公式,成为世界知名的空气动力学家。然而,斐然的成绩和无上的荣誉无法阻挡钱老回国的脚步,他克服各种困难,冲破重重阻力,最终回到了新中国,并且很快投入了新中国火箭、导弹和航天事业的建设中。

在当时的环境中,钱老领导着的是刚刚分配来的从未见过导弹的156名大学生。他亲自给这些技术人员讲授《导弹概论》,传授空气动力学、发动机等相关专业的基本知识,并指导建立了导弹总体、空气空力学、发动机、弹体结构等研究室。然而当时的新中国,无论是在财力、技术、还是材料、科研环境上,都是不尽如人意,相当落后。此时又恰逢苏联单方面的取消各方面的援助,中国的研究事业陷入低谷。面对国外各种封锁的危急时刻,钱老坚持系统整体最优的原则,采取所谓大兵团作战、蚂蚁啃骨头的方式,集中所有力量逐个解决制造导弹中遇到的每个问题。他坚信"外国能造出来的,我们中国同样能造出来!"正是这种坚定信念,钱老主持完成了"喷气和火箭技术的建立"规划,直接领导了"两弹结合"试验,参与定制了中国第一个星级航空的发展规划,并发展建立了工程控制论和系统学等。人生的自我突破,钱老是独树一帜的灵魂人物。

人生的三大功能是决定一个人的人生是否完美、是否成功的最重要的标志。生活中,有的人当了领导,他的社会功能充分得到了实现、自我价值功能也一定程度上实现了突破,但是第一功能却没有实现。毛泽东曾戏说自己的人生是"三七开",还是有很多很多的遗憾。他的社会功能得到最大的实现,不然不会出现20世纪六七十年代每天早晨向毛泽东请示一天该怎么生活、怎么做事,晚上汇报一天做了什么、做得怎样、有什么问题的"早请示晚汇报"模式,这在中国上千年的发展历程中是罕见的;自我价值功能也是得到充分的体现,在新中国的创建过程中就可得到佐证。他发挥个人的聪明才智带领着中国共产党人,白手起家,从爬雪山、过草地,到国共合作,历经艰难险阻,最终取得胜利,迎来了新中国的成立,成为伟大的开国领袖。但是在实现这些的过程中,为了自己的追求,也就是今天所说的事业,红军转移时不得不放弃了自己的亲生骨肉,至今下落不明,其生物功能很难说是实现了。

另外,有的人变成了机器,不分昼夜的运转,即便在某种意义上来说也取得了很大的成就,但他的人生也算不上完美。笔者在工作过程中,碰到的例子屡见不鲜。曾经有一名局长,他的下属向他递交请假条,他拿起假条就改,因为单位所有的文字都要经过他改,改成了习惯,所以他潜意识里只要有张纸递过来他就要改,已经形成了一种习惯和模式。请假条他也改,他觉得请假理由不充分,要把请假的理由改的很充分,改完了才发现,原来改的是请假条,在工作中迷失了自我。还有些领导每逢过节放假就会觉得很寂寞、很痛苦,原因在于平时有很多人听他指挥,这时候觉得很自在,反而到了节假日没有指挥对象了就开始不习惯了,甚至会因此而得病。曾经有位同志说,他为了成就领导,做出了绝对的牺牲。为什么这样说呢,因为有一次领导病了,他就去医院去看望领导,到了医院才发现病因所在:这名同志先前挂职锻炼一年,在这之前领导经常骂他训他,领导很自在,可是突然这个人去挂职锻炼,导致领导没有发泄的对象,就生病了。于是这名同志决定提前回来,让领导来骂,这样领导才有发泄的机会,身体很快就可康复了。

后天人如何能在社会生活中完美地实现这三大功能,是最终实现成功人的关键。因此,只要好好活着,对父母孝敬、对子女负责、对社会有贡献、对自己尽到责任,这些都是成就完美人生的必要选择。

其实每个人都会有这样的信念和原则,然而一旦面对生活的压力,面对人生纷繁复杂的抉择,这些信念和原则慢慢地都被磨灭了,以致衍化出许多的遗憾与悲痛。如抗战期间的某些变节叛党之流,在种种诱惑之下选择了放弃坚守内心的信念和原则。反观古往今来的能成就大事者,无一不是最终坚守所抉择之事的人。三国时曹操晚年时仍然赋诗曰:"老骥伏枥,志在千里;烈士暮年,壮心不已。"

上帝赋予我们生命,我们无法选择生命的来去时间,但是我们必须从根本上认知生命存在的价值和意义。活着是一切问题的保障,有这么一种比喻:活着就好比是数字的"1",是基础;而学业、事业、家庭诸方面是"1"后面的一个"0"。学业有成可以在"1"后面增加一个"0",使你拥有了"10";事业成功可以在"1"后面再添一个"0",使你拥有了"100";家庭幸福、声名显赫、职务攀升等都可以在"1"的后面增加"0",使你拥有"1000"、"10000"……若是没有了生命,即使有再多的零也无济于事。有了生命,那么就可以在人生道路上行走,但是你会发现有很多的十字路口,选择哪条道路才是最佳呢?这就取决于你的抉择。

第二章　适育环境　挖掘潜能

　　人是世界上一切事物中最复杂的系统,而人的本质是构成人的各种基本要素的内在规律性,是人从事各种活动的主体条件。当前,提高国民素质、培养和造就千百万高素质的人才,已成为我国社会主义现代化建设能否成功的一项具有决定性意义的因素。人们的生活质量也离不开人的素质和能力的提升。而提升人的素质和能力,不仅要知道人都是有哪些要素,而且要了解这些要素在现实的具体的人身上所处的实际状态;不仅要知道各个要素的内在规律性,而且要从整体上把握诸要素的综合规范。

　　事物的发展离不开事物本身与环境的相互作用,而人类挖掘各个方面潜能来适育环境体现了人类未来发展的能力,但何为衡量一个人能力的指标呢?

　　衡量一个人能力的最常见的指标有智商,情商等,但还有一个重要的,容易被忽略的重要指标,那就是位商。智商、情商、位商,三者之间到底是什么样的关系呢? 如何才能将"三商"融合,充分挖掘出人的最大潜能,从而走向成功呢?

　　环境是人类赖以生存和发展的物质条件的综合体,是指作用于人类这一主体的所有外界影响和力量的总和,是自然因素与社会因素的统一体。简言之,环境是指人类生活的周围情况。其中有两个层次的含义,一是指自然环境,即在不受人类影响下形成的自然条件,是人类周围各种自然因素的总和,它是由近及远和由小到大的一个有层次的系统。二是受人类活动影响的,经过改变的环境条件,即不合理利用资源所引起的环境衰退和工业发展所带来的环境污染等问题。

　　环境是相对于主体而存在,每个人都是别人环境的组成部分。人类活动对整个环境的影响是综合性的,而环境系统也是从各个方面反作用于人类,其效应也是综合性的。人类与其他生物不同,人类不仅仅以自己的生存为目的来影响环境、适应环境,而且还是为了提高生存质量,通过自己的劳动来改造环境,把自然环境转变为新的适合自己的生存环境。

谈及潜能顾名思义,潜能就是潜在的能量,根据能量守恒定律,能量既不会消灭,也不会创生,它只会从一种形式转化为其他形式,或者从一个物体转移到另一个物体,而转化和转移过程中,能量的总量保持不变。而笔者此处研究的潜能为自身内在的潜力(即人类原本具备而忘了使用的能力)和社会潜能的调动别人积极性的能力。一般来说,刚出生的婴儿是没有潜能的,有的话也是遗传遗留的、或者是胎教促成的。潜能被世人传得非常悬乎,说小孩有非常大的潜能,其实不然,从鹰飞成功学潜能新理解:可以说潜能即是以往遗留、沉淀、储备的能量。如,人一生下来就要学走路,并且每天都在走路,到了18岁,即他18岁那年走路的潜能就是自他学走路以来所沉淀下来的能量,曾报道有人曾经在逃命时跨越4米宽的悬崖,所以在某个环境下,人的潜能就会发挥出来。

合理的适育环境,能够推动挖掘潜能,而潜能的发挥能够推动人类和社会更高层次发展,故适育环境与挖掘潜能相辅相成,潜能的挖掘并不是胡思乱想便可以实现,而需要合理的开发。

测评智商高低

可能还是在妈妈的肚子里,我们就开始接受胎教,听音乐、听故事等。后来我们来到了这个世界,又开始跟着父母学"a(啊)、b(波)、c(呲)、d(的)、e(额)……",这是天生的本能吗?是的,人生来就有智慧的大脑,只是刚开始的时候我们并不知道如何来运用它,在通过父母的启蒙、老师的教导后,才慢慢地学会了使用大脑,产生了思想便开发了智力。

心理学研究发现,人与人之间的智力差异主要体现在以下四个方面:

(1)智力类型上的差异。即在记忆力、语言理解及表达力、注意力、观察力、想象力、思维力和应变力等方面的类型差异。在记忆力方面,有的人善于运用听觉记忆,有的人善于运用视觉记忆,有的人善于运用运动记忆。

(2)智力发展水平上的差异。有的人从小聪明过人,有的人二十多岁还呆头呆脑,这就是智力高低的不同。

(3)智力的差异也表现为有些人早熟,有些人晚成。如美国好莱坞影星秀兰邓波儿2岁时就对音乐倍感兴奋,3岁时进入幼儿舞蹈学校接受训练,5岁的她就获得了第7届奥斯卡特别金像奖,同时跻身十大明星之列。而英国的火车发明者斯蒂芬逊在17岁时还是个文盲,18岁才开始念书,到44岁制成了世界上第一台蒸汽机火车。

(4)智力由于性别差异也有所不同,但无高低之分。心理学家大量研究证明:男生的成绩偏于优和差两端,女孩成绩以中等居多。就平均成绩来看,男女无明显差异。

科学的智力开发有利于客观、准确地测量智力与评估。智力测量应该能够充分体现出生态人的先天遗传素质与智力的个体差异。从智力开发的关键期入手,有的放矢地进行个体训练与早期教育,能够及时发现与纠正轻重程度不等的先天性智障患儿,使有可能成为艺术家或科学家的神童成为现实,为生态人成功地向后天人过渡提供科学依据。

孔子早在两千多年前就提出:"中人以上,可以语上也;中人以下,不可以语上也。"孔子根据自己的实践经验将人分为中等、中上和中下三种类别。西汉时期的杨雄以词的反应速度作为衡量智者的水平。他说:"圣人矢口而成言,肆笔而成书。"这说明对智力测量的思想很早就出现在中国了。但是作为专业应用的智力测验是由英国学者 Sir. Francis. Galton(1882)最先提出。20世纪初期,欧美公共教育的兴起促使国家教育机构以及教育科学研究人员开始关注智力测量,这是因为教育不再局限于特权贵族阶层,而是逐渐向全民教育模式发展,适龄学生的数量增加使得教育面临了很多前所未有的问题,其中很重要的一个问题即对智力方面不适合正规教育模式的孩子的鉴别,这类孩子往往需要借助特殊教育的模式来培养。这种鉴别智力的需要激发了学者对智力测量方法探究的热情。

比奈受法国教育部之托,设计了一种来鉴别那些需要分配到特殊班级学习的智力发育迟缓学生的测验,目的是防止不公平地将学生从正规教育中排斥。其测量方法仅仅以他们的行为为基础而不是按照其智力能力来区分。另外一些研究者试图采用一种简单的测量知觉敏感度和反应时间的实验室方法来测量智力。比奈发现,另外一种不同的测试也是必需的——这种测试不需要将智力解剖成元素的加工,取而代之的是要求个体使用包括在智力行为中的复杂功能,诸如记忆、良好的判断和抽象能力。最后,比奈和西蒙设计了一种一般智力测验,包括各种言语和非言语的推理任务,他们的测验也是第一个运用发展的方法来构建的。测验项目依据难度来变化,每种项目按照一般儿童能够通过的年龄来分类。比奈测验在预测学业成绩方面是非常成功的,因此它成为其他国家发展新兴智力测验的基础。1916 年,推孟在斯坦福大学将比奈测验应用于美国儿童。随后,斯坦福—比奈智力量表作为美国的一个心理测验版本而闻名。在 20 世纪,斯坦福—比奈智力量表修订了多次,但它的许多条目仍然与比奈原始量表有相似之处。以后,欧提斯的“团队智力测验量表”、韦克斯勒的“儿童智力测验量表”相继问世。

　　1914 年智力测量传入中国,1922 年费培杰把“比奈—西蒙量表”译成中文,并在部分小学测试。1924 年,陆志韦先生发表了他主持修订的“比奈—西蒙量表”,并在 1936 年与吴天敏一起进行了第二次修订。在此期间,陈鹤琴的“图形智力测量”、廖世承的“团体智力测量”、刘湛思的“非文字智力测量”等,都推动了中国智力测量工作的开展。然而“文化大革命”时期,该项研究曾一直被视为禁区,直到 1980 年,中国心理学会实验心理学专业委员会决定由林传鼎、张厚粲主持修订“韦氏儿童智力量表”,吴天敏主持修订“比奈—西蒙量表”。这些测量方法虽然多数由西方引进,但能够与中国实际情况相结合,从而构建了中国特色的智力测量方法体系。

　　传统智力测量方法依研究视角的不同主要有六种类型,这些类型包括内容多少、年龄范围、内容形式、对象数量、对象素质和文化性质。具体方法而言,除了前面我们提到的“斯坦福—比奈”量表还有“韦克斯勒(韦氏)量表”和“瑞文标准推理”等。

　　(1)“韦克斯勒(韦氏)量表”。该量表包括 13 个分测验,分别为图片补缺、常识、译码、类同、图片排列、算术、积木、词汇、拼板、理解、符号搜索、数字记忆广度和迷津。其中数字记忆广度分测验是言语量表的备用测验,符号搜索及迷津是操作量表的分测验。"韦克斯勒(韦氏)量表"的优点在于强大的功能及在广泛的评估领域中提供有价值的信息,也包括神经心理学领域的评估。韦克斯勒(韦氏)量表不仅在美国被广泛使用,而且已经翻译成 13 种不同的语言,有 11 个版本已经或正在修订之中。

(2)"瑞文标准推理"。与前两种方法不同,瑞文标准推理是一种用于智能诊断和人才选拔的非文字智力测验,这种测量方法由一组图案组成,图案元素按行和列排列,每个项目都缺少一部分。测验分为:A、B、C、D、E 五个系列,每个系列 12 个题目,编号为 A1、B1、C1、D1、E1 等,共 60 道题目。任务是从给定的选项中选出缺少的适当图案。直观上看,每组都有一定的主题:A 组主要测图形辨别;B 组是图形类比;C 组是图形组合;D 组是图形套合;E 组是图形互换。

随着人们对神经科学、认知科学以及心理学认识的加深,智力测量方法也在不断地改革和更新。20 世纪 90 年代,在传统智力测量方法的基础上又产生了多种新型测试方法,其中比较重要的有"区分能力量表"、"考夫曼智力量表"、"武德库克—约翰逊认知能力测验"等。

(1)"区分能力量表"。艾略特认为,"区分能力量表"的理论基础主要是:人的能力不可能用单一的一种认知因素(g 因素)或两三种认知因素来解释;个体能力的多维度使人们可以观察到人与人之间能力存在差异,这种差异与儿童的学习、成就和问题解决有着很复杂的联系;人的能力虽然是相互联系,但又不是完全重叠的,因而许多能力都存在一定的差异;人的众多能力可通过许多相互联系的信息加工的子系统来表征;信息加工的子系统与人的中枢神经系统在结构上有一定的关系,有的信息加工系统的功能在中枢有其定位,还有一些信息加工的系统在中枢神经系统内是相互协调的。该量表包括搭积木、言语理解、图片相似性、词汇命名、早期数概念、模仿、模型建造、方案记忆、单词定义、矩阵、相似性、顺序和数量推理、字母形状匹配、数字记忆、物体记忆、图片再认、信息加工速度、基本数技能、拼写和单词阅读 20 项内容。

（2）"考夫曼智力量表"。相对于韦克斯勒个别智力测验和斯坦福—比奈智力测验来讲，考夫曼智力量表对智力的界定更加有自己的特色，突出强调智力是认知加工过程，认为智力个体用继时性加工和同时性加工两种认知加工方式来解决问题及信息加工处理的过程。其中继时性加工量表包括动作模仿、数字背诵和系列记忆；同时性加工量表包括图形辨认、人物辨认、完形测验、图形结合、图形类推、位置记忆和照片系列。

（3）"伍德库克—约翰逊认知能力测验（WJ-RCOC）"。该测验由21项分测验组成，但不是全部使用，而是根据诊断对象的问题和评估的需要选择分量表。WJ-RCOC分为标准成套测验和扩大成套测验。标准成套测验由7项分测验组成，每一项分测验代表一个霍恩—卡特尔能力。使用前7项分测验（代表个体整体的智力能力）产生一个标准认知能力因素分数（IQ分数）。早期发展量表是用于测验学龄前儿童（2—6岁），是由五个标准分测验组成。另外的七项分测验组成补充成套测验，每一项分测验也代表一个霍恩—卡特尔能力。由标准成套测验和补充成套测验组成的扩大成套测验提供了一个扩大的主要认知能力（BCA）因素分数（IQ）和九个霍恩—卡特尔Gf-Ge认知因素中的七个因素分数。该测验评定的项目比较全面，基本上反映了认知能力的各个方面因素。但是，对于学龄儿童，与其他量表相比很明显缺乏操作项目。

而智商的概念是1905年由实验心理学家比奈与T.西蒙一同创造的，即"比奈—西蒙量表"。首先将普通人的平均智商定为100，而正常人的智商，根据测验，一般处于90—110的范围内。

智力分类

智商	类别
140以上	天才
120—140	上智
110—120	聪颖
90—110	中才
80—90	迟钝
70—80	近愚
50—70	低能

智商	类别
25—50	无能
24 以下	白痴

这种智商的测量的计算公式是：智商＝（智力年龄/生理年龄）×100。

比如我们在给一位 X 岁的孩子做智商测验时，他的准确率相当于一个 Y 岁孩子的时候，在经过反复验证，其结果显示这位儿童的智力水平达到平均年龄在 Y 岁的儿童的智商测定分数时，我们就认为该儿童的智力年龄为 Y 岁。由于他的实足年龄为 X 岁，因此套入公式后，他的智商为 100Y/X。

脑子越用越活

智商的高低直接表现为这个人的智力水平与同龄人的智力水平比较的高低，智商较高说明了他比相同年龄段的其他人更聪明或掌握更多的知识。智商的高低很大程度上决定了一个人的学习能力和学习成绩，但我们只凭智商来推断一个人将来在社会上的成就，完全是错误的。识时务者为俊杰，抗战时有不少农家子弟，他们虽没有饱读诗书，但却知国家利益是大局，唇亡齿寒，毅然扛起枪支战斗在前线，同样令人敬重。

据统计，维特根斯坦①被称为最天才的哲学家，他的智商高达 223。10 岁时就可以自己做缝纫机；22 岁曾获得飞机发动机的某些专利；第一次世界大战时应征入伍，完成了哲学重要专著《逻辑哲学论》，当时只有 29 岁。维特根斯坦将从父亲那儿继承的亿万遗产全部赠送给他人，到乡村去当小学教师，因发现没字典就一个人编了《小学生的字典》；后来偶尔接触建筑行业，又成为一个后现代建筑的主要设计师。可以看出，智商是天生的、与生俱来的。

但是经过后天努力与锻炼，智商也可以在一定程度上有所改善。在动物园里，我们经常可以看见可爱的鹦鹉对游客说"欢迎光临"、机灵的猴子在认

---

① 　维特根斯坦，英国哲学家、数理逻辑学家。1889 年 4 月 26 日出生于奥地利的维也纳。其是语言哲学的奠基人，被称为 20 世纪最有影响的哲学家之一。

真演算着"1+2=?"，灵活的海豚在海水里欢快地表演。这些都说明智商并非是一成不变或是无法改变的，通过特殊的训练还是能在一定程度上有所提升。

那么什么时期对智商的发展影响最为重要呢？

从动物实验中得出：小猫区别物体形状和颜色的能力发展是在生后4—5天，如果在这一时期用手术将猫的眼睑缝上，使光一点儿也透不进去，这样的猫以后再用手术把眼睑打开，也会成为盲猫。小鸡追逐母鸡的能力的发展是孵出后4天左右，如果在这一时期把小鸡与母鸡分开，这些小鸡永远也不会再追逐母鸡。这一现象称为关键期或为敏感期。人的智力发展也有关键期，一般认为人生早期是智力发展的关键期。"狼孩"就是最好的例证。狼孩在出生后不久就离开人类社会，生活在狼群中，使他们在智力发展的关键期失去了发展智力所必要的条件，智力得不到正常发展。回到人类社会以后，虽然加倍努力的培养和教育她们，但是由于错过了关键期，收效甚微，智力仍不能达到正常人的水平。有一个叫横井庄的日本青年，第二次世界大战结束后独自躲藏到爪哇岛的森林中，过了28年的野人生活，完全脱离了人类社会。直到1972年被发现送回了日本，当时他已经不会说话，在其他方面的表现也与现代人的生活习性不同。但经过82天时间，他就完全恢复了正常人的智慧活动。之所以如此，是因为他在与世隔绝时已过了智力发展的关键期。因此，人智力发展的关键期是学习最敏感、最容易的时期，在关键期中进行教育和培养，记得牢、收效快；错过关键期，学习就会有许多困难。

由此看来，一个人如果脱离了正常的人类社会生活环境，即使有良好的先天素质，也只能成为一个纯粹的生态人，而早期的智力开发是生态人转变为后天人的关键。

有了正常的智力开发后，有人就担心了：如果用脑过度，会不会损害身体健康，甚至缩短寿命？其实，这种顾虑完全是多余的。"用进废退"是生物界普存的一条规律，同样大脑神经细胞和其他组织器官一样，越用越能保持其充沛的活力。研究证明，勤于用脑的人智力比用脑较少的人要高出50%。人的脑子会越用越灵活，学历以及职业智力水平高的老人通常要比智力活动少的老人在脑的老化以及智力衰退方面要慢得多且轻得多。总不用的话，神经细胞的减少速度就会加速,就会反应迟钝,老年时容易出现老年性痴呆的现象。人们常说的"脑子越用越灵"正是验证了这个道理,故而才有"活到老,学到老"的口头禅。

超出智力水平

美国前总统乔治·沃克·布什曾说过:"谁掌控了情绪,谁就能掌控一切!"

情商(EQ),由两位美国心理学家约翰·梅耶(新罕布什尔大学)和彼得·萨洛维(耶鲁大学)于 1990 年首先提出,但并没有引起全球范围内的关注。1995 年,美国哈佛大学心理学教授丹尼尔·戈尔曼①出版了《情商:为什么情商比智商更重要》一书,才引起全球性的情商研究与讨论。他在书中并没有对"情商"提出一个准确的概念,只是认为"情商"是每个个体的重要生存能力,是一种发掘情感潜能,运用情感能力,影响生活各个层面和人生未来的关键品质因素。

在此之前,社会大众普遍认为,一个人能否取得成就,智力水平是第一重要的,即智商越高,取得成就的可能性就越大。但现在心理学家改变了原有的看法,情商水平的高低对一个人能否取得成功也有着重大影响作用,有时其作用水平甚至要超过智力水平。

那么情商和智商的区别到底体现在何处? 首先,情商和智商反映的是完全不同的心理品质。智商主要表现人的理性能力,情商则反映人类个体把握和处理感性问题的能力。其次,情商和智商的形成基础不同。智商与情商的形成都与遗传因素和环境因素相关,70%—80% 的智力差异都源于遗传基因,但情商受遗传因素的影响和控制则相对小得多。再次,情商和智商的作用不同。智商的作用主要在于运用逻辑思维能力和表述事物语言能力,而情商

---

①　丹尼尔·戈尔曼,哈佛大学心理学博士,也是美国时代杂志(Time)的专栏作家,曾任教于哈佛大学,专研行为与头脑科学,撰写的作品多次获奖,现为美国科学促进协会(AAAS)研究员,曾四度荣获美国心理协会(APA)最高荣誉奖项,20 世纪 80 年代即获得心理学终生成就奖,并曾两次获得普利策奖提名。此外还曾任职《纽约时报》12 年,负责大脑与行为科学方面的报道;他的文章散见全球各主流媒体。撰写的作品多次获奖,其中包括美国心理学协会授予的终生成就奖。他以主张情商应该比智商更能影响成功与否的《EQ》(情商)一书,成为全球性的畅销作家。

则主要与非理性因素有关,它影响着人类认识环境和实践活动的能力。

在《情商:为什么情商比智商更重要》一书中,丹尼尔·戈尔曼将情商归纳为以下几个方面的内容:一是认识自身的情绪。因为只有认识自己,才能成为自己生活的主宰。二是能妥善管理自己的情绪。也就是说能做到自己调控自己,这一点是以准确认识和把握自身情绪为前提的。当然,这不仅仅是对消极情绪的管理和制止,有一些过度积极的情绪体验对个体的利益和发展也是不利的,"乐极生悲"表达的就是这个意思。因此,管理情绪是要正确并充分地利用人的主观能动性对不良情绪或不利情绪采取及时地抑制。三是自我激励。这是在管理情绪的基础上对个人提出的更高要求。同管理情绪一样,自我激励也要求个体对主观能动性的正确利用,但区别在于自我激励不仅要求个体能及时阻止不良情绪蔓延,还要做到将其转化成为对个体有利的积极情绪,并间接影响个体行为,使其向着健康、有利的方向发展。良好的自我激励能力能够使人走出生命中的低潮,重新出发,这是使人成功的重要因素。四是认知他人的情绪。这可以帮助个体良好、适度地把握和控制言语和行为,是实现与他人正常交往,顺利沟通的基础。五是人际关系的处理。这是人存在于世不得不面对的问题。人是社会的人,人不可能脱离社会而独立做事。在人际关系日趋复杂,团队意识深入人心的现代社会,一件事情的成功与否很有可能与人际关系的处理直接相关,因此人际关系的良好处理可以大大提高一个人成功的概率。

既然情商能对一个人的为人处世产生如此大的影响,甚至间接决定一个人取得成就的大小,那么一个人情商的高低到底如何确定呢? 它是否又能准确的表达?

其实,情商的水平不像智力水平那样可以用测验分数较准确地表述出来,它只能根据个人的综合表现进行判断。情商水平高的人一般具有以下的特点:社交能力强;外向而愉快;不易陷入恐惧或伤感;对事业较投入;为人正直;富有同情心;情感生活较为丰富但不逾矩;无论是独处还是与许多人在一起时都能怡然自得。是否情商的高低完全来自天生,后天无法改变呢? 虽然情商也受到遗产因素的影响,但其形成的基础受后天因素的影响更大。所以我们才会看到不同国家和不同民族的人群,由于受不同的文化和特定社会环境的影响,最终形成了风格迥异的情感表达方式和性格品质特性。专家们同时认为,情商形成于婴幼儿时期,成型于儿童和青少年阶段,一个人是否具有较高的情商,和童年时期的教育培养有着密切的联系。因此,情商并非无法改变,但培养情商应从小开始。

曾经有人总结过微软亚洲研究院"天才们"的成功之路,认为以下几个方面的情商培养对他们的成功起到了至关重要的作用:

1.家庭环境有着重要影响。在调查的30个成功人士中,父母为教师的有十多个,远远超出了社会平均水平。这些被调查者都无一例外地认为,宽松的家庭环境和融洽的家庭关系对成长起着至关重要的作用。

2."少小离家"的经历培养了他们独立自主的能力。如李开复[①] 11 岁离家,沈向洋[②] 11 岁离家,张亚勤[③] 12 岁离家,等等。

3.上学期间,他们没有一个人是第一名,一般在第 3 名到第 10 名之间,而他们对名次也并不在意。

4.他们用在背诵课本和做习题上的时间很少,大部分在中学和大学期间拥有广泛的兴趣爱好,而不只是满足教学大纲的要求。

5.30 个人中有 28 个人出生在平常家庭,其中 22 个人出生在小城小镇,另外两个虽然有较为富裕的背景,但在童年阶段也经历过家庭不景气的磨炼。

6.他们都经历过一个"开窍期"。在此之前,他们全都没有承受过来自外界的压力;在此之后,他们全都在内心中增加了对自己的压力。所谓"开窍期"是从混沌到自觉、从不成熟到成熟的飞跃性转变,但这个转变并不像父母

---

① 李开复,一位信息产业公司的执行官和计算机科学的研究学者。1998 年,李开复加盟微软公司,并随后创立了微软中国研究院(现微软亚洲研究院)。2005 年 7 月加入 Google(谷歌)公司,并担任 Google(谷歌)全球副总裁兼中国区总裁一职。2009 年 9 月宣布离职并创办创新工场任董事长兼首席执行官。

② 沈向洋,现微软全球资深副总裁。沈向洋是美国电气电子工程协会院士(Fellow of IEEE),微软亚洲研究院创始人之一,现兼职于国内多所著名高校(清华大学、北京大学、浙江大学、上海交通大学、北京理工大学、华中科技大学等)和中科院客座教授及博士生导师,还兼任多本权威学术杂志编委。

③ 张亚勤,数字影像和视频技术、多媒体通讯方面的世界级专家。微软亚洲研究院创始人之一,现任微软公司全球资深副总裁、微软亚太研发集团主席,负责微软在中国和亚太地区的科研及产品开发的整体布局。

们所期望发生在中学时期,几乎全都发生在大学二年级或是三年级。而大多数父母和老师都把经历集中在孩子的中学时期,这恰恰是孩子尚未"开窍",心里有些呼吁逆反的阶段,等到孩子上了大学,心理和生理承受更大压力的时候,我们的教育反而对他们降低了压力。

天才都是教育出来的,但教育的方法不同会导致结果不同。用我国社会系统专家江晗①的"双着迷"来解释,就是让每一个人都拥有最为之着迷的事业,让每一项事业都拥有最为之着迷的人才。

大多数家长都以外聘家教的方式来提高孩子的学习成绩,却不知道真正的学习应该是启迪孩子心灵的觉悟,真正的教育应该是教育孩子的情商。孩子自己开窍了,他会主动积极地去学习;孩子没有开窍时不管怎么教,也都是消极被动地去接受。这些被称为"天才",并取得了瞩目成就的人,他们的智商和经历都和普通人类似,那么,他们之所以成功的秘诀是什么呢?情商!他们和其他孩子不同点在于成熟得早,情商比较高,而这情商源于小时候的经历或是父母的教育,使得自己的独立能力早早就得到了有效地锻炼,从而使他们在自己的人生目标和做人方法上有了更加明确的主张,知道自己在做什么以及要成为什么样的人。一般学生学习的目的是为了考试,而他们开窍之后,学习目的更多的是为了享受学习,而不仅仅是完成学习。他们是把学习当成了自己的一个兴趣,找到自己的兴趣点,逐步深入最终取得事业上的成功,这就是情商在现实生活中最典型的体现。

情商代表着与人交往、相处、沟通等多方面的能力。这些能力都是非常重要的,特别是得到别人信任的能力,因为信任需要很多时间来培养,但犯一次错就可能将其毁于一旦。一个情商高的人,往往因其具有极强的自我管理能力和交际能力,颇具人格魅力,能得到上司和下级的一致认可,且易使人产生信任感,对自身的职业发展大有裨益。一知名咨询公司曾做过调查,结果显

---

① 江晗,女,社会系统工程专家组成员,北京实现者社会系统工程研究院人才系统工程专家,中国领导层系统思维国际研究计划成员,社会系统工程网指导委员会委员;曾任中央政法管理干部学院法治系统工程中心人才系统工程项目组成员、特聘研究员,社会系统工程专家组学术助理、北京实现者社会系统工程研究院学术助理等职。

示,一个人的智商和一个人的情商对他的工作上的贡献度,情商至少是智商的两倍以上。而且越往高阶层走,越到公司上层领导的位置,情商的贡献常常更重要,比例是 1∶4 到 1∶6 之间,所以有这样一种说法——成功人士都是高情商的人。

炼就卓越情商

众所周知,美国第 16 任总统亚伯拉罕·林肯被称为"伟大的解放者"。他领导了美国南北战争,颁布了《解放黑人奴隶宣言》,维护了美联邦的统一,为美国在 19 世纪跃居世界头号工业强国开辟了光辉道路,使美国快速进入经济发展的黄金时代。然而就是这样一位伟大的人物,却出身贫寒,一生历尽坎坷。林肯仅接受过 18 个月的非正规教育,9 岁丧母,但继母对他非常照顾,视若己出,林肯也非常的敬爱继母。25 岁以前,林肯没有固定职业,四处谋生。他一生共经历了 11 次被雇主辞退,两次生意失败,就任总统初期在战事上也连连败退。但林肯并未退缩,反而越战越勇,终于统一南北,成为美国人民心目中最伟大的总统之一。

是什么使林肯在一次次地遭遇了失败与挫折后,仍然不言放弃,百折不挠?靠的就是在良好的家庭氛围和长期艰苦磨难中练就的卓越的情商。

好莱坞电影人物阿甘也是一个很好的例子。在正常人看来,小时候的阿甘是一个行动不便、智商低下的"残废"。没有学校愿意接受他,也很少有人愿意接近他。然而就是这样一个智商只有 75 分的大家眼中的"低能儿",却凭借他的执著、善良、诚实、勇敢,成就了美国人民心目中的英雄形象。

虽然这仅仅是荧屏上的一个感人的故事,但却恰恰印证了丹尼尔·戈尔曼的观点:智商的高低并不直接决定人生的成败,不凡的情商魅力才更加重要。

对于我们来说,并非每个人都具备如此的情商魅力。但是若想情商能在成功之路上助自己前行的更远一些,学会控制自己的情绪就显得尤为重要,这也是一门很高深的学问。

基辛格 1923 年生于德国的一个犹太人家庭。1938 年因逃避纳粹对犹太人的迫害,随父母迁居纽约。在 20 世纪 30 年代的纳粹大屠杀中,基辛格至少有 13 个亲戚被送进了毒气室。这场历史灾难也对基辛格日后哲学观点和性格特点产生了极大地影响。后来美国卷入了第二次世界大战,基辛格应征入伍,并被派往德国。在任职期间,基辛格克服了内心极大地悲痛和对德国人的报复心理而谨慎地使用了自己的权力。这个经历直接改变了基辛格的命运,使其成为美国外交界和政坛上的伟大人物。

正是对自身情绪的卓越的控制能力,彰显了基辛格伟大的人格魅力,也是日后成就其政坛地位的重要因素。忆往昔,抗日战争时期,我们的党员同志强忍着失去战友的悲愤心情,对日本战俘采取了最人道的待遇,并积极争取化敌为友,不仅深深感化了一大批日本士兵,同样彰显了中华民族的博大胸襟,也为日后抗日战争的胜利和新中国的成立奠定了坚实的基础。

美国一位来自伊利诺伊州的议员康农在初上任时就受到了另一位代表的嘲笑:"这位从伊利诺伊州来的先生口袋里恐怕还装着燕麦呢!"

这句话的意思是讽刺他还没有挣脱农夫的气息。虽然这种嘲笑使他非常难堪,但也确有其事。这时康农并没有让自己的情绪失控,而是从容不迫地答道:"我不仅在口袋里装有燕麦,而且头发里还藏着草屑。我是西部人,难免有些乡村气,可是我们的燕麦和草屑,却能生长出最好的苗来。"

康农并没有恼羞成怒,而是很好地控制了自己的情绪,并且就对方的话"顺水推舟",作了绝妙的回答,不仅自身没有受到损失,反而使他从此闻名于全国,被人们恭敬地称为"伊利诺伊州最好的草屑议员"。

有的人在与人合作中听不得半点"逆耳之言",受不了半点儿委屈,只要别人的言词稍有不恭,不是大发雷霆就是极力辩解,其实这样做是不明智的。这不仅不能赢得他人的尊重,反而会让人觉得你不易相处。采取虚心、随和的态度将使你与他人的合作更加愉快。

我们在与人相处时,不可能事事都一帆风顺,不可能要每个人都对我们笑脸相迎。有时候,我们也会受到他人的误解,甚至嘲笑或轻蔑。这时,如果我们不能控制自己的情绪,就会造成人际关系的紧张,对自己的生活和工作都将带来很大的麻烦。所以，当我们遇到意外的沟通情景时，就要学会控制自己的情绪，轻易发怒只会造成反效果。

凡是允许其情绪控制其行动的人都是弱者，真正的强者会迫使自己控制情绪。一个人受了嘲笑或轻蔑，不应该窘态毕露，无地自容。如果对方的嘲笑中确有其事，就应该勇敢地承认，这样对你不仅没有损害反而大有裨益；如果对方只是横加侮辱，且毫无事实根据，那么这些对你也是毫无损失的，你尽可置之不理，这样会越发显现出你的人格魅力。

一个人的心情、心境不好，主要是不良情绪作祟。自控力强的人，掌握着情绪；自控力弱的人，情绪掌握人。掌握情绪的人是智慧型的人，是成熟的人，他们都有一些对不良情绪进行自我调控的非常有效的方法。

自我安慰法。很多女人都有这样的体会：遇到什么烦心事儿，别人不劝的时候，并不会再引起情绪激动，当别人劝说的时候，反倒更加激动，生出许多的新的情绪来，东拉西扯又思考出很多的枯枝烂节，甚至大哭起来。其实，自己安慰自己倒是一种情绪调控的明智之举。

在现实生活中，我们常看到这样的情形：两个人在大街上因为一点小事吵了起来，本来可以彼此道歉，心平气和，一说了之。可是围观的人中就有不怕事儿大的，好像是在劝说："算了吧，看你的小样儿，你也打不过他，吃点儿亏算了，吃亏是福。""我看这事不是你的错，看你长得膀大腰圆，好像有些怕他。"于是围观的人就会看到火上浇油的效果，两个人的情绪都被调动起来……结果是两人大打出手，头破血流。如果两个人有一个人能后退一步，安慰自己：谁还不会犯个错，有什么大不了的……那就会息事宁人，皆大欢喜。

语言暗示法。无论自己的情绪如何激动，把握情绪的适当程度就显得非常重要。这时，明智的人会在心里暗暗给自己打气：情绪过激会影响自己的工作、影响自己的为人；暴怒会产生不良的后果；得意忘形会有损身份，等等。应该"战略上要藐视，战术上要重视。"这其中的实质性问题便是尽快找到暴怒的放气阀，而不是随便扎破暴怒的气囊。让怒气慢慢地泄掉，而不是像爆炸了的气球——"粉身碎骨"。

环境变换法。环境对人的情绪、情感有着重要的影响力和制约作用。因此，变换一下环境能起到调控情绪的作用。当你情绪激动的时候,扭身走人,换个环境,就会产生意想不到的效果。俗话说,眼不见心不烦,深刻的道理就在这儿。

运动驱赶法。情绪会在人的运动中自然消失或衰退。当你情绪不好的时候,去户外慢跑或散步,等等,会使你的心情慢慢舒展,继而变得心情舒畅起来,不好的情绪被驱赶掉或大部分被驱赶掉。

驾驭情绪需要我们自身的努力,也需要别人的理解和配合。提高自控能力,做情绪的主人,就显得非常重要。一个人能否在复杂的人际关系中游刃有余,能否成功,情绪是一个不可忽视的问题。

能否很好地控制自己的情绪,取决于一个人的气度、知识、涵养、胸怀、毅力。历史上和现实中气度恢弘、心胸博大的人都能做到有事断然、无事超然、得意淡然、失意泰然。正如一位诗人所说:"忧伤来了又去了,唯我内心的平静常在"。

人贵自知之明

春秋时代越王勾践称霸一方,得力于两位身怀鬼才的谋士:范蠡和文种(又名文仲)。两人上知天文下识地理,满腹经纶,文韬武略,无所不精。当勾践战败于会稽山时,为了越国的东山再起,文种总结商周以来征伐的经验,向勾践提出讨伐吴九术:一曰尊天地,事鬼神;二曰重财帛,以遗其君;三曰贵籴粟缟,以空其邦;四曰遗之美好,以为劳其志;五曰遗之巧匠,使起宫室高台,尽其财,疲其力;六曰遗其谀臣,使之易伐;七曰强其谏臣,使之自杀;八曰邦家富而备器;九曰坚厉甲兵,以承其弊。

依此九术,文种留守越国主持国政,大力发展国内经济和人口;而范蠡事越王勾践奴役于吴国,苦身戮力,与勾践深谋二十余年,深获吴王夫差的信任而得以安全回国。全国在文种和范蠡的带领下厉兵秣马,假以时日竟灭吴以报会稽之耻。"吴王亡身余杭山,越王摆宴姑苏台",举国欢庆之时,范蠡不顾勾践"孤将与子分国而有之,不然,将加诛于子"的挽留,急流勇退,隐姓埋名于荒野,商以致富成名天下,成为儒商之鼻祖,尔后无疾而终。而文种继续留在越国为相,辅佐勾践称霸,最终却被勾践赐死,遗憾千古。

同样的两位谋臣,为了国家复兴而鞠躬尽瘁,为何结局却如此的不同呢?这无不令人联想到另一番情景,"蜚鸟尽,良弓藏;狡兔死,走狗烹。越王为人长颈鸟喙,可与共患难,不可与共乐。子何不去?"从范蠡给文种的书信中,可知范蠡清醒的认识到现在所处的环境和应扮演的角色,如此才得以自我保全而获得更大的成就,而文种却无法认识到这一点,以致招来杀身灭顶之灾。这种识别周围环境的能力,就是位商①。

再珍贵的宝贝放错了地方便是废物②。位商,是指人在一定水平的智商和情商的基础上,具有迅速且准确判断自身在周围环境中所处的地位,以及制定恰当的人生阶段或整体性决策的能力。每个人在特定的时间、特定的环境中,应该扮演的角色不同,应该时刻清醒地认识到自己该做什么、不该做什么,摆正自己的位置。在位商的概念中,有三个关键的问题,一是定位,二是决策,三是自身的提升。这三个方面相辅相成,缺一不可。

简单而言,一个人位商的高低取决于在处理某个问题时,是否能对这个问题做出准确的分析与判断,是否能在周围的大环境下对问题做出准确的定位,是否能根据自己的能力、拥有的人际关系对这个问题提出恰当、可行的解决方案,是否能在问题的解决过程中总结经验、收获资源和提升位商水平。在不同的场合、不同的环境,要把握好分寸,知道什么话该讲,什么话不该讲,在什么样的场面说什么话,对什么样的人该说什么样的话。

位商来源于丰富的社会阅历及经验,它同情商一样,能够对提升智力产生重要影响,尤其是在个人智力的综合判断能力方面。位商水平只有经过后天积极主动的专门训练和系统培养,才能在决策过程的不断循环中得以提高。提高位商,就是能够通过对自己智商和情商的综合把握,对事情乃至人生做出正确的决策。

就像高考报考院校一样,有些人自称非"985""211"的高校不上,给人的

---

① 笔者曾与苗治平副教授所著的《人生科学发展系统工程》一书中对位商有详细解说。
② 富兰克林曾经说过的话。

感觉是他很有魄力。可是结果呢,考完之后的高校才发现原来自己的能力有限,离人家的要求相差甚远,对自己能力评估过高;还有些人报考的只是普通院校,埋头苦学苦练自己的基本功,最终考到自己满意的院校。这就是对自己定位的不同造成的不同后果。

爱因斯坦在20世纪50年代曾经收到一封信,信中邀请他去当以色列国的总统。出乎人们意料的是,爱因斯坦竟然拒绝了。他说:"我的整个一生都在同客观物质打交道,因而既缺乏天生的材质,也缺乏经验来处理行政事务以及公正地对待别人。所以,本人不适合如此高官重任。"他的位商就很高,知道自己最擅长的是什么,总统这个职业对他而言既陌生又熟悉,还没有足够的能力来胜任,所以就婉言谢绝了。在他的心里有着这么一杆秤,时刻衡量着自己,所以才有了《非对称的相对论性理论》等专著、理论流传于世,而不是政治史上匆匆而过的阿尔伯特·爱因斯坦。

在江西庐山召开的中共九届二中全会中,未经组织同意,当时的二号人物林彪讲了近一个半小时的天才论,紧接着就抛出要设立国家主席的提议。而当时的会议并没有安排林彪讲话,演讲稿则是毛主席的秘书陈伯达起草的。林彪讲完后,毛主席按捺不住,严肃批评了他的秘书。虽然林彪和陈伯达的情商和智商都相当高,但是位商却不够高。在这个会议上没有安排他们讲话,他们却自作主张,发表言论。领导没有安排讲话你却跳过上级,讲了领导本应讲的话,这在机关单位是非常忌讳的,时刻明白自己所处的位子,为领导分忧,做好自己分内的事情才是职责所在。

2001年笔者担任西安市计划委员会高技术产业化发展处的处长,当时有一位年近60岁的副主任要退休。他毕业于北京大学经济学专业,自认为出身名门,工作会议中经常跃位领导发表言论,完全忽视他人的感受,对自己的定位牢牢停留在了名校学历上,并没有认识到每个人是在社会生活中快速成长起来的,学历仅仅是你踏入社会的一个敲门砖而已。这位副主任一直都没有意识到这个问题,直到退休后,给笔者写了一首诗,而诗词中明显表达他的定位意识不准确。其实,这个副主任对待自己的工作有一套办法,能力是不容置疑的。但是正由于他的脑中一直缺乏位商这个概念,所以一辈子在无更高层面的发展。他也是退休之后才明白这个道理,可惜时光不可逆转,过去了就再也找不回了。

古语有云"人贵有自知之明",每个人既要承认自己的能力,又必须看清自己的不足;既要清楚的认识所处的大环境,合理调节自身情绪,又必须善于利用周边所能利用的资源。这已经不仅仅是一种人生素质,更是时代所必要的工作准则。

俗话说:"见什么人说什么话。"说话要看对象,要看环境这是一个常识,也是一个原则。射箭要看靶子,弹琴要看听众,写文章要看读者,演戏更要看观众。你不能对每一种人都谈论同一件事。一个科学工作者,不会对生意的浮沉感兴趣。同样,一个生意人,对他谈哲学的大道理,他也不一定有兴趣。作为一个人生中的睿智者,要有正确的定位功能,灵活应对不同身份和不同层次的人。

美国前总统里根之所以在政坛上能够左右逢源,赢得国民的尊重,就是因为他深谙因人而异的谈话技巧之道。我们虽然不一定需要里根那样高的讲话技巧,但是能准确对所处的大环境审时度势,在恰当的场合对适当的人说恰当的话,这一技巧是非常有用的。应对不同身份的人,首先了解他们,把握他们各自的心理,用他们所欢迎的方式表述你的观点,这样才能收到双赢的效果。如若不然,就有可能犯"对牛弹琴"的错误。

孔子强调"君君臣臣父父子子",每个人在人生历程中都扮演着不同的角色,有着不同的身份,承担着不同的责任。如何才能扮演好这些角色,尽到不同身份下的责任? 在生活中,或者人生历程中,如何才能培养提升位商理念,明白在大环境下自身的优劣之处,以此正确定位自己,获得更加智慧的人生呢?

笔者一直致力于当代研究生的教育和成长研究,针对当前出现的各种问题和不良现象,提出了"研究生应注重处理好'五大关系'"及相关的建议和解决方法①。同样,这些关系和解决方法也能提升位商理念。

----

① 发表在《学位与研究生教育》2003 年第 5 期,题为《研究生应注重处理好"五大关系"》。主要是针对研究生的成长与成才,提出了当前研究生所面临的"五大关系",并给出了处理好这"五大关系"的思路、建议与方法。

端正定位心态

人生是社会的主题,社会是人生的舞台。人在学习、生活、工作中,不同时期会扮演不同角色,此时存在一个不得不面对的问题,如何才能演绎好这段人生,发挥潜能?

首先要重新定位,端正心态。每个人的社会存在会形成其自身的能量范围,借用物理学的概念,就是"势场"。社会生活当中存在着各个方面的"势场"集合,形成行政、学术、企业等各种圈层。但无论哪种圈层都有其特定的作用范围。圈层中的个人一旦进入新的圈层,就必须与周围的"势场"相适应,并克服随之而来的不平衡心态,端正自我的态度。以笔者供职的研究所为例,我所招录的研究生中,既有高校的应届毕业生,又有基层的普通员工、职业经理人、机关干部、甚至党政部门的高层领导。尽管这些研究生的生活阅历不同,社会身份不一,但他们进入高校进行学习的目标是一致的,所面临的向研究生身份的角色转换的挑战也是相同的。这意味着每个人从其他圈层进入学术圈层后,必须适应学术圈层的特性,即不管过去的身份如何,从现在开始必须以研究生的身份来要求自己,这就是重新定位。而在重新定位时,要克服功利主义动机,克服浮躁难安、唯我独尊的心理。

其次要明确主次,合理安排时空。与过去相比,现在社会的每个人承担了更多的社会、经济责任,这使扮演不同角色的他们在处理各种社会关系时,遇到了较多的矛盾。如何解决这些矛盾,从而在不同的角色中完美的处理各种社会关系呢?矛盾的解决需要明确各方面的主次先后,学会妥当安排、合理布局各项工作的时间与空间,使之衔接与协调。

人生的角色多种多样,不同时期和不同社会角色建起的社会关系也不尽相同,笔者此处以研究生的教育和成长关系研究为例来说明处理好关系是正确定位的关键。研究生应注重处理好以下"五大关系":

一、处理好"我"与他人的关系

很多人往往花费较少的时间与精力处理与周围其他人的关系,而把大量的时间与精力投入到个人的学习、研究等单一角色的扮演当中,不少人认为和其他人的关系无所谓,过得去就行。这就造成他们在真正需要别人的帮助时才会惴惴不安。

还有一些人,平时独立从事,在参与一些科研项目时也不愿与他人协作。这只能造成他们缺乏合作精神以及团队精神,严重时会导致学术封锁甚至相互拆台。实际上,在任何一项社会活动中都会涉及多种能力的培养,其中独立自学能力和与人交流合作的能力最为关键,而且,独立自学与学术上的交流合作是相互促进的。

二、处理好继承前人与发展创新的关系

要注重继承前人的基础,以发展创新为目的。任何理论学习和科学研究都是在细致、深入地探究和继承前人知识成果基础上再发展的过程。惟其如此,才能引发思考,理顺思维,使知识得以创新,科学向前发展。每个人要注重前人知识成果的继承和经验的积累,要以宽容的态度对待各家之说。继承和积累得越多,就越有可能形成新的思想,就越有可能提出新的问题。继承前人,并不是要盲目随从,而是要发展创新;尊重权威,并非要循声附会,重要的是吸取"精华"。要勇于解决前人所未解决的问题,努力为人类的知识大厦添砖加瓦。

三、处理好"专与博"、"精与广"的关系

要注重处理好知识积累过程中这两对之间的关系,这里的知识不仅仅指专业知识,更包括人际上、社会上等不同环境下各种形形色色的信息与资源。要注重专业知识,但不应该受其束缚,要能跳出专业学专业,由"专"到"博",开阔学术视野,而不"坐井观天"。要适时关注相关领域的最新发展,善于将其他领域的理论和方法拿来"为我所用",积极开拓新的研究领域、研究方向。只有在"博"的面的支撑下,才有"专"的点的深入。学习方法上要由"广"而"精"。广积累,不薄发,难以有创新;读死书,不思考,岂能有提炼?应该广泛涉猎,充分占有资料,只有把"精"建立在"广"的基础上,创新才会有强大的生命力。

四、其次要处理好知识积累与能力培养的关系

知识储备是创造活动的前提。一个人要能具备独立思考、分析和解决问题的能力以及科研创新的才智,这样才能掌握聪明才智和正确的科学观,才能抓住机遇早日成才。机遇是为有能力的人准备的,有能力的人必定是善于不断积累的人。"能量"储蓄的越久,爆发力越强。因此,"博于问学,明于睿思,笃于务实,志于成人"是有其深刻道理的。处理好知识积累与能力培养的关系,其目的是要做好储备,适应社会对人才的多样性需求。

五、再次要处理好付出与索取的关系

我国正处在社会转型期,物欲、享乐正对青年人产生越来越大的诱惑,这造成相当一部分人或恬淡无为,或浮躁不安,事不分巨细就想讲索取,在项目研究中也出现了"收入第一,安逸第二,事业靠边"的倾向。与此相伴随现象的还有,不少人认为自己的任务就是专业技能,专业知识的学习和科研能力的提高才是实实在在的方面,思想素质、政治理论修养、人际关系等则是无关紧要的"虚"的东西,而"德"则成了可有可无的词汇;更有甚者凡事就讲名图利,只顾一己之私,抛公于脑后。所有这些观念都是片面的、错误的,对一个人的成长与成才将是十分有害的。

每个人在面对德与才、名与利、公与私等问题时,应该把人生道路、政治方向、学术品格、意志品质等的培育作为重点,把强烈的历史使命感、自觉的社会责任心、不断进取的追求精神、认真严谨的治学态度以及造福人类和献身社会的服务意识结合起来,做到"做事"和"做人"的统一,成为一个德才兼备,淡泊名利,公而忘私,具有崇高人格感召力的高素养人才。只有处理好了德与才、名与利、公与私等问题,才可能在专业学习和科学研究过程中不断地完善自我。

而只想索取不愿付出,拈轻怕重、畏难求安,只能导致个人主义膨胀,造成应对逆境所必备的各种心理素养的缺失和立志献身科学的敬业精神和奉献精神的缺位。科学技术发展中的无数事实表明,科学家、发明家正是由于具有了无私奉献于人类科学的高尚精神,才具备了坚定的事业心和顽强的意志力,才能跨越失败的沟壑,矢志不移,锲而不舍,在崎岖的山路上奋力登攀,踏上一个

又一个的制高点。试想一个在科研道路上舍不得洒汗水、不愿意多付出、更不肯做奉献的人，怎么可能有丰硕的收获，又有什么东西让他索取呢？

三商有机融合

众所周知，智商可以帮助人们更好地认识事物。智商高的人，思维敏捷，适应力快，学习能力强，对事物的认知深，故而较容易在某专业领域取得杰出成绩，或成为某个领域的专家。陈景润的智商就非常高，他运用新的计算方法，攻克了德国数学家提出的"哥德巴赫猜想"难题，为世人所瞩目。

情商通过影响人的兴趣、意志、毅力，加强或弱化认识事物的驱动力，把握和调节自我和他人情感，在很大程度上能直接影响着人际关系。情商低的人，人际关系紧张，婚姻容易破裂，领导水平和组织能力不高；而情商较高的人，通常有较健康的情绪，有较完满的婚姻和家庭，有良好的人际关系，容易成为某个部门的领导人，具有较高的领导管理能力。

智商高的人情商不一定高。陈景润曾在研究"哥德巴赫猜想"时，因为一时想过了头，完全排斥外部世界拒绝与人沟通，经常独自苦思冥想，收效甚微，直到如梦初醒地走出误区，方才与和他有共同认识的人相互交流，最终获取成功。智商不高而情商较高的人，学习效率虽然不及高智商者，但有时能比高智商者学得更好，取得更大的成就，因为锲而不舍的精神使之勤能补拙。

位商能使你迅速且准确判断自身在周围环境中所处的地位，及时制定恰当的人生阶段或整体性决策，与智商、情商并非同步。陈景润虽然智商很高、情商稍低，但是位商非常高。自从获得成功后，国家曾多次表示希望让他当领导、当各种代表等，都被他婉言谢绝。他自认无法担当重任，只希望专心致意搞好自己的研究，做好本职的工作，给自己的定位非常明确。

智商、情商、位商有机地融合，人生才能保质保量的飞跃。现实生活中，究竟如何才能够很好地运用"三商"？准确把握"三商"的度呢？

全球最知名的咖啡连锁店——星巴克在近40年的发展历程中，所到之处所向披靡，无人能敌，一直牢牢占据全球第一连锁咖啡店的位置。

　　然而,2010年这个咖啡业的老大却在马来西亚和中国台湾首次遭遇强劲对手。这个对手也是一家咖啡连锁店,一年内在马来西亚开了110家店,三年内在台湾开了370家店。同样,在上海,16个月内就开了97家店,其平均开店的速度远远超过星巴克。更让人奇怪的是所开分店几乎店店赢利。仅台湾2010年全年的营业收入逾17亿元人民币,这个收入一举超越了在台湾有200多家门店的星巴克。在马来西亚,星巴克尽管采取了许多竞争措施也只能与它打个平手。

　　这家咖啡连锁店便是诞生于台湾的85℃。那么,85℃凭什么能与具有40年历史的咖啡巨头星巴克抗衡,甚至在中国台湾和马来西亚还打败了星巴克呢?

　　首先,聪明的85℃每到一个城市,首先摸清星巴克的具体位置。然后,星巴克开在哪里,它就开在哪里。为什么要这样做呢?常去星巴克的人一定都有喝咖啡的爱好,去的次数多了就会发现旁边新开的咖啡馆,出于好奇心就会不约而同地进去试一试。如此一来,85℃就省去了寻找市场、锁定喝咖啡的顾客群的环节,直接临星巴克而建;也不必大费周折做宣传,因为自以为是的星巴克已经做足功课了。

　　接下来,85℃使用的策略是:星巴克用什么咖啡豆、什么辅料、什么净水机、什么水,85℃也使用这样的原料,制作出来的咖啡口味跟星巴克的味道几乎一模一样,但价格却只是星巴克的1/3!而且店面简洁明亮,给人感觉品质高、有档次,顾客还有谁不愿意买吗?

　　也许你会问,这么便宜的价格,85℃靠什么来赢利?当然自有妙招,85℃引进五星级饭店的点心烘焙师作为主厨。当顾客进店购买咖啡的同时,映入他们眼帘的便是玻璃橱窗里摆放的各种各样精美面包和糕点,而且店内还张贴满了制作这些面包、糕点的厨师们的照片。每个厨师都有各种荣誉,什么世界面包冠军、亚洲糕点冠军、中国点心冠军,在这里都能找见,并且有权威部门颁发的证书为证。顾客看了不禁心中一震,可以花平民的价享受高级饭店的待遇,何乐而不为呢?于是乎把刚买咖啡省下来的钱全都用来买面包和糕点了,而这正是85℃所想要的。也就是说,85℃真正的利润点是在面包和糕点上,咖啡只是一个赠品。星巴克最大的赢利正品,在 85℃ 这里却变成了附属品。

此外,85℃ 还巧妙地打好了差异化这张牌。星巴克的咖啡之所以贵,是因为那里的环境好,咖啡是需要坐在咖啡店喝的。但是 85℃ 彻底颠覆了这个观点,因店内只有很少的几个座位,不仅节省了很大一笔的场地租赁费、装修置办桌椅费,以及服务员的员工费,而且可以把咖啡拿出店走着喝,这对于生活和工作节奏越来越快的现代都市人来说,显然是大受欢迎。

谁能说这里没有折射出三商的理念吗?用高品质低价格的咖啡来锁定目标客户群,用五星级的材料和厨师来制作出平价商品,将顾客从对手那里抢过来,然后再展开二次销售,从而获得利润,这种新型的商业平台和模式,便是 85℃ 打败星巴克的真正原因。如果 85℃ 开店团队没有塑造其特有的连锁商业模式,今天人们依旧只能选择星巴克;如果 85℃ 没有细心揣摩消费者心理,就不会因物美价廉而吸引更多的普通民众来消费;如果 85℃ 没有准确定位自己经营方式,一味地东施效颦,就不会在咖啡领域占有一席之地。

周恩来总理可以说是诠释三商融合的典范。他在沈阳读小学的三年中,学习成绩始终名列前茅,作文曾被送到省里,作为小学生的模范作文,还被编进两本书里。15 岁那年,以优异成绩考进天津南开中学。他以"为中华崛起而读书"为崇高理想,靠非凡的才能和无私博得了毛泽东信任,对毛泽东保持了真诚的尊重,却从不阿谀奉承。据记载,1949 年 12 月 6 日,毛泽东乘专列首次访问苏联,周恩来也随车同行。但是每次出行总跟在毛泽东之后,始终保持 2—3 米的距离,他的定位非常清晰。他担任了 26 年的国务总理,以敏捷的思维游刃于多变的国际环境,以聪慧的才智扭转微妙的处境,是"北京全天候人物,在党内最高层任职时间,比列宁、斯大林或者毛泽东还长①",备受国内外人民的爱戴。

一个人在做事时需要认真思考:哪些通过思考依托智力可以解决,哪些调动情绪就能办到,哪些需注意其所处特定的情境,唯有考虑周全才能事半功

---

① 摘自方钜成、姜桂侬《西方人看周恩来》,中国和平出版社 1989 年版,第 38 页。

倍,只有这样思考方能是将三商有效融合。

　　有人会提出除此三商外还有很多,如:逆商、德商、胆商、财商等,但仔细想想便会了解,三商的有效结合可以体现出以上各商的特性,故此处笔者主要谈论三商有效结合的效益。

　　对环境的熟知程度就如同一个木桶的盛水量,不取决于最长的那块木板(智商),而取决于最短的那块木板(情商、位商)。在决定一个人成功的要素中,智商只起大约20%的作用,而80%的因素则取决于情商和位商。这三商,在不同的阶段、不同的环境下、不同人的身上表现千差万别。智慧的人会学着用三商来剖析世界,借助这个充满弹性的跳板跳得更高更远。

第三章　提升能力　塑造自我

　　人的活动不仅创造了人的存在和人的世界,而且创造了人的进化发展方式,人的社会实践和社会关系以及由此决定的人的特性、能力是多层次,多角度的,人的能力系统作为一个整体,各种能力之间既是相互独立又相互制约、协调作用,具有整体效应。人的活动形式是多种多样的,对人的能力的要求也不一样。往往是某种活动的特殊性质要求人必须具备多方面的能力。譬如,作为一名国家领袖,在国家危急关头要具备机智、果断和勇敢等素质,既能避免国家动乱,又能稳定人心和社会;而在和平建设时期,又能够与周边国家建立睦邻友好关系,促使国家的政治、经济、贸易、国防、科技、文化、法制等朝着更加健康、稳定之路发展。作为一名优秀的公务人员,不仅要具备优秀的学习能力、工作能力、处理问题的能力等多方面素养,还要牢记党的宗旨,牢记为人民服务的宗旨,要不断地创新思维,释放思想,只有这样才能扮演好自己的人生角色,服务于社会、服务于国家、服务于民族。

　　能力的整体性要求人们在观察与发展能力时,着眼于人的能力整体性,将培养和提升整体能力作为出发点和归宿。那么,如何强化提升自己的整体能力呢? 依笔者看来,有以下六点需要着重把握,即辨识能力的培养、实干能力的历练、业务能力的精通、修养能力的熏陶、团结能力的技艺,以及领导能力的提升。

培养辨识意识

　　当人们寻找水草丰美、阳光灿烂的绿洲时,总会遇到许许多多的机遇和挑战,但你可知,哪些机遇需要把握?哪些机遇应当放弃?这就要求你具备持续的辨识能力!一切问题都需要辨识,辨识自己在环境中定位的能力、辨识自己身边资源可用性的能力、辨识自身发展机会的能力、辨识事情是否可行的能力、辨识未来自己承载的能力等。懂得辨识自己各方面的资源,不仅要善于辨识机遇,还要拥有抓住机遇与扎实肯干的能力。

生活中,总有人哀叹命运的不公,愤慨上天偏心没有赐予自己良好的发展机遇。其实不然,上天对待每一个人都是公平的,在给予别人机遇的同时,也在给予自己机遇。也许,那些机遇的到来并不是很明朗,或许是在你没有预料的情况下出现的。而此时,能否获得成功,关键就在于你是否具备捕捉机遇的能力。

有个人曾在洪水来临时,被困在了阁楼里。当洪水上涨到他周围时,他虔诚地祷告,希望上帝拯救他。"上帝会来救我的,"他对自己说。很快来了一艘船,船主喊这个人游到船边来。"别担心我",他说,"上帝会来救我的。"船上的人很不情愿地把船划走了。

洪水在继续上涨,并且很快就要淹过他的膝盖。不远处又来了一艘船,船上的救生员大声地叫喊这个人上船,但他仍然回答道:"上帝会来救我的。"他更加虔诚地祷告。就在洪水淹到他的下巴时,第三艘船划了过来,而且划到了他可以跳上船的距离,但这个人仍然大叫着说:"不要管我,上帝会来救我的。"那艘船也同样无可奈何地划走了。

几分钟后,洪水终于将他淹没。当他进入天堂之后,立刻要求见上帝,他谦恭地问道:"上帝,我在人间的工作尚未完成,你为什么不救我?"上帝一脸愕然,很纳闷地说:"哎呀,我还以为你想来这儿呢,我已经派三艘船去救你,可是你都放弃了,不是吗?"

机遇的每一次到来,都不会提前跟你打招呼,它总是悄悄地来,试图让你发现并抓住它。如果你是有心人,就应当理智地抓住它;如果你懵懵懂懂,机遇即使在眼前,你也会视而不见,眼睁睁地看它离去。生活中的很多人,对机遇总是抱着守株待兔的态度,等不到就开始怨天尤人,慨叹自己是上帝的弃儿,但实际情况却是太多的机遇就在等待的过程中与他们擦肩而过。

我国自 1985 年开始实行博士后制度,是邓小平同志根据李政道先生的建议,亲自决策创立的。那时正值改革开放的初期,大多数年轻人在下海经商的巨大浪潮推动下,选择了经商做买卖。而笔者根据自己特点决定潜心做研究,于 1995 年在西安理工大学从事博士后研究,如果说当时我国没有实行博士后制度,那我的这个想法也就无法实现。我们生活中,有些研究生,在同样的时间由同样的导师指导,为什么收获甚微呢? 主要原因就在于他们求学期间,没有把精力完全集中在学业上,而是被社会上一些暂时的名与利所诱惑,没有抓住在学校扎实认真的学习,提高自己的良好机遇,甚至最终导致无法完成学业。

机遇稍纵即逝,抓住了机遇就具备了成功的可能;如果抓住了机遇并付出努力,那就一定会有所成就。可努力也是需要长期坚持,一旦松懈将浪费时机,一事无成。如果意识不到身边的机遇,意识不到自己所拥有的资源和条件,总是抱着"面包会有的,天会晴朗的"这种侥幸心理,就会像没有头绪的蚂蚁一样,迟早丧生在暴风雨中。

此外,辨识自己是什么样的人尤为重要! 一个人不要想当然,不要过高更不要过低地估计自己。自己的一切成功都是在客观世界的推动下通过艰苦努力造就的;全都是组织、领导、老师对你的栽培和希望;全都是同学、朋友、同事等人对你扶持帮助的结果。

在人成长的大环境中,还要学会辨识哪些资源是有利于自己发展的;哪些人是自己可以依托和互相支持的;哪些是上进的力量;哪些是腐败的、落后的东西。眼睛要一直往前看,要善于把握自己在每一个时间段、每一个地理空间的每一个机遇。具备持续的辨识能力,方可摘取丰收的硕果。譬如上课,有的人自以为是,整天洋洋得意,认为自己智商高、记忆力好,觉得别人讲的自己听一听就可以了,不必过于认真,最终课程结束了,自己却一无所获,白白浪费了时间。

古谚语说得好:"机会老人先给你送上他的头发,如果你一下没有抓住,再想抓就会撞到他的秃头了。"不失时机地、准确地把握机遇,对于每个人来说都至关重要。抓住机遇的关键是要思维敏捷,善于捕捉,莫让它轻易溜走,否则将会一失"机"成千古恨。

有这样一个例子:在美国和英国,各有一家制造皮鞋的公司,分别派了一名推销员到太平洋的某个岛屿去开辟市场。他们俩上岛后,都于次日给自己的公司发回了电报。一份的电文是:"这座岛上没有人穿鞋子,我明天搭乘第一班飞机回去。"而另一名推销员却在电报中说:"好极了,这个岛上没有一个人穿鞋子,我将驻在此地大力推销。"敏捷的思维,特有的辨识能力,使后一个推销员看到了希望,让他有机会为公司开拓了新市场。

古希腊哲学家苏格拉底曾断言:"最有希望的成功者,并不是才华最出众的人,而是那些最善于利用每一时机发掘开拓的人。"在机遇面前,我们应该做一个强者,而不应做机遇的奴仆。当然,一个真正想成功的人,只求抓住机遇还是不够的,还应当学会去创造机遇。

能够主动创造机遇的人是这个世界上真正的强者。英国著名科学家法拉第①是伦敦贫民区一个穷铁匠的儿子,他只上过几年学,并做过几年报童,13岁起在钉书店当学徒。他酷爱读书,从自己微薄的工资收入中挤出钱来拼凑出简陋的实验室,在业余时间进行一些简单的实验。20岁时,有一位顾客送给他英国著名化学家戴维②几次讲演的入场券,他才得以有机会聆听皇家研究院院长的讲演。在听完讲座后,法拉第将戴维这些演讲的记录进行了整理,将其装订并到皇家研究院送给戴维,同时请求参加戴维实验室的工作。戴维此时正好缺少一位助手,不久他就雇用了这名申请者。最终法拉第成为英国19世纪最伟大的实验物理学家、皇家研究所所长。

当时,一个贫穷的装订工能听到著名科学家的讲演确实是难得的机遇,但若法拉第没有平常积累的能力,没有主动去皇家研究院找院长自荐,这个机遇又有什么价值呢?

---

① 迈克尔·法拉第(Michael Faraday,公元1791—1867),英国物理学家、化学家,也是著名的自学成才的科学家。生于萨里郡纽因顿一个贫苦铁匠家庭。仅上过小学。1831年,他做出了关于力场的关键性突破,永远改变了人类文明。1815年5月回到皇家研究所在戴维指导下进行化学研究。1824年1月当选皇家学会会员,1825年2月任皇家研究所实验室主任,1833—1862任皇家研究所化学教授。1846年荣获伦福德奖章和皇家勋章。

② 汉弗莱·戴维(Humphry·Davy),是英国化学家,煤矿安全灯的发明者。

　　能够主动发现机遇,抓住机遇,创造机遇的人,往往都具有敏锐的洞察力和预测能力。在一开始的时候,我们不一定能够具备这些能力,但是我们至少要有这种意识。

　　还有一点至关重要的就是:一味等待好机遇来临才做事的人,永远不会成功! 比如在美国的很多大学里,经常会举办一些讲座,听讲座的同学总是拿一张写有自己名字的硬纸,中间对折一下,形成一个角度,使它可以立着,以便于讲演者想要进行提问时,能够看见,直呼其名。原因在于,演讲者很多都是华尔街或跨国公司的高级管理人员,再则就是所在行业的一流人物,如果你有幸被提问,而且回答令提问者满意或吃惊,你就很有可能因此而获得发展机会。这就是创造机遇的一种方式。毋庸置疑,在当今人才辈出、竞争日趋激烈的大环境下,机遇一般不会主动找到你。只有敢于表达自己,让别人认识你、关注你,才有可能寻找到机遇。被誉为“世界上最伟大推销员”的乔·吉拉德①,总是随身带着名片,见人就递上一张,或者在观看体育比赛过程中,当观众为运动员的精彩表演而起立欢呼时,他就掏出一摞名片随手撒出,以便为自己创造更多的机遇。

　　归根结底,机遇犹如一位美丽而性情古怪的天使,她倏忽降临在你的身边,如果你稍有不慎,她又翩然而去,不管你如何悲苦叹息,她却从此杳无音讯,一去不复返。有的人在机遇失去后才顿足扼腕,那他只能是个十足的失败者。而有的人却懂得机遇稍纵即逝的道理,因而能及时把握住它,最终打开通向成功之门,达到心想事成的境界。

　　然而,当机遇确实从你鼻子底下溜走时,你只会埋怨指责,甚至消极沉沦是不对的。重要的是要认识到只要努力机遇总会有的,错过了一次机遇,追悔惋惜无济于事,倒不如静下心来,积聚力量去等待、调整思路捕捉新的机遇。昨天的机遇虽永远逝去,但新的机遇、新的希望仍会不断呈现在你的面前。要

────────────

　　① 乔·吉拉德,(原名约瑟夫·萨缪尔·吉拉德,Joseph Samuel Gerard,1928 年 11 月 1 日出生于美国密歇根州底特律市),是美国著名的推销员。他是吉尼斯世界纪录大全认可的世界上最成功的推销员,从 1963 年至 1978 年总共推销出 13001 辆雪佛兰汽车。连续 12 年荣登世界吉尼斯纪录大全世界销售第一的宝座,他所保持的世界汽车销售纪录:连续 12 年平均每天销售 6 辆车,至今无人能破。

知道,春天过去了还有夏天,太阳落下了还有月亮,别人对你关上了门,上帝还会为你打开一扇窗。只要始终不放弃努力,机遇终将会向你招手!

就像马克思所说:"人只有把自己同时代人的完善,为他们的幸福而工作,他才能达到自身的完善。"每个人也只有把自己投身于社会,融入社会,为社会服务,将自己的所学所得奉献于社会,社会才得以进步。当今社会,知识更新换代的速度正在加快,对个人的要求也越来越高,唯有保持个人的成长与社会的发展共同进步,才能在这个瞬息万变的世界立于不败之地!

历练实干精神

萨迪[①]说,"有知识的人不实践,等于一只蜜蜂不酿蜜"。

毛泽东说,"只有人们的社会实践,才是人们对于外界认识的真理性的标准。真理的标准只能是社会的实践"。

古人云:"天下事有难易乎? 为之,则难者亦易矣;不为,则易者亦难矣。"笔者认为,人们所遇到的大多数困难均是常规困难。常规困难是人生必须面临和经历的,我们要有克服常规困难的本领,因此就要求我们必须具备有效的实干能力。清代学者陈廷敬曾说:"与其言而不行,宁行而不言。"事情都是做出来的,不是写出来的,也不是说出来的,秀才做而论道终究成不了天下。海尔总裁张瑞敏[②]说:"什么是不简单? 把每一件简单的事做好就是不简单;什么是不平凡? 能把每一件平凡的事做好就是不平凡。"古人云:"勿以善小而不为,勿以恶小而为之"。切莫因为生活细节的微不足道而不屑一顾,若对待小事都不认真,那对待大事的态度也就很难说了。事实上,完善生活细节也就是在完善自我的品格与生活态度。只要是在自己能力范围内想做的事情,通过努力都能实现,但是要想将一件事情做好,就不是说一说那么简单

---

① 萨迪(Sa'di,Moshlefoddin Mosaleh,1208—1291)全名为谢赫·穆斯列赫丁·阿卜杜拉·萨迪·设拉子依,波斯(现伊朗)诗人。他与菲尔多西、沙姆思·哈菲兹被称为中古波斯的三大诗人。

② 张瑞敏,男,汉族,1949年1月5日出生,山东省莱州市人,高级经济师,1995年获中国科技大学工商管理硕士学位,现任中共第十七届中央委员会候补委员、海尔集团董事局主席兼首席执行官。

了。笔者常意识到："想做的事情总有办法，不想做的事情总是有理由。"因此，当我们面对每一件事情的时候，一定要沉下心来，扎扎实实，一步一个脚印，最终才能高质量、高标准、高效率的完成，这样你所做的一切才会得到他人的尊重。

相反，我们周围的有些人总是夸夸其谈，嘴上说得头头是道而又不去实干，最终一事无成；有的人浪费很多时间却没有获得实际效果，这都是缺乏有效实干能力的表现。同样，一个社会的繁荣发展，也必须崇尚实干、讲求实效。

大文豪马克·吐温①曾多次下海经商。第一次他投资打字机行业，因受人欺骗，亏损 19 万美元；第二次创办出版公司，由于不善经营，又亏损 10 万美元。两次亏损近 30 万美元，不仅自己多年积攒的稿费赔了个精光，而且还欠了一屁股债。马克·吐温的妻子奥莉姬深知丈夫缺乏经商的头脑，但在文学创作上有极高的天赋，便鼓励他重振旗鼓。终于，马克·吐温在妻子的鼓励下创作了诸如《密西西比河的旧日时光》、《卡城名蛙》、《傻子旅行》、《艰苦岁月》等巨著，在文学史上取得了辉煌的成绩。如果马克·吐温没有实干精神，那么他就不可能在文学创作上有所成就。

在笔者多年的工作教育经历中，曾有研究生给导师写信，说自己很辛苦，每天在忙很多事情，难以抽出时间放在学习研究方面。但是，笔者认为，既然选择了学术这条道路，那就要闯出属于自己的一番天地，没有破釜沉舟的实干精神是万万不行的。导师与研究生是师生关系，我国实施硕士生、博士生导师负责制，老师关心的是如何尽到自己的责任和义务，但研究生亦应尽到自己的责任。有的学生做事情往往半途而废，没有效果，实干精神非常欠缺。研究生如果最终无法完成学业不仅是学生的失败也是导师的失败。学生可以选择放弃学业但作为导师不可以放弃任何一位学生。

────────────

① 马克·吐温，原名萨缪尔·兰亨·克莱门（Samuel Langhorne Clemens）（射手座）是美国的幽默大师、小说家、作家，也是著名演说家，19 世纪后期美国现实主义文学的杰出代表。2006 年，沃伦被美国的权威期刊《大西洋月刊》评为影响美国的 100 位人物之一（名列第 16 位）。

在马尔科姆·格拉德威尔①所著《异类:不一样的成功启示录》一书中告诉我们:每个了不起的大师都是经过差不多一万个小时的练习才最终成功的。莫扎特至少练习了一万个小时钢琴才成为杰出的音乐家,比尔·盖茨至少练习了一万个小时编程才取得成功。千万不要浮躁,不要认为可以侥幸得到成功。那种侥幸的成功即便得到了,可能也是短暂的;就算不是短暂的,也是廉价的。可见,没有实干精神是万万不能的。

从2001年起,笔者所在的西北工业大学资源与环境信息化工程研究所每年暑期都组织有声有色的集体社会实践活动,且每年各具特色,成果显著,收效甚大,受到了共青团中央及学校的一致好评。深入社会是全面提升研究生综合素质和创新能力,增强研究生社会责任感,提高研究生培养质量的重要途径之一,在研究生培养中扮演着极其重要的角色。社会实践是研究生接受锻炼、增长知识、施展才华的广阔舞台,也是更好地将科技创新成果与社会实际需要结合起来的重要途径。同时,社会实践活动也为发现问题、知识应用提供了最佳的场所与途径。正是因为有了这样与社会亲密接触的机会,学生才得以经受锻炼,增长才干。社会实践活动传承了奉献精神,培养了团队合作意识,提升了创新能力,增强了学生自身的历史使命感和社会责任感,也为促进地方经济发展发挥了积极的作用。

实干能力需要历练,但在这过程中不能一味地为了达到自己的目标而好高骛远,被名利拖累。在创新工场②,有一个团队的负责人叫小冯(化名),美国名校毕业,才华横溢,对技术、产品都很精通,口才也非常好,被团队一致推为领导者。同时他在业界也小有名气,得到不少外界的认可和同龄人的追捧。但他非常浮躁,认为自己什么都懂全会,可以驾驭整个团队,可以独立做商业

---

① 马尔科姆·格拉德威尔,被《快公司》誉为"21世纪的彼得·德鲁克",曾是《华盛顿邮报》商务科学专栏作家,目前是《纽约客》杂志专职作家。2005年被《时代》周刊评为全球最有影响力的100位人物之一。

② 创新工场,由李开复博士创办于2009年9月,是一家致力于早期阶段性投资,并提供全方位创业培育的投资机构。其宗旨是培育创新人才和新一代高科技企业,通过针对早期创业者需求的资金、商业、技术、市场、人力、法律、培训等提供全程服务,以帮助正在创业中的公司顺利启动、快速成长、逐步走入正轨。

计划。他认为凭他拥有的能力，能快速成功或者快速出名。结果，他把更多的时间花在怎么出风头上，而不是脚踏实地把产品做好。最后，团队的产品做得非常糟糕。团队成员一个接一个离开，最后他自己也不得不离职。很不幸，一个完全有机会成功的人才，因为缺乏实干能力而功亏一篑。

中国乒乓球奥运冠军邓亚萍，身高仅有 1.5 米，26 个英文字母认不全，但她却以勤能补拙的精神，从 16 岁起屡夺世界冠军，退役后仍坚持学习，先后取得清华大学学士学位、诺丁汉大学硕士学位、哈佛大学博士学位。如果没有把理想付诸行动的精神，退役后就坐享其成，那么她的生活可能就是另外一番景象了。

笔者所在的研究所于 2008 年承担"陕西省环境承载力"项目研究，前期研究阶段时间过半，项目组成员却整天纠缠于个人利益，没有踏踏实实静下心来做研究，导致研究成果几乎无法展示，这是个惨痛的教训！后期由于及时认清错误，吸取前期经验教训，团队成员都沉下心来研究自己承担的任务板块，定期对成果进行阶段性汇报，最终项目得以顺利结题。并被中国工程院、国家环保部高度认可，研究所也被授予优秀科研团队的称号。

相反，有些人喜欢沾沾自喜，觉得自己很了不起。要知道人的崇高是要经过历史和实践的考验，并非自吹自擂，更不是想当然。在参加课题组工作时，不要自以为是，不要想当然，不要认为成绩都属于自己。每位课题组成员作出了多大贡献，课题组组长作出了什么样的贡献，每个人心中都有一本账。每个课题结束时，大家要反思：集体付出了多少，自己付出了多少，自己获得的荣誉和付出是否相当。

扎实有效的实干能力，不仅是一种工作作风，更是一种积极的工作态度。一个人的工作态度折射着人生态度，而人生态度决定着一个人一生的成就，一个人成就的大小又决定了他社会地位的高低。

因此，每个人都应该珍惜机会、珍惜手头现有的资源，摒弃任何不切实际的想法，扎扎实实静下心来，通过实干能力的历练，提升自己的学术素养，夯实自己的理论功底，实现自己的人生梦想。

精通业务能力

"金玉其外,败絮其中"——刘基①。一个人图有华丽的外表是不可取的。

每个人在社会中生存都要有过硬的业务能力,即发现问题、分析问题、定位问题、思考问题、解决问题的能力和有效驾驭问题、处理问题的能力,这是必须积淀的一种能力,是一种高超的技能。不论你在社会中扮演什么样的角色,都要具有扎实的业务能力,这样你的工作才有保障。雁过留声,人过留名。有时候很小的一件事情就能够看出你应对突发事件的能力。要想在社会中生存,自身就得有过硬的业务能力。

2002 年笔者在中共陕西省西安市委工作期间,曾有一段时间会场纪律是最让人头疼的问题。迟到早退、随便出入、交头接耳、接打手机屡禁不止,甚至还有未经同意擅自安排他人代替参加会议的。以往的办法也实行过,但都收效甚微,参会的都是领导干部,相关规定对他们而言可有可无,最终都是不了了之。后来,市委主要领导要求严格整改会场纪律,这才专门组织研究解决这个问题。在征求了与会者的意见后,建立了会议请假审批制度、会场纪律通报制度、明确了会议仪容仪表要求、设置了会议间歇休息时间、配置了会场电子屏蔽系统实现了会议内容电子幻灯演示。每次会议结束后都会对会议纪律情况,特别是涉及违纪的部门和个人予以通报,并将此纳入全年部门绩效考核体系。自此,会风得到了彻底改变,会场纪律也得到了很大改善,同时也提升了处理类似问题的能力。

想做大事的人太多,而愿把小事做完美的人太少。一个做事不追求完美的人是不可能成功的,而要做事完美,就必须注重细节,因为有些事情往往是细节决定成败。我们都很佩服周恩来总理的胆识和谋略,他那种关照小事、成

---

① 刘基,字伯温,谥曰文成,元末明初杰出的军事家、政治家及文学家。其以辅佐朱元璋完成帝业、开创明朝并尽力保持国家的安定而驰名天下,被后人比作诸葛武侯。

就大事的本领,更值得我们学习和借鉴。1972 年 2 月 21 日,在美国总统尼克松访华期间的欢迎晚宴上,周恩来亲自为乐队挑选了晚宴上演奏的乐曲。尼克松说:"我相信,他一定事先研究过我的背景情况,因为他选择的许多曲子都是我所喜欢的,包括在我的就职仪式上演奏过的《美丽的阿美利加》"。在来访的第三天晚上,客人被邀请去看乒乓球和其他体育表演。当时天已下雪,而客人预定第二天要去参观长城。周恩来得知这一情况后,离开了一会儿,通知有关部门清扫通往长城路上的积雪。周恩来做事精细的同时,对工作人员的要求也十分严格。他最容不得"大概"、"差不多"、"可能"、"也许"这一类字眼。有次在北京饭店举行涉外宴会,周恩来在宴会前了解饭菜的准备情况,他问:"今晚的点心什么馅?"一位工作人员随口答道:"大概是三鲜馅的吧。"这下可糟了,周恩来追问道:"什么叫大概? 究竟是,还是不是? 客人中间如果有人对海鲜过敏,出了问题谁负责?"周恩来正是凭着这种精细的作风,赢得了人们的称赞。

在古英格兰有一首著名的民谣:"少了一枚铁钉,掉了一只马掌,掉了一只马掌,丢了一匹战马,丢了一匹战马,败了一场战役,败了一场战役,丢了一个国家。"这是发生在英国查理三世的故事。查理准备与里奇蒙德决一死战,查理让一个马夫去给自己的战马钉马掌,铁匠钉到第四个马掌时,差一个钉子,铁匠便偷偷敷衍了事,不久,查理和对方交上了火,大战中忽然一只马掌掉了,国王被掀翻在地,王国随之易主。

百分之一的错误导致了百分之百的失败,一钉损一马,一马失社稷。一个做事不追求完美、不精益求精的人,不仅会断送自己的性命,甚至连自己的国家都会葬送。

历史的经验告诉我们,做任何工作都应该有严谨的态度和熟练的业务技能,并能够主动思考和解决工作中遇到的问题,这样才能将本职工作高效率、高质量地完成,才能算是一名合格的工作者。

笔者执教 20 余年,始终认为教师的业务素质关系学生的知识建构和个体素质的形成。作为一名教师要有扎实、广博、精深的专业基础知识,这是深入理解和进行科学研究,从事本学科教学的先决条件。"教师要有一桶水,学生才能有一碗水",这使我想起杜勃罗留波夫①说过的一段话,他说:"师生间最不幸的关系,是学生对教师学问的怀疑"、"没有金刚钻,不揽瓷器活"、"打铁还需自身硬"。所以我们要利用各种媒体如报刊、书籍、电视以及网络不断地充实自己。

因此,业务能力的高低是一个人在社会中生存的法宝,如果你没有一定的业务能力,那就好比士兵在战场上丢失了武器一样,必死无疑。

熏陶修养水平

随着电子、纳米技术、遗传工程等高科技的发展,我们的世界正在发生各种微妙的变化。可是人类自古以来得以立世的基本规则——诚实、守信、敬业、责任等,并没有随着瞬息万变的当代生活而发生根本改变,它们没有随着流行的时尚而大幅度摇摆,顶多只有少许的调整。

"修养"在一个人身上的体现,就是那个人的品质,一个人的优秀品质是成就他事业的基本前提,一个人的修养以及当下谈及的责任都是立品。立品是人生至高的境界,在物欲横流的今天,更需要这样一种高尚的情操,这是深层次的修养。人生的成功分两种:一种是真正意义上的成功,即合乎道德的成功;另一种是世俗的成功,即只追求功绩,却不顾道德的成功。成功与品德,就像矗立高耸的大厦与坚实牢固的地基。社会并不是按标签评价人的,一个人的表现折射出了其深层次的修养,这种修养往往通过一些小事就能得到充分体现。修养又包含了许多文化内涵,是人毕生应该追求的精神境界。

金庸的武侠小说《鹿鼎记》广为人知。小说中的主人公韦小宝是一位令很多人都羡慕的成功典范:身居高官显位、家有亿万资产、怀拥娇妻美妾。韦小宝本出身于勾栏之地,生长在烟花柳巷,身上颇具泼痞无赖之气,诡计刁钻,

---

① 尼古拉·亚历山大罗维奇·杜勃罗留波夫(николай але ксандрович добролюбов,1836 — 1861),19 世纪俄国著名的革命民主主义者和文艺批评家。曾在彼得堡中央师范学院学习,1857 年从中央师范学院毕业后参加《现代人》杂志的编辑工作。他在这个杂志上发表了一系列才华横溢的优秀论文,产生了广泛而深远的影响。

远非仁人君子之辈,但他有两点始终如一,就是他从未背叛过朋友和上司。对上司忠,对朋友义,正是这两点,让韦小宝无论在风云涌动的宫廷,还是在险恶难测的江湖,面对任何问题他都能够从容应对。按当时的标准来看,他最终取得了常人所能获得的最高成就。虽然在小说中,韦小宝并没有处处声明自己做事的这两个原则,但实际上他是这样做的,并且无论在任何困难复杂的情况下,他都毫不动摇的坚持了这两个原则。

品德的力量是无穷的,凡是取得成功的人士终究都是做人的成功。“仁者乐山,智者乐水。”品德是一个人立世、成功的根基,如果你做人失败,那恐怕你成功的机会就越来越少了。

拿我们最熟悉的诚信来讲。美国总统林肯曾说:“你可以一时欺骗所有人,也可以永远欺骗某些人,但不可能永远欺骗所有人。”谎言总会被拆穿、骗局总会被曝光、弄虚作假总会水落石出。徐特立[①]说:“诚实就是不自欺欺人,做到不欺骗人家容易,不欺骗自己最难。”面对困难、面对失败、面对责任,人们往往会找种种借口欺骗自己、逃避现实,这种鲁迅先生刻画的“阿Q心态”是最要不得的。

大家都知道发生在陕西的两件事:一件是周幽王“烽火戏诸侯”;另一件是商鞅“城门立木”。周幽王“烽火戏诸侯”,导致自己诚信破产,到头来被逼自杀,而国家也随之灭亡。商鞅“城门立木”,在百姓心中树立起了威信,使商鞅的变法很快在秦国推广开来,秦国渐渐强盛,最终统一了中国。只有诚实面对别人、诚实面对自己,才能总结经验、吸取教训,成为一个真正的人。“人而无信,不知其可”、“一诺千金”、“一言既出,驷马难追”,信誉就是人的品牌,甚至可以说是人的第二生命。诚实守信对于一个人的成长及未来发展非常重要。

从小就有《狼来了》、《匹诺曹》等故事教育我们要做一个诚实守信的人。一个人不诚实守信,缺乏对自己行为的责任感,就会在社会上四处碰壁。无论

---

① 　徐特立(1877—1968),原名懋恂,字师陶,中国革命家和教育家,湖南善化(今长沙县江背镇)人。党中央曾评价他“对自己是学而不厌,对别人诲人不倦”、“中国杰出的革命教育家”。著作大都收集在《徐特立教育文集》和《徐特立文集》中。

你有多大本领,多高能力,也难以为人所用。

"君子一诺,重于泰山。"要想在社会上立足,干出一番事业,就必须有诚实守信的品德。一个坚守诚信的人,能够前后一致,言行一致,表里如一,人们可以根据他的言行去判断他的行为,进行正常的交往。如果一个人不讲信用,讲话前后矛盾,言行不一,则人们无法判断他的行为动向,对于这种人,是无法进行正常交往的,更没有什么影响力可言。这样的例子举不胜举。

唐元和年间,东都留守名叫吕元应,他酷爱下棋,养有一批下棋的食客,吕元应与食客下棋,谁若赢了他一盘,出入可备马车;如赢两盘,可携儿带女来门下投宿就食。

有一日,吕元应在庭院的石桌旁与食客下棋。正在激战犹酣之际,卫士送来一叠公文,要吕留守立即处理。吕元应便拿起笔准备批复。下棋的食客见他低头批文,认为他不会注意棋局,迅速地偷换了一子。谁知,食客的这个小动作,吕元应看得一清二楚。他批复完文件后,不动声色地继续与食客下棋,食客最后赢了这盘棋。食客回到住房后,心里一阵欢喜,企望着吕留守以此提高自己的待遇。可是,第二天吕元应却携来许多礼品,请这位食客另投门第。其他食客不明其中缘由,很是诧异。

十几年之后,吕留守在弥留之际,把儿子、侄子叫到身边,谈起之前下棋的往事,说:"他偷换了一个棋子,我倒不介意,但由此可见他心迹卑下,不可深交。你们一定要记住这些,交朋友要慎重。"他积多年人生经验,深觉棋品与人品密不可分。我们在日常生活中一些不守信用的行为,看似小事,却会为我们的品格印上很大的污点,成为我们人生发展的隐患。

一位高中生在 18 岁毕业之后,去了国外一所大学开始了半工半读的留学生活。他渐渐地发现当地的车站几乎都是开放式的,不设检票口,也没有检票员,甚至随机性的抽查都非常少。凭着自己的聪明劲儿,他精确地估算了这样一个概率——逃票而被查到的比例大约仅为万分之三。他为自己的这个发现而沾沾自喜,从此之后,他便经常逃票上车。他还找到了一个宽慰自己的理由:自己还是个穷学生嘛,能省一点是一点。

四年过去了,名牌大学的金字招牌和优秀的学业成绩让他充满自信,他开始频频的进入一些跨国公司的大门,踌躇满志地推销自己。然而,结局却让他始料不及:这些公司都是先对他热情有加;然而数日之后,却又都是婉言拒绝。这让他莫名其妙。

最后,他写了一封措辞恳切的电子邮件,发送给了其中一家公司的人力资源部经理,烦请他告知不予录用的理由。当天晚上,他就收到了对方的回复:

"先生:

我们十分欣赏您的才华,但我们调阅了您的信用记录后,非常遗憾地发现,你有两次乘车逃票受罚的记载。我们认为此事至少证明了两点:1. 您不守规则;2. 您不值得信任。鉴于以上原因,敝公司不敢冒昧地录用您,请见谅。"

直到此时,他才如梦方醒,懊悔不已。可见,信用就是做人的根本。一个人失去了信用,就会失掉别人的信赖,也会因此而失去许多成功的机遇。

笔者在工作中也曾遇到类似的问题。2004 年,笔者尚在中央国家机关工作。有一次碰到一个稿子,这个文件到手后,就要立马下发。文件主旨是要讲处理好少数民族处级干部和年轻干部之间的关系,但是文件最后却用了 2000 多字,讲的全是解决知识分子的使用问题。很显然,起草这个文件的人,最后是进行了电脑的复制操作。可能在层层审核中,没有一个人仔细地看这些东西,大家都举手通过。发现这个问题后,该如何处理这个问题? 如果直接上报,意味着决策领导层程序发生了错误;如果不上报,那就没有尽到责任。最后仅仅在一个很小的范围内,澄清问题的来龙去脉。如果当时让这个事情过去,过后发现问题,直接责任人肯定就是笔者,最后,笔者还是选择实事求是向上级汇报自己的看法和顾虑,得到领导理解和支持,再一次修改了文稿。所以,一个人要有最起码的品德修养,对自己从事的工作要担负起责任,抱着得过且过,蒙混过关的工作态度,最终必将害人害己。

作为普通人尚且如此,作为领导者更要不断提升自身的修养和境界,心系群众,回报人民,服务社会,担当责任。做一个让他人尊敬、令亲人自豪、受社会称道的人。

品德修养之于人,犹如色彩之于绘画。没有色彩,固然可以绘画出人物山川、飞禽走兽、花草鱼虫,但有了色彩,则可使人物更生动、山川更秀美、花草更艳丽、动物更鲜活。缺乏修养的人，固然可以走完人生旅程，但良好的品德修养可以使人生的道路变得更加顺畅、通达，可以为你的人生增光添彩。

打造团队智库

　　一个人的成功需要具备很多能力，其中之一就是超人的团结力，这也是作为一个领导能否走向成功的基本能力，因为一个人的成功是在无数个人的奉献下完成的。作为领导者，更多的是责任，不要以为自己是行政班长、研究所所长就目空一切，认为功劳和荣誉都是自己的，事实远非如此！一个人连这个问题都认识不清楚的话，那他就没有资格作领导。无论是作为小组长还是课题负责人，甚至是某个部门的领导，一定要有宽广的胸怀。中央政治局委员、中央书记处书记、中央组织部部长李源潮说过，"三宽干部，即眼界宽、思路宽、胸襟宽"。任何个人要取得事业上的成功，要靠自己的真才实学，更要靠一起奋斗的团队。

　　任何一件事情的成功都离不开大家齐心合力创造精神，并非一个人就能决定一切，更不是一个人就能成就天下。英雄找不到用武之地，就是不会做事。面对难得的施展才华的舞台，会不会做事，能不能做成事，就看愿不愿意，善不善于利用能力，发挥作用。"一个好汉三个帮"，只有永远完美的团队，没有绝对完美的个人。团队永远是优秀的、经得住时间考验，个人永远只是一瞬间，这就是杰出领袖和团队精神的最大区别。

　　中国有句古话："千人同心，则得千人之力；万人异心，则无一人之用。"意为：一千个人同心同德，就可以发挥超过一千人的力量；而一万个人离心离德，恐怕连一个人的力量也比不上。这体现的就是团队的力量，就是现代社会最需要的难能可贵的团队精神。

　　茫茫大海里，几只零星的海豚在觅食。忽然，它们欣喜若狂地看到海洋深处游动着一片很大的鱼群。这时，它们并没有为饥饿冲向鱼群，急于求成。因为如果那样，鱼群就会被冲散。它们游动着尾随在鱼群后面，用特有的声音"吱、吱……"向大海的远方召唤。一只、两只、三只……越来越多的伙伴游了过来,不断地加入到队伍中一起高声呼唤着! 很快,已经五十多只了,它们还没有停止! 当海豚的数量会聚到一百多只的时候,奇迹发生了! 所有的海豚围着鱼群环绕,形成一个球状,把鱼群全部围拢在中心。它们分成小组有秩序地冲进球形中央,慌乱的鱼群无路可走,变成这些海豚的腹中佳肴。当中间的海豚吃饱后,它们就会游出来,替换在外面的伙伴,有序的让它们进去美餐。就这样不断循环往复,直到最后,每一只海豚各取所需享受到精诚合作得来的美味。

从这个小故事中我们可以得到四个结论:没有完美的个人,只有完美的团队;团队的力量无坚不摧;没有规则不成方圆;一个成功的团队能够造就无数成功的个人。

看过中央电视台《动物世界》的人都知道:在非洲大草原上,如果见到羚羊在奔逃,那一定是狮子来了;如果见到狮子在逃避,那一定是象群发怒了;如果见到成百上千的狮子和大象集体迁移逃命的情景,那就是蚂蚁军团来了! 蚂蚁是何等渺小微弱,但是团结起来的蚂蚁军团竟然让兽中之王退避三舍,可见团结的力量有多么的强大。动物界弱肉强食的竞争法则告诉我们:个体的弱小没有关系,只要能够团结起来、精诚合作,就能够形成强大的合力,战胜一切困难! 动物尚且如此,更何况能征服世界的人类哩!

而有些人总把自己的个人利益看得太重,把利益永远抱在自己身边,这样迟早要把自己抱成《沙家浜》里面的胖子司令胡传魁那样的人。他是忠义救国军的司令,却始终以个人利益为重,认为只有他能够拯救中国、拯救民族,最后一事无成,被大家称作草包司令。

个人获得的荣誉都是大家共同努力的结果,当你把荣誉紧紧抱在自己怀里时,你所拥有的只有孤独的自己;当你把整个荣誉奉献给世界的时候,你拥有的就是整个世界。好多人在这个问题上总是想不清楚,关键时刻总想着功劳都是自己的,但实际上是因为你的位置重要,因为工作需要才把你放在领导的位置上,你因这个身份和辛勤劳动完成自己的工作,但主要的成果是属于集体的,是大家共同付出和努力的结果。每件事的成功都是无数个人像螺丝钉一样在不同岗位上默默付出,继而有所成就的结果,如果没有这种精神是做不成任何事情的。

"轻霜冻死单根草，狂风难毁万木林"，只有团结起来才能够成大事。所以，作为领导者，一定要关心与自己合作的人，要体恤自己的部下，要尊重自己的上级，要爱护自己的左膀右臂，要有超人的团结能力，只有这样大家才能够成功。

一个团队，不仅要有优秀的人才，更需要有统筹有方的组织者、领导者。但是，这些都不是最重要的。最重要的是，需要有激励士气的团队精神。

小溪只能泛起小小的浪花，大海才能迸发出惊涛骇浪。个人之于团队，正如小溪之于大海。团队精神的重要性，就在于个人、团体力量的体现，每个人都要将自己融入集体，才能充分发挥个人的作用。团队精神的核心就是协同合作。团队精神对任何一个组织来讲都是不可缺少的，否则就如同一盘散沙。一根筷子容易弯，十根筷子折不断——这就是团队精神最直观的表达，也是团队精神重要之所在。

俗话说，"一个和尚挑水喝，两个和尚抬水喝，三个和尚没水喝"，"一只蚂蚁来搬米，搬来搬去搬不起，两只蚂蚁来搬米，身体晃来又晃去，三只蚂蚁来搬米，轻轻抬着进洞里。"上面这两种说法有截然不同的结果。"三个和尚"是一个团体，可是他们没水喝是因为互相推诿、不讲协作；"三只蚂蚁来搬米"之所以能"轻轻抬着进洞里"，正是团结协作的结果。

在团队中，每个人都有自己的优点，同时，也有着自身的不足。虽说勤能补拙，然而，要求每个人都做到这一点却不是那么容易。在一个团队里，每个人若都能够充分发挥自己的优势，并且劲儿往一处使，那么这个团队必将无比优秀。

团队精神所展现的力量随处可见，一个家庭、一个企业、一个组织、一个国家……每件事情，无论大小，都需要大家齐心协力，发挥出自己的特长，把自己的工作做好。一个企业，如果能让所有员工上下一心，那么，这个企业一定能够在某一领域独占鳌头，并且不断做大做强。可见，团队精神之于个人、之于集体都是何等的重要。团队合作往往能激发出团体难以想象的潜力，集体协作干出的成果往往能超过成员个人业绩的总和。正所谓"同心，山成玉；协力，土变金。"

相反，一个团体，如果组织涣散，人心浮动，人人自行其是，甚至搞什么"窝里斗"，为各自利益钩心斗角，何来生机与活力？干事、创业又从何谈起？在一个缺乏凝聚力的环境里，个人再有雄心壮志，再有聪明才智，也不可能得到充分发挥。只有懂得团结协作克服重重困难，才能创造奇迹。

我们都知道：狼是一种群居的动物，是一种让人望而生畏的生灵，是一种凝聚力极强的群体。狼是陆地上食物链中最高端的动物之一，由于它的存在，其他野生动物才得以淘汰老、弱、病、残的不良种群，也正因为狼的威胁，其他动物（包括我们人类自己）才被迫进化得更优秀。弱肉强食，智者生存，草原上没有了狼群，就要得"瘟疫"，所以，狼促使生态系统处于一种平衡状态。况且，狼是群居动物中最有秩序、最有纪律、组织最严密的族群，它的"团队精神"是最值得现代人学习的，它们协同作战、顾全大局，为了胜利，不惜鞠躬尽瘁、以身殉职……在草原上讲到狼，往往不是以几只来称呼，游牧民族会给它一个更有压迫感的名词——狼群，面对一个狼群，任何猛兽都会退避三舍，因为他们有强大的组织纪律性。在经验丰富的头狼的带领下，它们分工严明，各司其职，踩点的、攻击的、打围的、堵截的，有章有法；战斗时，它们协同作战，甚至为了团队的胜利哪怕粉身碎骨也在所不惜；当敌人来侵占他们的领地时，成年狼站在最外围，与敌人殊死搏斗，处在内圈的才是老狼与幼崽。而它们拥有强大的团队力量，似乎什么都不怕，没有什么困难能击倒它们，它们一旦发现猎物，就仰起头，望着苍天，大声嚎叫，这就是所谓的"狼嚎"。这叫声是它们召集伙伴的信号，这雄壮的声音足以让敌人害怕几分。狼是一个智慧的团体，团体的组织严密是强大的基础，而团体的智慧使它们离目标更近，离成功更近。狼群不是凭着它们威猛无比的力量和锋利的爪牙驰骋草原，比如它们发现羊群，会非常耐心地等待，一路尾随，将羊群赶到最适合它们捕猎的地点，在最恰当的时机出击。在可以不用自己的身体去冲撞锋利双角的黄羊群时，它们会很好地保存自己的实力，不断地营造恐慌气氛，让羊群自行挤下冰湖和悬崖。

还有这样一个故事，从前，有两个饥饿的人得到了一位长者的恩赐：一根鱼竿和一篓硕大的鱼。其中,一个人要了一篓鱼,另一个人要了一根鱼竿,于是他们分道扬镳了。得到鱼的人原地就用干柴搭起篝火煮起了鱼,他狼吞虎咽,还没来得及品出鲜鱼的肉香,就在转瞬间连鱼带汤就被他吃了个精光。不久,他便饿死在空空的鱼篓旁。另一个人则忍饥挨饿地提着鱼竿,一步步艰难地向海边走去,可当他看到不远处那片蔚蓝色的海洋时,他浑身的最后一点力气也使完了,最后只能眼巴巴地带着无尽的遗憾撒手人间。又有两个饥饿的人,他们同样得到了长者恩赐的一根鱼竿和一篓鱼,只是他们并没有各奔东西,而是商定共同去找寻大海并共同分享鲜美的鱼肉。经过遥远的跋涉,他们终于来到了海边,从此,两人开始了捕鱼为生的日子。几年后,他们盖起了房子,有了各自的家庭、子女,有了自己建造的渔船,过上了幸福安康的生活。

　　一个人只顾眼前的利益,得到的终将是短暂的欢愉;一个人目标高远,但也要面对现实的生活,只有把理想和现实有机结合起来,将个人的利益放在整个集体中考虑,才有可能成功。在现代社会中,类似"孤家寡人"、"单打独斗"式的生存法则早已被社会和时代所淘汰。

　　体操团体比赛被看作是一支国家队整体水平的风向标,也是体操强国异常看重的项目。2012 年 7 月 30 日凌晨,中国男团在伦敦奥运会上历史性的第一次实现了卫冕。由陈一冰、邹凯、张成龙、冯喆和郭伟阳等组成的中国男队,以 275.997 分再次获得奥运会男子团体的冠军。六个项目,18 人次的比赛,零失误,稳健与完美的团队协作才是中国男团能再次站上最高领奖台的最主要原因。

　　社会学三大奠基人之一的涂尔干①有一本专著,就是《社会分工论》。他指出现代社会和前现代社会的最大区别就在于:社会分工无论在深度还是广度上,现代社会都比前现代社会出现了质的飞跃,而且这种良好趋势还会持续发展下去。任何重要事物,现在都要靠分工机制下的联合协作才能完成。细数诺贝尔奖的历史,越是往后,多人共同获一项奖的情况就越多。随着社会分

---

　　①　迪尔凯姆(Emile Durkheim,1858—1917),又名涂尔干,也有人译为杜尔克姆。法国社会学家,社会学的学科奠基人之一。

工协作越来越强、越来越细，人们要学会协同工作，但不能仅停留于此，更要学会协调工作。所谓团队精神，简单来说就是大局意识、协作精神和服务精神的集中体现。团队精神的基础是尊重个人的兴趣和成就，核心是协同合作，最高境界是全体成员的向心力、凝聚力，反映的是个体利益和整体利益的统一，并进而保证组织的高效运转。团队精神的形成并不要求团队成员牺牲自我；相反，发挥个性、表现特长保证了成员共同完成任务目标，而明确的协作意愿和协作方式则产生了真正的内心动力。

弘扬领导风范

肯尼迪①说："领导能力和学习互不可缺"。

管理界有一句令人追捧的名言："人不应该是管理的，而应是带领的，一只绵羊带领的一群狮子无法与一只狮子带领的绵羊抗衡。"这是古老的话题，却已被现实无数次地印证。

弱者可以变为强者，强者也能变为弱者，而决定这一变化的正是双方的领军人物。正如让一只羊领导一群狮子，那么这群狮子迟早会变为羊；但如果让一只狮子领导一群羊，羊也迟早会变成狮子。

再如电视剧《亮剑》中的李云龙团队，其往往在装备、队伍数量弱于对手的情况下不断取得胜利，成功的秘诀在于：首先，恰当组织并巧妙运用团队成员的能力，化整体的弱为局部的强，从而取得进攻上的优势；其次，在精神上有一种让士兵们称赞的个人魅力和领导能力；最后，具有不墨守成规、出其不意的智慧和才能。

在我看来，成功的领导，首先要有成功及其如何才能成功的意识，这样在特定的情景下才会有下意识地行动，才会及时发现问题和行动机会；其次要有正确的态度，积极、上进、乐观的态度可以化悲观为乐观、化消极为主动、化不

---

① 肯尼迪（Kennedy）是祖籍爱尔兰苏格兰地区的姓氏。通常被称作约翰·F.肯尼迪（John F. Kennedy）、JFK 或杰克·肯尼迪（Jack Kennedy），美国第 35 任总统，美国著名的肯尼迪家族成员。

利为有利,增加了成功的机会;再则要善于思考,特别是在系统基础上进行创造性思维,这样才有机会走出新路、事半功倍;接下来当然要有一定的能力基础;最后要形成鲜明的认同、取长补短、能战斗的团队。具备了这些成功就会向我们招手!

那么何谓"领导",一位成功的领导者都应该具备哪些能力呢?

关于领导的定义,不同的研究者从不同的研究角度出发,给予了不同的解释。孔兹(Koontz)认为:领导是一门促使其部属充满信心、满怀热情来完成他们任务的艺术。泰瑞(Terry)认为:领导是影响人们自动为达成群体目标而努力的一种行为。罗伯特(Robert)认为:领导是"在某种条件下,经由意见交流的过程所施行的一种为了达成某种目标的影响力"。戴维斯(K. Davis)认为:领导是一种说服他人热心于一定目标的能力。布朗卡特(Blanchard)认为:领导是一项程序,使人得以在选择目标及达成目标上接受指挥、引导和影响。施考特(W. Scott)认为:领导是在某种情况下,影响个人或群体达成目标的过程。库茨认为:领导是影响他人跟着去达成一个目标。阿吉里斯(Argyris)认为:领导即有效的影响。为了施加有效的影响,领导者需要对自己的影响进行实地的了解。

依我看来,"领导"就是运用各种影响力,指挥或带领、引导或鼓励部下为实现目标而努力的全过程。就是能摆正自己位置的能力;处理各种艰难情况、勇于挑重担的能力以及与人交往和团结他人的能力;身先士卒的能力;驾驭复杂局面的能力;还有在危机事件中应对自如的处变能力,这些都是支撑领导人做出正确抉择,带领大家冲锋陷阵的能力。

有这样一个故事,联合国某官员为了让不同国家的大学生去完成一件相当艰苦的事情,采取了不同的方法。他对德国人说:"这是命令。"对美国人说:"这是自由的召唤。"对英国人说:"这是绅士的荣誉。"对日本人说:"此事绝对有利可图。"对中国人说:"这是党组织的安排。"果然,所有的人听完之后都奋不顾身、异常勇猛地完成了任务。

所以,领导者之所以成为领导,不是他的职位带给他的地位使然,也不是造物主对他的先天待遇使然,而是他的修养和行为方式使他成了领导者。21

世纪,当社会变革、国际交流、信息技术、个性发展等诸多挑战与机遇降临到社会分工的每一位参与者面前时,无论我们是否身处领导者的职位都应该或多或少地具备某些领导力。以下几点是作为一名成功的领导者必须具备的素质:

1. 远见卓识

领导者必须对未来有明确的发展方向,领导者应该向下属展示自己的梦想,并鼓励大家按梦想去前进。一旦下属需要,领导者随时出现在身边。一名优秀的领导者应该是一个方向的制定者。

多年来,人们一直称邓小平同志是"我国社会主义改革开放和现代化建设的总设计师"。正是源于他对当时社会现状的分析以及对国内外形势的正确判断,彻底抛弃了"以阶级斗争为纲",决定把全党工作的重点转移到社会主义现代化建设上来,把发展经济作为党和国家的中心任务。正是由于邓小平的远见卓识,中国人民才从此进入了改革开放和社会主义现代化建设的新时期。

比如,曾经有一个电视片段,演的是贺龙部队陈赓师长的部下,把一个连的兵力全部牺牲在了战场上。打扫战场时,陈赓不准破坏现场,让所有的团长都过来看。他问大家:"大家看,一个连全都牺牲了,连长在哪里? 连长站在他应该站得位置上;指导员在哪里? 指导员也站在他应该站得位置上;所有的战士眼睛往哪里看? 眼睛都是往前面看。"接着又说:"连长、指导员在前线打仗的时候都是在各自的岗位上,我们的士兵都是在冲锋中牺牲的。问题的关键在于,为什么一个连的士兵全部阵亡了呢? 团长是如何指挥战争的呢?"原因就在于团长指挥战争的时候决策失误,战士们冲锋的道路旁边就是敌人的碉堡封锁火力口,使得这个连的战士全部牺牲了,这就是团长领导能力低下而导致的全连覆没。科学知识的缺乏、信息掌握的不充分、判断能力的低下等均会导致领导决策失误,全连覆没的必然性就在这里。

2. 饱含热情

领导者必须对自己所从事的工作和事业拥有特别的热忱。高层领导者必须要有事业心,中层的领导者必须要有上进心,基层的领导者必须要有责任心。好的领导者不仅自己的主动性很强,还要能点燃下属的工作热情,一个不能够燃烧下属工作热情的人,或者说不会激励下属的领导者,岂能有资格做领导呢?

韩国某大型公司的一个清洁工,本来是一个最被人忽视,最被人看不起的角色,但就是这样一个人,却在一天晚上公司保险箱被窃时,与小偷进行了殊死搏斗。事后,有人为他请功并问他的动机时,答案却出人意料。他说:当公司的总经理从他身旁经过时,总会不时地赞美他"你扫的地真干净"。你看,就这么一句简简单单的话,就使这个员工受到了莫大的感动,并以身相许。这也正合了中国的一句老话"士为知己者死"。

3. 自我定位

领导者应该特别清楚自己扮演的角色,面对这个角色应该担负什么样的责任。这些角色包括为人上司,为人下属,为人同事,还包括一个角色,那就是千万不要忘记你自己。你如何让你自己这个角色每一年逐步的提升,怎么样给自己充电,怎么样给自己加压,怎么样去学习新东西,这就是一个自我定位。解决好了这四个角色,你就能继续前进,必然会产生好的绩效。

艾森豪威尔将军是美国第34任总统,他外表憨厚,笑容可掬,但是脾气暴烈,人人皆知。第二次世界大战后期,美军因伤亡惨重,鼓励大家献血。艾森豪威尔以身作则,立刻以行动来响应这个号召。当他献完血要离开时,被一名士兵发现了,士兵立刻大声说:"将军,我希望将来能输进您的血。"艾森豪威尔说:"如果你输了我的血,希望你不要染上我的坏脾气。"可以说,对自己角色定位的准确把握,使得艾森豪威尔将军在军队中拥有极高的威望。

4. 优先顺序

优秀领导者要能够明确地判断处理事务的优先顺序。领导者要想加强领导绩效,就必须懂得有所取舍,在有限的时间和资源范围之内,就要决定到底先做什么,这就是优先顺序的思维方式。所以领导者既要确定做什么,又要确定放弃什么,做这两个决定同等重要。有的时候决定放弃什么,比你决定要做什么可能更困难,但是领导者要有这种勇气和智慧。

5. 人才经营

领导者应该相信,无论是上司、同事和下属都是企业可以依赖的资源,全都是企业的绩效伙伴。但是人员可能是企业的资产,也可能成为企业的负债。那么什么样的人是资产呢?能在工作中真正发挥作用的人才就是企业的资产。否则一个再能干的人,你把他请进来,每个月给他高薪,但是又没有创造出什么成果,又不给他机会,那么这个人在企业里就相当于累赘。

2007年6月24日的北京晴空万里,阳光灿烂。新任的香港特别行政区行政长官曾荫权在人民大会堂香港厅宣誓成为新特首。宣誓就职仪式上,国务院总理温家宝代表中央人民政府监誓并会见了新任长官曾荫权。会见时,温总理情深意切地对曾荫权说:"我觉得此时此刻,祖国和全体香港人的厚望和期待比祝福更为重要。"接着又以一句古语赠之:"士不可以不弘毅,任重而道远"。对曾荫权就任香港行政长官表示信任和鼓励。

"士不可以不弘毅,任重而道远"出自《论语》中曾子的一句话。意思是:士,不可以不心胸开阔、意志坚强,因为责任重大、道路遥远。弘,就是广大、开阔、宽广的意思;毅,就是坚强、果敢、刚毅。为领导者应该肩负团队发展壮大的责任,心胸开阔、意志坚强、百折不挠,带领你的团队奋勇前进。

6. 领导权力

自古以来,领导和权力是密切相关的。领导能力包含着领导风格的因素,也包含着权力的因素。所谓权力就是一个人影响另外一个人的思想和能力,权力的关键是服从性和依赖性,你对领导有很强的服从性和依赖性,那么他对你就有很大的权力。

鼓非乐器而统领五音。领导者首先要有被领导者,就是要有以领导为核心,跟随其前进的团队。领导者不一定是英雄,英雄是把常人的梦想变成现实,把普通人认为不可能的事情变为可能。比如英国人马修·韦伯,不借助任何渡海工具和保护措施成功地横渡英吉利海峡,创造了人类史上的壮举,他也因此成为民族英雄。再比如开启人类工业革命大门的瓦特,发现新大陆的船长库克,等等。

领导者绝不等同于普通的管理者。虽然他们都是优秀的人才,可是有着较大的区别。领导者关注方向、前景和希望;管理者则关注着市场、产品、效率、方法和稳定。领导者讲究的是艺术和控制力,管理者遵循的是科学;领导者以仁德立身,以彰显个性创造风格增加团队的向心力;管理者以规矩为方圆,以严谨执行为己任,确保组织机制的正常运转。领导者通过驾驭权力来实现目的,把握的是平衡,注重的是结果,追求的是理想;管理者把制度作为依据,用组织调度为手段,注重的是过程,追求的是目标。领导者提倡的是恩威并施,宽猛相济;管理者则要求严刑峻法,不近人情;领导者善于施展人格的魅力,激励和凝聚追随者进而形成勇往直前的合力。管理者则循规蹈矩,一丝不苟把规章制度落实到实处。

"博于问学,明于睿思,笃于务实,志于成人"。机遇是为有能力的人准备的,有能力的人必定是善于不断积累的强者。能量储蓄的越久,爆发力就越强。正所谓,"博观而约取,厚积而薄发"。

譬如美国耶鲁大学建校的使命就是:为国家和世界培养领袖。于是,这里走出了老布什、小布什、克林顿等几位赫赫有名的美国总统,以及几百位国会议员和许多杰出的校长。一名耶鲁大学的毕业生说:"耶鲁给予他的不是与具体知识相联系的东西,而是价值观、道德观、做人方式和思考问题的习惯,这些都对他的一生至关重要"。

又如哈佛大学最优秀的学院肯尼迪政府学院,这是美国重要的公职人员培训基地和政府问题研究机构,为美国培养出一大批优秀而高端的公职领导人员,并承担了大量的政府研究课题,对美国社会发展和政府决策都产生了重大和深远的影响。

再如中国的黄埔军校,自建校以来,以孙中山的"创造革命军队,来挽救中国的危亡"为宗旨;以"亲爱精诚"为校训,培养军事与政治人才,实行武装推翻帝国主义和封建军阀在中国的统治,以完成国民大革命为目的,组成的以黄埔军校学生骨干为中坚力量的革命军,名将辈出、战功显赫、扬威中外、影响深远。

当年,爱因斯坦在回答:"为什么需要社会主义"的原因时曾指出:个人畸形发展、社会整体意识淡漠,是资本主义的最大的罪恶,这种个人与社会之间的不正常关系,是造成时代危机的本质原因。他深刻地指出,个人对社会的依赖,可以作为积极、宝贵的财富;而个人的畸形发展,即在于没有把个人对社会的依赖,视为积极的财富。爱因斯坦这一远卓识,对于我们正确理解和把握塑造自身角色与服务社会的关系问题,具有很好的启发作用。

　　世界因有了每个人的存在而有所不同,每个人在不同的工作岗位上扮演不同的角色,只有在自己的舞台上唱好自己的戏,演绎好自己的角色。那么社会这个大舞台也会因为有了你而更有色彩。带着这种天然的民族责任感和国家责任感去学习和工作,才能演绎出精彩的人生。

第四章　社会舞台　人生演绎

人生就是做人的过程。在这个过程中，人们身处不同境况，站在各自不同的立场上，从事各种社会实践，感受和理解人生，并按照自己的感受和理解去做人。无论是否意识到，生活中的人们无时无刻不在社会的舞台上扮演一种或多种角色。当你没有意识到这一点的时候，你只是被动的充当着一个不自觉的角色。如果你已经意识到这一点，那么你是否应该更进一步去主动扮演好这个角色呢？甚至可以根据自身情况和周边环境的特点，塑造出独特而更加有魅力的自我呢？达尔文曾在《物种起源》中提出："物竞天择，适者生存。"不一定是强者，也不一定是勇者，而是具备出众素质能力与崇高个人修养的"适者"，其能够顺应环境的变迁、时代的发展与社会的进步。

具体来说，个人在特定的社会环境中以相应的社会身份和社会地位，并按照一定的社会期望，运用一定权力来履行相应社会职责的行为称为"角色"，它往往随着个人在社会中身份的不同而随之改变。而人们确定角色，担任角色，表现角色的活动与过程就是角色的塑造。这一过程既要合理定位，又要分清"台前"与"台后"，还要处理好与周围相关角色的配合，最终表现自我角色，尽可能最佳的展示出承担角色的职责和行为效果。只有将自己塑造的角色融入社会这个大舞台，为社会服务，人生的价值才能得到最大限度地发挥。

江西龙虎山有一奇景曰升棺[①]，它是一个完美集成天时、地利、人和的惊

---

① 升棺表演是江西龙虎山仙水岩景区的奇观，整个表演是在飞云阁前，这里一面是悬崖峭壁，一面是万丈深渊。表演开始时，唢呐奏出道家乐章，伴随着声声爆竹，有表演者自峰顶腾空跳起，沿着垂直悬挂到江面的绳子攀援而下，直到悬崖峭壁之中的岩洞。待峰顶的牵引人（往上拉棺木）、岩洞的牵引人（往侧拉棺木）、崖底的助推人（稳扶棺木）到达指定地点后，放置于崖底的棺木被绳索拉起，直至放入崖壁的岩洞中。

世之作。飞云阁的悬崖峭壁前,仅有几根直通百米高山顶的粗绳,若将重达百余斤的棺木送入崖壁的岩穴中,需要山顶上有人提携(棺用绳往上提),中间有人帮助(棺需有人向洞中侧拉),下面有人抬举(棺需有人稳扶),越是有人在高位,棺位就会被提升得越高。此外,还需要晴空万里的天气,唯此才能形成一个精致完整的系统,使得精彩绝伦的升棺表演令人耳目一新。人生也需要这么一个系统去统筹来施展才华、叙写人生、塑造自我的人生舞台,如此方能找准自己的位置,真正有所作为,进而最大限度捍卫自身的生存安全、生活安全以及事业安全。作为人生舞台上的一个演员,我们的演出内容很大程度上取决于我们所在的舞台。当我们擅长演出的剧目不适合当前的舞台或者我们没有舞台可以演出时,即使有再好的演技,也不能展现出我们的才华。社会大舞台不缺演员,但是演员却需要竞争舞台。要想发挥自己的聪明才智,演绎好人生大戏,除了选择好舞台之外,还应该学会主动塑造和经营好自己的舞台,为自己打造最好的发挥才智的演出平台。

舞台是在剧院中为演员表演提供的空间,它可以使观众的注意力集中于演员的表演并获得理想的观赏效果。舞台通常由一个或多个平台构成,它们有的可以升降。舞台的类型有镜框式舞台、伸展式舞台、圆环形舞台和旋转形舞台。

舞台是供表演的台子,进行某种活动的场所。唐颜师古《隋遗录》:"舟前为舞台,台上垂蔽日帘。"宋·赵令《侯鲭录》卷二:"泪脸补痕劳獭髓,舞台收影费鸾肠。"

舞台是社会活动的场所。清·秋瑾《赠语溪女士徐寄尘和原韵》:"今日舞台新世界,国民责任总应分。"鲁迅《准风月谈·黄祸》:"但倘说,20世纪的舞台上没有我们的份,这是不合理的。"如:政治舞台、历史舞台。古代露天剧场的舞台主台大都前伸于观众席之中,或低于观众席(如古希腊扇形剧场的舞台),或高于观众席(如中国的庙台),供观众从三面看戏。室内剧场的舞台通常正对观众席,有镜框舞台、伸出型舞台、中心舞台等。

人生的舞台虽然与上述有共同之处,但是从社会、国家、团体、各行各业、各单位各部门来说都是大舞台,是一个复杂的集合体,要想在这样的舞台上演绎好自己的人生,需要我们全方位把握自己。

扮演有利角色

"全世界是一座大舞台,所有的男人女人只不过是演员。"莎士比亚对人生有如此独特的见解。毋庸置疑,莎翁在舞台艺术方面是高手,其社会阅历也远非常人可比。或许有人会说,将社会与戏剧舞台作对比是件滑稽的事。戏剧舞台上的角色,是脱离现实生活而伪装或故意做作的产物,演员在舞台上完全是逢场作戏,这无法和现实生活中的人生角色相提并论,果真如此吗?

人生如戏,是因为社会中的每个成员在社会中、在人生历程中,同样扮演着形形色色的角色。从纵向来看,人的一生要扮演一系列角色;从横向来看,人在人生过程的每一点上都是多种角色的集合体。在人生的这个大舞台上,我们的角色并不是一成不变的,而是不断地在主配角之间交替演绎。不同的场合,不同的阶段,不同的环境,扮演不同的角色。如一位女医生,在家庭里,对父母而言她是女儿、是儿媳,对丈夫而言她是妻子,对儿子而言是母亲;在工作中,她可能同时承担着内科医生、科主任、先进工作者等多种社会角色。这并不是意味着她故意装扮成一个个不同的模样,而是由于她所处的不同社会位置,对她有一定的社会要求,她的行为要按照其所处的背景和地位来进行,人生的成功与否往往决定于角色扮演的成功与否。而角色扮演的成功关键,在于是否正确定位自己的人生角色,是否能正确依据自己的实际地位、依据与别人的关系等多方面来确定这一人生角色。

曾有人在山巅的鹰巢里,抓到了一只刚破壳而出的幼鹰,他将幼鹰带回家中,与刚孵出的小鸡放在一块饲养。这只幼鹰和鸡一起啄食、嬉闹和休息,它以为自己就是一只鸡。随着这只鹰渐渐长大,虽然羽翼日益丰满,它却根本没有展翅高飞的愿望。尽管主人尝试了各种办法都毫无效果,它已经与鸡无异,空拥有一副雄鹰的模样。即使原本是鹰,倘若它以鸡的眼光和能力定位自己,时间长了就真的变成了鸡而失去了它原本傲人的姿态和恣意的活力。

什么样的人生定位,什么样的人生目标,将决定什么样的人生高度。如果一个人只把目标停留在眼前的利益上,如每天完成的工作、短期的利益等,那么他很难得到更大空间的展示与成就自我的机会。但如果一个人制定了长远目标,那么他将很有可能达到新的人生高度。

在社会生活中,人们总会有意无意地将社会中的角色分为贵贱两种,认为白领或高薪的工作,受人尊敬;蓝领或低薪的工作,低人一等。更有人因为父母是环卫工人而不敢向同学提起,甚至在碰到父母工作时还刻意绕道而走,生怕让同学碰上后知道自己有跟垃圾打交道的父母,使自己很没面子,无法满足自己的虚荣心。其实这只是每个人扮演的角色不同,根据自身的不同能力所作的不同定位而已。试想,如果没有他们在这些平凡岗位上的默默奉献,整个城市将会变成什么样,是否依旧如此明净光亮,如此和谐幸福呢?角色没有贵贱,定位并无高低,唯一可以衡量的便是人生价值的高度与深度。

角色无贵贱,却存在是否恰当的问题。在人生舞台上,角色定位不当的事时有发生。或是未定位合适的角色,"大材小用"抑或是"此才彼用",再且是多种角色之间产生冲突。

一个人的人生角色是多样的,这就在一定程度上要求一个人在不同的领域以不同的角色面貌出现,这也是角色承担者通过现实的行为,来实现围绕他所占据的特定社会地位的社会期待的过程,否则就容易造成角色之间的冲突。角色冲突[1]是指个体在角色扮演的过程中其角色内部、角色之间所发生的矛盾和冲突。这确实是任何人在社会生活中不可避免的社会现象。

角色冲突有角色内冲突、角色间冲突[2]。角色内冲突是同一社会角色的内心冲突,它源于角色要求与角色期望之间的不一致。在工作中,有些人希望能提高他们的报酬,改善他们的待遇,同时又期望能减少工作量,有更多的休息时间,这就是一种典型的角色内冲突。而角色间冲突是多个角色之间的期望和要求产生矛盾,而个体无法处理好这种矛盾。如一个老干部退居二线后,往往无法适应这一新角色,而对原来的角色耿耿于怀,这就是角色间冲突带来

---

[1]　时蓉华:《社会心理学》,上海人民出版社 1986 年版。
[2]　王小章:《中国社会心理学》,浙江大学出版社 2008 年版。

的矛盾。

以笔者多年的教育经验为例,角色转换之间的矛盾相当明显,不容小觑。笔者曾在一文章中说过①:"在当今研究生教育中,其人员构成多样化"。以笔者所供职的研究所为例,所招录的研究生中既有高校的应届毕业生,又有基层的普通员工、职业经理人、机关干部,甚至是党政部门的高层领导。这些研究生的生活阅历不同,社会身份各异,因此在进入高校学习时虽然目标是确定的,但所面临的角色转换的挑战却是难以苟同。这使得他们在处理专业学习与其他社会工作的关系时,遇到了较多的矛盾。如何去化解各自心灵和意识上的矛盾呢? 这就要求研究生们不管过去的身份如何,一旦从其他社会身份进入学术圈层之后,就必须适应学术圈层的特性,遵守学术圈的游戏规则,必须以研究生的身份来要求自己。这就需要每个人要学会角色转换、合理布局学习与工作的时间与空间,使之衔接、协调。

提起四大名著之一《红楼梦》中林黛玉的扮演者,每个人自然而然地想起了陈晓旭,她对林黛玉这一角色的完美诠释成为荧幕上的经典,这是演艺界少人能及的一座里程碑。1983 年,18 岁的她在获悉《红楼梦》剧组挑选演员时,在朋友鼓励下给剧组寄去照片要求饰演林黛玉,次年就接到剧组演员培训通知。在红楼梦剧组的三年生活,林黛玉敏感、娇羞的性格深深植入陈晓旭的现实生活。即使后来她进军广告圈,获得了事业上的成功,但却在人生的高潮中毅然遁入空门,孤身陪伴青灯。"从头到尾她(林黛玉)保持了自己的真情,没有被污染,从来没有因为任何一种世间的贪欲或者想得到的东西,来改变自己的真心本性。"陈晓旭对林黛玉的体悟和赞赏,亦是对"本我"最有力的剖白。

红楼梦的拍摄终结了,而陈晓旭的红楼梦却没有终结。她跳不出林黛玉生活的影子,始终以她的方式直面人生,而无法转换到生活中的另一角色,以致最后留下世人的欷歔嗟叹。

在每一个人生角色的定位中,要注重角色的转换,也要做好每个角色的工作,承担起每个角色的责任,履行好每个角色的义务,而不是空洞的角色定位,

---

① 薛惠锋:《研究生应注重处理好"五大关系"》,《学位与研究生教育》2003 年第 5 期。

在其位却不谋其职,在人生历程中打着尸位素餐的旗帜。

台湾作家李敖有一篇文章①,其中就提到他与影星胡茵梦结婚的当天晚上,其岳父胡赓年②请他们夫妇吃饭时的情形:

胡赓年先生曾是国民党的大员,做过旅顺市的市长,现任终生职立法委员。他谈到立法委员生涯,突然很得意地说:"三十一年来,我在立法院,没有说过一句话!"我听了,感到很难过。难过的不是胡赓年先生放弃了它的言责,因为他们其实都放弃了;难过的是,他放弃了言责之后,居然还那么得意!这未免太不得体了。我忍不住,回他说:"立法委员的职务就是要'为民喉舌',东北同乡选您出来,您不替东北同乡讲话——一连三十一年都不讲话,这可不对罢? 一个警察如果三十一年不抓小偷,他是好警察吗? 这种警察能以不抓小偷自豪吗?"

胡赓年先生的错误是他忘了他的身份。他的身份如果是"小百姓胡赓年""星爸胡赓年"或者"聋哑学校校长胡赓年",他当然可以不说话,因为"小百姓"不敢说话,"星爸"轮不到说话,"聋哑学校校长"无须说话。不巧的是,他的身份却是"立法委员胡赓年",立法委员以说话为职业,立法委员不说话,就是失职;立法委员三十一年不说话,就是三十一年失职!

虽然胡赓年先生身为立法委员,却不说话不为民喉舌,没有承担这一角色应承担的责任,履行相应的义务,忘记了他所承担的角色的本来宗旨。这样的人何其之多,所谓"多干多出错,少干少出错,不干总正确"的理念被奉为一些人的行事准则,他们只注重形式上的礼仪和规范,而忘掉了对事务、角色职责实质性的履行。

现实生活中,这样的人不胜其数。在形形色色的人生角色扮演中,一个人若只享受角色中的权利,而忽视甚至抛弃这一角色应承担的责任和应履行的义务,他的人生只能是苟且偷生;如果一个人在某一角色中取得了意义非凡的

① 李敖:《千秋评论——李敖杂文选》,湖南文艺出版社1988年版。
② 胡赓年,政治活动家。曾留学日本早稻田大学、东京帝国大学。回国后曾任中央陆军军官学校教官、陕西韩城县县长、辽宁旅顺市市长等职。抗战胜利后,因中俄共开始施行内乱,于1949年到台湾任立法委员。

成就,但却禁锢于不同角色间的矛盾中,那么他的人生虽然成功却并不智慧。到底怎样才算是智慧人生呢? 恰如一场让观众满堂喝彩的戏剧,除了正确定位演员的角色及妥善处理演员之间的关系外,还需要精心打造的舞台、和谐适宜的环境与恰如其分的道具。

创新社会环境

就像一部戏剧的公演,演员经过熟背台词至排练已经到位了,而且剧组已经不惜重金租到市中心的剧场,这时已有了演员,也有了剧场,难道这样就可以开演了吗? 答案当然是否定的,一出满堂喝彩的戏剧远远不止这些还需要灯光、布景、配音等各方面因素的协调与配合,即必须具备适当的环境方可达到演出的最佳效果。人生亦是如此,智慧人生的成就深受环境各方面因素的影响。

心理学家曾做过一个实验:两名4岁的孩子参加了智商测验,结果表明他们具有相同的智商。随后,接受测验的两名孩子走上了不同的人生道路。一个孩子(暂且称为孩子A)到牧场里去,每天负责给牲口喂饲料并把它们冲洗干净。另一个孩子(暂且称为孩子B)则进入了一所全面培养儿童活动能力和各方面素质的学校。他们就这样度过了不同的童年。12岁的时候,两个孩子又参加了一次智商测试,结果显示孩子B的成绩远优于孩子A。显然,环境对于个人的成长乃至以后的人生发展方向有着深刻的影响。

古语云:“近朱者赤,近墨者黑”。《三字经》亦教导我们:“玉不琢,不成器;人不学,不知义”。从很早以前,人们就开始注意到环境对人的成长有深层的影响。这里所说的环境,可以从两种不同层面进行理解。狭义上,环境可理解为是包括家庭环境、社会环境、自然环境等普遍意识里认可的环境;广义上,环境则可理解为是除主体以外的一切因素所构成的、对主体发展产生影响的大环境。

曾子师从于孔子,被后人尊崇为“宗圣”。他深信环境会对人造成很大程度的影响,“曾子杀彘”就是一个典型的例子。有一天曾子的夫人要到集市上去买东西,曾子的儿子很想跟着妈妈一起出去玩儿,缠着妈妈非要一起去,闹得不可开交时,曾子的夫人就告诉儿子:"你只要听话不闹着跟妈妈去,回来妈妈给你杀猪,做一顿好吃的。"在古代的中国农村,一年也吃不上几顿肉,因此吃肉是一件大好事,孩子能吃到肉当然很高兴,于是就没有再缠着曾子的夫人一起去。等曾子的夫人在集市上买完东西,回到家已是傍晚时分了,刚进门就看见曾子在那儿磨刀,这一下子把她惊呆了:"你这是干吗?"曾子说:"杀猪啊!你不是答应孩子说,等你回来就杀猪,给他做肉吃吗?"夫人说:"我这是随便哄孩子的话啊!"曾子讲:"不能这样教育孩子,因为孩子最早接触的人就是父母,如果父母不负责任胡乱承诺,说的话又做不到,你怎么能让孩子去相信别人呢?今后他自己又怎能守信呢?一头猪是小事,给孩子留下不好的印象,影响到孩子一辈子为人处世的原则,我们就追悔莫及了。"曾子的夫人也是明事理的人,就和曾子一起把猪杀了,让儿子享受到了一顿丰盛美餐。

婴儿非有知也,待父母而学者也。父母是我们的第一任老师,对我们的影响也是最深的。父母给孩子创造了什么样的认知环境,就给他的人生带来了什么样的影响,甚至是造就了什么样的人生。

正所谓千金买户,八百买邻。这就使我们联想到"孟母三迁"的典故。昔日的孟母也很看重环境对人潜移默化的作用,殚精竭虑地为孟子创造最佳的条件。孟子幼年丧父,家境贫寒,只能居住在城外的一个破房子里头。而这个房子正好靠近墓地,附近经常有人出殡办丧事,孟子生活在这样的环境中,就受到了熏染。于是从小就学人跪拜、哭嚎的样子,学各种各样的丧仪,与伙伴玩耍时也是办理丧事的游戏。当然这对孩子的成长是不利的,孟母看在眼中急在心里,遂带着孟子搬到市集上,住在一条商业街的附近。新家的隔壁恰好是个肉铺,每天要杀猪卖肉。孟子又开始学着肉铺伙计剁肉,学人家讨价还价,俨然成为一个商人的模样。当时的社会风气下,商人的地位是很低的,处在社会阶层的底端。孟母又着急了,再一次搬了家。这次孟母搬到一所学校的附近,这里弦歌不断,书声朗朗。孟子受到了学校环境的熏染,对于行礼跪拜、揖让进退的礼仪一一习记,从此开始变得守秩序、懂礼貌、喜好读书,长此以往才成为"亚圣"。如果孟母没有敏锐的观察到环境对人成长的影响,没有毅然决然的三迁,而是任由孟子流连于丧葬礼仪或市井小巷,那么结局又会怎样？或许孟子也会有所建树，但是"亚圣"这一光环却要易主了，甚至不会出现这一称谓。

古人曰："然玉之为物，有不变之常德，虽不琢以为器，而犹不害为玉也。人之性，因物则迁，不学，则舍君子而为小人，可不慎哉？"玉不经加工雕琢，就不能成为有用的器具。然而玉做的东西，它有永恒不变的特性，即使不经雕琢制作成器物，它的特性亦不会受到损伤。它没有思索选择的能力，亦不会受到影响而改变自身特性。但是人不同于玉，人的本性，受到外界事物的影响就会发生变化。不学习，就无法提升自身的修养和素质。

18 世纪法国唯物主义哲学家霍尔巴赫①认为：人之所以变得对自己或同胞们有益或有害，是由于环境作用的结果。霍尔巴赫所指的环境，不仅仅指狭义面上的环境。他更在于揭示这个大环境（除主体以外的一切因素所构成的、对主体生存发展产生影响的周围事物）的存在，以及这个大环境对人生得失的影响。

一个资质优秀的人，若身处难以成功的环境中，其成就是有限的；若一个资质平庸的人，身处于成功者的环境下，那么他就具备了成功的可能。人之初，性本善，性相近，习相远。从理论上来讲，人的本性最初都是相同的，而环境的不同，包括文化背景、地理环境等的不同，使得人生价值的实现程度不同。如日本这个国家，身处海上孤岛，经常遭受台风和地震的袭击，并且资源极度匮乏，若无他国供应就无法生存，如此恶劣的环境就导致了这个民族极强的恐惧感和对他人资源的觊觎。为了求得民族生存和富足，日本终于在 20 世纪 30 年代发动了对他国的掠夺战争。

有人会认为，人的出生环境是自己无法选择的，改变环境又谈何容易。这种说法的确中肯，但前提是这一说法是站在一般人的立场上来评价现有的环境。若在所处的环境下，采取积极的态度，借助现有环境中的资源，使自己成为环境的主导者而不是环境的奴仆，那么你就能支撑起自己的舞台，成就自己

---

① 保尔·昂利·霍尔巴赫(1723—1789)，18 世纪法国启蒙思想家，哲学家，无神论者，代表作品有《自然的体系》、《揭穿了的基督教》、《自然政治》。

辉煌的人生。

任何环境中都有可供使用的资源,万事万物都有它存在的价值,关键是如何善于发现现有环境下资源的利用价值,并善于引导使其为人所用。如新疆地区的人们在干燥、寒冷的沙漠上,利用丰富的光热资源和独特的气候生产出闻名世界的葡萄、哈密瓜等水果;宁夏地区的人民在那样贫瘠的土地上,充分利用日照及当地干燥少雨等独特的大陆性气候,产出闻名遐迩的枸杞;云南地区的人民在那样湿润的高原上,利用特有的温度和湿度、充足的光照使三七、红茶和烟叶得以丰产;犹太人被其他民族歧视,只好迁到他人不去涉足的荒漠中,用高科技创造了现代农业。这些可利用的资源都是自然资源,但人们能正确认识并充分利用和借助环境的有利面,发掘出使用价值,创造出优质的生活,最终书写下一个又一个传奇。

助推人生发展

看待大环境下的一切资源,要识别出它的有利面和闪光点,并接受环境正面力量的鼓舞。就像看待一棵树,你不能只看到它吸收阳光、水分、肥料及需要看护等成本面,还要看到它保护环境、净化空气、调节气候、提供人类生活所使用的材料等价值面。要正确认识环境给予我们的助力,就要掌握深刻的洞察力和开放吸纳的胸怀,主动求取帮助,以帮助自己提升。在现实生活中,可以看到运用环境力量的典范,或许是你的领导,或许是德高望重的同事。他们可以轻松自如地支配环境,让时间、自然物等都成为自己活动中的附属物。在我们的生活圈里,不乏艰苦奋斗的人,不乏勤劳果敢的人,也不乏在某一方面有所建树、表现出色的人。他们在某个方面都是值得我们去学习和借鉴的。那么如何创造环境、运用环境,如何培养这种创造和运用环境的能力,这是每个成功人所必须具备的能力。

抗战时期南泥湾的开垦就是善于运用环境的典型①。在太平洋战争前

---

① 材料来源于《福建党史月刊》,作者吴志菲的文章——《南泥湾》与陕北"小江南"的前身今世。

后,由于日军的封锁和国内的灾荒,加之皖南事变后国民党政府中止了对八路军一切正常的供给,及国民党军对陕甘宁边区进行重兵包围和封锁等种种原因,中国共产党领导的敌后抗日根据地总后方遇到了抗战以来最为严重的经济困难,使得根据地一度到了几乎没有衣,没有纸,没有油,没有菜,没有鞋袜,甚至冬天没有被盖的地步。而当时的南泥湾是一片荒山野岭,方圆几十里荒无人烟、荆棘遍地、野兽成群。

该如何扭转这一局面呢?朱德同志邀请一些人开始逐个的视察各个小工厂、商店等,调查各县的自然资源状况,很快就找到了根本原因。一方面是缺乏大量的流动资金,另一方面是缺乏技术人员和熟练工人去应付工作发展中的需要。然而这个地方又有它独特的资源优势:盐和羊毛,且产量丰富。在当时,一斤盐相当于当地两丈土布,是较为昂贵的物品。而羊毛可以纺成毛线、织成呢子,既可自用,又可出销。在此基础上,朱德同志制订了一系列计划,包括生产计划和人才计划,以此来实现自给自足。

除此以外,朱德同志曾多次到周边地区进行实地勘察,以期能在荒无人烟、荆棘遍地的地方找出解决粮食问题的方法。当时的南泥湾是山林野谷、沟壑腐潭的荒地,在这荒芜之地无人居住,连喝水都面临着无法解决的难题。然而朱德同志居然在一人多高的野蒿中发现了黑油油的土地,在长满灌木和长着尖刺的酸枣或沙棘的低洼地带甚至是沼泽地带,看到了未来的水田;通过对土样和水样的化验,并经过了一定的处理,解决了困扰多年的饮用水问题。

随着《陕甘宁边区森林考察报告》的提出,南泥湾的开垦计划也付诸实施。一段时间过后,南泥湾成了"陕北的江南",如朱德同志诗词中所说"……去年初到此,遍地皆荒草。夜无宿营地,破窑亦难找。今辟新市场,洞房满山腰。平川种嘉禾,水田栽新稻。屯田仅告成,战士粗温饱。农场牛羊肥,马兰造纸俏。小憩陶宝峪,青流在怀抱。诸老各尽欢,养生亦养脑。薰风拂面来,有似江南好……"这个变化,可以用这样的一组数据来总结概括①。

_____

① 数据来源于作者吴志菲的文章——《南泥湾》与陕北"小江南"的前身今世,发表于《福建党史月刊》。

三五九旅进驻南泥湾的第一年，因耽误了农时，加之缺乏经验，虽开荒 1.12 万亩，只收粮 1200 石。1942 年，情况好转，开荒 2.68 万亩，产粮 3050 石。1943 年时，已经初步做到不要政府一粒米、一寸布、一分钱，粮食和经费完全自给。到了 1944 年，开荒达到 26.1 万亩，产粮 37000 石，不仅粮食、经费自给自足，还积存了一年的储备粮，自给率达 200%，真正做到了"耕二余一"，而且第一次向边区政府上交公粮 1 万多石。这一年，牲畜家禽除吃用外，存栏的猪 5624 头，牛 1200 多头，羊 1.2 万只，鸡鸭数以万计。昔日的"烂泥湾"成了"米粮川"。

在 1942 年 12 月 12 日的《解放日报》社论中，题为"积极推行'南泥湾政策'"的文章也详细描述了这一成果。①

"他们胼手胝足辛勤劳作，建筑了千余个平整光洁、舒适宽敞的窑洞，开垦了一万一千亩的荒地，种植了粮食、蔬菜和棉麻，供给了自己的需要，节省了公家的费用。

今年该旅的收获是惊人的。全旅收细粮 55451 石，蔬菜 10 万斤，瓜 5 万个，养猪 1819 只，鸡 743 只，鸭 107 只，并且还在秋收之后，准备了冬季用的木炭和柴，预计每连生产木炭 1 万斤。

这些生产的成绩，使部队生活一天天地好起来了。他们节省了公家的粮食，在伙食方面，每人每月吃二斤肉，每天每人五钱油、五钱盐、一斤半菜，会餐时还常吃鸡鸭大米。战士们穿着自己劳动果实换来的新棉衣，盖着新棉被、羊毛毯子。棉鞋、手套齐全。战士们不仅有舒适的物质生活的保证，而且有他们活跃的体育活动和文化生活。

据今天消息，该旅根据过去成绩与经验教训，又拟订了明年的农业生产任务。预计全旅各部队明年种粮地 39000 亩，生产细粮 5200 石，草 580 余万斤。棉麻生产之外，蔬菜全部自给自足。这个计划的实行，花百余万元的本钱，生产了价值千余万元的农作物，它不仅可供给部队更多的衣食穿着，使部队整训更有充实的物资基础，而且可以大大帮助边区国民经济之发展。"

回过头设想一下，如果朱德同志没有正确地辨识南泥湾的环境，并看到环

---

① 材料来源于新华网。

境的有利面,同时借用环境的助力活跃经济、开垦荒地进行农业生产,为部队提供充实的物资基础,那么共产党该如何走出无粮无物资的困境,又该如何去领导中国革命实现解放呢? 或许有人会认为一切都会是历史使然,最终将有所解决。但历史是事件的真实写照,而不是理所当然的神话。

环境与人的生存发展是一个可持续作用,两者之间相互作用、相互制约、相互依存并组成相辅相成的系统。所有的人都在特定的环境中生活,依赖于环境的存在,受到环境因素的制约;环境又因为人的生存发展而呈现出千姿百态的面貌。

适应角色转换

在这个知识大爆炸、人力资源相对过剩的时代,人与人之间的竞争较之以往更加激烈。不同的国家有不同的国情,资源的占有率和人与人之间的竞争比也各不相同。比如在欧洲,其面积为 1016 万平方公里,人口约 7.39 亿人,约占世界总人口的 10.5% 。较其他大洲,人口相对稀少,资源相对充裕,竞争比相对较小,较容易获取个人施展能力的空间和舞台。如芬兰制定的"从摇篮到坟墓"的福利保障体制为该国公民提供了基本生活保障,这意味着从出生到去世都有各种补贴和社会福利,从而保障了最基本的生存条件,在一定程度上降低了竞争比例。南美洲亦是如此。2008 年笔者到巴西参加 G8+5 气候论坛,发现巴西和中国有着天壤之别。中国 960 万平方公里居住着 13 亿人,自然环境有 2/3 都是高原、沙漠等。而巴西的 851 万平方公里只有 1.91 亿人口,大部分属于亚马逊热带雨林和稀疏草原气候,气候非常宜人。

不同于欧洲等其他大洲,亚洲的人口相对集中,人力资源相对过剩,可利用资源更是相对稀缺,强大的竞争力造就了人生舞台构建的高难度,中国更是如此。以中央机关及其直属机构公务员招考为例,该考试以"国之大考"著称。从近几年的招考录取数据[①]可知,随着时间的推移,其竞争力度呈跳跃性

① 数据来源于网页"中华人民共和国中央人民政府"的政府公告,并经过统计而得。

增长趋势。虽然某些岗位对学历、基层工作经验有着极为严格的要求，却依然出现万人争夺的场景，且屡见不鲜。

任何人都不是单纯的个人，而是社会人。他和社会有着方方面面的紧密联系，这个联系的承载就是"人生舞台"。每个人都想描绘精彩的人生轨迹，那么在人才济济的现代社会中，如何在这个人生舞台上找准自己的位置并有所作为呢？从发展的角度来看，我们最为短缺的无疑是一种舞台资源。纵使你满腹经纶，纵使你才华横溢，若没有这一舞台，你也只能怀才不遇而抱憾遗恨。一如士大夫屈原，虽身怀鬼才却无施展舞台，乱世之中亦无国主赏识，最后只能抱石沉江，以解心中所憾。人生的最高境界就是选对舞台，尽情施展才华。没有舞台不可能唱戏，但即使有了舞台却不合时宜，只能成为禁锢自己才华的枷锁。若只给你唱秦腔的舞台，你永远唱不出京剧的精粹。

人生舞台是一个人施展才华、叙写人生、塑造自我的大平台，它为我们提供了发挥才能、展现自我、服务社会的机会。每个人来到这个社会上，一般会有一个属于自己的平台，但是这个平台未必就是舞台。有这么一则西方的传统教育故事，讲的是曾经有三位工人在砌墙，有人问他们："你们在干什么？"第一个人没好气地说："砌墙！没看到吗？"第二个人从容地说："我们正在盖一幢高楼！"第三位快乐地说："我们正在建一座新城！"十年后，第一位仍然在砌墙；第二位成了工程师；第三位成了前两位的老板带着前两个人去筑建更美好的城市。在这个故事中，十年的时间让起点相同的三位工人演绎了不一样的人生。毫无差异的平台，大相径庭的舞台，三位工人却拥有着令人回味无穷的各自人生。

平台需要给予、需要开创，而舞台更需要自己去创造、去配置、去构建，舞台的大小决定事业成功的可能，这是最根本的问题。然而平台和舞台又是相互依存的，两者相得益彰是人事业成功的最基本标志，也是演好人生这部戏的最基本要素。中央电视台有句宣传语，叫心有多大，舞台就有多大。正如你给自己定位成小剧团唱戏的，那你这一辈子就只能是个小剧团唱戏的。如若你给自己树立一个远大的抱负，积极的塑造自己的舞台，那你就可以在京剧的舞台上唱京剧，在国家大剧院里演奏交响乐，最终走向世界大舞台。

是否每个人都能足够认识到人生舞台的重要性呢？以笔者的培养研究生经验以及目前研究生培养的现状来看①，一部分研究生仅仅将其所接受的教育视为人生的一个过渡，简单地认为只要做完论文、拿到学位就万事大吉，便可在社会上占有一席之地，但结果却往往事与愿违。笔者认为，课题研究实质上是导师经过严密思考提供给研究生的一个学术发展的舞台。但不尽如人意的是，一些研究生只是被动地接受导师布置的课题和研究任务，甚至草草了事，从未主动地思考自己在这个舞台上应当怎样尽力演好自己作为一个研究者的角色，以及如何借助这个舞台锻炼自己的能力，充分展示自我。试问，如果没有这样的千锤百炼，研究生到工作岗位上将怎样去拓展适合自己的舞台？又将怎样扮演好自己的人生角色？为此笔者提出了"新形势下研究生的六级培养模式"②，就是希望借助系统工程的思想，通过"课程学习、学术讲座、技术训练、科学研究、学术实践、学位论文"六个方面构建完整的培养平台。实践证明，凡是注重按照"六级培养模式"完成学业的研究生，在工作岗位中能很快搭建并经营好自己的舞台，能够比他人更好地适应不同角色间的转换。

现实生活中，查韦斯深深认识到人生舞台的重要。现任委内瑞拉总统乌戈·拉斐尔·查韦斯·弗里亚斯③是位政治强人，他在公众面前始终保持着昂扬的斗志：发表演说、回答提问、与政敌辩论，甚至走路、说话，都充满着自信，始终保持着战斗的姿态。这让支持者崇敬有加，让批评者愈加畏惧。究竟是什么让他如此自信，获得如此的成功呢？在接受央视记者水均益采访时，他告诉了人们答案："首先是上帝，其次是玻利瓦尔，再者是我。"上帝是万物的主宰，玻利瓦尔是南美洲的传奇人物，被誉为"拉丁美洲的解放者"。两个看似无法企及的人物，他竟能与之相提并论并且仅居"再者"，将自己放在伟人

---

① 薛惠锋：《以舞台塑造自我　依责任成就明天》，发表于《中国研究生》期刊 2007 年总第 032 期。

② 薛惠锋：《论新形势下研究生的"六级培养模式"》，发表于《学位与研究生教育》期刊 2006 年第 3 期。

③ 乌戈·拉斐尔·查韦斯·弗里亚斯是第 53 任的现任委内瑞拉总统、玻利瓦尔革命的领导人。查韦斯大力批评新自由主义的全球化及美国的外交政策，同时大力提倡"21 世纪社会主义"的理想、拉丁美洲的整合和反帝国主义等。

的长河中,放在为国家强大而奋斗的历程中,可见查韦斯定位的人生舞台有多么的宽广。正是追求卓越的自信和坚定不屈的斗志,让查韦斯的心灵舞台愈加开阔,同时也让他在人生的舞台上更加耀眼,更加璀璨夺目。

高度决定视野

站位决定高度,高度决定视野。站位是发展的基础,有什么样的舞台就有什么样的成就,只有站在巨人肩膀上才会有更长远的发展。如果我们不曾站对自己的位置,不曾坚守这个位置,就会错失很多很多的机会。生活中某些人,经受不住打击和外界的抨击,他们便失去了努力的方向,渐渐消沉;而有些人,就算身处黑暗之中,依然可以用心灵为自己点亮一盏明灯,照亮前行的路。在失意消沉的时候,为什么不看看墙角上的蜗牛呢? 小小的蜗牛因携着重重的壳而行动缓慢,虽有其他动物的嘲笑和讥讽但依然不放弃自己的梦想,不忘记坚守自己心灵的舞台。"我要一步一步往上爬,等待阳光,静静看着他的脸,小小的天,有大大的梦想,重重的壳,裹着轻轻的仰望"。终于,经过不断地攀登,不断地仰望,蜗牛踏上了最高点,寻找到属于自己的天空,赢得了属于自己的心灵舞台。

高目标、高视野的人生舞台是可以实现的,但它需要激发自我潜力。可以说,人的潜力是无限的。科学家曾对爱因斯坦的大脑进行测试,发现他的大脑仅仅使用了3%。像爱因斯坦这么伟大的科学家对大脑的利用率也仅仅只是一小部分,那么足以说明我们每个人的潜在能量还是很大的。而这种潜在能量的激发,需要富有挑战性的心态、积极向上的目标追求,如此才会对人生的发展产生强大推动力,从而营造更高、更广的舞台。如果眼光只局限于眼前,是不会有大的成功;只有放远眼光,事业才有广阔的空间,才有强劲发展。

舞台的大小在一定程度上决定了事业成功的可能性,你的心有多宽,你的舞台就有多大;你的梦有多远,你的成就便有多高。聪明的人、平和的人、智慧的人,在舞台上会把道具、布景等各种资源都充分调动起来,上演一场精彩的演出。真正能体现自我价值、有所作为的人,全都是善于经营舞台的典范。

著名国学大师黎锦熙①先生民国初期曾在湖南省会长沙创办《湖南公报》并任总编辑,先后帮他誊写文稿的有三个人,这三个人的表现和以后的人生发展各有千秋。

第一名抄写员沉默寡言,通常对每份文稿都老老实实抄写,一字不落,甚至连错字、别字也照抄不误,作者的观点自然而然分毫不差地保留了下来。对于誊抄稿子而言,黎老先生对他十分信任。

第二名抄写员非常认真,其认真程度与第一个抄写员相仿,但他事先会对每份文稿仔细检查,遇到错别字、病句都认真改正,对逻辑混乱的地方会加以修改,然后抄写。黎老先生对他非常器重。

第三名抄写员则与众不同,他特立独行,除了仔细阅读每份文稿,修改错别字、病句以外,他还会大篇幅地删掉作者的文字,舍弃与自己观点不同、意见相左的文稿,以至于最后抄下来的都是些与自己意见相同的文章,或者经过自己意愿修改加工的文章。黎老先生对他既很器重,又感到那么的无可奈何。

后来第一名抄写员默默无闻地度过了一生;第二名抄写员于1935年写了一首词,这首词经聂耳谱曲后名为《义勇军进行曲》;第三名抄写员带领全国人民建立了以《义勇军进行曲》为国歌的伟大国家。你猜到他们是谁了吗?没错,路人甲杳无踪迹;田汉怀着满腔的愤怒和对民族的同情,谱写了《义勇军进行曲》;毛泽东为了民族崛起而抗争,建立了中华人民共和国。为自己设定的是按部就班、庸庸碌碌的人生舞台并为此搭建,得到的是碌碌无为;为自己设定的是积极进取、充满活力与希望的人生舞台并为此建设,那么在这一历程中就会有所建树;为自己设定的是打破成规、特定独行的舞台并为此构建,那么收获的将是人生的新硕果。不同的人生梦想,不同的舞台追求,造就了不同的人生高度,留下的是不同的历史影响。

----

① 黎锦熙,字劭西,湖南湘潭人。著名语言文字学家、词典编纂家、文字改革家、教育家。曾任北京师范大学教授、文学院院长、教务长、校长。1955年被聘为中国科学院哲学社会科学部委员,曾当选为中国人民政治协商会议第一、第二和第五届全国委员会委员,第一、第二和第三届全国人民代表大会代表。

世界著名的成功学大师拿破仑·希尔①曾经聘用了一位年轻的小姐当助手,主要工作是替他拆阅、分类及回复他的大部分私人信件,并根据拿破仑·希尔的口述记录信的内容。她的薪水和其他从事类似工作的人大致相同。有一天,拿破仑·希尔口述了下面这句格言,并要求她用打字机打印出来:"记住:你唯一的限制就是你自己脑海中所设立的那个限制。"她把打好的纸张交还给拿破仑·希尔时说:"你的格言使我获得了一个想法,对你、对我都很有价值。"这件事并未在拿破仑·希尔脑中留下特别深刻的印象,但从那天起,拿破仑·希尔可以看得出来,这句格言对她产生了极为深刻的影响。除了自己分内的工作之外,她开始从事不属于她分内并且也没有报酬的工作。她开始把写好的回信送到拿破仑·希尔的办公桌来。她已经研究过拿破仑·希尔的风格,因此,这些信回复得跟拿破仑·希尔自己所能写的几乎一样,有时甚至更好。她一直保持着这个习惯,直到拿破仑·希尔的私人秘书辞职为止。当拿破仑·希尔开始找人来补这位男秘书的空缺时,他很自然地想到这位小姐。

但在拿破仑·希尔还未正式给她这项职位之前,她已经主动地接收了这项职位的工作。由于她能在下班之后并且没有支领加班费的情况下,仍然做一份工作,终于使自己有资格出任拿破仑·希尔的秘书。不仅如此,这位年轻小姐高效的办事效率引起了其他人的注意,有很多人都愿为她提供更好的职位,请她担以重任。她的薪水也多次得到提高,现在已是她当初作为普通速记员薪水的4倍。她使自己变得对拿破仑·希尔极有价值,使得拿破仑·希尔不能失去她这个帮手。设定的平台不一样,你拥有的人生舞台档次也不一样,最后达到的效果也会截然不同。假若这位小姐一直以助理自居而不加以改变和塑造,也不加倍作出贡献和奉献,那么秘书的职务自然不会落到她的头上,何谈后来的人生奇迹呢?

在这个复杂多变的社会中,我们如果没有自己的位置,也就没有施展才能的舞台,进而失去了顽强奋斗的阵地;没有阵地就不可能在舞台上有所作

---

① 拿破仑·希尔(Napoleon Hill,1883—1969),是美国也是世界上最伟大的励志成功大师,他创建的成功哲学和十七项成功原则,鼓舞了千百万人,被称为"百万富翁的创造者"。拿破仑·希尔著有《成功定律》、《思考致富》、《人人都能成功》。

为，更无法捍卫你的生存安全、生活安全以及事业安全。换言之，一个人若连最起码保护自己的能力都不具备，何谈保护自己的家庭，更何谈要立足社会，奉献他人。只有那些善于经营人生舞台的人，才能够真正体现出自我价值，有所作为；而那些不善于经营人生舞台的人，必将遭遇各种困境，甚至失败。

但是人生舞台的塑造，并不是一味地追求己利、索取资源，而是善于放弃、乐于付出。当我们向社会索取的同时，也要学会舍弃、懂得付出，唯有这样，才能在物质和精神上收获更多。当一个人站在自己的舞台上，尽所能把已有资源无私奉献给别人的时候，他一定会得到别人的回报，只是时间早晚而已。"君子喻于义，小人喻于利"。当一个人能够真正步入"舍弃"的境界时，他的视野将更为开阔，胸怀将更加宽广，进而能够不断地创造出人生的辉煌；相反，当一个人在占据了舞台之后，整天吝惜自己的那点儿资源，斤斤计较蝇头小利，甚至损人利己的时候，他的眼界、思维与胸襟则被狭隘所束缚，从而不会再有大的作为，他所占据的舞台也就失去原有的意义。

只有奉献一切，把自己的心血贡献出来，才能真正地拥有自己的平台、拥抱世界。当你抱着"我是人才"这种自负的心态，抱着自己的文凭，而又不甘于奉献时你又能走多远呢？如果把自己放在山顶，那么承载的只有空气。只有把自己放在水里，才能保持湿润；只有把自己放在山脚才能承载天地；只有把自己放得更低才能承载更多。所谓"上善若水"就是这个道理。只有将自己融入社会、融入世界，方能与社会、与群众打成一片，方可能成为群众中的一员，在群众中再一次塑造自我，脱颖而出。

发掘自我优势

生活中有些人不安分守己；有些人喜欢挖墙脚破坏人际关系；有些人喜欢投机取巧获取蝇头小利；有些人喜欢见缝插针搞小团体……但是这些人几乎都未能取得显著的成就，一辈子碌碌无为。即使在某方面有所建树，留下的也不见得是好名声，甚至成为引以为戒的实例；相反，有些人非常注意各方面能力的培养,善于定位自我,并善于利用身边的资源构建成长舞台,同时借助环境的助力成就自我。

一个人能否营造好成就智慧人生的人生舞台,不在于是否拥有超人的天赋和地位、显赫的家世背景、充裕的物质条件。因为这些状况都会产生变化,如同城头变幻的旗帜。天赋和地位有时会随着事态的演变而改变,背景可能招致祸患,物质也可能失缺。因此,一个人能否拥有智慧人生重点不在于此,而是在于当拥有这一切时,能否善于运用,并借其力达到事业的巅峰;当缺乏这一切时,能否善于争取,发掘其中优势成就自我。

一出精彩绝伦的戏剧,除了精心设计的舞台、惟妙惟肖的演员、恰如其分的道具以外,更需要将这些因素系统地统筹到一起综合集成,只有将这些因素用系统的方法综合集成,在全局最优的原则下合理统筹,才能打造出一部不朽的戏剧。戏如人生,若能系统地去集成人生中的各种角色和周边的环境要素,就能营造好成就智慧人生的舞台。这个系统综合就是系统工程。人是属于社会的,因而不可能是孤立的。就像和面一样,把清水和面粉分别摆在那儿,是不可能做成面或是馒头的。只有在面粉中添加适量的水,经过反复地揉、和才能做出理想的面点。同样在人生这个大舞台上,只有拥有开放吸纳的胸怀和真挚诚恳的情怀,将系统工程的理念真正地用于人生舞台的营造,才能使人生的发展更加完美,最终实现智慧人生的成就。

用系统的思维去处理人生历程中的事务,有助于人们把握整体、洞察本质、执简御繁、综合集成、触类旁通。然而现实生活中一些人,甚至是系统工程的专业人士,根本没有养成用系统工程思维去思考问题的习惯,或根本不具备在实践中有效运用系统工程的能力。有些人在撰写文章时有系统工程,在现实生活中却无系统工程;在谈系统工程时头头是道,但在用系统工程时却没了头绪。更有些人认识事物、研究问题、解决问题时,只见现象不见本质、只见局部不见整体、只见眼前不见长远,弃车保卒、黑白不辨、是非不分,甚至本末倒置,为此付出极为惨痛的代价。究其关键,在于只看到了系统工程的皮毛,而没有从根本上掌握系统工程的精髓。系统工程的理念不单是升华了的具有哲学思想的科学研究工具,更是科学而先进的社会发展之道与人生处世之道。

在中国历史上,早就有把事物诸因素联系起来作为一个整体或系统来进行综合分析的思想。随着系统思想的产生,逐渐形成了系统概念和处理问题的系统方法,如《易经》和《黄帝内经》。

古人致力于探索宇宙万物及其变化规律,在此过程中形成了蕴涵系统思想的阴阳、五行、八卦等学说。《易经》从自然界找出八种基本事物称为八卦,看做为万物之源。八卦分别是乾、坤、离、坎、震、兑、巽[①]、艮[②],其象征意义为:乾为天,主南;坤为地,主北;离为火,主东;坎为水,主西;震为雷,主东北;兑为泽,主东南;巽为风,主西南;艮为山,主西北。八卦以卦象对应自然界八种事物,以八种事物综合自然和人事的因素而加以分析,借以预卜吉凶祸福。这种将自然万物的本源归结为天、地、雷、风、水、火、山、泽八种基本元素的观点,具有朴素的系统观念,系统思想就从八卦产生了。

《尚书·洪范》则把五行(金、木、水、火、土)作为构成万物的基本要素。五行作为一种系统分析的方法,认为大凡一个系统与外界的关系无非四类,即"我生"、"我克"、"生我"、"克我",生就是"帮助"、"有助于"的意思,克就是"抑制"、"不利于"的意思。加上代表系统本身的"我"字,就构成了五行全部。"我生"是指受惠于"我"的外物总和,"我克"是指受制于"我"的外物总和。可见,作为一个系统要素分析的简化模型,不可能是四行也不应该是六行。一般将"我"称为土,"我生"称为金,"我克"称为水,"生我"称为火,"克我"称为木。这是用特殊元素代表一般情况的命名法,就像用 a 代表集合 A 中任意元素一般。在实际的应用中,包括传统医学的实践中,也常常直接使用"我生"、"我克"、"生我"、"克我"的一般概念而不局于金、木、水、火、土之名。五行分析方法的优点在于它抓住了作为一个系统所必需的五大要素四大关系,既可以非常方便地进行层层深入分析,又可非常方便地进行全面的分析。

---

① 巽,音 xùn。
② 艮,音 gèn。

　　提起阴阳会联想到太极图。阴阳最初的含义是很朴素的,它代表阳光的向背,向日为阳,背日为阴,后来引申为气候的寒暖,方位的上下、左右、内外,运动状态的躁动和宁静等。中国古代的哲学家们体会到自然界中的一切现象都存在着相互对立而又相互作用的关系,就用阴阳这一概念来揭示自然界两种对立和相互消长的物质势力。并认为阴阳的对立和消长是事物本身所固有的,且是宇宙的基本规律。这一学说认为,世界是物质性的整体,自然界的任何事物都包含着阴和阳相互对立的两个方面,而对立的双方又是相互统一的。阴阳的对立统一运动,是自然界一切事物发生、发展、变化及消亡的根本原因。正如《素问》所言"阴阳者,天地之道也,万物之纲纪,变化之父母,生杀之本始"。所以说,阴阳的矛盾对立统一规律是自然界一切事物运动变化固有的规律,世界本身就是阴阳二气对立统一运动的结果。

　　中医经典理论著作《黄帝内经》,是古人运用系统思想研究人体生理和病理现象的典范。它以医学实践为基础,以哲学理论体系为指导,两者相辅相成。从实践到理论,再从理论到实践,两者互相作用形成医学体系。它的基本精神及主要内容包括整体观念、阴阳五行、藏象经络、病因病机、诊法治则、预防养生和运气学说等等。

　　《黄帝内经》强调人体本身与自然界是一个整体,认为人体结构和各个器官是有机联系在一起的整体,一个器官的病变可能影响其他器官或整体,而整体的变化又必然会引发局部病变。自然界气候对人体生理、病理等也存在着对应的影响。因此,它强调了人体各个器官之间的联系、生理现象与心理现象之间的联系、身体状况与自然环境之间的联系,主张从整体角度来研究病理和病因。它将人体作为一个复杂的系统,看成是自然界的一部分,认为人的养生规律与自然界的规律是密切相关的。在此基础上提出了"天人相应"的医疗原则,主张把自然现象、生理变化、社会生活、思想情绪等多方面的因素结合起来,并和环境联系起来统筹考虑,结合人、病、症三者之间的关系辩证施治,从更大的整体范围来研究人体的生理和病理现象。这种整体观念后来发展成为中国传统医学指导临床诊断和治疗的基本原则。

　　除此之外,系统工程思想的触角已涉及各方各面,并展示出相当高的造诣。如李冰父子为治水主持建造的都江堰水利工程①，就是一个由养护制度组成的兼有防洪、灌溉、漂木、行舟等多种功能的有机整体。该有机整体充分体现了整体观念、优化方法，开放、发展的系统思路，是系统工程中统筹安排、优选方案的杰作。系统工程的思想和理论随着历史的车轮而日益丰富、壮大。在1992年，钱学森提出了从理论到实践、从定性到定量综合集成研讨厅体系，将系统工程思想和理论推向了顶峰。

顾基发②教授在系统工程实践的总结经验基础上，以及纵观国际各类系统工程方法论以后，于1994年提出"物理—事理—人理"（WSR）系统方法论，把物理—事理—人理作为一个系统，达到懂物理、明事理、知人理。WSR系统方法论哲理和理念的基本核心是在处理复杂问题时既要考虑对象物的方面（物理），又要考虑这些物将怎样更好地被运用在事的方面（事理），但认识问题、处理问题、实施管理与决策又都离不开人的方面（人理）。航天系统工程项目，如神舟系列宇宙飞船的成功发射，嫦娥一号的成功进入预定轨道并且有效运作等都与之息息相关。

运用系统思维

现代社会中，系统工程理念更是深入社会、深入生活的方方面面，无处不见。如和谐社会的构建是一项系统工程，它着眼于社会大系统的整体性，也是一个国家政治、经济、科技、文化和社会发展程度的综合体现，当然，这是一个长期积累的过程。同时和谐社会的构建又着重政治、经济等各个领域的良性建设，任何一个领域出现问题，就很有可能出现不和谐。因此，构建和谐社会要协调好社会不同利益群体的关系，实现社会的公平和正义，使得不同利益群体各得其所、各尽其能，社会各阶层和谐相处。再如新郊区的创建，也是一项

---

① 都江堰水利工程由三大主体工程（即鱼嘴分洪工程、飞沙堰分洪排沙工程和宝瓶口引水工程）、120个附属渠堰工程及总工程。

② 顾基发，运筹学和系统工程专家，中国运筹学和系统工程理论和应用研究早期开拓者之一，中国存储论、多目标决策理论和应用研究开创者之一，率先提出优序法和虚拟目标法。20世纪60年代首先将运筹学用于导弹突防概率论和计算，70年代初致力于推广应用优选法。

系统工程。新郊区创建包括规划布局合理、经济实力增强、人居环境良好、人文素质提高、民主法制增强等一系列创建目标，强调整体性与层次性的综合集成。在创建实施中，既要加快发展生产力，又要调整完善生产关系；既要加强物质文明建设，又要加强政治文明、精神文明与和谐社会建设；既要广泛调动基层和农民群众积极性，又要尊重自然规律、经济规律和社会发展规律，切实提高建设社会主义新农村的能力和水平。

人生的科学发展亦是一项系统工程，而且是一个复杂的巨系统[①]。人的生存发展依赖于家庭、单位、社会和自然四个层次，深受各个方面和层次的影响，并且在一定条件有着决定性的作用。如严重的传染病、环境污染、不可抗拒的灾害等。人的生存发展，亦对家庭、单位、社会和自然四个层次产生一定的影响，如环境污染、社会风气等。这就需要我们协调好各个层次之间、人与各层次之间的关系，把对人的生存发展有益或有促进作用的信息保留下来，把对人的生存发展有害或有阻碍作用的信息加以修正，善于挖掘并借助其正面助力。只有各因素和谐的协调和综合的集成，人生才能得到完美的体现——实现人生价值的体现。

人生的科学发展既然是一个复杂的系统，那么应当如何运用系统的理论和思维去营造人生舞台，去解决人生困惑走进智慧之门呢？笔者凭借多年来对系统工程的研究、探索、实践，认为这需要用系统工程的精髓去解决人生的各个阶段遇到的问题，即对出现的问题或事物，要有系统思维，要有用系统思维贯穿整体的能力。

系统思维就是将所面对的事物或问题作为一个有机的整体、作为一个系统来加以思考和分析。要始终站在立足整体、把握全局的高度，从整体的视角看待所面对的系统，以谋求全局最优为最终目标。同时要具有团队精神，即一切以团队利益为重，个人利益服从组织利益。若个人利益与组织利益有所冲突，也要先服从于组织利益，时时以组织利益为重。具备了这些之后，对于系

---

① 薛惠锋、苗治平著《人生科学发展系统工程》，书中从人生科学发展系统的基本概念、基本原理和基本方法等基础知识出发，全面介绍了如何运用所学到的知识和技能培养、教育幼儿，科学地规划人生。

统中出现的问题与疑惑,要有认识问题本质的能力,善于发现事物的发展规律,用合乎逻辑的思维去思考问题,并能建立系统分析模型去定量的描述问题。解决问题或解答疑惑时,要善于集成一切影响因素(包括不利因素和有利因素),按照事物的本来面貌和事物发展的客观规律办事,使得问题得到满意解决的工程实践。只有这样才能做到面面俱到;方能实现"整体大于部分的简单总和"的效应;方可使我们在人生规划的决策过程中不会狭隘的计较眼前利益,眼光将会更加长远,更加有助于我们走向成功。

汉高祖刘邦在历史上的地位和创建的功业颇耐人寻味,自古众说纷纭,他能战胜贵族出身的项羽而得以创建大汉王朝,在于他能用系统的思维去考虑战争的各方面因素,在于他能用系统工程的理论去营造自己的人生大舞台。

刘邦的成功,在于他能够认识到当年局势的本质,能顺应民心、顺应历史潮流,并顾全大局以整体利益为重。在起义时,刘邦能够清楚认识到秦朝之所以灭亡,皆起于其暴政,据此号召有志之士揭竿起义,积极地在历史长河中把握时机并塑造人生舞台。在攻陷咸阳城时,他意识到当时项羽咄咄逼人的气势和战事的风云变幻,克忍其常人本性,放弃了纵情于声色犬马的生活,与民约法三章,顺应蓬勃发展的地主、自耕农民的需要,不掳掠骚扰百姓,因此赢得了源源不断的后方支援。即使定国后,也仍然以农民利益为主,大力发展农业生产,奠定了大汉的牢固基业。

其次,刘邦能正确地定位自我,善于处理好与他人的关系。以张良、萧何和韩信三人为例,他既没有张良高瞻远瞩的战略目光,也没有萧何独一无二的治理、协调才能,更没有韩信杰出的军事天才。如在反秦战争和楚汉战争时,刘邦往往在关键时刻不知所措,没有什么英明卓越的战略决策。虽然他自己缺乏谋略,缺必要的能力,但没有妄自菲薄,亦没有异想天开,而是对身边良臣名将博采众长。

刘邦的成功还在于他善于识人用人,且任人唯才。如张良是贵族、陈平是游士、萧何是县吏、樊哙是狗屠、灌婴是布贩、娄敬是车夫、彭越是强盗、周勃是吹鼓手、韩信是待业青年……可以说是五花八门什么样的人都有,还可以说是个名副其实的"杂牌军"。然而刘邦不畏流言不惧有色眼光,将他们组合起来,根据不同人的不同特点,采取相应对策,因人而变,因人制宜。正是如此,所有的人才都能够最大限度地发挥作用。也正是由于刘邦深谙此道,才能广罗天下人才为己所用,共创大汉天下。他曾对着群臣慨叹:"夫运筹帷幄之中,决胜千里之外,吾不如子房;镇国家,抚百姓,给饷馈而不绝粮道,吾不如萧何;连百万之众,战必胜,攻必克,吾不如韩信;三者皆人杰,吾能用之,此吾所以取天下者也。"①对张良敬之如师,自始至终保持着这种特殊关系;对萧何,推心置腹,从不怀疑;对韩信委以军权王爵,保证了战争的进行。对于其兵力薄弱的特点,他以蜀汉、关中为后方,利用人力、物力的优势坚持持久战,运用"宁斗智,不能斗力"的战略原则,与项羽展开了旷日持久、相持不决的战争。在战争中,刘邦据守荥阳、成皋两个兵家必争之地,以此引得项羽集中主要兵力争夺这两地,最终劳而无功,消耗损伤过大,以至于陷于被动。楚汉相持,自公元前205年6月至公元前203年9月,共两年又三个月。项羽未能他顾,而刘邦却乘机命大将军韩信自夏阳(今陕西韩城南)向东渡河,相继灭魏、代、赵,降燕,统一河北。又南下灭齐,占彭城、广陵(今江苏扬州),最后聚歼项羽于垓下(今安徽灵璧东南),项羽因而惨败。

　　为了获得对事物整体的认识,或找到解决问题的恰当途径,利用系统思维方法是最佳的捷径。在人生发展的历程中,我们会遇到许许多多的事情,这其中的每一件事情就是一个系统,即使是一个小问题的处理过程,也是一个系统处理的过程。在考虑解决某一问题时,不要采取孤立、片面、机械的方式,而是要唯物的作为一个有机的系统来分析处理。

----

① 摘自《史记·高祖本纪》。

第五章 优化路径 整体为重

　　人生就像是迷宫,有多条道路,究竟选择哪条才是最优呢? 工欲善其事,必先利其器。要成事,就得借助一定的工具,寻找能够顺利到达胜利彼岸的道路。那究竟怎样才能够利其器呢?

　　在通往成功的道路上,用"失之毫厘,谬以千里"来形容道路选择的重要性,丝毫不夸张。就像穿过迷宫一样,即使知道出口就在前方,知道需要经过几个关口才能到达,但往往起决定作用的还是重重迷雾后面的唯一正确快捷的路径。优化路径的动力不仅来自更快走出迷宫的目标,也在于避免正确目标下功亏一篑的遗憾。最优路径的选择一定是优先考虑全局利益,从核心目标出发,寻找达到目标的最有效规律方法,经过对逻辑关系和内部结构的一系列科学运作,以求得最佳效果。

　　路径,又称初级通路,即无向图中满足通路上所有顶点(除起点、终点外)各异,所有边也各异的通路。绘制时产生的线条称为路径。路径由一个或多个直线段或曲线段组成。线段的起始点和结束点由锚点标记,就像用于固定线的针。通过编辑路径的锚点,您可以改变路径的形状;亦可以通过拖动方向线末尾类似锚点的方向点来控制曲线。

　　路径可以是开放的,也可以是闭合的。对于开放路径,路径的起始锚点称为端点。路径可以具有两种锚点:角点和平滑点。在角点,路径突然改变方向;在平滑点,路径段连接为连续曲线。可以使用角点和平滑点的任意组合绘制路径。如果绘制的点类型有误,可随时更改。路径:就是用钢笔工具或贝塞尔工具等描绘出来的线。

　　哲学上,整体指若干对象(或单个客体的若干成分)按照一定的结构形式构成的有机统一体。部分指组成有机统一体的各个方面、要素及其发展全过程的某一个阶段。"整体"与"部分"相对,组成辩证法的一对范畴。整体包含部分,部分从属于整体。整体具有其组成部分在孤立状态中所没有的整体特性。整体大于它的各部分总和。整体的功能散失,会立即引起部分的功能瓦解。两者在一定条件下可以互相影响、互相转化。

智能气功科学中的整体指形成混元气的时空结构,是维系混元气独立性、特殊性的根本。它不是事物各个部分相加的和,而是在此基础上的结构构成与功能的统一及其动态平衡,是事物的形态结构及其功能混化而成的整体自身及其特殊体性,这一整体自身及其特殊体性可以被人的超常智能所感知。整体特性是混元气的根本属性,它贯穿于所含的各个部分当中,从而使部分呈现并服从于整体特性。整体不仅是事物的一种特殊体性,而且是一种客观实在。气功科学中的一切特异现象和超常智能实验都是在人和事物的这种整体特性相互作用中实现的。

整体和部分既相互区别又相互联系。两者有严格的界限,地位和功能不同;两者不可分割,相互影响。整体和部分的地位和功能不同:第一种情形是整体具有部分根本没有的功能;第二种情形是整体的功能大于各个部分功能之和;第三种情形是整体的功能小于各个部分功能之和。整体和部分的联系主要表现在两个方面:两者不可分割。整体由部分组成,整体只有对于组成它的部分而言,才是一个确定的整体,没有部分就无所谓整体。部分是整体中的部分,只有相对于它所构成的整体而言,才是一个确定的部分,没有整体也无所谓部分,任何部分离开了整体,它就失去了原来的意义。两者相互影响,整体的性能状态及其变化会影响部分的性能状态及其变化;反之,部分也制约整体,甚至在一定条件下,关键部分的性能会对整体的性能状态起决定作用。

理解整体和部分的相互关系、系统和要素的相互关系,对于实践具有重要的指导意义:一方面,办事情要从整体着眼,寻求最优目标;另一方面,搞好局部,使整体功能得到最大限度地发挥。

谋取综合最优

无论东方还是西方，早期的人类思想都具有高度的综合性。随着人类对自身及外部世界认识的深入，知识被分化为各类单一的学科。回顾人类对客观世界的认识，在思维方式上经历了"朴素整体论"——"传统分析论"——"科学系统论"这样一个螺旋式的发展过程。古代先哲们追求整体性、统一性，并以各种元素作为解释世界的整体性和统一性的物质基础。他们之所以如此看待世界，源于当时较低下的生产力水平和科学水平，人们只能在直观观察的范围内，将客观事物的整体形态作为考察的基本层次，从事物的联系上来把握对象，而这些总联系的细节还得不到说明。采用这种方法，对事物细节程度的认识虽不够精确和严密，然而对事物总体的认识却有着较为准确的猜测和判断。

近代自然科学的传统分析法是把自然界分解为各个部分，把自然界的各种过程和各种事物分成一定的门类，把事物从联系中抽取出来，对它们的特性、原因和结果等方面逐个加以分析研究。近代传统分析法反对含糊笼统的臆断，要求把一切事物分割成尽可能小的部分，仔细地详加考察，直到一目了然。任何进步都不会是尽善尽美的，有时甚至要人类付出相当大的代价，取代朴素整体论的传统分析论，一方面使科学事业获得了永远值得人类自豪的光辉成就，另一方面却使人们的哲学思考逐渐淡忘了世界的整体联系，导致了"人类与自然的分裂和人与人的分裂"。

这些深刻的分析告诫人们，传统的分析方法尽管能使研究深化，但如果忽略甚至割断了事物之间的固有联系，就会致使人们不能从整体上把握事物的性质和发展规律。同时，随着人们对自然界认识的不断深化，逐渐发现，只见树木不见森林，只从细节上穷极分析，不注重事物的整体综合的方法，将导致精确性与正确性的悖论。正如著名物理学家波恩[①]所说，"我们已经到达我们

---

① 马克思·波恩(1882—1970)，德国物理学家。出生于西里西亚的布雷斯劳。1907年获哲学博士学位，1933年迁居英国，1953年退休后迁回德国。波恩在物理学上的主要贡献是发展了量子力学，用统计学解释波函数，并与海森伯等合作，发展三维粒子运动理论，即矩阵力学，提出了量子力学中的微扰理论。1954年获诺贝尔物理学奖。著作有《晶体点阵动力学》等。

深入物质旅程的终点。我们一直在寻找陆地,可是没有找到。我们钻得越深,宇宙就显得越不安静,越模糊,越混沌。"

古人云:"倾国宜统体,谁来独赏梅"。在 21 世纪的今天,按照中国的主流审美观,仅从局部来看,柳叶眉、杏核眼、樱桃嘴,都是面部系统中最理想的五官元素。但是,如果它们没有按照一定的比例和结构在整体上实现统筹优化,鼻、口、眉、眼,摆得不是地方或不成比例,那就会成为"丑八怪"。对于一位手模,我们需要把握整个手部各个部分的比例以及它们之间的结构;对于一位脸模,我们的研究对象是五官;对于一位 T 台模特我们所关注的却是包括五官、气质、身材等要素。系统工程是一种立足整体、把握全局的科学方法体系,要求我们从整体的视角来对待任何事情。"自古不谋万世者不足谋一时,不谋全局者不足谋一域",说的正是这个道理。

构成系统的个体要素的属性、功能、规律的线性叠加,并不完全代表系统整体的属性、功能、规律。单一学科与整体科学已有质的区别,例如氢原子(H)与氧原子(O)的结合,它们各自的性质与它们共同构成的系统——水分子(H_2O)的性质已完全不同甚至相反(如易燃性)。

系统所以称为系统,根本在于它具有各组成部分本身所不具备的整体属性及功能。局部功能必须有机协调,避免内部抵消及内耗效应,只有这样才能实现系统整体功能中发挥作用。要实现"1+1>2"的良性整体效果,并非通过简单迭加即可获得,必须要有整体统筹的系统思维。对待一个问题绝对不能"头痛医头,脚痛医脚",也绝对不能"只见树木,不见森林",一定要抓整体,不能以偏概全,以点带面。对一个人的分析和判断、对一件事情发展过程的把握、对一个单位的整体认识和对一项具体业务的负责,只有放在历史的时空中来看待方可见一斑而知全豹。

战国时期,著名军事家孙膑是孙武后代,曾与庞涓同窗师从鬼谷子学习兵法,著有《孙膑兵法》。那时齐王常与他的大将田忌赛马,双方约定每场各出一匹马,分三场进行比赛。齐王的马有上中下三等,田忌的马也有上中下三等,但每一等都比不上齐王同等的马,于是田忌屡赛屡输。孙膑作为田忌的宾客,给他出了一个主意:以下、上、中对上、中、下的对策,使处于劣势的田忌战胜了齐王,这是从整体出发制定对抗策略的一个著名事例。孙膑的战略体现出了"全局"的思想。这场比赛他并没有按照常理出牌,别人都是上对上、中对中、下对下,而他着眼于高处把三局比赛联系在一起,用自己的长处去比对方短处。这场赛马比赛规则是三局而不是一局,单方面去看任何一局的胜败都是毫无意义的,三局的结果才是决定胜败的,也是这种化零为整的思想才使得局部为整体带来了高于其自身的收益。当他开局以下等马对齐威王的上等马时,必定遥遥落后,输得非常难看。但正因为如此,此后才能以上等马对中等马,中等马对下等马,三局比赛环环相扣,每一局都略胜一筹,最终三局两胜赢过齐威王。

田忌赛马的例子是全局观的完美诠释,在全局观的指导下取得了最终胜利。实际上除了比赛之外,在我们生活的各个方面,对待任何大大小小的事情,无处不需要全局观的指导,完成一项工作需要全面合理地安排时间与人员,制定一项政策需要顾全大局整体协调。全局观是普遍存在的,作为集体中的一员以大局为重。同时,无论是一个企业的经营管理,还是一个国家的方针政策,抑或是一场战役,在制胜的过程中"把握全局"的重要性不言而喻。

古时赵普[①]曾以半部《论语》治天下。他是五代后期淮南滁州的一个私塾先生,社会地位不高。公元956年,为了争夺淮南江北地区,当时还是后周大将的赵匡胤和南唐的守军在滁州打了一仗。这位私塾先生正好在滁州教书,于是就结识了赵匡胤,从此就给赵匡胤出谋划策。这一仗赵匡胤大获全胜,由此奠定了帝业。自此之后赵普就一直跟随赵匡胤左右,充当贴身谋士。宋太祖乾德初年,发生了一件让赵普非常尴尬的事情。当时要有一个新的年号,宋太祖心里想了一个,赵普就在旁边起哄:"好啊好啊!皇帝真英明,您的学问真好,你想的年号,以前绝对没有,独一份。"旁边有个不识相的读书人叫卢多逊,就在旁边插嘴:"王衍在蜀,曾有此号。"太祖一听,十分惊讶。本以为自己想了个年号很得意,正拿着毛笔写着,顺手抄起毛笔就给赵普画了个花脸,

① 赵普字则平,北宋初年宰相。出生于幽州蓟县(今北京),后先后迁居常山(今河北正定)、洛阳(今河南洛阳)。

"亏你还是个宰相，还不及这个卢多逊。"史籍记载："韩王惊羞不敢洗。"他被皇帝御笔涂黑了不敢洗。更重的打击是，宋太祖还说了一句话："做相须读书人。"意思是做宰相的必须是读书人，言下之意是你就不是读书人，恐怕不配当宰相。再以后，赵普就被罢相，被派到外地当了个节度使。被赶出京城的赵普，之所以被人们轻视，就是因为他熟读的大概只有《论语》这么一部书，这样是万万不能的。

现实生活中，应对世界气候变化问题，不仅仅是气候问题、生态问题、环境问题，更有能源问题、经济问题、法律问题、政治问题、区域及全球安全与发展问题，等等。有的人片面重视气候变化带来的环境影响，不能把握全局，最终在认识上走入误区，跌入国际政治博弈中系统思维水平更高的对手们所暗中设下的一个个陷阱。2007 年笔者在巴西参加气候论坛时，就发生了这样一件事：当时巴西主张制定适合自己国家发展的《生物质能源法》，中方代表有位中科院院士单从学问角度提出反对意见，会场的友好气氛瞬间冻结。那时国家领导人正在访问巴西，如果这个问题解决不了，就很有可能对中巴以后的外交造成不良影响。于是，工作人员立即着手准备起草谈判口径，以全局为重，最终顺利渡过难关。

在刑事诉讼活动中，要求"以事实为根据，以法律为准绳"，在整体上最实事求是地认识案情。但在具体的刑事诉讼系统中，却往往陷入通过由利益相关方各自利益驱动的、在局部上不甚"实事求是"的对抗方式实现的。控方从受害者和公众利益出发，一味设法证明被告有罪或罪重；辩方则从被告的利益出发，一味设法证明被告罪轻或无罪。在法官有效的主持下，控辩双方通过对抗性的竞争动力机制，使案情向穷尽正反两方面所有可能性的方向演化，真理越辩越明，案情最终在整体上逼近真相，实现了诉讼系统工程的整体优化目标。这恰恰表明在复杂系统中追求整体最优时，不一定要求构成整体的所有局部都最优，有时甚至要求局部对整体要求的指标最劣。

国家主席胡锦涛在看望钱学森同志时说："您在科学生涯中建树很多，我学了以后深受教益。"在谈起钱老的系统工程理论时说："上世纪 80 年代初，我在中央党校学习时，就读过您的有关报告。您这个理论强调，在处理复杂问题时一定要注意从整体上加以把握,统筹考虑各方面因素,这很有创见。现在我们强调科学发展,就是注重统筹兼顾,注重全面协调可持续发展。"

　　无论是从社会公德还是个人发展角度,我们都必须具备全局观,学会从方方面面来看待问题,避免过度重视局部,而影响整体优化。在具体实践中,要理清集体荣誉与个体荣誉的关系,以大局为重,"没有锅里的,就没有碗里的",没有国家利益就没有集体利益,没有集体利益就没有个人利益,牢记"皮之不存,毛将焉附"的基本道理。要有团队精神,一切以团队利益为重,明白"水只有在大海里才不会干涸",能主动而且有效地与上下左右沟通协作。研究问题,要重视整体效应,避免丧失系统思维,进入"头痛医头,脚痛医脚"的怪圈。

寻找发展规律

　　规律,是客观事物或问题(即"原型系统")演化(包括进化与退化)过程中的本质联系,具有普遍性的形式。规律和本质是同等程度的概念,是指客观事物或问题本身所固有的、深藏于现象背后并决定或支配现象的方面。任何事物或问题的演化都有其或隐或显的规律。近代科学奠基人伽利略认为,自然界是一个简单有序的系统,它的每一个进程都是规律性的。达尔文认为:"科学就是整理事实,以便从中得出普遍的规律或结论。"我们在实践中要善于显化和运用规律,按规律办事。围绕原型系统所进行的调查研究,要追求一定的规则、范式、模式,剔除非原则性的、非主流的、杂质性的东西,找出通用的、趋于真理的部分。我们常讲的"实事求是"中的"是",就是事物的本质及演化的规律。藐视规律、违反规律,必将受到规律的惩罚。

　　一个人的精力毕竟有限,这就要求我们借鉴前人的研究成果,运用系统的思想观察分析事物,抓住根本规律,判断事物发展。科学家们进行的科学实验,包括物理、化学实验,无不是在探究自然界中各种自然现象的发展规律。这就像在河里撒网捕鱼一样,总有些地方是网不到的,而鱼恰恰可能就在没有网到的地方。只有运用系统工程的思想,总结经验、掌握"鱼群"规律,才可能找到"鱼群"的所在位置。

苹果熟后会自己落地,这是一个常见的自然现象。公元 1665 年,牛顿吃完晚饭后在家里花园散步,一只熟透了的苹果砸到牛顿头上,红红的大苹果砸得牛顿疼痛难忍,但却激起他思潮翻滚。一般人被砸之后会抱怨,或是在心里提醒自己以后要多加小心。而他并没有被动地接受这个大家已经熟知的事实,而是在反思:苹果在空间,哪一个方向都可以飞去,为什么偏偏要坠向地面呢?难道地球和苹果是互相吸引吗?行星绕恒星运转,也是互相吸引的?苹果落向地面的力和使行星保持在它的轨道上的力是否有关呢?经过深入的探究隐藏在这个现象后面的规律,最后牛顿根据科学合理的推算,发现了"万有引力定律"。

老子曰:师之所处,荆棘生焉。大军过后,必有凶年。虽然只是简单的两句话,却体现了对事物发展规律的深刻认识与把握。一部《孙子兵法》五千余言,却是对整个战争系统本质属性及规律的高度概括。只有深入探索事物发展规律、把握规律,才能真正做到"不出户,知天下;不窥牖,见天下"的神奇境界。

"文化大革命"前,钳工分为很多级别,我认识一位在飞机制造厂专门负责做铆钉的师傅,甚至他一辈子就做了这一件事情,但是他的工作质量不是一般人可以比拟的。因为他在做这件事情的时候是在努力寻找做这件事情的规律,力求把这一件事情做到精益求精,做到极致水平,也就是这件事情只有他能为,别人不能为。他不仅仅是在埋头做铆钉,同时还在思考如何能够掌握铆钉的制作规律,如何能够提高工艺水平和生产效率,甚至如何能够使这一枚小小的铆钉发挥更大的作用。

自然系统、社会系统乃至我们每个人的人生系统都具有一定的规律性。系统工程的思想说明,无论求知还是为人处世,只有寻找规律才能事半功倍。进行科学发现,要善于总结规律,抓住了一般规律,就能按照逻辑进行演绎推理,举一反三,才能更全面地认知事物。

田野里,大片的庄稼沐浴着阳光雨露,茁壮成长,一派勃勃生机。也许你看不出庄稼每天都在长,但它却是实实在在地一天又一天的长高了……

　　有一个宋国人靠种庄稼为生，天天都必须到地里去劳动。太阳当空的时候，没个遮拦，宋国人头上豆大的汗珠直往下掉，浑身的衣衫被汗浸得透湿，但他却不得不顶着烈日弓着身子插秧。下大雨的时候，也没地方可躲避，宋国人只好冒着雨在田间犁地，雨打得他抬不起头来和着汗一起往下淌。

　　就这样日复一日，月复一月，每当劳动了一天，宋国人回到家以后，便累得一动也不想动，连话也懒得说一句。宋国人觉得真是辛苦极了。更令他心烦的是天天扛着锄头去田里累死累活，但是不解人意的庄稼，似乎一点儿也没有长高，真让人着急。

　　这一天，宋国人耕了很久的地，坐在田埂上休息。他望着大得好像没有边的庄稼地，不禁一阵焦急又涌上心头。他自言自语地说："庄稼呀，你们知道我每天种地有多辛苦吗？为什么你们一点都不体谅我，快快长高呢？快长高、快长高……"他一边念叨，一边顺手去拔身上衣服的一根线头，线头没拔断，却出来了一大截。宋国人望着线头出神，突然，他的脑子里蹦出一个主意："对呀，我原来怎么没想到，就这么办！"宋国人顿时来劲儿了，一跃而起开始忙碌……

　　太阳落山了，宋国人的妻子早已做好了饭菜，坐在桌边等他回来。"以往这时候早该回来了，会不会出了什么事？"她担心地想。忽然门"吱呀"一声开了，宋国人满头大汗地回来了。他一进门就兴奋地说："今天可把我累坏了！我把每一根庄稼都拔出来了一节，它们一下子就长高了这么多……"他边说边比划着。"什么？你……"宋国人的妻子大吃一惊，她连话也顾不上说完，就赶紧提了盏灯笼深一脚浅一脚地跑到田里去。可是已经晚了，庄稼已经全都枯死了。

　　自然界万物的生长都是有自己的客观规律的，人无力强行改变这些规律，只有遵循规律去办事才能取得成功。愚蠢的宋国人不懂得这个道理，急功近利，急于求成，一心只想让庄稼按自己的意愿快快长高，结果却适得其反。

　　陕西有种说法："刁浦城，野渭南，不讲理的大荔县"。为什么说大荔县人不讲理呢，大荔县人真的不讲理吗？如果不仔细分析这个事情，不能够准确判断事物之间的联系，而是断章取义，可能就会对这件事产生误解。大荔县的人不是不讲理,不是人品问题,而是说大荔县大路小路交织,有时相差太多,故有人问路时从不以"里"来回答,而是以诸如"朝前走,三畎地,拐个弯就到"来回答。

从这个意义上来说大荔县讲的是自己的私"理",而不是公"理"。人要把自己融入到社会海洋里去扮演角色,必须讲公理,讲社会的道理,讲大众的道理,讲世界的道理,讲每个人都能理解的道理,而不是只有自己才能理解的"理"。只有把自己融入社会的大熔炉里才会成就大事,正如水滴融入大海才能奔向远方。为人处世要讲社会大众的"公理",这种公理也是一种"规律",要"与四季合序,与天地和谐"。"祸兮福之所倚,福兮祸之所伏"。因此,把握住一般规律就能提前洞悉事情演化,未雨绸缪,做到宠辱不惊和去留随意。

探索问题本质

现象是事物、问题或系统在演化(包括进化与退化)中所表现的外部形式。

本质是事物、问题或系统本身所固有的根本属性,是一个系统区别于其他系统的基本特质,也是构成系统的关键元素、关键关系以及在此基础上形成的关键结构与关键功能。

须知,"真实原型系统的复杂性总会令你发现:自己仍很幼稚,把人和事想得太简单了……"系统的本质往往难以被一般人发现,洞察系统的本质去处理问题的人,也往往难以被一般人甚至民众所理解,甚至遭到怀疑、嘲笑乃至反对。正如苏轼在《晁错论》开篇所写的:"天下之患,最不可为者,名为治平无事,而其实有不测之忧。坐观其变而不为之所,则恐至于不可救;起而强为之,则天下狃于治平之安而不吾信。惟仁人君子豪杰之士,为能出身为天下犯大难,以求成大功;此固非勉强期月之间,而苟以求名之所能也。"

"上德若谷、大白若辱、广德若不足","大音希声、大智若愚",其中哪些是现象哪些是本质? 不同的人能力有异、阅历不同,对同一个事物、问题或系统的认知程度会有所不同。能否去粗存精、去伪存真,透过现象抓住本质,透过纷繁复杂的表象找到实质与根结,这是认识问题、解决问题的关键。这就要求我们在对事物、问题或系统的认知中,做到入木三分,不为表象迷惑,充分认识"庐山真面目"。这样做不仅符合事物发展的基本规律,也是我们认知事物必须遵循的法则。

如何揭示事物的本质?朱熹有句名言:"去其皮,方见肉;去其肉,方见骨;去其骨,方见髓。"这句话颇为形象地描述了人的认知过程。

人们在认知系统本质时,可按照三步进行:

(1)认识系统的表面现象,并去伪存真。

(2)由现象逼近本质。对每一种现象进行认真思考、解剖麻雀、层层推敲,揭示现象与本质的关系,显化系统的本质元素、本质关系,构造系统的本质结构,从而构建系统的本质模型。

(3)充分考虑系统的复杂性,不自满、不止步,在原先对系统本质认识的基础上,持续优化,不断探索系统更深刻的本质。这需要我们做更深入的思考、研究,最后牢牢抓住系统的本质。

认识问题一定要看本质,要透过现象看实质和内涵,绝对不能被假象所蒙蔽。我们有很多的人往往喜欢用现象去说事,而不是用本质去做结论。

正确的是非观在社会生活中显得尤为重要。

笔者曾经招了两位硕士研究生,他们都是刚刚入学,一位男生,一位女生。研究所举办过多次活动,这个女生未参加。笔者找到这个男生了解情况,于是就有了以下有趣的对话:

"老师,其实这个人不错。"

"那怎么能证明她不错呢?"

"我们班大概有六七个研究生,这个女生经常提前到图书馆给大家占座位。"

"她还有哪些方面不错?"

"有一次看电影,票比较紧张,她本来是要去看的,她看有个同学带着女朋友去了,她就把她的票让给了那个同学。"

"当时看的什么电影?"

"学校放的一个教学片。"

很多人都会觉得没有什么，不就是普通的占座吗，没什么大不了的。但是，笔者认为，这位女同学连最起码的是非观念都是错误的。第一，这位女同学这种占座位的方式，导致其他同学养成了懒散依赖的习惯。第二，侵占了公共资源，维护的是小集团利益。人常说要克局服整，而她的这种行为却是克整服局。所以一定要树立正确的是非观，透过现象看本质。

大家可能都知道"曹操吃信①"的故事。曹操生性多疑，总担心别人会害他，他认为自己武功很高，若有人害他很可能是给他饭中下毒，于是曹操为了吃毒药都不死，他每天都吃点儿毒药。长期服用毒药，他体内已适应了这种毒药，欲毒死他也就不容易了。由此可见，毒药未必就是要人命的毒物，也许是救人命的草药。我们不仅看其表象，而应结合其所处环境探其究竟，从整体分析其本质。绝对不能被假象所蒙蔽，要透过现象看实质和内涵，认识问题的本质。

事物、问题或系统都处于不断的演化之中，但万变不离其宗。面对瞬息万变的事物、问题或系统，有的人屡屡碰壁，不知从何下手；有的人则驾轻就熟、游刃有余。究其根源，就在于认知系统，是停留在系统的表面，还是直击到系统的本质。只有抓住系统的本质，做事情才能既简单又从容。抓住了系统的本质就抓住了事物的纲，纲举则目张。因此，我们要深刻体会这一法则，在做事情过程中首先要究其实质、确其内涵，从而把握基调，寻找更为妥善的解决途径和方法。

强化逻辑思维

我们评价一个人，常说"这个人头脑灵活，那个人头脑不清楚"。那么，怎样才叫"头脑清楚"呢？就是在回答、思考、辩论任何一个问题的时候，必须以一种准则、一种线索、一种规则或一种模式进行分析，要么以数字模式，要么以

---

① 信，全名信石，也叫砒霜。白色粉末，有时略带黄色或红色，有剧毒。

因果关系,要么以方位,要么用科学分类去思考,要么用哲学、理论学、实践学和应用学去思考,总之要有逻辑。逻辑思维是一种抽象的思维,是思维的一种高级形式。它是指人们在认识过程中借助概念、判断、推理等思维形式能动地反映客观现实的理性认识过程。同形象思维不同,它以抽象为特征,形成概念并运用概念进行判断和推理来间接地反映现实。思维逻辑的强弱,决定了一个人思维脉络是否清晰,对目标系统的描述是否结构清晰、主次分明,因而也是决定一个人事业成功与否的重要因素之一。

逻辑关系是任何系统中的基本关系之一,逻辑结构也是任何系统中的基本结构之一。思维的逻辑性是思维的品质之一,善于在思考问题时遵循逻辑规律,如因果逻辑、并列逻辑、时间逻辑等。在人的各项素质中,逻辑思维素质是最基本的,在某种意义上说,也是最重要的。系统工程的这一法则,最直观的要求就是在研究任何问题、解决任何问题时,要主次分明地把握带来这些问题的系统中各要素间的逻辑关系以及基于所有逻辑关系的逻辑结构,这样无论对问题或系统的分析还是综述,才能够思路清晰。

墨子是中国古代逻辑思想的重要开拓者之一,他认为,贤良之士当"厚乎德行、辩乎言谈、博乎道术",对其逻辑表达能力的要求尚在博学之上。墨子自觉地、大量地运用了逻辑推论的方法,以建立或论证自己的政治、伦理思想,从而推行自己的治国之道。

什么时候该干什么事心里要有底。这就需要锻炼思维逻辑性,避免"局整"(Parts and Whole,P&W)不分,"眉毛胡子一把抓"。培养系统的逻辑构造能力或逻辑思维能力,可以使思维更加缜密、更加流畅,对于提高效率,做好各方面的工作都具有十分重要的意义。逻辑思维能力的提高,可以使表达者思维清晰、语言精练、结构紧凑、具有逻辑性。现代社会纷繁复杂,需要比常人具备更高的表达能力与技巧的高层次人才。强化系统的逻辑构造能力或逻辑思维能力是一个长期的过程,我们应该在日常的学习、生活、工作中多注意培养。

一个电影院里正在放电影,观众席上有几个人大声说话,旁边的一位观众劝他们说:"请你们不要讲话,好吗?"其中一个小伙子倒打一耙说:"嘿嘿,你现在不是也在讲话吗?"

在公共场所看电影的时候大声说话，妨碍别人看电影是一种违反最基本社会公德的行为。对这种行为提出批评是完全正确的，这位青年不但不接受批评，反而指责批评者"也在讲话"，这就把看电影时的"大声讲话"同制止这种行为的"讲话"及一般的说话混为一谈，属于有意偷换概念和无理取闹的诡辩。

所谓转移或者偷换论题是说在统一思维过程中，无意或有意地不确定作为论题的判断的含义，以不同的判断来取代原论题。虽然这位青年的行为不值得称赞，但他的逻辑思维却值得一提。

例如，有人向执法人员质疑乱罚款的问题，执法人员说："罚款本身不是目的，严格执法是为了维护人民的合法利益。"这就是典型的转移论题的诡辩形式。

偷换概念和转移论题通常是一种诡辩的技巧。在逻辑思维过程中，我们的概念和论证必须具有确定性和首尾一贯性。这是逻辑思维的基本能力，也是一个基本原则。

1938 年 10 月，幽默大师卓别林写了一篇揭露希特勒的电影剧本《独裁者》。第二年春天，影片开拍时，派拉蒙电影公司说："理查德·哈克·戴维斯曾用《独裁者》写过一出闹剧，所以这个名字是他们的'财产'"。卓别林派人与他们谈判无结果，又亲自找上门去商谈解决办法。派拉蒙公司坚持说："如果卓别林一定要借用《独裁者》这个名字，必须付出两万五千美元的转让费，否则要诉诸法律。"卓别林灵机一动，当即在片名前加了一个"大"字，变为《大独裁者》，并且风趣地说："你们写的是一般的独裁者，而我写的是大独裁者"，对方哑口无言。事后，卓别林说："我多用了一个'大'字，省下了两万五千美元，可谓一字值万金！"

卓别林运用限制的逻辑方法，在"独裁者"这个概念前，增加一个内涵属性"大"，从而把"独裁者"的外延缩小到"大独裁者"的外延。这样，卓别林拍的《大独裁者》影片的片名，与派拉蒙公司所说的《独裁者》影片的片名，简直就是两个不同的名称了，也就谈不到"借用"名字，从而也无须付转让费。可见，多加一个字的事虽小，但它却使卓别林获得了节省两万五千美元的经济效益。人们在面对一个难题的时候,要运用创新思考的方法,不要拘泥一种思维定势,更不能单一地沿着别人的思维轨道去想解决问题的办法。试想如果卓别林固执于原来的名称,其结果只能是付出两万五千美元转让费了事。那样不但经济受损失,片名也失去了新意。而卓别林却能"灵机一动",转移思考角度,在原来的名称前只加了一个"大"字,局面便完全改观。这个创新思考的点睛之笔,不但巧妙地解决了面对的难题,而且使影片的名称变得更恰当,更能准确地反映出该片的主题思想。

提倡创新思维并不是排斥逻辑思维,而是不局限逻辑思维,创新、逻辑并不矛盾。比如在数学思维中除了较多运用逻辑思维外,也常运用其他思维方法,多运用创新思维也将有利于学习数学。创新,并不排斥传统,更不排斥逻辑,就如我们追求自由,并不排斥法律和规章制度。又如讲法治的自由追求民主,并不排斥集中和统一领导,而是有政府的民主。我们提倡的创新思维,是在传统思维基础上,思维更加开放,思维更加自由。创新思维是逻辑思维的延续,有逻辑的创新才是有效的创新。

明晰关联要素

事物是普遍联系的。爱因斯坦说:"人们总想以最适当的方式来画出一幅简化和易领悟的世界图像。"系统工程里基于系统分析的模型方法,就是人们"画出一幅简化和易领悟的世界图像"的"最适当的"利器。从广泛研究各类社会问题的诺贝尔经济学奖得主构建形形色色模型(尤其是种种利益博弈模型)的潮流,我们可以日益领略到系统方法渗透于这些领域所产生的巨大威力。系统分析的目的就是构建系统各组成部分之间以及系统与环境之间相互关联、相互制约、相互作用关联性的模型。

"城门失火,殃及池鱼"这是普遍联系的生动体现。根据系统的关联性,系统内部、内部与外部间在不断地进行物质、能量、信息的交换,任何一个单个关联要素的变化可能引起系统其他要素的变化,最终在整体上影响系统的特性与功能。发现关联性,这是透过现象抓本质的重要手段。数据挖掘、预测科学、系统动力学等方法与技术的关键是探寻系统内外各要素(包括数据要素)之间的关联性。因此,对任何事物、问题或系统进行分析、研究时,必须显化并理清其关联性。

关联性也是我们通过事物、问题或系统中的已知因素发觉事物、问题或系统内外未知因素的重要依据。关联性研究在现代工程实践中有较为广泛的应用。

案件侦破就是从事物的关联性入手的,即把犯罪现场的人、物、事,在时间、空间中变化看作是一个相互联系的统一体——案情空间,从一系列的个别、孤立、分散的现象痕迹的内在联系中得出对案情的认定。关联性研究在对于每一起案件的实际应用中,就像放鞭炮一样,只要点燃一个爆竹,势必要引爆一连串的爆竹,这种现象称为"连锁反应"。我们常讲"牵一发而动全身"就是这个道理。

关联性决定系统的整体特性,一旦把构成系统各部分之间的联系割断,把系统与其周围环境之间的联系割断,那么属于系统整体的属性就会丧失,系统也就不再称其为原先的系统。系统的关联性要求我们,在解决问题时,应当首先通过观察和分析,找出系统各要素之间的内在联系和特点,再按照关联性进行整理,从而逐步建立起特定系统的充分观控模型。这就是系统工程方法的典型特点。

由于任何电脑程序都以对特定事物、问题或系统所建立的充分观控模型为前提,故系统方法的重要而高效的实现途径之一,便是电脑程序的设计、实现与运行,电脑程序是能够对目标系统进行自动控制的过程模型。

人类走上今天的可持续发展道路,与先进的系统科学方法和社会系统工程模型有着不解之缘。欧洲"罗马俱乐部①(The Club of Rome)"1972 年发表的《增长的极限——罗马俱乐部关于人类困境的报告》,这篇报告就是由系统动力学(Systems Dynamics)的创始人杰伊·弗瑞斯特(Jay Forrester)的学生丹

---

① 罗马俱乐部成立于 1968 年、旨在促进人们对世界系统各部分(如经济的、自然的、政治的、社会的,等等)相互作用的科学认识并制定新政策和行动、因严肃思考人类命运及人与环境的关系而闻名于世。

尼斯·米都斯(Dennis L. Meadows)等撰写的,以世界人口增长、粮食生产、工业发展、资源消耗和环境污染五大基本因素构成的世界系统仿真模型,首次从整体上系统地阐述了人类发展过程中(尤其是产业革命以来)经济增长模式给地球和人类自身带来的毁灭性灾难,对原有经济增长模式提出了质疑;有力地证明了传统的"高增长"模式不但使人类与自然处于尖锐的矛盾之中,并将会不断受到自然的报复;进一步阐述了"改变这种增长趋势和建立稳定的生态和经济的条件,以支撑遥远未来是可能的","为达到这种结果而开始工作得愈快,他们成功的可能性就愈大。"回顾人类可持续发展观的形成史,可以看到,罗马俱乐部对西方流行以资源(包括能源)的高消耗、高污染的为代价的高增长理论首次进行了深刻反思,提出了对指数式增长持续性的怀疑,通过揭示"高增长"的不可持续性,直接推动了可持续发展观的形成。由于种种因素限制,《增长的极限》作为罗马俱乐部的早期成果,其结论虽然存在一些缺陷,但它在世界范围内引发的对人类未来命运的"严肃忧虑",以及对发展与环境关系的论述和一系列著名的后续研究成果,早已使罗马俱乐部的工作成为人类可持续发展史上的一座丰碑。

调整内部结构

提起钻石,人们就会联想到光彩夺目、闪烁耀眼的情景,它随着拥有者的活动而光芒四射。但因它的昂贵价格,大多数人只能望而却步。尽管如此,人们对钻石还是很向往的。你知道钻石是什么吗？它的化学成分是碳(C),天然的钻石是由金刚石经过琢磨后才能称为"钻石"。天然的钻石是非常稀少的,世界上重量大于1000克拉(1克=5克拉)的钻石只有2粒,400克拉以上的钻石只有多粒,我国迄今为止发现的最大的金刚石重158.786克拉,这就是"常林钻石"。物以稀为贵,正因为可做"钻石"用的天然金刚石很罕见,人们就想人造金刚石来代替它,这就自然地想到了金刚石的"孪生"兄弟——石墨了。

金刚石和石墨的化学成分都是碳(C),称"同素异形体"。从这种称呼可以知道它们具有相同的"质",但"形"或"性"却不同,且有天壤之别,金刚石是目前最硬的物质,而石墨却是最软的物质之一。金刚石与石墨都是由 C 原子构成的,只是它们的 C 原子排列方式不同,从而造成了它们的物理性质有很大差异。相同的组成元素,在不同的结构下表现出了不同的功能,这就是结构的作用。系统是由相互联系、相互作用的要素组成的具有一定结构和功能的有机整体。结构是指系统内部各要素(包括物质要素、能量要素、信息要素及其各种复合形态)之间相对稳定的相互联系、相互作用。任何系统都是有结构的,合理的结构是保持系统整体性并使系统发挥应有功能的重要条件。系统功能是指系统与环境相互作用时,系统表现出来的外部规定性。从本质上说,系统的功能反映了系统外界的关系。系统功能的发挥,既受环境变化制约,又受系统内部结构制约和影响。

客观事物都以一定的结构形式存在、运动、变化。例如电脑系统是由输入设备、存储设备、运算器、控制器和输出设备等按照一定的方式装配而成的,若不按预定的设计方案(即元器件的空间结构与功能结构等)进行装配就无法造出电脑来。

结构化是解决一切问题的保障。结构决定了系统存在方式、形态、布局、分工、配置,决定了其系统稳定性、规律性;否则,没有结构的、松散的各部分,就无法构成系统整体。系统是多要素的复合体,完整地认识系统,就要充分认识系统内外的相关要素及其关系。系统功能的优化,很大程度上是通过结构的调整来实现的,组织正确的系统结构将有利于系统功能的发挥,而过于僵硬的结构将使系统丧失功能。同时,要使系统的功能达到最好,必须进行系统的整体优化,仔细分析各个子系统的作用和他们之间的关系,在此基础上对系统进行调控,使整个系统内各子系统各尽其能。如中国改革开放三十多年来中国经济连续、快速增长,以公有制为主体,多种经济成分共同发展的所有制格局初步形成。这个结果的出现,不是偶然的,而是党和政府在实事求是、解放思想的指导下,大胆探索,通过对中国经济成分这个大系统进行渐进式的结构优化而实现的。

任何系统都具有一定的结构,也是由各个要素按照一定规则组成的,这是系统内部最深层次的决定性因素。我们在认知复杂系统时,要尽可能显化其结构。进行一项复杂系统工程时的组织管理工作,更要强调结构化。因为,只有良好的结构,才能有助于系统的有序性、复用性、可管理性、可改进性,才能保证目标的顺利实现。

在一个生产环节上,这个生产过程要用什么技术,该技术在国际上都有哪些种类,哪些属于一等的,哪些属于二等的,哪些是被淘汰的生产工艺,哪些容易出问题,哪些容易出成果,哪些会随季节的变化受到影响,这都是要考虑的问题。所以说解剖麻雀是一门科学,解剖麻雀能够入木三分,那就是水平。

我们常说的年龄结构、学历结构、性别结构等,只是描述人员系统的最简单的结构形式。在组织管理结构中,每个层级都有其不可或缺性。所以谁也不要瞧不起谁,总经理不要瞧不起工段长,工段长也不要瞧不起普通员工,普通员工的活,总经理不一定能干。大学教授不一定能教小学生,更不一定能做得了幼儿园的教学工作,幼儿园的老师也教不了大学的课。人各有所长,每个人都会有自己致命的软肋,所以如何避其软肋用其所长,这是组织管理中最需要考虑的问题,只有重视结构的架构和优化,才能实现管理的优化。

每一项工作,大到企业的整体管理,小到每个人、每项任务的管理,你要把它做到最好,就必须重视其内部所有的结构和系统。大的系统中有小系统,大的结构中有小结构,包括具体的每一个环节都是很复杂的整体。结构优化是解决一切问题的保障,有效的组织管理结构,能够确保管理的优化和效率。

借用量化艺术

任何事物或任何系统,既具有质的规定性,也具有量的规定性。17世纪,数学研究出现了巨大的转折——人类创造出了变量(变数)概念,得以研究事物变化中的量与量之间的相互制约关系和图形间的相互变换,从而使数学成为描述运动规律和辩证规律的工具。数学理论和方法往往具有非常抽象的表现形式,但正是这种非常抽象的表现形式,极其深刻地反映了现实世界中的各种数量关系和空间形式,因此可以广泛应用于人类科学技术、社会科学和人类活动的所有其他领域,通过构造和运用各种数学模型,成为人类认识和改造世界的先进手段。定性与定量相结合地把握事物本质或系统,自然比单纯定量地把握系统,更进了一步。正如马克思所言:"一门科学只有在成功地运用数学时,才算达到了真正完善的地步。"20世纪中期以来,电脑科技的发展,更使数学的作用突出显露。

定量化是自然科学与社会科学或早或晚地引入数学方法后而出现的新术语,就是指将原先只用定性方式描述的问题,也用数学的定量方式来表示和描述。定量化的成果使自然科学、社会科学问题的表述更加科学、更加完整,也是人类科学(尤其是仍以定性描述为主的自然科学学科和社会科学学科)发展的重要趋势之一。常用的数量化方法有指数法、累积分数法、统计分析法、综合判断法等。定量化革命是在原先定性描述、定性研究基础上质的飞跃。它能够揭示事物发展程度,提炼一些普适性的规律。研究问题只进行定性分析不能准确描述一个系统,只有运用定量化分析方法后,人类对事物或系统的认识才能由模糊变得清晰,由抽象变得具体。

由于系统工程对事物进行有效观控的高要求而出现的对定性定量相结合模型的高需求,使得定量化方法成为系统工程的重要科学工具。在定性分析基础上,找出描述系统行为的宏观变量,应用数学方法建立模型,进行定量化研究,会使问题的描述变得更加科学和准确。

我们一般习惯于定性描述问题,但是在分析和推断问题时一定要有量的概念,有了量的概念才会入木三分,就像给病人用药一样,要思考药用到什么程度才能从根本上治好病。工作中领导问你事项进展得怎么样,你得用具体数字来回答,要用进度来回答,要用全面的管理水平、考核水平来回答。学会定量描述问题,才能使问题认识的清晰和具体。

1979年诺贝尔经济学奖得主西奥多·W. 舒尔茨[①](Theodore W. Schultz)设计出的教育系统的投资收益率公式,计算出美国1929—1957年,教育投资

---

① 西奥多·W. 舒尔茨(1902—),美国经济学家,在经济发展方面做了开创性研究,深入研究了发展中国家在发展经济中应特别考虑的问题,从而获得了1979年的诺贝尔经济学奖。

收益率为 17.3%,而美国这一时期增加的教育资本为 2860 亿美元。教育经济学家把数学方法引入教育经济学中,设计一定的数学公式进行计算,把教育对经济的促进作用予以定量描述,使影响教育投资收益各要素之间的关系更加清晰、更加明确。

江泽民同志在上海工作期间,就处理黄浦江上造桥和通航之间矛盾关系时曾提出:"桥造得太高,引桥长,拆迁多,施工难,造价高;桥的净空高度又不够,犹如同在黄浦江黄金水道上安一把锁,妨碍万吨级轮船进出。我看,科学的决策办法是大家都用系统工程的思路,进行定量分析,拿出数据来说话。"

虽然定量化是系统工程的重要特点,但并不是说对所有问题或系统都必须建立数学模型。现实当中对有些问题只需定性认识即可充分把握,在一些情况下不但不需要精确定量,甚至需要模糊地描述问题。但我们在进行系统分析、评估、判断时,对需要定量描述的问题或系统,一定要具备定量化建模的能力。

集成高山之石

系统工程的主要特点之一,就是在认识问题和解决问题时,能够超越一般"领域专家"的专业局限性,在不同学科、不同领域中,有效地综合集成一切相关的要素,以实现特定系统的整体目标。这些要素既可能是理论知识、实践经验,也可能是人员、技术、设备、资金,甚至文化和人际关系。

钱学森在 20 世纪 90 年代初提出的从定性到定量综合集成方法以及进而提出的它的实践形式"从定性到定量的综合集成研讨厅体系"(Hall for workshop of Metasynthetic Engineering)体系,就是一种在先进科技手段的强有力支持下,将人的科学理论、经验知识、专家判断,与从系统中获取的数据、信息结合起来,相互印证,进而形成强大的整体优势来处理开放复杂巨系统的方法。系统工程这一法则,不仅是一种学术研究的方法,其实质更是一种具有普适性的方法论。任何问题的解决途径都不一定是唯一的,"天下同归而殊途,一致而百虑"所说的正是这个道理。而现在却有一部分人在实践中主次不分、认识不明,做事"钻牛角尖儿",重视过程不重视结果,"拿着锤子找钉子"。这样埋头苦干下去,无论如何辛苦也大多难以解决实际问题。

一般来说,任何一项工程任务都不是靠某一种学科或技术就能完成的。从系统本身的分析、设计,到环境的考察分析,以及主体的综合目标,系统工程必然涉及广泛的知识领域。系统工程的集成性就是强调我们要围绕系统的目标,综合一切人类智慧和相关主客体资源去解决问题,将各种相关的人员、知识、经验、技术、设备、资金等要素充分集成、有机整合、协调运用,从而构成最优的实践体系。

美国阿波罗登月工程,就是一项具有极高集成性的大型系统工程,该工程组织了2万多个公司、120多所大学,动用了42万人参加,投入了300亿美元巨资,用了近10年的时间,终于实现了人类征服地球引力,遨游太空,登上月球探险的伟大梦想。负责主持阿波罗登月计划的美国宇航局局长詹姆斯·韦伯曾说:"阿波罗计划的成功,应首先归功于系统工程管理的胜利。"当年,日本专家在参观美国阿波罗登月计划中所采用的硬件设备和工艺后,一致认为:这些"部件级"的东西都是日本能够造出来的,但即使日本政府做出登月计划的决策,也不可能在"整体级"实现这一计划。集成的重要性由此可见。从社会系统工程专家组与中国航天社会系统工程实验室专家在"首届全国高校司法鉴定理论与实务研讨会"(2008年9月27日)及"第2届证据理论与科学国际研讨会"上(2009年7月25日)提出的证据系统工程多层次结构实例中,可以领略到一项大规模复杂系统工程所集成要素的丰富性。过程、方法、途径只是实现目标的程序之一,不可局限于某一种固有的方法,这样的结果只是在死胡同里转圈。多种方法综合应用,获得最优方法,可以更加及时地解决问题。而某些方法在现在可能是最优的,但是随着时间的推移,可能还会找到更优的解决途径。总之,融合百家之长,从实际问题出发显化系统,在系统的整体目标设定后,综合集成并寻找最佳解决途径,便是系统工程集成性的灵魂。

此外,在大量系统工程项目(尤其是社会系统工程项目)的综合集成中,务必不可忽视主体要素的特殊重要性。

任何一件事情的成功都需要汇集各方面的力量,整合才能集成。人过一段时期,过一个阶段,在某一个环节上一定要集大成,集别人之所成,集自己之所成。他山之石可以攻玉,有时候需要从自己的模式和范式中跳出来,看看别人如何工作,如何思考,然后再反过来思考自己的工作。所以有心的人会抓住每一个环节,每一次机会,与人沟通,与社会沟通,与实践沟通。善于在各个环节中谋取对自己有益的东西,整合集成并消化为自己的能力,只有这样才能够在这竞争激烈的社会中取胜。

2005年4月30日至5月6日,笔者受组织信任参与并承担了中国国民党主席连战为首的大陆访问团及亲民党大陆访问团的接待工作,高效、圆满地完成了任务。作为受派者,做这些工作的时候就要考虑各方面的利益,包括人员的接待、会议的布置安排、与各部门之间的协调以及如何应对突发事件,等等,同时还要善于听取他人的意见,并吸纳优秀的经验。

"君子性非异,善假于物尔"。其实,一个人的成就,并非纯粹的智力使然,通常与他善于发现事物的价值、善于利用机缘、善于调配资源、善于使事物的价值最大化等有密切的关系。曾经有过这样一个报道:台湾歌手吴克群有一天去杭州开演唱会,因为主办方失误,未及时通知他的歌迷,导致演唱会几乎冷场,主办方急忙临时找人来捧场。令人没有想到的是,吴克群开口说道:"我知道你们不是我的歌迷,你们不会唱甚至没听过我的歌,但我深深感谢你们今天能站到这里。没关系,让我们一起随便唱。"后来,那天到场的很多"临时演员"真的成了他的歌迷。于公司而言,充分地发挥员工的能力,才能真正降低成本,提升品牌形象,实现物我、人我的双赢和谐。

所以,我们应该善待身边的资源。善待他们,就是延长自己的生命力。

遵守决策程序

在任何事物、问题或系统中,其物质、信息、能量的变化都是相当有序的。有序和无序的区别往往只是取决于人们有没有发现规律。在问题的解决过程中,程序化是保证结果有效性的关键。地震、洪灾、泥石流等使一切变得无序,而救灾的首要任务就是人为转变灾区的无序状态,使社会活动再次"有序可依"。程序化是蕴涵系统优化规律的动态结构的表现是系统工程的基本特征之一。系统如果离开了程序,就会散架、乱套。在问题的解决过程中,程序化是保证结果有效性的关键,往往事情出了问题,就是因为不讲程序。干任何一件事情都要像计算机程序一样,要达到运筹谋略方面的完整,对待问题形成了"step by step",那肯定能制胜。系统工程强调程序化,主要为了实现决策科学化和提高决策质量。早在1776年,亚当·斯密①在其《国富论》一书中就描述了大头针的生产制造过程,并将其划分为大约18道工序,这是最早从社会分工的角度对程序化管理问题所进行的研究。美国系统工程专家霍尔提出运用系统工程方法解决问题时应遵循的一般程序,分为7个阶段:明确问题→选择目标→系统综合→系统分析→方案优化→做出决策→付诸实施。总结出这样的程序来处理问题,既有利于深化认识,避免决策的盲目性,又便于节约决策时间,保证决策的正确性。

推行程序化是科学决策的基础和保障。如何做到决策程序化?这要求我们想问题、做决策,改变"凭经验、想当然、拍脑门"的传统做法,每进行一项决策,都必须按照程序分步地进行,对每个环节都要严肃认真,使决策目标清晰,拟订的方案有可选择余地,选定方案有可行性论证。这样看来最后的决策实际上就是个优选的过程。

程序化是完成决策的一种形式,但这并非是搞形式主义。决策过程也不是一个固定不变的模式,可根据决策问题的实际情况灵活掌握、持续改进。决策程序化的目的在于运用程序中的机制,帮助实现决策内容科学化、民主化的目标。

一个企业遇到问题时,普通员工向班组汇报,班组向车间组长汇报,车间组长向部门汇报,部门向副总经理汇报,副总经理向总经理汇报,总经理向董事会汇报。这是一个完整的程序,也是最基本的管理逻辑。最高层要广泛地征求民意,在某些公开的场合听取大家的意见,这是完全可以的。但是它必须

---

① 亚当·斯密,经济组织决策管理大师,第十届诺贝尔经济学获奖者。1723年亚当·斯密出生在苏格兰法夫郡(County Fife)的寇克卡迪(Kirkcaldy)。

是在公正、公开、公平的环境下进行。如果没有程序上的保障,就没有局部的最优化,更难以达到整体的最优化;如果没有程序的保障,执行过程就会混乱不堪,更无法做出科学的决策,事情就难以成功。

在 IT 技术日益发达的今天,人类处理任何事务的程序要达到足够科学化、详尽化的程度,这为高效的自动化技术的使用,奠定了重要的基础。

求得最佳效果

西方著名管理学家、认知心理学家、诺贝尔经济学奖得主赫伯特·西蒙①(Herbert Alexander Simon)认为"管理就是决策",无论组织抑或是人生,皆是如此,人生的决策就是对人生的管理,使得每个人都能达到最佳的人生目标。

任何一项系统工程,都可以被视为一项旨在实现最优控制系统(对可控系统)或最优适应系统(对不可控系统)的决策及决策实施过程。一项项决策构成了人的一生,成功的人生就是一连串成功决策的结果。系统工程的灵魂和主旨就是以"系统"为研究对象,追求系统目标的整体优化并使实现系统目标的方法和途径最优。实现效果最优化,引申于决策就是实现决策效果最优。"用兵之要,先谋为本",实际就是寻找最优决策的过程。"上兵伐谋,其次伐交,其次伐兵,其下攻城",决策最优化就是在多个备选方案中找出最佳方案,实现最佳的决策效果。

关于用系统工程实现最优化,以最少的人力、财力、物力来实现系统最好目标的例子有很多。

在我国古代的北宋(公元 960 — 1127 年)年间,有一天皇帝居住的皇城(今河南开封)因不慎失火,酿成一场大灾,熊熊大火使鳞次栉比、覆压数里的皇宫,在一夜之间变成断壁残垣。为了修复烧毁的宫殿,皇帝诏令大臣丁渭组织民工限期完工。当时,既无汽车、吊车,又无升降机、搅拌机,一切工作都只能靠人挑肩扛。加之皇宫的建设不同于寻常民房建筑,它高大宽敞、富丽堂

---

① 赫伯特·西蒙(1916—2001),经济学的主要创立者。

皇、雕梁画栋、十分考究,免不了费时费工,耗费大量的砖、砂、石、瓦和木材等。当时,使丁渭头痛的三个主要问题是:1.京城内烧砖无土;2.大量建筑材料很难运进城内;3.清墟时无处堆放大量的建筑垃圾。如何在规定时间内按圣旨完成皇宫修复任务做到又快又好呢? 聪明的丁渭经过反复思考,终于想出了一个巧妙的施工方案,不但提前完成了这项修筑工程,而且"省费以亿万计"——节省了大量金银。

丁渭到底是怎样做的呢?

首先,丁渭把烧毁了的皇宫前面的一条大街挖成了一条又深又宽的沟渠,用挖出的泥土烧砖,就地取材,解决了无土烧砖的第一个难题;然后,他再把皇城开封附近的汴河水引入挖好的沟渠内,使又深又宽的沟渠变成了一条临时运河,这样,运送砂子、石料、木头的船就能直接驶到建筑工地,解决了大型建筑材料无法运输的问题;最后,当建筑材料齐备后再将沟里的水放掉,并把建筑皇宫的废杂物——建筑垃圾统统填入沟内,这样又恢复了皇宫前面宽阔的大道。

显然,这是一个非常杰出的方案。首先,丁渭就地取材烧砖,解决了近处无土烧砖的难题,避免了从更远的地方去取土烧砖;其次,利用河道运送大量建筑材料,既解决了运输难题,又能将各种建筑材料直接水运到工地,这对当时只有马车与船只的时代,节省大量的运力,意义十分重大;最后,本来要运到其他地方去的大量建筑垃圾现在统统埋进了沟中,节省了运力,节省了时间,减少了对环境的污染。这种综合解决问题的思想就是一种典型的朴素系统工程思想。

这个当时就被古人赞誉为"一举而三役济"的"丁渭造宫",用今天的观点看来仍是值得称道,这也是系统整体决策效果最优化的真实体现。丁渭将皇宫的修复全过程看成了一个"系统工程",将取土烧砖、运输建筑材料、垃圾回填看成了一串连贯的环节并有机地与皇宫的修筑工程联系了起来,有效地协调好了工程建设中看上去是无法解决的矛盾,从而不但在时间上提前完成了工程,而且从经济上也节省了大量的经费开支,又快又好地完成了皇宫的修复工作,实现了整个系统的最优——既省时又省钱。

还记得之前提到的田忌赛马的例子吗？田忌赛马就是一个典型的最优决策的例子，当时应该说有很多种方法可以完成赛马比赛。

在以上方案中，齐王与田忌的赛马结局有以 3∶0 赢的，也有以 2∶1 赢的，但只有一种情况是田忌以 2∶1 取胜齐王的，孙膑正是在这些方案中选择了最优方案推荐给了田忌，就是上述的方案 3。实现全局最优是在整体视角的视野下实现的。

实现系统整体决策效果最优化，就要求我们着眼整体、总揽全局，综合运用多学科思想与方法形成"大成智慧"来处理系统内外各部分的配合和协调，并借助数学方法与计算机工具来规划、设计、组建、运行整体系统，使系统的技术、经济、社会效果达到最优化。"条条大路通罗马"，如何决策最重要，我们做任何决策都要把过程和结果有机结合起来，要重视过程、途径，在良好的过程中追求最佳效果，最大限度地实现效率最大化。

一位建筑师设计了一套综合楼群。崭新的楼房一座座拔地而起，即将竣工时，园林管理部门的人，向建筑师要求铺设人行道和绿化等设计。建筑师说：我的设计很简单，请你们把楼房与楼房之间的全部空地都种上草。园林工人虽然很不理解，但是只能依据建筑师的要求去做了。结果在楼房投入使用以后，人们在楼间的草地上踩出许多小道，走的人多就宽些，走的人少就窄些。在夏天，草木葱葱的季节，这些道路非常明显、自然、优雅。到了秋天，建筑师让园林部门沿着这些踩出来的痕迹铺设人行道。当地的居民对这位建筑师的人行道设计非常满意，他们感到方便、和谐，愿意走这些道路。建筑师掌握了道路铺设的规律，他懂得路是人自己走出来的而不是让别人强行框出来的，铺路要讲究顺其自然。只有认识到事物自身的发展规律才能帮助做出最优的选择。

做任何一件事情不能以自己的标准去评判这一件事情的成败。每一个人所积累的知识是有限的，每个人的经历也是可数的，对世界的认识，对一件事情、一项任务的认识也是受局限的，不能以自己的标准和水平衡量这一件事情本应该达到的最优效果。比如，我们要整理一间办公室，标准是为了迎合客人的喜好，客人喜欢什么，那才是标准。一个人如果要成就一番事业，那他必须要用这件事情本应达到的最高标准去要求,而不是以个人主观的标准去要求。一个人的成长需要经常进行目标设定和调整,只有进行这样一种最基本的思考才能确保不会故步自封,方能不断完善自己。

一个企业的成长也是这样的,开始是初级标准,再到中级标准,最后到高级标准。高级标准不是企业自定的标准,而是在国际化的浪潮中所应达到的规范,要向着这个目标来迈进,所以符合高标准的要求,高目的的达到才能实现最佳效应。

通向成功的道路不止一条,每一个机会人们都想尝试,但又很快发现其他的路径似乎更接近目标,大把的时间和精力都往往浪费在了兜兜转转的选择方面。可以说,系统工程是打开人类智慧大门的一把"利器",正如钱学森同志在 20 世纪 50 年代提出的,优选方案更重要的是要运用在社会大系统里。所以我们要用系统工程的思想和思维来解放人的思想、消除人的迷惑、打开智慧之门!

第六章　做人至境　处世法宝

　　人是能制造工具并能熟练使用工具进行劳动的高等动物。精神层面上，人曾被描述为能够使用各种灵魂的概念，在宗教中这些灵魂被认为与神圣的力量或存在有关。文化人类学上，人被定义为能够使用语言、具有复杂的社会组织与科技水平的生物，尤其是能够建立团体与机构来达到互相支持与协助的目的。中国古代认为，人是能把历史典籍当作镜子以自省的动物。那些没有历史典籍的部族，虽有语言，能使用工具劳动，都只能算野蛮动物，其邦族称号在汉字中大都从犬旁。

　　人是自然（多维度生物圈）的本我存在；人是超越万物的灵长；人能在生物圈获得两个层次的和谐幸福，即初级追求真、善、美所获得的和谐幸福；高级追求价值、意义、超越所获得的和谐幸福。人的本质即人的根本是人格，人是具有人格（由身体生命、心灵本我构成）的时空及其生物圈的真主人。人的发展包括三个方面的发展：一是人格发展；二是生态发展；三是产业发展。人的文明出现，是人格、生态、产业的出现，文明是血缘、种族融合与人的探索、信仰、真理共同发展的结果。人的终极目标是人类共同体及其文化的产生和发展，是人类迈向更高文明的必由之路，以实现更高层次的和谐幸福。人类将重新发现了人和人格的伟大，肯定人的价值和能力，把人从以往历史、民族、宗教、地域划分的桎梏下解放出来才最有意义。

　　做事先做人，人做好了，事业才可能成功。也许每个人都有自己的梦想，也许你已经设计好了最优路径，那么是不是你就一定能实现自己的目标，获得自己人生的成功呢？梦想的确立与路径的选择毕竟只是思维领域的设想，要获得成功我们必须要通过正确、科学和最有效的做事方法,持之以恒地加以努力才能使我们成功的可能性最大化。从系统工程的角度来看,实现目标就是让系统达到预期的更佳状态,系统的预期目标是什么,如何规划目标的实现途径,保证这个目标实现的途径是什么,如何通过系统中要素的相互作用来更好更快地优化系统状态呢? 这需要系统工程的智慧。

树立前行航标

爱默生①曾讲道:一心向着自己目标前进的人,整个世界都会给他让路。

在漫长的学习生涯和人生旅途中,目标不仅是指引我们前行的风向标,还是衡量我们得与失的标尺。无论是做人、做事、做学问等都应树立目标。

天才只是极少数,我们大部分人,禀赋相近。机遇只偏爱有准备的头脑,因此人与人之间根本差别并不是天赋,也不是机遇,而在于有无目标。成功是用目标的阶梯搭建的。

有人把明确的目标比喻为茫茫大海中的导航灯,指引着过往船只驶向正确的方向。没有明确人生目标的人,就像是在大海里漂游的一只小船迷失了方向,只能在一个地方打转。走过夜路的人都知道,如果在远方或是回家的路途中有一盏明灯,行走时就会更加稳健,对于到家的时间也不会毫无概念了。

有人把明确的目标比喻为一个总纲,纲举目张。目标就是人生的纲,只有在人生中举起了纲,人生才会变得张弛有序,不至于杂乱无章。就像是一堆散乱的珍珠,只有用绳子串起来才能成为项链。目标就是人生的主线,它串起了我们的整个人生,否则人生就会凌乱不堪。

从系统工程的角度看,目标是系统期望的产出,也就是个体和组织所要达

---

① 拉尔夫·沃尔多·爱默生,美国思想家、散文作家、诗人。1803 年 5 月 25 日出生于马萨诸塞州波士顿附近的康考德村一牧师家庭,父亲在他即将过八岁的两周前去世,由母亲和姑母抚养他成人。曾就读于哈佛大学,在校期间阅读了大量英国浪漫主义作家的作品,丰富了思想,开阔了视野。毕业后曾执教两年,之后进入哈佛神学院,担任基督教唯一的神教派牧师,并开始布道。其重要演讲稿有《历史的哲学》、《人类文化》、《目前时代》,代表作品有《论文集》、《代表人物》、《英国人的特性》、《诗集》、《五日节及其他诗》。

到的最优状态,它提供了系统发展的方向,构成了衡量标准并直接影响着系统的要素、结构、功能和路径的选择。对于一个人来说,在他的一生当中能取得怎样的成就,很大程度上取决于他确立了什么样的人生目标。

确立明确的人生目标是迈向成功人生的第一步,它会帮助一个人有计划地学习、工作,而不是任凭岁月流逝,庸庸碌碌地混日子。明确的人生目标会使每天的生活都更有价值、更有活力。

如果你不知道自己的方向就会停步徘徨,裹足不前。不少人终生都像梦游者一样漫无目标地游荡。他们每天都按熟悉的"老一套"生活,从来不问自己:"我这一生要干什么?"这样缺乏目标的生活只会蹉跎一生。

唐太宗贞观三年,玄奘大师从长安出发前往西域,开始了他漫长而又艰难的取经之路。与他为伴的还有一匹高大健硕的马,在漫漫长路上,这匹马可谓功不可没。17年后,这匹马驮着佛经回到了长安,受到了英雄般的礼遇。在路过长安城西的一家磨坊时,老马想起了自己童年时的好朋友——一头驴子。于是它重新回到了磨坊,见到了正在推磨的驴子老友。老马迫不及待地谈起了17年的旅途经历:浩瀚的沙漠,入云的山峰,冷峻的寒冰,热海的波澜……传奇的经历,驴子听入了迷。老马所遇如此丰富之经历,走过如此遥远之路途,这是驴子想也不敢想的。但是老马的一句话却道破了这里面的道理。"其实,我们跨过的距离是大体相等的,当我向西域前行的时候,你一步也没停止。不同的是我同玄奘大师有一个遥远的目标,按照始终如一的方向前进,所以我们打开了一个广阔的世界。而你被蒙住了眼睛,一生就围着磨盘打转,所以永远也走不出这个狭隘的天地。"

由此说来,杰出人士与平庸之辈最根本的差别,并不在于天赋,也不在于机遇,而在于有无人生目标!对于没有目标的人来说,随着岁月的流逝,增加的只能是年龄,平庸的他们只能日复一日的重复自己。

对于一个人,他的一生应该这样开始:当他初谙人事的时候,不应为出身的贫寒而日日哀叹,也不应为自身之拙劣而夜夜忧虑,只要为自己设定了目标,并持之以恒地为之努力,人生终将被自己改写。

在20世纪的最初几年,伦敦各大剧院的后门外,人们总是能看到一个瘦小的身影。这个男孩十几岁，一头黑发，虽然看上去十分饥饿，但那双蓝色的眼睛里却透出坚定。尽管自己的童年痛苦而艰辛，但他却能歌善舞，懂得如何让别人欢笑。十几年后，人人都想和他相见，甚至丘吉尔、爱因斯坦和甘地这样的人物都与他合影。他成了世界的喜剧之王，他就是——查尔斯·斯宾塞·卓别林。"即使我在孤儿院或沿街要饭果腹的时候，我都认为自己是世界上最棒的演员。"就是这样的人生目标和坚定信念，才使得卓别林最终不仅改写了自己的人生，也为书写世界的历史做出了自己的贡献。

罗杰·罗尔斯①是美国纽约州的第53任州长，也是纽约州历史上的第一任黑人州长。令许多人没有想到的是，这位成功的黑人州长小时候却被认为是一个"坏孩子"。那么，这个"坏孩子"为什么后来能够成为一位优秀的"政客"呢？

原来，是当时的一位校长皮尔·保罗的一句戏言，改变了罗尔斯的一生。有一次，顽劣成性的小学生罗尔斯被叫到了校长办公室。校长保罗先生亲切的展开罗尔斯的小手，仔细端详了一番后，认真地说："孩子，我一看你修长的小拇指就知道，将来你是纽约州的州长。"从那天起，小罗尔斯就把以后当纽约州长作为了自己的奋斗目标。他的衣服不再沾满泥巴，说话时也不再杂言碎语，并且开始挺直腰板走路。校长善意的谎言，在小罗尔斯幼小的心灵立起了一杆旗，给他的未来指明了方向。后来，他成为班长；再后来，他果真成为纽约州的州长。

英国小说家狄更斯②曾写过一部短篇小说叫《圣诞欢歌》，故事的主人公是一位本性善良，但因为受环境影响，而变得非常小气、吝啬、刻薄的商人。他在平安夜被三个精灵分别带到了自己过去、现在和未来的生活场景。他最终看到了未来的自己，并因此彻底醒悟，领会到生活的意义，决心改过自新，做个好人。这个故事告诉我们，假如能看到未来的你变成什么样，许多人也许就不会按照现在的方式去生活。

卡耐基曾对世界上一万名不同种族、年龄与性别的人进行过一次关于人

---

①　罗杰·罗尔斯虚构人物，因最早出现在《读者》上而被广为流传。纽约州真正的第一任黑人州长是2007年3月17日上任的失明黑人戴维·帕特森，他的传奇经历被认为是罗杰·罗尔斯的翻版。

②　狄更斯，19世纪英国现实主义小说家，以描写生活在英国社会底层"小人物"的生活遭遇为主，主要作品有《匹克威克外传》、《雾都孤儿》、《老古玩店》、《艰难时世》、《我们共同的朋友》。

生目标的调查。他发现只有3%的人有明确的目标,并知道怎样把目标落实;而另外97%的人,要么根本没有目标,要么目标不明确,要么不知道怎样去实现目标。10年后,他对上述调查对象又进行了一次调查。结果令他吃惊:属于曾经97%的那些人,除了年龄增长10岁外,其他方面几乎没有什么起色,依旧普通和平庸;而具有明确目标的那3%的人,不仅在各自领域里取得了相当的成功,他们十年前的目标也都不同程度地得到了实现,并依照自己规划的人生轨迹不断前进。

无独有偶,哈佛大学曾对一群智力、学历、环境等客观条件都相当的年轻人,做过一个长达25年的跟踪调查,调查内容同样为目标对人生的影响。其结果与当年卡内基的调查结果惊人的相同:27%的人,没有目标;60%的人,目标模糊;10%的人,有清晰但比较短期的目标;3%的人,有清晰且长期的目标。25年后,这些调查对象的生活状况如下:3%的有清晰且长远目标的人,25年来几乎都不曾更改过自己的人生目标,并向实现目标做着不懈的努力。他们几乎都成了社会各界顶尖的成功人士,他们中不乏白手创业者、行业领袖、社会精英。10%的有清晰短期目标者,大都生活在社会的中上层。他们的短期目标不断得以实现,生活水平稳步上升,成为各行各业不可或缺的专业人士,如医生、律师、工程师、高级主管等。60%的目标模糊的人,几乎都生活在社会的中下层面,能安稳地工作与生活,但都没有什么特别的成绩。余下27%的那些没有目标的人,几乎都生活在社会的最底层,生活状况很不如意,经常处于失业状态,靠社会救济生存,并且时常抱怨他人、社会和世界。

调查者因此得出结论:目标对人生有巨大的导向性作用,选择什么样的目标就会有什么样的人生。

为什么大多数人没有成功?事实上,真正能完成自己计划的人只有5%,大多数人不是将自己的目标舍弃,就是沦为缺乏行动的空想。所以我们必须要认清自己想要成为一个什么样的人并且不为他人左右,只有自己坚定信念,才会在人生的旅途中收获丰硕的果实。

人生目标如此重要,我们应当如何制定?

首先,人生目标一定是长期的、远大的和清晰的。由于人生以目标为导向,目标对人生的方向起指引作用,这就决定了人生目标必须具有长期性。没有长期目标,人生方向就很容易被短期目标、挫折困境和外界干扰改变。人在一生当中所能取得成就的大小在很大程度上又取决于其人生目标是否远大。远大的目标可以调动人各方面的潜在能量,防止懈怠情绪的产生,并能在困境中给人以希望和动力。人生目标又必须是清晰的,模糊的目标无法起到导向作用。一个人一定要清楚地知道自己想要成为什么样的人、做什么样的事,只有这样人生的路径才会是清晰的,人生的远大目标才有实现的可能。

其次,人生目标要与人生愿景相契合。人生愿景即人一生最渴望达成的事情,这是对人价值观的一种体现,也即愿望或者梦想。只有将人生目标与人生愿景相契合,人的积极性和各方面潜能才能得到最大限度地调动,人生动力才能持久。

再次,好的人生目标是个人价值与社会价值的统一,也是个人利益与社会利益的协调。人作为一个系统,他的存在与发展离不开社会大环境。在目标状态的实现过程中,人需要从环境中获取资源,一个人所获得的成就也需要在环境的大背景下得到社会价值观的认可。与社会价值相悖的人生目标必然得不到实现,与社会利益矛盾的个人利益也一定不能够获得。只有将人生价值与社会价值相统一,个人利益与社会利益相协调,才能得到他人和环境的多方支持,对目标的实现起到促进作用。

最后,人生目标需要靠实践来实现。有了目标而不付诸实践,则人生系统就没有存在的意义。系统工程的核心在于系统由初始状态不断向目标状态转化的过程。对于人来讲,人生价值也是在人生目标的实现过程中得以体现。人类是在不断的实践中改造世界的,没有实践则无所谓目标,更不用说人生价值的实现。所以确立了人生目标后,最重要的就是实施,否则将一生碌碌无为。实践是成功之母,只有实践才能将资源和愿景转化为现实。

科学合理规划

有了目标就应该有规划,翔实的规划能够为目标的实现保驾护航。每一个人都应逐步形成一种良好的模式,即在每个工作阶段的开始进行规划。大到几年的长期规划,小到眼前的近期计划,而且都要切合实际。

有人把详细的规划比喻为一座宏伟大厦的设计图纸。在大厦的建造过程中要按照设计图纸准备各种原材料,挑选施工队伍,确定工期,并且在整个施工过程中监督、管理,让工程严格地按照蓝图进行,最后再根据设计图纸检验工程质量。如果没有设计图纸就盲目地建造高楼大厦,那结果是不堪设想的。同样道理,我们要建造人生的大厦也需要一张图纸,这就是我们的人生规划。

一个国家的发展需要领导人集体研讨,根据现阶段的国情及国际社会的环境,做出适合本国发展的道路设计;一个城市的进步需要各个相关部门进行规划研究,为政治、经济、文化建设做好社会保障;一个企业或公司的良好运营需要高层领导结合市场情况做出符合运营体制的策略。诸如此类都说明规划在生活中的意义。

规划不同于计划。规划意指进行比较全面、长远的发展计划,它的目的在于对未来的整体性、长期性和基本性问题进行思索和考量,并对未来较长一段时期的整套行动方案进行设计。计划是为实现特定的阶段目标而所做的谋划,也是针对特定事物而为,它的目的在于对现时存在环境和条件进行分析,并对未来一段时期内要达到的目标提出方案和途径,因此计划包含于规划。所谓人生规划就是一个人根据个人的人生目标和社会发展的需要,对自己制定的全局战略,它既关系到结果,也关系到手段,并包含了人生发展各阶段所需的计划。

为了实现人生目标,我们就要分解目标、制定战略、选择路径、设计结构并制订计划用以整合和协调活动,这一系列的规划行为看上去相当复杂,尽管如此,我们为什么还要从事这些复杂的工作呢?笔者认为这个问题可以从以下几个方面进行解释。

首先,规划给人生的发展指引方向和道路。当个体清楚地认识到自身发展的方向以及他们如何为达到目标作出贡献时,他们就会自觉地协调各方因素并采取措施实现目标。

规划可以迫使人具有前瞻性,以此降低目标实现过程中的不确定性。尽管在人生的发展过程中,变化会不断发生且不能被规划消除,但人可以通过预测变化的产生并考虑变化的影响来采取适当的措施来对变化做出反应,以降低过程中的不稳定性。

规划对路径和结构起优化作用,可以减少活动的重复和资源的浪费,提高工作实效。规划本身就是对路径、结构、手段和结果的预先设计,当工作和活动按照预先的规划进行时,时间和资源的浪费就会得到最大限度地降低;当手段和结果通过规划制定得很清晰时,无效的活动也得到有效地纠正或消除。

最后,规划为目标的实现过程所设定的阶段目标和衡量标准可以用于控制。在对过程实时控制时,人们需要对短期计划的实施情况和阶段目标的达成情况加以判断,作为对行为进行调控的依据,因此没有规划是不可能进行控制的。

良好的规划需要分为以下几步:

首先要设立目标。此处所讲与上一节中所说人生目标并不相同。这里说的是要以人生目标为导向,设立阶段性目标。换句话讲就是以人生目标为最高层目标,将其分解为若干的子目标并形成目标网络。这些目标对人生每个阶段的行为起到促进、衡量和管理作用,并且每一阶段目标是实现后一阶段目标的手段。阶段目标必须以结果而非行为表述,同时应该是可度量的和定量化的,还要有清楚的时间框架,最重要的是阶段目标必须具有适当的挑战性,但却是可达到的。

在现实生活中,有些人在追求成功人生的道路上之所以会半途而废,原因在于目标设定太高,让自己感觉遥不可及。成功的人生不可能一蹴而就,它是由一个个并不起眼儿的小目标的实现逐步铸成的。这就要求我们必须结合自身的实际情况,善于把大目标分解成一个个小目标,逐一实现,从而一步步靠近自己的大目标,塑造自己的成功人生。

一旦确立了阶段性目标,就要对如何实现目标进行短期计划。计划工作的一个重要方面就是关注实现目标的手段,即决定怎么实现目标。系统的任何行为都是在环境中进行的,所以第一步要进行环境分析。环境分析就是要对目标实现过程中可能与系统相互作用的政治、经济、文化等各方面环境因素进行分析。在人生发展过程中,这些因素可能包含了相关的法律政策、个人的经济情况、社会的价值导向、单位的制度要求、领导的个人偏好、竞争对手的情报信息，等等。准确地把握这些环境因素并分析其对自身发展的利弊关系，对自身定位的把握、所需资源的分配、未来形势的预测、相关决策的制定都大有裨益。环境与资源有着紧密的联系，我们实现任何目标的前提是必须拥有资源，如何有效的配置人、财、物等资源以满足目标要求，这就是接下来要考虑的事情。在资源分配中首先要确定预算，这个预算不仅仅是经济上的，而是包含人力、物力、财力和无形资源，要确定自己在达到目标状态的过程中需要使用什么样的资源，使用多少资源。然后要进行各个资源的分配和排布，什么工作需要什么样的资源必须是清楚的。资源分配过后要确定工作的方法。目标达成的过程中必然涉及多种工作的协调和处理，什么样的工作需要用什么样的方法，怎样完成，个人的不同工作以及与他人工作之间如何协调都是这时需要思考和确定的，这是对手段的选择。一切都确定后，要对可能遇到的问题有充分的估计，这也是建立在之前对环境、资源和手段进行分析的基础上才能完成。对问题的预估有助于提前制订应对方案，提高目标实现过程的稳定性。最后，没有什么规划是一成不变的，要根据环境的改变、方向的偏差和对阶段性成果的检验结果及时对规划进行调整和修正，为目标的实现提供坚强保障。

下面是一些有关规划的事例，希望读者能从中受到启发。

有一篇资料介绍说，在很长一段时间里，科学界一致认定，火箭是根本不可能被送上月球的。为什么呢？火箭飞上月球需要一定的速度和质量。科学家经过精密的计算得出结论：火箭的自重至少要达到100万吨，而如此笨重的庞然大物无论如何也是无法飞上天空的。后来，有人提出了"分级火箭"的思想，就是将火箭分成若干级，当第一级把其他级送出大气层时就自行脱落以减轻重量。于是，火箭飞向月球的问题解决了。

由此可见，学会把大目标分解开来，化整为零，变成一个个容易实现的小目标，然后各个击破，并制订计划逐步施行，的确是个好办法。

1984年，在东京国际马拉松邀请赛中，名不见经传的日本选手山田本一出人意料地夺取了世界冠军。两年后，在米兰举行的意大利国际马拉松邀请赛上，山田本一又获得了冠军。每当有记者请他谈谈自己的制胜经验时，他只是说:我用智慧战胜对手。

谁不知道,马拉松运动是对体力和耐力的极大考验,没有过硬的身体素质和超人的耐力,谁又有把握夺取冠军呢?仅说用智慧取胜未免有些故弄玄虚。当时许多人这样认为。10 年后,这个谜终于由山田本一在自传中做出了解释,他说出了这样一个成功的秘诀:

我刚开始参加比赛时,总是把我的目标定在 40 公里外终点的那面旗帜上,结果我跑到十几公里就疲惫不堪了,我被前面那段遥远的路程给吓倒了。后来,我改变了做法,每次比赛之前,我都要乘车把比赛的路线仔细地看一遍,并把沿线比较醒目的标志画下来,比如第一个标志是银行,第二个标志是一棵大树,第三个标志是一座红房子……这样一直画到赛程的终点。比赛开始后,我就以百米的速度向下一个目标冲去。就这样,40 多公里的赛程被我分解成这么几个小目标之后,就轻松地跑完了。

这个秘诀是这样的浅显,浅显得甚至让人惊讶,然而正如他所说的,他是用智慧战胜了对手。正是这浅显的"秘诀"——简单却合理的规划——使山田本一战胜了如此众多的挑战者而跑在了最前面。

世界著名撑竿跳高名将布勒卡有个绰号叫"一厘米王",因为在一些重大的国际比赛中,他几乎每次都能刷新自己保持的纪录,将成绩提高一厘米。当他成功地越过 6.25 米时,无不感慨地说:"如果我当初就把训练目标定在 6.25 米,没准儿被这个目标吓倒了。"

善于规划,人生才会行走的更加顺利。

建立组织系统

我们生来就处在社会这个大熔炉里,从小到大一直都是在组织的关照下成长。小时候,共青团是我们前进的目标,人人都以能够成为一名共青团员而自豪;长大后,当你慢慢熟知社会,就会以能够加入中国共产党而骄傲。在人生的每一阶段,我们都隶属于不同的组织,如果可以善于利用自身优势组建新组织,那么就会进步的更快。

虽然我们一刻不停地身处各种组织,组织到底是什么?

从狭义上说,组织是对人员的一种精心的安排,以实现某些特定的目的。而笔者更倾向于广义上的概念,即组织是在一定的环境中,为实现某种共同的目标,按照一定的结构形式、活动规律结合起来的具有特定功能的开放系统。所谓开放系统是相对于封闭系统而言,开放系统动态地与所处的环境发生相互作用。因此我们将组织看作系统的时候指的就是开放系统。

组织也有其相应的特征。首先,每个组织都有明确的目标。没有目标的组织就不会得到强劲、持续的动力,也不能具有明确、坚定的方向;其次,每一个组织都由要素构成。对于一个社会实体来讲,其组成要素即人员。对于这样的组织来说,人员对于实现组织的目标必不可少,必须借助人员来完成工作。而对于广义的组织来说,为系统和组织目标服务的所有资源都是它的要素。这种要素既包含具体的,也包含抽象的。例如,一个人要做成一件事,他就要将在达成目标的过程中所要利用的所有资源系统的结合并安排起来,包括财力、物力、必要的机会、所需要的人际关系,等等,并使他们之间的相互关系达到一个最合理状态,这就是组织的过程;最后,所有的组织都必然发展出结构,以便组织内部的各要素能够发挥它们的作用。组织的结构既可能是开放的、灵活的,也可能是固定的、规则的。但不论是哪种结构都是为了明确组织成员和要素的工作关系。

明晰了组织的概念和特征,我们不禁要问,为什么需要组织呢? 合理的组织在事物的成功中究竟又起到了什么样的作用呢?

毛泽东曾经在《抗日战争胜利后的时局和我们的方针》中说道:“人民靠我们去组织。中国的反动分子靠我们组织起人民去把他打倒。”可见中国的领袖很早就意识到组织的重要性。正是依靠组织的力量,中国才得以有人民当家做主的今天。

常言道,众人拾柴火焰高,每一个领袖或领导者都是通过建立一个组织来实现自己伟大梦想的。

孙中山先生1894年创建“兴中会”,1905年联合“华兴会”、“爱国学社”、“青年会”等组织成立“同盟会”,其间发动和参与了29次革命起义,终于在

1911 年领导辛亥革命成功的推翻了清王朝统治,建立中华民国,带领中华民族走出封建帝王的统治,迈入新的历史时期。他所取得的这些成就,靠的就是无与伦比的组织能力。如果没有他,整个中国也许还会如先前一样任洋人宰割,正是他的号召,所有有血性和良知的中国人民才会团结一心,最终取得胜利。然而他的后任们却没能处理好组织内部以及组织与环境的关系,导致了组织目标没有能够达成,失掉了民心不说,最终还落得败走台湾的境地。

被称为"经营之神"的松下幸之助①在 1945 年就提出:"公司要发挥全体职工的勤奋精神"。他不断向职工灌输"全员经营"、"群智经营"的思想。这种思想认为:"松下的经营,是用全体职工的精神、肉体和资本集结成一体的综合力量进行的。"为打造坚强团队,直至 20 世纪 60 年代,松下公司还在每年正月的一天,由松下幸之助带领全体职员,头戴头巾,身着武士上衣,挥舞着旗帜,把货物送出。在目送几百辆货车壮观地驶出厂区的过程中,每一个工人都会升腾出由衷的自豪感,为自己是这一团体的成员感到骄傲。

"一个好汉三个帮,一个篱笆三个桩。"双桥好走,独木难行。一人单挑,匹夫之勇,难以成大事。下君者用己之力,中君者用人之力,上君者用人之智。一个人要想成功,光靠自己的力量是无法取得的,必须依靠或者是借助别人的力量才可成功。而要想借助别人的力量,你就必须具有一定的领导才能。人们是不会心甘情愿地受一个才能比自己低下之人的领导和管理的,这是一种自然法则。试想,如果松下幸之助没有正确的引导大家,任员工自由发挥,那么公司就会像是一盘散沙,随风乱飘,也不会有现在蜚声世界的松下公司。

从系统的角度来看,组织的作用就是从环境中获取资源(输入),资源在组织内部实现转化,最终成为实现目标所需的种种条件(输出)。条件的不断积累促成目标的实现,而这些条件在转化完成后又会被分配到环境中去,由此实现组织(系统)与环境的循环。由此来看,组织相对环境是开放的,它与环境发生着动态的交互过程。当然,组织也会依据输出的产物在内部不断进行反馈和调

---

① 松下幸之助,日本著名跨国公司"松下电器"的创始人,首创了日本企业的"事业部"、"终身雇佣制"、"年功序列"等管理制度。

整,以修正方向,缩小目标差。由此看来,组织在事物成功中扮演的角色就如同发动机,在合理的内部结构的保障下,通过组织内部的运转,将原料源源不断的转化成输出的动力,驱动着系统在正确的方向下向着目标不断地逼近。合理组织有助于发挥集体力量,综合集成他山之石,合理配置资源并提高效率。

知道了组织的作用,又该如何科学合理地进行组织呢?

首先,要有环境分析,组织要与环境相适应。任何组织都是在一定的环境中存在和发展的。如同先前所讲,组织从环境中获得资源,环境给予组织相应支持和特定限制,决定是否接受组织的输出并影响着组织的生命周期。因此,组织与环境的相互作用决定了建立组织或进行组织行为时,必须要对与组织相作用的人力、物力、资金、政策、法律等环境因素给予充分考虑,并努力使系统与此类因素相适应。

其次,确定组织目标,目标是组织存在的前提要素。它不仅是开展各项组织活动的依据和动力,也是识别组织的性质、类别和职能的基本标志。组织目标一般可以是一个也可以是多个,但目标并非固定不变的,它应该随着环境、时空以及条件的变化不断调整,但不应随意地以个人意志为转移。当然,组织目标必须被组织成员和要素一致接受,也要尽量与成员个人目标相协调。目标的确立也需要与环境及组织自身状态相适应。确定目标需要在环境分析的基础上,先对总体目标进行确定,再对整体目标进行分解和协调,形成目标体系并对目标体系进行评价。这是一个协调环境、组织与成员要素三方利益的过程,需要求得三方目标之间最大限度地一致。最终确立的目标应该在时间或数量上具有可衡量性。最后,进行系统设计。系统设计是以组织系统结构为核心的对组织系统整体进行的动态设计过程。与确定的目标一样,设计建立的组织结构并非一成不变,系统设计也不是一次性事务,而是一种连续的周期性活动。由于系统设计是要将系统内各要素进行合理组织,建立一种特定的组织结构,因此要遵循一定的原则。

第一,根据组织工作内容、性质和工作之间的联系划分子系统,确定其职能,并紧扣组织目标,充分考虑组织未来的发展,保持一段时期内的相对稳定。第二,确定系统的层次,形成组织结构。要充分考虑环境影响,组织结构要与外部环境相适应,系统要素要与所处子系统相适应,以谋求系统内资源的优化配置。第三,根据不同时期组织目标实现的难易与程度,突出系统内的重点工作和重点的子系统。第四,组织结构要适应组织现状和能力,切勿脱离实际进行设计,反而影响了工作的开展。第五,要采取积极的手段和措施消除阻力,实施时可配合强制性措施。若发现设计的不合理,需在组织运行一段时间后进行调整。第六,设计过程中应努力做到各要素间的均衡,做到以人为本,力求各部分利益的综合平衡。

设计结束后,同样要进行评估。这是确保系统结构相对合理,并为反馈和修正提供依据的重要步骤。如此才能为系统的运转和组织的发展提供一个较为稳定的平台。

我国著名社会系统工程专家常远[①]教授说,做事情首先要把这件事情放在历史的平台里面,放在大家的平台里面来看待。都说陕西人喜欢挖坑,"文化大革命"时喜欢修渠。要成功,必须把与你的事情有关的人都给他引出一个渠来,让所有的人都进坑,并把这些坑用渠连起来,这样你的目的必然能够达到。这就是说要考虑别人的意见和想法,把合作者的利益全部兼顾,给他们修出一个渠,挖出一个个坑来,让他们进去。他们的目的实现了,你的目的自然也能够实现。挖出的坑只是相互独立,而渠则是巧妙地将所有坑有效连接起来的一个手段,这是我们做事情能够成功的两个重要层次。

构建保障程序

《道德经》中有句话:"人法地,地法天,天法道,道法自然"。大禹治水的办法就是顺着水性引导疏通,遵循水的"自然"规律,而不像鲧(gǔn),哪里决堤堵哪里,越堵水越泛滥。

---

① 　常远,中国航天社会系统工程实验室理事、教授,中国政法大学知识产权研究中心研究员,西北工业大学资源与环境信息化工程研究所教授,北京实现者社会系统工程研究院院务委员、研究员、首席社会系统工程专家,世界社会系统工程协会常务理事、副主席,社会系统工程专家组成员,中国领导层系统思维国际研究计划成员,陕西省榆林市人民政府决策咨询特邀顾问。20世纪80年代初开始追随钱学森从事法治系统工程、社会系统工程和人体科学等领域探索。

　　我们现在所处的世界之所以呈现出一个如此稳定的状态，就是因为有"序"的存在。"序"是指自然界和人类社会运动、发展和变化的规律性现象，某种程度的一致性、连续性和稳定性是它的基本特征，它与无序是相对而言的。在自然界中，有序压倒无序，规则压倒偏差，规律压倒例外等。

　　一切系统都讲求规则和程序，所有的组织都追求良好有序的运转。此时的"序"，意指顺序、次序、程序。在系统思维下，"程序"一词不单单是次序的意思，还包含了规律、合理、适度的含义。与其相对的任何混乱、无理、过度皆为"无序"。程序是对系统组成要素之间相互联系的反映，也可以说是系统结构的表现形式。如果说结构是组织运转的基础，那么程序就是组织运转的保障。自然界和人类社会中的所有系统都是在"序"的保障下，最终才得以发生发展、运动变化。

　　下面用两个例子来说明"序"对于组织的重要性。

　　在唐山大地震中，有一个矿井突然坍塌，正在井下作业的 50 余名矿工被困井下。矿井仅在进出坑道留下了一个 1 米见方的小口，这是被困矿工的唯一希望。所有人纷纷涌向这唯一的通道，前面的矿工被后面的人群涌倒在洞口，于是拥挤、踩踏，最终导致洞口垮塌。全部矿工窒息而死，无一生还。当救援人员将洞口打开的时候，发现这 50 多名矿工像叠罗汉一样堆积在一起，身体都朝着一个方向——洞口。

　　2006 年，英国发生地铁爆炸案，地下通道受到毁灭性破坏，只留下一个狭小的通道。120 余名乘客被困在地铁里，有毒气体和随时可能发生的塌方严重威胁着人们的生命。狭窄的通道同样成为人们的"生命线"。正当人们准备冲向通道时，一名列车员大声喊道："让老人和孩子先走，大家不要挤，一个一个地出去，不然我们谁都走不了。"按照列车员的话，乘客们一个一个地走出了地铁。5 分钟后爆炸产生的冲击波致使通道完全坍塌，然而没有一名乘客死亡。

　　同样的危险和困境下，组织内部的无序和有序导致了截然不同的结果。

　　然而长期以来，我们对"序"的重要性存在着某些片面认识。有人认为程序属于形式，可有可无。更有甚者当其为繁文缛节，不但不予重视，还很反感。这就必然导致了工作生活中不讲程序、违反秩序的现象屡见不鲜、屡禁不止。

这样的后果必然是系统运转效率的降低和办事质量的下降。

若想摆正对待程序的态度,就要理解做事为什么要有"序"。事物的发展变化都是在时间和空间两个维度上展开的。从空间上看,有序表现为结构的合理性;从时间上看,有序表现为运转的有序性。将时间的有序和空间的合理综合起来,就是系统观在时空中的"有序"。换句话讲,系统的有序运转就是系统的各要素在合理的位置和恰当的时间做正确的事。为保障系统的正常运转,程序必不可少而且非常重要。

首先,程序是系统行为合法有效的保证。程序是系统为实现特定结果而需要遵从的一系列连续有规律的行为,这些行为由人为或非人为制定,并以确定的方式发生或执行。因此,程序往往具有一定的法律效力。要保证行为的合法性和有效性就必须符合程序而行事。

最有名的事例当属辛普森杀妻案。此案是美国最为轰动的事件。案件的审理一波三折,最后在证据"充分"的情况下,由于警方在办案过程中的多次违背程序的操作,导致有力证据的失效,使得辛普森最终逃脱了法律的制裁,在用刀杀害前妻及另一男子两项一级谋杀罪的指控中以无罪获释,仅被民事判定为对两人的死亡负有责任。这其中的重大失误包括了现场勘查未履行程序,导致部分证据发生交叉沾染,可信度大为降低;在没有搜查许可证和非紧急情况下进行搜查,涉嫌非法搜查;抽取的辛普森血样未及时送交化验室,而被带回犯罪现场,导致部分血样的遗失。

其次,程序是系统高效的前提。在某些情况下,程序看似影响了系统运行的速度和效率,然而实则相反。不讲程序,缺乏制度、机制、法规和规范,无章可循,各行其是,不但许多事情办不下去,而且使整个系统也会陷入混乱之中,根本谈不上什么效率。

举日常生活中最普遍的例子,人们进行购物、乘车、参观等,都要按先来后到的顺序排队,遵守相应程序,各得其所。很显然,这样做既是公平合理的,也是富有效率的。而一旦有人不守规矩,乱了程序,不仅会使公平受到破坏,而且效率也无从保证,反而大大增加了等候时间。之前所提到的两次灾难的例子也恰恰印证了这一点。所以,正当程序和良好秩序与繁文缛节是两码事,只有遵守程序才能保证效率。

最后,有序是系统平衡的源泉。常言道:万物有理,四时有序。我们生活、工作都处在一个个开放的系统之中,这些系统的运转都有一定的"序"。然而由于系统开放的特点,"序"总是处在动态过程中,由有序到无序再到有序。无序带给我们的是组织内部结构和资源的不平衡。例如我们在"大跃进"年代中,户户架炉,村村炼铁,导致了大量资源的浪费和经济社会发展的停滞不前。又如第一次世界大战后美英等国工厂的无序生产,导致生产过剩,引发经济危机。生产中的无序导致市场分配和供求关系的不平衡。像这样的反面例子数不胜数。所以,我们的工作只有建立在扎实有序,循序渐进的基础上才能在"序"的规范和约束下,使系统由无序向着有序,不平衡向着平衡方面发展。

下面是古时的哲学家对于社会为什么需要秩序这个问题的思考,读者也许会从中受到启发。

每个人都熟悉交通,但几乎没有人把交通看成一种协作型的共同努力。通常,我们认为自己依赖于"经济"商品,但其实我们对社会协作过程的依赖要大得多。如果没有鼓励合作的制度,我们就不能享受文明的种种好处。

1651 年,托马斯·霍布斯①出版了《利维坦》②,其中有一段话经常被引用:"在这种状况下,产业是无法存在的,因为其成果不稳定。这样一来,举凡土地的栽培、航海、外洋进口商品的运用、舒适的建筑、移动与卸除须费巨大力

---

① 托马斯·霍布斯,英国政治家、哲学家。出生于英国维尔特省一牧师家庭。早年曾就读于牛津大学,后来做过贵族家庭教师,亦曾游历欧洲各国,其间揭示了伽利略、笛卡尔等,对事物的见解独特。1640 年,作为一个保皇党的同情者,霍布斯感到生命受到威胁,便前往巴黎,躲避国王与议会之间即将爆发的内战。他成了流亡在外的查尔斯王子的导师,后来又被免职,因为他的思想遭到了保皇党人的反对。1651 年,霍布斯返回家乡,在奥利佛·克伦威尔的政权下生活。1660 年查尔斯王子复辟恢复了君主政权,成为国王查尔斯二世,霍布斯再次得到查尔斯的礼遇。他所创立的机械唯物主义的完整体系,认为宇宙是所有机械地运动着的广延物体的总和;提出"自然状态"和国家起源说,认为国家是人们为了遵守"自然法"而订立契约所形成的,是一部人造的机器人,反对君权神授,主张君主专制;把罗马教皇比作魔王,僧侣比作群鬼,但主张利用"国教"来管束人民,维护"秩序"。

② 《利维坦》,写于英国内战期间,书中描述了一个人类的"自然状态",处于这种状态中的人"污秽不堪、野蛮不化、寿命短暂",而且人与人之间处于战争的状态。为了摆脱这种无政府的混乱状态,人们之间通过一种社会契约的形式放弃他们的自由,并将其交予君主,君主的唯一职责就在于保护他的人民。霍布斯将国家视为一个人造巨人,或叫巨灵,因此把国家称为"利维坦"。霍布斯强烈支持君主制,但他的理论并没有排斥其他的政府形式。

量的物体的工具、地貌的知识、时间的记载、文艺、文学、社会等等都将不复存在。最糟糕的是人们将不断处于暴力死亡的恐惧和危险中，人的生活将孤独、贫困、卑污、残忍而短寿。"因为霍布斯相信人们都致力于自我保护和个人满足，因而只有强力（或源于强力的威胁）能使人们避免不断地互相攻击，仅仅强调了社会协作的最基本形式——远离暴力和抢劫。他作了以下的假设：人们只要能不对别人进行人身攻击，也不侵犯他人财产，然后，那些能产生工业、农业、知识和艺术的积极协作就会自然而然地产生。但是，会是这样吗？为什么该是这样呢？

我们享用的各式各样的服务和产品，需要经过复杂而互相关联的生产活动才能生产出来。那么人们又是怎样互相激励，从而生产了这些产品和服务的呢？甚至在圣人的社会中，如果每位圣人不想使自己陷入"孤独、贫困、卑污、残忍而短寿"的生活，也得用一定的程序来诱导积极、恰当的协作。毕竟，在圣人们能够有效地帮助别人之前，他们必须决定"该做什么"、"在哪儿做"以及"什么时候做"。

全面了解了上述内容，很多人都会想，既然说"序"对于组织的管理和运行如此重要，在日常生活中也不可缺少，到底应该如何做到有序？有些人看到这里也许会嗤之以鼻，但并非如他们所想，有序可不仅仅是对于现有程序的服从这么简单，这里面隐藏了大学问。

根据切克兰德①在 20 世纪 80 年代中期提出来的"软系统②"方法论，确保系统的有序运转应至少遵循以下步骤：

认识问题。这一步主要是收集与问题有关的信息，并对信息进行整理，寻找构成或影响因素及其关系，表达问题现状，并对问题进行概括，以便明确系统问题结构、现存过程及其相互之间的不适应之处，确定有关的行为主体和利益主体。

---

① 彼得·切克兰德（P. Checkland），英国著名系统科学家。在 20 世纪 60—70 年代的系统运动浪潮中建立和发展了软系统思想和软系统方法论。在他的系统思想理论中最具影响力的无疑是他的软系统方法论（Soft System Methodology，SSM）。

② 软系统（不良结构系统）：如社会系统、管理系统、经济系统。

根底定义。根底定义的目的是弄清系统问题的关键要素以及关联因素，为系统的发展及其研究确立各种基本的看法，并尽可能选择出最合适的基本观点。

建立概念模型。概念模型来自根底定义，这是通过系统化语言对问题抽象描述的结果，其结构及要素必须符合根底定义的思想，并能实现其要求。建立概念模型就是要表明根底定义规定的系统必须有些什么具体活动内容并能够体现根底定义的要求。

比较及探寻。将现实问题和概念模型进行对比，找出符合决策者意图且可行的方案或途径。有时通过比较需要对根底定义的结果进行适当修正。

选择。针对比较的结果，考虑有关人员的态度及其他社会、行为等因素，选出现实可行的改善方案。

设计与实施。通过详尽和有针对性的设计，形成具有可操作性的方案，并使得有关人员乐于接受和愿意为方案的实现竭尽全力。

评估与反馈。根据在实施过程中获得的新的认识，修正问题描述、根底定义及概念模型等。

加强纪律约束

赫尔岑①曾说过："没有纪律，就既不会有平心静气的信念，也不能有服从，也不会有保护健康和预防危险的方法了。"俗话也讲："无规矩不成方圆。"道路交通的安全靠红绿灯法则保证，公共场所的秩序靠文明道德维持，那么人生的发展是不是可以为所欲为任其自由发展呢？答案当然是否定的。世界上没有绝对的自由，纪律才是自由的第一条件。事实上，我们在生活中已经有意无意地、主动或被动地接受纪律约束。

---

① 赫尔岑（1812—1870）Herzen Aleksandr，俄国哲学家、作家、革命家。1812 年 4 月 6 日生于莫斯科古老而富裕的官僚贵族雅可夫列夫家，1870 年 1 月 21 日卒于巴黎。少年时代受十二月党人思想影响，立志走反对沙皇专制制度的道路。1829 年秋进莫斯科大学哲学系数理科学习。学习期间，他和朋友奥加辽夫一起组织政治小组，研究社会政治问题，宣传空想社会主义和共和政体思想。代表作品有《克鲁波夫医生》和《偷东西的喜鹊》。

纪律是在一定社会条件下形成的,为维护集体利益,保证工作进行,维持要素关系而要求成员必须遵守的规章、条文,就是要求人们在集体生活中遵守秩序、执行命令和履行职责的一种行为规则。由于它是伴随着人类社会的产生而产生,伴随着人类社会的发展而发展的,有时是统治阶级的权利和意志的体现,又要求一定组织的成员必须执行,因此具有强烈的社会性、历史性、阶级性和强制性的特点。

纪律的重要性不言而喻,然而社会之中总有少数派,不断的尝试对纪律进行挑战,最终的结局也只能是自身的沉沦和毁灭。纪律,具有如此强大的力量,究竟因何而存在呢？笔者认为主要是出于以下几个方面原因。

纪律是对客观规律的反映。荀子云:"天行有常,不为尧存,不为桀亡。"纪律是对自然形成的客观规律的反映。万物皆需从于客观规律,因此纪律必须遵守。

从个人角度看,纪律是对个体利益和自由的保障,并影响着集体的利益和安全。出于这个目的,纪律也需要对个体行为进行约束。同时,纪律也是个人道德和责任的体现。作为社会主义中国的公民,每个人都应该充分发挥社会主义纪律的自觉性。

有一次,列宁到一个地方开会。走到会场门口,被卫兵挡住了,要检查他的证件。后边走来一个留小胡子的人,向卫兵说:"这是列宁同志,快放他进去！"卫兵回答说:"我没见过列宁同志。再说,不管是谁,都要检查的,这是纪律。"列宁出示了自己的证件,卫兵一看果然是列宁,马上敬礼说:"对不起,列宁同志,请您进会场吧！"列宁握着卫兵的手说:"我们每个人都要遵守革命的法规,卫兵同志,你履行了自己的职责,做得很对。"列宁自觉遵守纪律的行为和卫兵一丝不苟的精神,无不充分体现了社会主义纪律的高度自觉性。

从组织角度看,纪律是对工作绩效和系统秩序的保障,也是执行路线的保证。马克思说:"必须绝对保持党的纪律,否则将一事无成。"它是胜利的保障,也是组织意志的集中体现。

中国人民解放军纪律严明,服从命令听从指挥是军人的天职。辽沈战役中攻打锦州的这场战斗,是在东北的一场决定性战役,因为只有攻克锦州,切断东北与华北的联系,才能将东北国民党军全部封闭就地歼灭。战斗开始前部队就下了一道死命令,不管环境多恶劣,不管战斗多惨烈,"只许胜,不许退"。战斗持续了七天七夜,我军对国民党军形成了"关门打狗"之势。锦州解放后,东北战局急转直下,使解放战争提前了四年结束。这种军令如山、一切行动听指挥的铁的纪律,充分体现了伟人毛泽东的治军名言"加强纪律性,革命无不胜"。也是我党我军在长期革命实践中形成的一个基本经验。

从社会和国家的角度看,纪律是社会稳定和国家发展的保障,也是社会文明的标志。不同的社会形态和文明程度也决定了不同的纪律形态。

以上的种种因素无不说明,我们的系统、组织不仅需要纪律,而且作为一项基本保障,任何个体都必须遵守纪律。

1764年的一天深夜,一场突如其来的大火笼罩了哈佛大学。院内火光冲天,来势汹汹,著名的哈佛楼顷刻间化为灰烬。哈佛楼是一个图书珍藏馆,这里的图书都是哈佛牧师去世后捐赠给学校的。为了纪念哈佛先生,学校成为了永恒的记忆,可这场大火却让图书馆成了永恒的回忆。为此,全校师生都扼腕叹息。在众多学生中,一个叫约翰的学生更是陷入无尽的纠结之中,因为在火灾前那个下午所发生的事情,让他进退两难。那时17岁的约翰刚刚考入哈佛大学,他平日最痴迷的事情就是读书,课余时间几乎都泡在图书馆里。这在当时学习氛围尚不浓厚的美利坚,非常难能可贵。书上的知识浩如烟海,约翰可谓如鱼得水,但唯一让他感到遗憾的是,图书馆有个硬性规定:图书只能在馆内阅读,不能携带出馆,否则将受到严厉的处罚。

当日下午5点,闭馆的时间到了,可约翰被《基督教针对魔鬼、世俗与肉欲的战争》这本书的悬念深深地吸引了,他很想马上就知道故事的结局。于是,他偷偷地将书放在衣服兜里带了出来,晚上在宿舍里接着大饱眼福。可是,他完全没有料到在图书馆居然遭遇火灾,馆里的所有图书都被焚烧成灰,只剩下他手里的这一本。

"我到底应该把书交出来,还是隐藏起来?"约翰不停地反问自己。经过一番激烈的思想斗争后,他还是敲开了校长霍里厄克的门。他羞愧地说:"校长先生,我私自带出了哈佛牧师的一本书,请收回吧。"霍里厄克听到约翰的话,惊讶地站了起来。他颤抖着双手接过图书,语气缓慢地说:"谢谢你为学校保留了这份宝贵的遗产,你出去听候安排吧。"

学校其他领导听说此事后都感到庆幸不已,甚至有人提议表扬约翰的品德。可是两天后,令人大跌眼镜的事情发生了,学校贴出了一份醒目的告示,上面写道:约翰同学因违反学校规定,被勒令退学。"勒令退学"这个消息对约翰来说无异于五雷轰顶。很多师生对此也表示难以接受,一再向校长劝言:"这可是哈佛牧师捐赠的所有书籍中仅存的孤本了啊。再给他一次机会吧。"霍里厄克校长表情凝重,对提出异议的人说:"首先我要感谢约翰,他很诚实地把图书返还给学校,我赞赏他的态度。但是我又不得不遗憾地说,我要开除约翰,是因为他违反了校规,我要对学校的制度负责。"

话语掷地有声,众人鸦雀无声。就这样,霍里厄克校长做事的态度和风格,成为哈佛世代传颂的佳话。他的话也成为哈佛大学的办学理念:让校规看守哈佛的一切,比让道德看守哈佛更安全有效。更让人想不到的是,约翰被哈佛大学开除后,为校长的话所折服,幡然醒悟。第二年,他又考入哥伦比亚大学,专攻法理学,并且成绩斐然。毕业后,约翰当了律师,美国独立战争开始后,他加入托马斯·杰斐逊的团队,成为其私人助理,为杰斐逊起草《独立宣言》出谋划策,俨然一部法理活字典。约翰虽是被哈佛开除的学生,但却成为践行哈佛精神的优秀代表之一。校领导正是以自己的行动诠释了秩序的真正内涵,令人敬重。

个人和组织在平时的生活和工作中又该如何对自身进行约束呢?

第一点,也是最根本的,组织纪律坚决不能违反。违反了纪律就相当于打破了平衡,超越了红线,将自己置于不受任何保护的不利之地。这样做不仅对组织极易造成不利影响,对自身利益的损害也是不可估量的。

第二点,在不违反纪律的前提下,也不宜死守规矩守死规矩,以致由于纪律的限制以及对纪律的惧怕,反而被动工作,畏缩不前了。

有一次,西安市组织代表团赴长江三角洲开展招商引资活动,笔者是此次活动组织协调的联络人。当时长江三角洲一个省份发来有关接待方案,因为个人觉得只是一个接待方案,领导政务繁忙,就不要为这件事再去分散他们的精力,而且也没有程序规定要求必须由领导审批,于是就没有呈报此方案。后来,领导同志专门指示要求与对方联系沟通,能不能压缩行程。但是,已经临近考察时间,因为时间紧张,对方根本来不及进行调整。如果早点将方案呈报,领导就会早点提出意见,工作就不会这么被动。可见,讲原则、守规矩并不是畏首畏尾、惧艰怕难、裹足不前,更不是讲俗套原则、守陈腐规矩,而是要有沟通、灵活。

第三点,对于规定和纪律的把握要准确,不可逾矩。

还有一次,一位老领导计划到访西安市,由于老者是西安市委领导的老上级,笔者就从尊重领导的角度出发,以高规格制订了一份接待方案,虽然接待规格和标准高了点儿,但于情于理都不为过。笔者自我感觉这个方案做得比较完美,领导一定会满意,然而,事实并非想象中那样,市委领导同志看到这份方案后,要求立即按照规定标准修改方案。正如领导所说,凡事要讲原则、按规矩、守纪律,绝不能拿党的事业送人情、长面子。

任何个人都不能在违反纪律或者逾越规则的前提下达成自己的预定目标,即使最后你的确是实现了自己的小目标,那也只是取得了阶段性的胜利,并非长久之计。

保证工作有效

对于组织的一切行为和系统的所有活动,有效为最终目的。所谓有效,包含了两个方面的含义。其一是高效率而有质量的工作;更重要的是,凡事都要有效果,即在某种程度上实现目标。

对于一件事来讲,效果就等同于存在,用形象一点的比喻,其作用就相当于数字"1"的地位。何以如此认为?一个数,"1"后面"0"的个数决定着数的大小,然而一旦最前端的"1"不复存在,则无论"0"的个数有多少都对数值大小没有贡献,这个数的值只能为0。一件事,如果其结局被证实是无效的,再多的努力都是无用的,结果只是虚无。只有保证"1"的存在,其余的努力才有可能转化成为对目标有贡献的力量。

因此,勤奋但不讲究效果的结局就是:笨鸟先飞,然后不知所终。没有效果的工作就如同石沉大海的投资,不仅回收为零,之前的所有努力和心血也都归之为零。

要掌握有效工作的方法,一方面要对时间进行有效的管理,如此才能事半功倍。浪费时间等于浪费生命。许多人习惯于"等候好时机",即花费很多时间以"进入状态",其实,状态是干出来的,而非等出来的。把一小时看成60分钟的人,比把一小时仅仅看作一小时的人效率高60倍。"不善于支配时间的人,经常感到时间不够用",这句话说得非常有道理。

另一方面是要抓住重点。抓结构的重点,抓管理的重点,抓工作的重点才能产生最大效益。同时,善于抓住重点,也有利于对时间进行充分合理的利用。

1995年,海尔集团某公司公布了一则处理意见:某质检员由于责任心不强,造成洗衣机选择开关插头插错和漏检,因而被罚款50元。

作为最基层的直接肇事者,这位质检员承担了其应当承担的工作责任。但是,海尔管理层从这件事上看出了质保体系方面更深一层的问题:检查员是否经过严格的培训呢? 其上级是否进行了复审呢? 是否进行了检查呢? 如何防止漏检的不合格产品流入市场呢? 这些问题,究竟该由谁来负责? 海尔管理层进而认为这位质检员所犯错误的背后,还存在着更大的隐患:错误的产生,并非单纯的个人能力问题,而是体系上的漏洞使"偶然行为"变成了"必然"。

为此,海尔上下进行了一场大讨论,结果产生了"80/20原则",即关键的少数人制约着次要的多数人。管理人员是少数,但属于关键性人物;员工是多数,但从管理角度看,即处于从属地位。从战略目标的确定到计划的制订再到实施控制,都是管理人员的职责。员工干得不好,主要是管理人员指挥得不好;员工的水平,反映了管理人员的素质。因此,出了问题就把责任推给下属,这是违背管理学基本原则的行为。

1999年,海尔某公司财务处一位实习员工在下发通知时漏发了一个部门,被审核部门发现。由于该员工系实习生,没有受到任何处罚,但对于作为责任领导的财务处处长则根据"80/20 原则"而罚款 50 元。

海尔的事例说明要用好 80/20 原则①，即把精力用在最见成效的地方。

美国企业家威廉·穆尔在为格利登公司销售油漆时，头一个月仅挣了 160 美元。他仔细分析了自己的销售图表，发现他的 80% 收益来自 20% 的客户，但是他却对所有的客户花费了同样的时间。于是，他要求把他最不活跃的 36 个客户重新分派给其他销售员，而自己则把精力集中到最有希望的客户上。不久，他一个月就赚到了 1000 美元。穆尔从未放弃这一原则，这使他最终成为了凯利—穆尔油漆公司的主席。

有效工作的第三个方面就是要合理的安排并利用考核机制，达到对目标实现过程的有效监控。

国外一项调研显示，企业员工平均每天花在与工作无关的时间是 90 分钟，而这种浪费其根源就在于管理者的管理不到位，也反映为考核机制不完善。工作日志则可以帮助管理者轻松监控员工每天的工作状况，这种无形的压力使员工每天都不敢有所懈怠，同时，管理者不仅及时地掌握了员工每日的工作效果，也可以根据员工每天的工作饱满度来调配任务。对于员工来说，写日志的过程也是自我警惕、自我监督、自我考核、自我总结的过程，是不是在认真工作，是不是有成果，每天都进行一次自我反思。

笔者也对自己所任职的实验室实施了考核机制。每位研究生需按周递交工作总结和工作计划，并每月接受实验室成员的集体考核。考核之前要求所有成员填写月考核表并提交月工作成果。考核当日，实验室成员聚集一堂，被考核者依次对当月工作量及取得成果进行汇报，并接受其他成员的提问和打分。会议结束后，由一名负责人综合每人成果质量、打分情况以及导师意见形成最终的考核结果和反馈意见。两者同时反馈到被考核人手中，以便对被考

---

①　80/20 原则，又称帕累托定律。19 世纪末 20 世纪初意大利的经济学家帕累托认为，在任何一组东西中，最重要的只占其中一小部分，约 20%，其余 80% 尽管是多数，却是次要的。社会约 80% 的财富集中在 20% 的人手里，而 80% 的人只拥有 20% 的社会财富。这种统计的不平衡性在社会、经济及生活中无处不在。此法则的言外之意是，不要平均的分析、处理和看待问题，企业经营和管理中要抓住关键的少数；要找出那些能给企业带来 80% 的利润、总量却仅占 20% 的关键客户，加强服务，达到事半功倍的效果；企业领导人要对工作认真分类分析，要把精力花在解决主要问题、抓主要项目上。

核人下一步的工作调整提供依据。借助如是机制制度，实验室形成了可观、可控、有反馈的完整考核系统，实现了对工作进度的动态可观测，对工作效果的动态可控制以及对工作结构的动态可调整。实施考核后，配合奖惩机制，实验室成员的工作积极性明显提高，工作效果也优于先前。因此科学、合理、公平、有效的考核机制是保证系统有效运转的重要一环。

我们在做任何事情时的最终标准就是得有效果，能够运用系统工程的方法有效地解决现实生活中的问题，否则一切都是徒劳的。

第七章　结构严密　功能有效

任何系统都是有结构的,合理的结构是保持系统整体性并使之发挥应有功能的重要基础。因此,必须理清系统内部要素之间的复杂关系,设计合理的系统结构保证系统功能的正常发挥。而结构优化作为提升系统功能的必要手段,则是加快系统目标实现的推进器,必须予以重视。

结构既是一种观念形态,又是物质的一种运动状态。结是结合之意,构是构造之意,合起来理解就是主观世界与物质世界的结合构造之意思。因此,结构在意识形态世界和物质世界得到广泛应用。例如,语言结构、建筑结构等。这是人们用来表达世界存在状态和运动状态的专业术语。

从定义角度讲,结构意为不同类别或相同类别的不同层次按程度多少的顺序进行有机排列。可以从以下几个方面进行解释:1.其原意为屋宇构建的式样。引申为各个部分的配合、组织。2.古代用法,有时作动词意为建造房屋。例如杜甫《同李太守登历下新亭》中:"新亭结构罢,隐见清湖阴。"3.表示建筑物上承担重力或外力的部分构造。例如:砖木结构、钢筋混凝土结构、复合结构等。4.引申为各个组成部分的搭配和排列。例如:文章的结构,语言的结构,原子结构,或宏观上理解为组成整体的各部分的搭配和安排,社会结构、国家结构、经济结构等。

从上面的很多解释当中,我们不难看出结构既是一种观念形态,又是物质的一种运动状态,是主观世界与客观世界的结合构建,例如社会组织结构、国家结构、国家权力结构等,这似乎是社会的范畴,但是无论从自然规律的角度,还是从社会发展规律的视角来岂见俞见,结构学都显得越来越重要。因此在日趋发展的学术领域、乃至人类社会,出现了结构主义、结构思潮等主观观念,也出现了组合构造、化学物质构造等刻画物质内在运动规律的词语。

结构严密的合作是人类社会存在和发展的前提。不论是在远古时代还是在今天,都是如此。结构严密的系统组织,群体成员相互合作产生的效能,一般都高于各个成员各自单独工作效能之和,具有一种效能递增效应。通过协调活动系统内各要素的关系,既可以使各要素避免"内耗",充分发挥各自的功能;又能使各要素的功能互相补充、互相促进,从而产生系统的整体效应。

转型时不我待

当前,经济结构调整势在必行,我国传统的经济增长方式和经济结构已经影响到社会的可持续发展,再加上全球经济持续低迷,我国经济下行压力剧增。胡锦涛在省部级干部落实科学发展观研讨班上指出:"我们必须紧紧抓住机遇,承担起历史使命,把加快经济发展方式转变作为深入贯彻落实科学发展观的重要目标和战略举措,毫不动摇地加快经济发展方式转变,不断提高经济发展质量和效益,不断提高我国经济的国际竞争力和抗风险能力,使我国发展质量越来越高、发展空间越来越大、发展道路越走越宽。"

胡总书记在此次讲话中指出,发展方式转变的核心是三个转变:一是经济增长从过去主要依靠投资出口拉动向消费投资出口协调拉动转变,这是需求结构转变;二是经济增长从过去主要依靠第二产业带动向依靠第一、二、三产业协调带动转变,这是产业结构转变;三是经济增长从主要依靠增加物质消耗、资源消耗向主要依靠科技进步、劳动素质提高、管理创新转变,这是要素结构转变。

发展方式转变实质核心就是结构调整,为什么促增长必须调结构呢?

首先,从国际经济增长来看,世界经济复苏基础并不稳固,国际金融危机影响仍然存在,全球性挑战压力仍在增大。2009 年以来,世界经济已出现积极变化,美国经济在 2009 年第三季度出现复苏,欧盟经济从二季度开始呈现企稳迹象,日本连续两个季度经济实现正增长;金融市场趋于稳定,但好转基础还不牢固,实体经济还面临着贸易低迷、失业增加等困扰,全面复苏尚待时日。就美国经济来看,美国经济存在的财政贸易双赤字问题并未根本改变,过分倚重金融业造成的严重经济结构失衡未得到根本调整,大量制造业转移到境外造成的经济"空心化"仍然严重,危机后引领经济长期增长的新的战略产业不明确。美国和欧盟失业率极高,美元面临中长期贬值风险,黄金价格飙升,将引发初级产品价格攀升,都给世界经济复苏带来了不确定因素。因此,从相当长的时期来看,中国经济增长难以依靠出口来拉动,而必须依靠扩大内需来促进经济增长。

其次,从国内经济增长来看,经济回升的内在动力仍然不足,主要表现为民间投资的滞后和消费增长的后劲不足;部分行业产能过剩问题突出,产业结构调整压力和难度加大,推进节能减排任务仍然艰巨;外需下滑压力仍然较大,结构性矛盾仍很突出;农业基础仍不稳固,就业形势依然严峻。因此,扩大内需保证增长必须调整经济结构。只有加大经济结构调整力度,才能提高经济增长持续性和稳定性,才能提高经济增长的质量和效益。

纵观中国经济结构调整,从中可以清晰地看出,经济结构与经济发展是密切相关的。只有把经济结构理顺,才能实现经济持续快速健康发展。只有调整经济结构,才能适应全球需求结构重大变化,增强我国经济抵御国际市场风险能力;只有调整经济结构,才能提高可持续发展能力;只有调整经济结构,才能在后金融危机时期的国际竞争中抢占制高点;只有调整经济结构,才能实现国民收入分配合理化、促进社会和谐稳定。因此,为了实现上述的这些系统目标,中国的经济发展方式必须根据国情适时地做出调整。

认知系统结构

系统要正常、高效运转,就必须分析构成系统的各个组成部分之间的关系及它们之间的搭配关系,因为这些是实现系统目标的前提条件。

结构的古义起源于建筑。所谓建筑,就是将特定材料组合成能够被人们所利用的物体。建筑的过程包括三个基本环节:1. 把特定材料加工为适合构建的形式;2.处理不同材料之间的空间关系;3.处理达成特定空间关系所需要的时间次序。人们在建筑的实际过程中逐渐认识到建筑的这种一般形式。在其他社会生活领域,人们也会发现很多类似的抽象形式。这样,结构概念就被从建筑领域逐渐转移出来,用以分析元素和总体之间的特殊关系。

从系统的角度看,结构应当具有双重含义:一方面,从结构与元素的角度来说,结构是元素之间的特定关系;另一方面,从结构与总体的关系来说,构成某个特定结构的特定元素不直接影响总体,而是在与结构内的其他元素相互作用后,通过相互作用的结果来影响总体。研究任何一种结构,不仅要研究它的要素特性及结合方式,更要研究各个要素之间的相互关系,因为这些是系统结构概念的核心内容。

本文认为,系统结构是系统的一种本质特征,它一般包括系统内部各要素在空间和时间上的数量比例与配置比例,以及系统内部各要素、要素与系统之间的相互作用、相互影响方式。全面准确地理解系统结构的定义,需要把握以下三点:

首先把握系统不同要素之间的数量组合关系。如生态系统结构中平原地区的"粮、猪、沼"系统和山区的"林、草、畜"系统,由于物种结构的不同,其形成功能及特征也各不相同。即使物种类型相同,但各物种类型所占比重不同,也会产生不同的功能。

其次把握系统各要素在空间上和时间上的不同配置和形态变化特征。如生态结构在不同的地理环境条件下,受地形、水文、土壤、气候等环境因子的综合影响,植物在地面上的分布并非是均匀的。植被盖度大的地段种类也相应多,反之则少。这种生物成分的区域分布差异性直接体现在景观类型的变化上,形成了所谓的带状分布、同心圆式分布或块状镶嵌分布等的景观格局。譬如,地处北京西郊的自然村落,其地貌类型为一山前洪积扇,从山地到洪积扇中上部再到扇缘地带,随着土壤、水分等因素的梯度变化,农业生态系统的水平结构表现出规律性变化。山地以人工生态林为主,有油松、侧柏、元宝枫等。洪积扇上部为旱生灌草丛及零星分布的杏、枣树。洪积扇中部为果园,有苹果、桃、樱桃等。洪积扇的下部为乡村居民点,洪积扇扇缘及交接洼地主要是蔬菜地、苗圃和水稻田。

再次要把握系统结构构成要素之间存在着相互影响、相互作用的关系。系统的结构不仅取决于系统要素,更取决于各构成要素之间的相互关系。同样的构成要素,由于相互关系不同,其结构功能会差之千里。例如,在自然界中,同样是碳元素,可以组成坚硬的金刚石,也可以组成很软的石墨,其原因在于元素与元素之间结合的方式不同。

具有中国特色的政党制度各构成要素之间的关系是以中国共产党为领导核心,八个民主党派和无党派人士围绕在中国共产党周围,自觉接受中国共产党的政治领导,同中国共产党通力合作,而构成的多维集中结构。在这一结构中,中国共产党处于中心,起着政治领导作用,有效地避免了多党相互攻讦、政治冲突的可能性,从而保证了结构的稳定性;而八个民主党派和无党派人士紧密围绕在中国共产党周围,扩大了政党制度的辐射面,有利于广泛汲取来自各方面的意见和建议,充分反映各阶层群众的利益,从而扩大了民主,保证了结构的活力。这种政党制度的结构,既能实现国家集中统一的领导,又能实现广泛的政治参与;既能避免一党专政、无所顾忌的独裁局面,又能防范党派林立、相互倾轧的混乱状况。政党制度结构的和谐稳定,更加充分的证明,不论是对待简单系统或是复杂系统;不论小到个人问题还是大到国家政党问题,结构的重要性都是无与伦比的。

剖析结构特征

不同系统其组成要素及其相互关系千差万别,故而其结构也必然千变万化。但是,作为系统的一种本质特征,系统结构仍具备一些共同的特点:

整体性,整体性是系统结构最本质的属性。系统结构整体性的基本内容,可以概括为以下三个方面:①要素和系统结构不可分割。凡系统结构的组成要素都不是杂乱无章的偶然堆积,而是按照要素之间的数量比例和配置比例形成的有机整体。②系统结构的整体性并非是各个要素成分的简单总和,个体性质相加不等于整体性质,整体具有不同于局部的性质。如仅有货币没有信用和银行,货币只能是作为交换媒介发挥有限的作用,而货币一旦与信用和银行有机结合就形成了一个新的范畴——金融:各种金融工具、信用关系和金融机构的相互联系和组合,就构成了某种金融结构,其整体功能大于各金融要素功能之和。③构成系统整体的各个组成要素的搭配方式和组合状态不同,系统整体功能也有差异,如同金刚石和石墨都是由碳原子组成一样,只因碳原子的排列方式不同,结果使金刚石和石墨有着不同的物理性质,前者非常坚硬,而后者则相当松软。

层次性,层次性是系统结构中一个固有的特征。如由六级组织(校级管理层、处级职能部门管理层、院系办学管理、教研室管理层以及教师个体管理层、学生会组织管理层)构成的教学管理系统,其层次性是显而易见的。分析该系统的内部结构,则可以发现系统中每一高层次组织均带动着一组并列的低一层次的组织。教学管理系统的这种并列与层次的有序性不仅决定了系统内一些子系统为高层次子系统,居于支配地位,而另一些子系统为低层次子系统,处于从属地位,而且也决定了系统内从工作任务和内容组合、人才培养输送流向,到确定有效的各种协调、管理手段等物质、能量和信息的流通架构。

有序性,系统结构的有序性可从两方面来理解:其一,是系统结构在空间上的有序性。若系统结构合理,则系统的有序程度高,有利于系统整体功效的发挥。其二,是系统结构时间上的有序性。系统结构在变化发展中从低级结构向高级结构的转变,正体现了系统结构发展的有序性,这是系统结构不断适应环境的结果。

稳定性,系统整体的性质和状态能持续地出现,或具有某种抵抗内外干扰、自动趋向于某种特定状态的能力。系统结构的稳定性是在系统各个要素的运动变化中所表现出来的动态稳定性,是在变化发展中体现出来的不变性。

可变性,系统处在环境之中,总要与外界进行能量、物质、信息交换,于是就有可能产生从量变到质变的过程,所以系统结构存在着可变性。

相对性,可变性是绝对的,稳定性是相对的。系统与环境、系统与要素之间关系都是相对的。客观世界是无限的,因此系统的结构形式也是无限的。

动态开放性,系统总要与外界进行物质、能量和信息的交换,并在交换过程中使自身发展变化,由量变到质变,这就是结构的开放性和动态性,这是绝对的,不存在绝对的封闭系统。系统各层次之间以及每个层次内部要素之间也都存在着物质、能量和信息的联系。

复杂性,系统结构的复杂性是指构成系统整体的各项要素是多种多样的,系统运转过程中的各相关性是错综复杂的。系统运行过程中的各种关系是错综复杂的,系统内部结构是多层重叠的,影响系统结构变化的因素也是极其复杂多样的。首先,系统结构不是单元素的相加,而是多元素的集合。其次,系统运行过程中的各种关系是错综复杂的。如金融活动关系是复杂的。这种复杂性一方面表现为金融与经济的关系,金融是经济的一部分,金融结构是经济结构的一部分,属于经济结构中的产业结构,是产业结构的构成要素。复杂性另一方面表现为金融结构与经济结构的关系是部分与整体的关系,金融与经济是融为一体的。但是,随着经济的发展,金融又相对独立于经济,金融结构又相对独立于经济结构,它既决定于经济结构,又反作用于经济结构。

结构功能互补

系统功能是系统在与外部环境相互联系与相互作用中表现出来的性质、能力与功效,是系统内部相对稳定的联系方式、组织秩序及时空关系的外在表现形式。简言之,系统功能即一事物在特定环境中可能发挥的作用或能力。

系统功能从本质上说,它反映了系统与环境的关系。系统,尤其是开放性系统,其功能的发挥,不仅受环境变化制约,更与系统内部结构密切相关,这体现了功能对结构的相对独立性和绝对依赖性的双重关系。系统结构与系统功能之间的关系具体表现在:

第一,系统结构与系统功能相互联系、相互制约。一方面,系统结构是系统功能的基础,系统结构决定系统功能。系统功能依赖于系统结构,不能脱离系统结构而存在;系统功能是系统结构的外在表现,一定的系统结构总是表现为一定的系统功能,一定的系统功能总是由一定的系统结构产生。没有结构的功能不存在、没有功能的结构同样也不存在,也就是说,两者任何一方的存在都以另一方存在为条件,两者不可分割,相互依存。因此,我们要想得到某种系统的功能,就必须建立一定系统的结构;要想真正把握系统的功能,也必须深入研究系统的结构。另一方面,系统功能要求系统结构不断做出调整。系统功能要求在系统结构构建中,首先应根据系统目标设定系统功能,而不同的系统功能,又要求一定的系统结构与之相适应。因此随着系统的变化,系统目标和功能也要随之调整,从而要求系统结构需要不断优化,以确保最大限度地发挥系统功能,更好地服务于系统整体的发展。由于系统结构设计、优化和再造的主要依据源于系统功能要求,所以系统功能要求影响系统结构的发展变化。

第二,系统结构决定系统功能。在系统内元素给定的条件下和环境相对稳定的情况下,当系统结构确定后系统的功能也就随之确定。当系统结构调整与优化时,系统功能将随之提升,只有科学合理地选择优化方向及演进路径,使结构优化方向与功能提升方向一致,才能获得最佳效果。由此可见,系统结构决定了系统的功能,而结构的优化将有助于系统功能的提升。如中国特色政党制度特定的结构,决定其特定的功能。中国特色政党制度的共产党领导,多党派合作,多维集中的结构,决定了中国特色政党制度功能的多样性。又如合作建国的功能——1948 年“五一口号”①发表后,中共与各民主党派、无党派人士的代表,联合召开政治协商会议,建立了中华人民共和国;恢复国民经济的功能——新中国成立初期,中国特色政党制度在巩固刚刚建立起来的人民民主专政的政权,迅速恢复国民经济,改造资本主义工商业中发挥了卓越功能。而 1957 年以后,特别是“文化大革命”期间,中国特色政党制度遭受严重破坏,民主党派组织机构陷于停顿,中国特色政党制度有其名,无其实,其特定功能也就无从谈起。“体之不存,能将焉附?”。党的十一届三中全会以

---

①　1948 年 4 月 30 日,中国共产党为动员全国各阶层人民实现建立新中国的光荣使命,发布了纪念“五一”劳动节口号。“五一口号”得到了民主党派、无党派民主人士的热烈响应,他们发表宣言、通电和谈话,并接受邀请奔赴解放区,与中国共产党共商建国大计。这是我国统一战线和多党合作发展史上一件具有里程碑意义的事件,标志着各民主党派和无党派人士公开、自觉地接受了中国共产党的领导,标志着各民主党派和无党派人士坚定地走上了新民主主义、社会主义的道路,标志着中国的民主政治建设和政党制度建设揭开了新的一页。

后,我国进入了一个新的历史时期,中国特色政党制度也相应进入了一个新的发展时期,在这个新的历史时期中国特色政党制度的结构日趋完善,因而其功能日益发挥。

第三,系统功能可反作用于系统结构。系统结构在决定系统功能的同时,系统功能也可以通过反馈作用,对系统结构产生影响。

如在网络舆情的基本组成要素来看,主要包括以下三个方面:网络舆情的主体、网络舆情的客体、网络舆情的媒介。网络舆情的主体是指通过互联网接受信息、表达意见的民众,也就是通常所说的网民;网络舆情的客体即公共事务,这些公共事务包括了社会事件、社会冲突、社会热点问题,也包括了社会公众人物的所言所为等;网络舆情的媒介即互联网。随着网络技术的不断进步,网络传播的表现形式也更趋向于多样化。网络舆情上述的这些内部结构的产生无疑是网络舆情形成和发展的决定性因素,在一定程度上影响着系统功能的发挥。但是随着信息技术的发展,互联网在我国普及的范围越来越广,与此同时,网络舆情涉及的范围也越来越广,发展的规模越来越大。从2009年上半年的重大或特殊事件当中,不难发现网络舆情已渗透社会的各个领域,并产生越来越大的影响。又如四川成都市"6·5"公交车燃烧事件、云南晋宁县躲猫猫事件、浙江杭州市飙车案等。在这些事件当中,我们处处可见网络舆情发挥的强大力量。同时,我们必须清醒地认识到,网络舆情是一把双刃剑,有积极功能,也有消极功能。网络舆情的积极作用在于:第一,表达民意,促进民主政治建设。互联网的开放性、共享性、权利均等性等特点,从根本上颠覆了传统的信息的垄断性,民众得以用最快的速度、最简便的方式、最低的成本向社会表达自己的意见,这从极大程度上扩大了民众言论的自由性。正是基于网络隐匿性的特点,一些在现实社会中不敢表达的意见,在网络上受到的约束和限制又极小,因此,可以无所顾忌地表达出来。第二,能够推进政府公共决策的科学制定。在传统的公共决策制定过程中,由于缺乏政府向公众提供信息、征询民意的平台,使民众缺乏有效地参与决策制定的途径。网络的出现为避免在公共决策制定过程中政府与民众的脱节提供了有效的平台,而网络舆情则是公共决策制定的风向标。一方面,网络舆情是"草根"民意的重要表达。

另一方面,公共决策在制定前后,通过网络使公众了解、参考,通过收集反馈意见、调查分析网络舆情的偏好倾向,能够及时了解人心向背,评估决策的效果。根据对网络舆情的研判,在公共决策制定前、制定中乃至发布后,及时进行调整,使其更加科学化、合理化。

网络舆情的消极作用在于:第一,它可能是谣言的"扩音器",容易滋生非理性情绪。因为作为网络舆情主体的网民实际身份多样化,不但出身、年龄、职业、背景等各不相同,而且在互联网上发表意见的心理动机也是复杂多样的。因此,网络极易成为散布谣言、滋生非理性情绪甚至被敌对势力利用的工具。第二,对公共决策产生负面影响。网络舆情的确是民意的反映,但它毕竟还是代表着一定阶层的利益。而公共决策除了面对国内的人民大众,还要面对国与国的竞争,所以,要站在世界的角度,站在未来的角度,全面考虑,它应是更高的集体智慧的体现。如果过分倚重网络舆情,可能暂时符合了"多数人"的利益,但长远来看却得不偿失。网络舆情也不尽是普通民众的真实民意。它可能是假消息在作祟,也可能是被少数人利用,故意蒙蔽决策者的眼睛。如房地产商为了显示楼市紧张,大肆在网上造势,给人以供不应求的假象。第三,加剧了道德行为的失范。由于网络的虚拟性、隐匿性,人们容易突破现实社会中的种种束缚,做出现实社会中不敢做的事,说出现实社会中不敢说出的话。特别是在非理性的网络舆情的影响下,一些道德规范约束力较弱的网民,极易盲目跟风,不计后果,恶意中伤。这进一步掩盖了事实的真相,更造成人们之间空前的信任危机、道德情感的冷漠。而在舆情的传播过程中,由于网络语言的失范、非正规化、粗俗化、黄色化泛滥,很多正常的事件遭受"恶搞",更加剧了道德行为失范的倾向。

创新资源配置

在错综复杂、瞬息万变的环境中,系统的应变能力尤为重要。一个系统只有具备良好的应变能力,才能长久生存和发展。为了让系统健康、稳健地发展,系统结构、系统功能也必须随着系统目标的变化不断地做出调整,因为系统结构是动态的、复杂的,所以为了让系统功能满足系统目标的要求,系统结构的设计必须合理、有效。

系统结构设计的内涵,系统结构是完成系统功能的基础,要想实现系统目标所需的各项功能,就必须设计合理的系统结构予以支撑。而所谓的系统结构设计就是指确定组成系统的诸要素或子系统的合理配置及其在时间与空间上的最优联系方式。具体来讲,系统结构设计主要包含以下三方面内容:

首先,确定系统诸要素之间资源配置的合理性。如知识经济发展使科技创新成为国家或区域经济发展的决定性因素,而科技创新资源作为科技创新的重要基础,其合理配置已成为国家或区域科技发展的重要保障。当区域科技创新资源配置不合理时,将会造成巨大的机会损失。科技创新资源的优化配置和利用水平决定着科技创新能力的发挥,是衡量一个区域科技创新水平高低的重要标准,而且也是衡量一个区域综合竞争实力和持续发展能力的重要指标,现已成为世界各国谋求科技与经济发展的战略重点。为此,合理配置科技创新资源,提高其利用效率成为促进区域经济与科技发展的一项十分重要的战略任务。

其次,确定组成系统的诸要素在空间上的最佳表现形式。这种设计主要面向于那些组成要素或子系统具有固定空间位置的系统,如"水立方"。这个看似简单的"方盒子"是同时依据中国传统文化和现代科技"搭建"而成的。中国人认为:没有规矩不成方圆,按照制定出来的规矩做事,就可以获得整体的和谐统一。在设计中,中国传统文化"天圆地方"的思想催生了"水立方",它与圆形的"鸟巢"——国家体育场相互呼应,相得益彰。方形是中国古代城市建筑最基本的形态,它体现的是中国文化中以纲常伦理为代表的社会生活规则。而这个"方盒子"又能够最佳体现国家游泳中心的多功能要求,从而实现了传统文化与建筑功能的完美结合。

在中国文化里,水是一种重要的自然元素,并激发起人们欢乐的情绪。国家游泳中心赛后将成为北京最大的水上乐园,所以设计者针对各个年龄层次的人,探寻水可以提供的各种娱乐方式,开发出水的各种不同的用途,他们将这种设计理念称作"水立方"。希望它能激发人们的灵感和热情,丰富人们的生活,并为人们提供一个记忆的载体。

为达此目的,设计者将水的概念深化,不仅利用水的装饰作用,还利用其独特的微观结构。基于"泡沫"理论的设计灵感,他们为"方盒子"包裹上了一层建筑外皮,上面布满了酷似水分子结构的几何形状,表面覆盖的 ETFE 膜又赋予了建筑冰晶状的外貌,使其具有独特的视觉效果和感受,使轮廓和外观变得柔和,水的神韵在建筑中得到了完美的体现。轻灵的"水立方"能够夺魁,还在于它体现了诸多科技和环保特点。合理组织自然通风、循环水系统的合理开发,高科技建筑材料的广泛应用,都为国家游泳中心增添了更多的时代气息。泳池也应用了许多创新设计,如把室外空气引入池水表面,带孔的终点池岸,视觉和声音发出信号等,这将使比赛池成为世界上最佳的泳池。

最后,确定组成系统的诸要素或子系统在时间上的最优配置。这种设计实际上是解决过程优化或时序优化的问题。例如一条自动化生产流水线,这个系统的各个组成要素或子系统,除在空间上的位置关系有一定要求外,在时间上的联系方式也有着严格的要求。当这种系统执行功能时,输入系统的物质,先到哪里,后到哪里,都有严格的顺序。各种物质什么时候进入系统,在什么地方应当停下来,在什么地方继续前进,在时间上也都有严格的规定,绝不允许流动无序,停进无规。这种系统中的各组成要素或子系统就是通过物质的流动顺序和停进规则在时间上构成一种特定的联系方式。实践表明,这种在时间上的联系方式不同,系统的功能和效益也不相同。

系统结构设计的原则,在系统的诸多问题中,系统结构是第一步要考虑的,它犹如大树的躯干,决定了系统能否高效运转。系统结构决定了系统功能能否得到发挥,各种资源能否得到优化,因此系统结构设计需遵循以下原则:

讲求科学。系统结构的演化是自然系统和社会系统互动的结果,系统结构的发展涉及社会和自然众多因素,这些因素的完整性极大地影响系统目标的实现。因此,系统结构的设计必须建立在科学的基础上,充分考虑系统结构内各因素之间的相对独立性和完整性。

突出重点。环境的变化会使系统中各项工作完成的难易程度以及对系统目标实现的影响程度发生变化,系统的工作重心也会随之发生变化,因此在进行系统结构设计时,要突出系统结构中的重点要素。

尊重实际。系统结构的设计要使系统功能得到正常发挥,而不能脱离系统的实际情况盲目的进行设计,盲目的设计会使系统功能无法正常发挥,进而间接影响系统目标的实现。

目标一致。即系统结构中上下级目标与战略目标相一致的原则。系统结构只有能促进系统各因素在实现系统目标中作出贡献,才是有效的。

追求效率。即提高组织结构运转效率的原则。组织结构只有有助于使意外事件的发生概率降到最低,或用尽可能低的成本来实现系统目标,才是有效的。

适度灵活。所建立的系统结构越灵活,这样的结构就越能充分地实现其系统目标。这一原则要求,系统结构的设计必须考虑到环境因素的变化、对变化做出的各种战略以及技术等。

影响系统结构设计的因素,系统所处的环境是复杂多变的,复杂的系统环境意味着多种影响系统结构的因素并存,在进行系统结构设计时需全面考量影响系统结构设计的因素。一般来说,影响系统结构设计的因素可归纳为两方面:

外部环境,包括技术、具体制度等。系统的任何活动都需要利用一定的技术和反映一定技术水平的特殊手段来进行,技术以及技术设备的水平,不仅影响系统功能的发挥,而且会对系统内各因素的配置与各因素间的关系,以及系统结构的形式和总体特征等产生相当程度的影响。另外,社会上不断出现的新体制、新政策、新制度、新的管理原理和方法,也必然要影响到系统以及地区性环境的变化。

内部环境,包括组织战略、系统规模、系统内成员状况等方面。由于组织战略决定了系统的任务,从而从根本上影响到系统结构的设计与调整。系统功能的主要任务是保证系统目标的实现,因此,系统结构将以保证系统功能的发挥为首要任务。系统的规模往往与系统的成长或发展阶段相关联,伴随着系统的发展,系统活动的内容会日益复杂且系统活动的规模和范围也会越来越大,这样,系统的结构也必须随之调整,才能适应新情况。

系统结构设计的选择,从系统结构与系统功能关系的讨论中可知,系统功能的正常发挥有利于系统的正常高效运转。为了保证系统的正常运转,必须明确系统结构。因为明确系统结构是保障高效运转的前提。为了有效地保证系统的运转,必须根据系统运转的特点和要求、环境、技术、系统规模等要素的特点来选择相应的系统结构类型。在应用以上所述的原则进行系统结构设计时,应采取一定的灵活性。实际上对于最佳结构的选择,并不存在绝对的准则。一般认为,能够完成工作任务的最简单的系统结构就是最优的结构。判断一个好的系统结构的标准是它不带来问题。结构越简单,失误的可能性越小。为了使结构尽可能简单化并具有最大限度地适宜性,设计系统结构时必须清楚地掌握产生关键效果所需的关键活动,并以此为基础来设计结构。如一个企业必须按照尽可能简化的设计来建立和设置结构。为此,在设计一个有效的企业结构之前,需要弄清下述问题:其一,为了达到系统目标,哪个领域需要最优的绩效? 其二,在哪个领域如果成绩不佳,将威胁企业的效果? 其三,什么样的价值观念对公司具有真正的重要性? 是产品质量,产品安全,还是用户服务? 这样就可鉴别出对实现企业目标至关重要的那些职能和活动,而这些活动应作为建设系统结构的基础。企业中其他的活动应当按照它们对实现目标的贡献程度排序,贡献的大小决定着活动的排序和位置。能产生收益的活动绝不能从属于不产生收益的活动。这样,根据对实现目标的贡献来建造系统结构,就会大大提高实现目标的可能性。

另外,为了使设计的系统结构保持有效性,就需要定期地对系统结构进行评价。进行结构评价的内容:一是在达到系统的目标时是否存在着严重的绩效问题;二是系统功能的发挥是否导致结构适宜性的变化。

提升变革体系

系统理论认为:一个系统的功能在很大程度上取决于系统的结构,组织正确的系统结构将有利于系统功能的发挥,反之将可能导致系统功能丧失。因此,确保系统的功能高效发挥,必须进行系统结构的整体优化,仔细分析各个子系统的作用和地位,在此基础上对系统进行调控,使每个子系统对于大系统发挥出最大的正功效。如我国改革开放三十多年来经济持续、快速增长,以公有制为主体,多种经济成分共同发展的所有制格局基本形成。这个结果的出现,不是偶然的,而是党和政府在解放思想、实事求是的指导下,大胆探索,通过对中国经济成分系统进行渐进式的结构优化而实现的。

中国经济成分系统的发展实质是调整和优化这个系统中的各个子系统的结构和协调、配套问题。中国经济成分系统是与社会主义现阶段的生产力系统紧密联系、相互影响,同时,连接这两个系统的纽带是国家的宏观调控,其中政策调控取决于生产力系统和国家经济成分系统。国家政策调控随时间的推移,通过提供各项政策和与政策配套的措施,来引起国家经济成分系统的变革,调整现行系统的结构,从而最终影响生产力系统的变革。

我国现阶段所处的是社会主义初级阶段,生产力状况既具有一定的社会化程度,又是不平衡、多层次的。从总体上看是一种社会化的大生产,每个部门和企业都是社会分工体系中的一个有机组成部分,实行专业化分工协作。从各地区的发展来看具有不平衡性,如:城乡之间、平原与山区之间、沿海开放城市同内地之间等经济发展的差别非常明显。从各部门的发展看具有多层次性,既有自动化半自动化的生产,又有一般水平的机械化生产,还有半机械化半手工劳动的生产,甚至还有全手工劳动的生产。我国生产力这一发展状况,特别是不平衡性和多层次性的发展特点,要求建立多种所有制形式与之相适应。不但要能满足较高层次生产力发展需要的公有制经济,还要有满足其他层次生产力发展需要的非公有制经济。而传统的国家经济成分系统是一元制系统,即只有一个子系统——公有制经济成分系统,这个一元制系统结构不利于调动劳动者的积极性,阻碍了生产力的发展,脱离了我国生产力发展的客观基础和需要。更不用说能使整个国家经济成分大系统整体最优化,发挥出各个子系统的最大正功效了。为了优化系统的效率,最大地推动生产力系统的变革,改革开放以来,党和政府通过逐步认识各个子系统的性质、作用和地位,通过国家政策调控,影响中国经济成分系统的结构调整和优化,来达到国家制定出的对国家经济成分系统的最优化目标。

经济成分系统结构最优调控的一般过程是：

（1）根据经济调控系统本身的特点确定其最优目标。

（2）研究经济系统中各个子系统的空间和时间、作用和地位，由此分析系统的初始位置和边界条件，从而确定系统发展的轨迹的可行区域和增长区域。

（3）通过目标来进行最优决策以确定增长区域中的最优增长发展轨迹。

中国经济成分系统的最优目标是整个经济成分系统：

①性质是坚持社会主义方向的；②发挥各经济成分子系统的最大正功效，使国家经济成分系统功能最高。根据现阶段的生产力系统，我国当前的经济成分系统的主要子系统应该是公有制经济成分子系统和非公有制经济成分子系统，但由于原先对非公有制经济成分子系统的作用、功能、性质认识不清晰，非公有制经济成分子系统的初始位置几乎为零，而公有制经济的初始位置几乎为百分之百。这种初始系统结构的扭曲造成了低下的经济效率，为此优化系统结构，激活非公有制经济成分子系统已是改革大系统的势所必然。中国政府衡量两个子系统结构的优化是以符合三个"有利于"作为标准。在对两个子系统结构的最优调控策略的选择问题上采用的是渐进方式，形成一系列政策方案。

从国家对公有制经济和非公有制经济的历次宏观调控可知，非公有制经济成分子系统并没有对整个经济成分系统发挥出其最大的正功效，故在今后的很长一段时期内，非公有制经济将继续高速增长，国家的政策将继续在经济成分系统最优目标的指引下鼓励和支持非公有制经济的成长和发展；另外由于公有制经济成分子系统的结构不合理继续存在，并影响到整个经济成分系统的优化目标实现，国家将会着眼于公有制经济成分子系统结构优化和整体素质及其运行效益上，将通过一系列政策调整公有制经济成分子系统的结构。总之，只要党和政府严格地按系统的最优目标为指导，科学而及时地出台经济调控政策，那么经过若干年的系统结构优化，经过公有制经济成分子系统和非公有制经济成分子系统的相互渗透、相互影响、相互促进，中国的经济成分将趋于自然合理的均衡和优化，中国经济成分系统的优化目标一定会实现。

探析社会阶层

　　改革开放以来的三十多年,是经济稳定、持续发展的高速增长期,也是社会结构剧烈变迁的社会转型期。在市场经济推进、城市化进程加速、产业与职业结构变迁的不断冲击下,原来简单、固化的社会结构出现了越来越明显的松动与裂变。社会结构的变迁使我们正面对一个与以前大为不同的、更为复杂的多元社会。这种变迁是在日渐加剧的社会分化与社会流动过程中实现的。在先后展开并不断深入的社会分化、社会流动中,在原先简单的社会阶层结构(即两个阶级:工人阶级、农民阶级;一个阶层:知识分子阶层)之外,已经形成并还在不断分化出更为复杂的新社会阶层。

　　新社会阶层就是在这种社会结构不断分化、社会阶层渐趋复杂的背景下提出的。新社会阶层的崛起和不断壮大,不仅意味着社会利益格局与社会建设力量的变迁,更重要的是,这种变迁对于我们未来的社会组织系统将是一个全新的课题。

　　对于目前中国的社会阶层结构与利益群体变迁,政府相关部门在具体的社会实践中针对具体社会问题而制定相关政策时提出了新社会阶层这个概念。2001 年,江泽民在庆祝建党八十周年大会上的讲话中指出,"改革开放以来,我国的社会阶层构成发生了新的变化,[①]出现了民企科技、外企、个体户、私企业主、中介和自由职业等新阶层人士",以此概括我国自 20 世纪 70 年代改革开放以来出现的不同于工人、农民、知识分子的新的社会群体。这一思想在 2002 年中国共产党第十六次全国代表大会上得到阐述,十六大报告指出,"在社会变革中出现的民营科技企业的创业人员和技术人员、受聘于外资企业的管理技术人员、个体户、私营企业主、中介组织的从业人员、自由职业人员等社会阶层,都是中国特色社会主义事业的建设者。"[②]2006 年 7 月的全国统

[①]　江泽民:《在庆祝建党八十周年大会上的讲话》,《人民日报》2001 年 7 月 2 日。

[②]　江泽民:《全面建设小康社会,开创中国特色社会主义事业新局面——在中国共产党第十六次全国代表大会上的报告》,《人民日报》2002 年 11 月 18 日。

战工作会议,新阶层的概念得以更加明确。中共中央统战部发布的《关于巩固和壮大新世纪新阶段统一战线的意见》中,即有明确定义,并称"新的社会阶层人士是统一战线工作新的着力点","要把新的社会阶层代表人士的培养选拔纳入党外代表人士队伍建设的总体规划。"按照这份文件中的界定,新社会阶层包括民营科技企业的创业人员和技术人员、受聘于外资企业的管理技术人员、个体户、私营企业主、中介组织的从业人员和自由职业人员六个方面的人员,这些人员由非公有制经济人士和自由择业知识分子组成,集中分布在新经济组织、新社会组织中。

事实上,新社会阶层不但已经出现,而且已经初具规模,由于其独特的社会资源优势,这一阶层在社会发展的各个方面都具有重要的作用。首先,在经济发展上,仅个体、私营经济所创产值就占全国国内生产总值的20%,且平均每年以50%左右的速度递增,超过任何一种经济形式的增长速度。在社会就业上,到2001年年底,仅私营、个体工商户从业人员全国就近7500万人,平均每位私营企业主创造了除自己以外的6.1个就业岗位,从这个意义上讲,在当代中国,还没有哪一个社会阶层有如此大的社会贡献。在交纳税收上,目前沿海地区私营企业税收占财政收入的比重一般都在50%左右,浙江、广东等私营经济发达地区超过80%,同时全国个体私营经济每年的税收贡献仍以70%以上的速度递增。其次,现阶段我国社会新的社会阶层既是改革开放的探索者,同时他们也是解放思想的探索者。新的社会阶层率先探索市场经济条件下的生存出路,率先探索新型所有制实现形式,率先探索市场配置资源的新的生产方式,他们是解放思想的探索者。最后,新的社会阶层是先进生产力发展的推动者,他们适应了社会主义市场经济的发展规律,解放了生产力,发展了生产力,他们是先进生产力的代表者之一。在改革开放进程中,新的社会阶层采用灵活、先进的生产经营方式,与众多规模比自己大、实力比自己强的国有、集体企业同场竞争,敢闯敢试,赢得了进一步加快发展的先机。正是由于新的阶层的参与竞争,加速了国有、集体企业的改制、改组、改造,推动了我们国家整个生产力的发展。

尽管现阶段我国新出现的社会阶层在社会发展中发挥着如此重要的作

用,但是社会新阶层在构建和谐社会中仍会产生一定的消极影响。这些消极影响表现在:

(1)收入差距拉大。新兴社会阶层是在改革开放和发展社会主义市场经济的大背景下发展起来的。随着改革开放的不断扩大和社会主义市场经济的不断发展,新兴社会阶层规模也不断扩大。这个新阶层有力地推动着改革开放和现代化建设的进程,它对社会阶层结构的合理化发展和稳定社会发展起到了一定的作用,不可否认,社会新阶层与其他社会阶层在利益上,存在着一定的矛盾。我们国家的政策是允许一部分人通过诚实劳动、合法经营先富起来,最终实现全国人民的共同富裕。我国社会各阶层的根本利益始终是一致的,但各阶层之间不同程度地存在着利益矛盾。在现实生活中,社会新阶层处于社会较为富裕的层次,而大多数人民群众生活处于小康水平,还有一部分普通劳动群众的生活还比较困难,这必然引起不同群体不用阶层在思想观念、价值追求、生活方式、物质利益等诸多方面产生差异和矛盾。这其中的主要矛盾表现为在物质利益上的矛盾。特别是当前,社会新阶层形成了一个较为富裕的群体,而部分下岗工人、一些农民生活水平有所下降。这一反差,对整个社会都形成了一种较强冲击力。我国是个受小生产者意识影响久远的国家,不患寡而患不均的思想还根深蒂固,新中国成立之后又在较长的一段时间实行"吃大锅饭"的分配方式,搞了一段时间的平均主义,这使得大多数社会成员,对目前的收入差距现象特别敏感。

(2)阶层间矛盾和冲突增多。社会新阶层的出现就是一个利益分化的过程,或者是打破原有的利益格局,建立全新的利益格局的过程。各社会阶层作为每一个利益主体,都有追求自身利益最大化的渴望和动力。利益在社会各阶层间进行重新调整和分配,必将会影响到既得利益集团的利益分配,各阶层的利益差别也发生了明显变化,分配收入差距不断增加,贫富差距逐渐拉大,从而引发了各种利益矛盾和冲突,对社会稳定构成威胁,并影响社会主义和谐社会的构建。总体来说,这些利益矛盾和冲突主要表现在以下方面:首先,是新阶层中高收入阶层与其他低收入阶层的矛盾,高收入新阶层与低收入阶层在经济方面相差悬殊,因此决定了他们在政治上的态度也不同甚至相反。部分新阶层具有奢侈、浪费性的消费观念,并且在贫困阶层面前的炫耀和摆阔行为,引起广大普通劳动阶层的强烈反感,特别是少数新阶层人士利用他们的资产优势以及社会资源对其所雇佣劳动者进行的剥削压榨的行为,引起了广大劳动者的强烈不满,甚至还产生了越来越多的"劳资冲突",对社会的稳定造成了不利影响。其次,社会新阶层与党和政府间存在着矛盾。改革开放以来,社会新阶层对我国社会的经济发展做出了较大的贡献,并不断推动着中国社会经济的向前发展。但是,在社会主义制度下,属于私营经济范畴的新阶层人士的某些价值观念和利益取向,却与我国现行政策相矛盾,他们不断追究利益最大化,甚至出现损害国家和人民利益换取自身经济利益的不当做法,比如偷税漏税、生产假冒伪劣商品等行为。而且,少数社会新阶层人士在满足其经济利益诉求后,急切地谋求政治权力,这对我们党和国家的政治制度建设,也带来新的挑战。最后,是低收入阶层与党和政府之间存在着矛盾。我们党和政府是始终代表广大人民群众根本利益的,是始终坚持以群众路线作为其根本的工作路线的,但在改革开放的发展进程中,某些阶层的利益受到损害,尤其是低收入阶层,虽然他们的生活水平同改革开放前相比有了较大的提高,但与代表着高收入的社会新阶层相比,相差甚远。而人们收入差距和贫富差距主要是由于改革过程中的经济体制改革、收入分配政策的调整等引发的。因此,低收入阶层对那些通过不法经营或不道德手段富裕起来的社会新阶层产生了不满情绪。此外,官商勾结的负面新闻也屡见报端,如暴力征地、强制拆迁等行为,政府只顾及房地产开发商的利益,全然不顾损害老百姓的合法权益,诸如此类现象深深伤害了广大群众的感情,所以广大群众将对个别贪腐官员的不满情绪直接转嫁到对党和政府现行政策的不满上。

面对新的社会阶层给我国经济带来的负面影响,当前如何对新社会阶层进行有效引导、教育,促进其健康成长,是我党面临的一项重要课题。要保证我国经济快速发展,就必须对社会结构中的新兴社会阶层进行一定的调整。

第一,营造有利于新社会阶层发展的社会氛围。在中国人的思维中,提到私营经济,人们很自然地会与"资本家"、"剥削"等词联系起来,这种对新社会阶层的认识以偏概全,给新的社会阶层形成负面压力,不利于其成长。在当前,面对部分人对新社会阶层的质疑,我们要做好宣传解释工作,营造有利于新社会阶层发展的良好社会氛围。首先,通过报纸、电视、网络等各种媒体大力宣传党和国家鼓励、支持和引导非公有制经济和新社会阶层发展的方针政策与法律法规,宣传非公有制经济和新的社会阶层人士在中国特色社会主义现代化建设中的作用和贡献。第二,协调新社会阶层及相关群体之间的利益。一方面,协调新的社会阶层各个方面人员之间的关系,使其形成一种良性、规范化的互动关系。另一方面,协调新的社会阶层与全社会的利益关系,善待员工,发展和谐的劳动关系,照章纳税,维护市场经济秩序和规范。第三,建立健全相关法律制度。市场经济追求利益,人的逐利行为在市场经济中获得允许,如果法律和制度出现漏洞,就会有人因利益的诱惑铤而走险,这其中就包括新社会阶层中的个别人,政府应该着手研究在经济活动中存在的法律和制度缺陷,及时健全完善。此外,政府应加快转变职能,放宽非公有制经济的准入条件,改变政府权力配置不恰当、过多干预市场的行为,消除由此导致的权力寻租现象,杜绝给新社会阶层中企图攫取暴利的个别人提供机会,改善新社会阶层的形象。只有这样,我国才能形成一种较为合理的稳定的、开放的、有活力的阶层结构。我国现阶段社会层的多样性要求党和政府创新领导方式,开拓思路,兼顾各阶层利益,实现中华民族伟大复兴。

第八章　动力新论　发展源泉

人之所以比其他一切动物高明，成为万物之灵，是在于作为社会活动的主体，人具有其他动物所没有的特征——自觉的能动性。人能运用感觉和思维，在行动之前就在大脑里为自己设定明确的意图和目标，并以此来支撑和制约自己的行动。只要人的目的合乎客观规律，是建立在世界和人的本质和关系的正确认识基础上的，那么，人就能超越其他动物的盲目和简单适应性，改变被动的服从自然的状态，而使自然界转过来为人类自己的目的服务。这种积极主动的、有意识有目的的活动过程及其结果，构成了人类生存发展的全部历史。而动力正是促使人们不断追求人生理想的力量源泉，人们只有具有动力，才会为实现人生理想投入极大的热情和全部的努力，甚至愿意付出生命。尤其是在艰难困苦的时候，没有动力的人会迷失方向，茫然不知所措。

在现实生活中，有的人经常感到苦闷、空虚和彷徨，觉得生活没有意思，一遇到困难就委靡不振，就是因为没有动力，从而缺失明确的方向和目标。就一个社会而言，如果整个社会缺乏发展动力，大多数人没有动力奋斗，那么这个社会也会陷入"万马齐喑"的黑暗之中，变得没有前途、没有希望。

人类历史的每一步都是从已知世界向未知世界前进的过程，人生道路也是如此。在这一前进过程中，正是因为有了动力，人类和人生才不至于那样茫然和恐慌，不是"摸着石头过河"这样的尝试和对未知的不确定感，尤其是在充满艰难困苦的日子里，动力更是激励着人们去克服艰难险阻，指引着人们走向光明。

动力是一切事物发展的源泉。作为一个系统，无论个人、组织还是国家，要发展、要前进,就必须拥有强劲的动力作为保障,一旦失去动力或动力不足,不仅个人发展受限,组织发展滞后,国家的发展也会受到制约。而动力效应本身所具有的双向性,使得并非所有动力都是推动系统向前发展的正向动力。因此,必须找到正确的动力并不断提升动力所能发挥的正向效应,只有这样才能保证系统目标的最优实现。

动力改变性质

黄花岗起义是近代史上一次具有较全面意义上的资产阶级民主革命,"黄花岗七十二烈士"的事迹已广为传颂,他们无私奉献的精神已深入人心,他们英勇为国的动力值得我们深思。

1894 年兴中会成立之后,孙中山先生就把武装起义作为改变社会性质的主要手段,策划了广州起义和惠州起义。1910 年广州新军起义失败后,孙中山先生和同盟会的主要成员在槟榔屿召开会议,认真总结了失败的教训,决定集中力量、认真准备,在广州再次举行起义,夺取广州城以后再兵分二路,把革命的火焰燃向全国,最终推翻满清王朝。会后,孙中山到各地募款。黄兴、赵声负责筹划起义,主持了总机关"统筹部"。大批革命党人集中于香港,广州城内建立了约数十个据点。由于情势的变化,起义日期一再变动。当黄兴最终决定 4 月 27 日起义时,不得不把原计划的十路并举改为四路突击。但当举义时,实际上只有黄兴率领的一支队伍直扑两广总督衙门,并分兵攻打督练公所等处。孤军转战,终归因力量悬殊而失败。广州起义之后,同盟会会员潘达微冒生命危险将能找到的战死和被俘后慷慨就义的喻培伦、方声洞、陈更新、林觉民等 72 名革命党人(实有 100 多名革命党人壮烈牺牲)的尸骨葬于广州东北郊,并改红花岗为黄花岗。因此,史称此役革命党人安息之地为"黄花岗七十二烈士墓",将安葬的革命党人称为"黄花岗七十二烈士"。

"黄花岗七十二烈士"之中林觉民的一封《与妻书》,传诵一时,让无数人为烈士崇高的革命精神和真挚的儿女深情感动不已。《与妻书》是林觉民在 1911 年广州起义的前三天 4 月 24 日晚写的,他给妻子的遗书中写道:"吾作此书,泪珠和笔墨齐下……吾充吾爱汝之心,助天下人爱其所爱,所以敢先汝而死,不顾汝也。汝体吾此心,于啼哭之余,亦以天下人为念,当亦乐牺牲吾身与汝身之福利,为天下人谋永福也。"林觉民写《与妻书》时,满怀悲壮,已下定慷慨赴死的决心,义无反顾,信中表达了林觉民对妻子的挚爱和对革命事业的忠诚,阐明了个人的幸福、家庭的幸福要服从于革命事业。在那样一个即将面对生死诀别的时刻,林觉民在写给爱妻的诀别书中,没有说什么甜言蜜语,没有什么豪言壮语,整封书信从头至尾娓娓倾诉的就是他"以天下人为念"、不惜抛却儿女情长、置生死于度外、舍身参加革命的坚决与执著,以及他对爱妻的留恋与不舍。眼看就要踏上凶险之路,和自己的亲人永别,与爱妻娇子的永别,林觉民面对生离死别虽然悲伤,却悲而不戚、悲而不哀,他是如何做到这样的? 是什么使他宁肯抛却自己甜蜜的爱情和宝贵的生命? 是因为他心中有为了国家繁荣昌盛,为了革命事业成功的动力,才会有信中的"为助天下人爱其所爱""为天下人谋永福",他置生死于度外,抛却与爱妻的儿女情长而"勇于就死",大义凛然、无所畏惧地积极投身到推翻清政府黑暗腐朽统治的武装起义中。才会为了国家,为了全国同胞,为了革命事业,宁肯抛却自己甜蜜的爱情和宝贵的生命! 才会表现出一个革命者以天下为己任,追求正义与真理,舍生取义的高尚情操和宽广胸怀。

黄花岗起义极大地振奋了广大群众的斗志,成为辛亥革命的前奏。这次起义不但解放了人们的思想,促进了民主革命精神的进一步高涨,为中国人民民主革命事业开辟了前进的道路,传播了民主自由的思想,并且推动了亚洲的民主革命运动。虽然黄花岗起义失败了,但无论如何,资产阶级革命党人用生命和鲜血献身革命的伟大精神却震动了全国,也震动了世界,从而促进了全国革命高潮的更快到来。起义在不同程度上打击了清朝统治,为后来武昌起义一举成功和反帝爱国运动准备了条件。黄花岗起义之所以能取得这样的成就,之所以有如此重要的作用,就是因为有像孙中山、"黄花岗七十二烈士"这样的革命者,就是因为这些革命者有着为了国家,为了全国同胞,为了革命事业而奋斗的精神动力。

不论是"黄花岗七十二烈士"的动力,还是黄花岗起义的动力,动力都时时刻刻存在,并且对我们的日常生活和周围的环境有着非常重要的影响。对一个系统来说,不论是对系统的内部结构还是对系统之外的环境来说,动力在系统发展的过程中都至关重要。一个系统能不能上升,并不一定完全取决于构建系统的结构或者系统所在的环境够不够好,也要在一定程度上看这个系统有没有一个向上的动力。因此,不论做任何事情,我们都应该要有动力,都应该意识到动力的重要性。

头脑意志行动

动力是随时存在的、不断变化的,并对事物的发展和前进起到一定的推动作用,而且由于主体不同、时间和空间不同、主体所处环境不同,所需要的动力也不同。

主体不同,动力不同。比如社会主义改革开放靠市场经济推动,有法律的市场经济靠法律推动。机械类的动力是使机械做功的各种作用力,如水力、风力、电力等。管理中的动力是推动工作、事业发展的力量。恩格斯认为:"就单个人来说,他的行动的一切动力,都一定要通过他的头脑,一定要转变为他的意志动机,才能使他行动起来。"毛泽东认为:"人民,只有人民,才是创造世界历史的动力。"

时间和空间不同,动力不同。笔者曾在《人生科学发展系统工程》中提出人生科学发展的不同阶段,人类可划分为生态人、后天人、成功人。"生态人"阶段主要包括从受精卵、胚胎分化起始到新生儿诞生和婴幼儿时期,这一时期主要是人类的初始阶段,其记忆力、语言理解及表达力、注意力、观察力、想象力、思维力和应变力都会在这一时期存在个性差异,"天才"与"智障"均可能在这一时期产生。因此,这一时期的主要动力就是开发"生态人"智力潜力,科学指导个体由生态人向后天人和成功人过渡。"后天人"阶段是指脑神经中枢生理基础已经发育成熟,并全面尝试表达智力活动、执行智力认知功能的开始直至生命终结的阶段。因此,这一时期的主要动力就是满足人脑中枢后天日益增长的智力方面的认知需求。"成功人"阶段是指通过后天各方面的努力,对自己的素质、潜能、特长、缺陷、经验等有一个清醒的认识,对自己在社会生活中可能扮演的角色有明确的定位。因此,这一时期的主要动力就是不断充实自己、完善自己。

主体所处环境不同,动力不同。有两个人去打工,他们从别人口中得知纽约人精明,什么都能赚钱;华盛顿人质朴,见了吃不上饭的会给面包。后来去华盛顿的人成了拾荒者或乞丐,去纽约的人成了富商。为什么会这样呢? 因为环境不同,所需动力不同,他们的人生也不一样。后来成为富商的人选择了纽约,一个干什么都赚钱的地方,那当然就靠勤劳赚钱。而华盛顿,一个不赚钱也能生活的地方,当然让人不想赚钱。人只有要生存时才会有一种动力,像那个想成为富商的人一样。而华盛顿这个地方不工作也能吃饭,那当然动力就消失了。所以,去华盛顿的那个人成了拾荒者或乞丐。

动力是有结构的。动力的结构包括五个要素:动力源、动力方向、动力贮存体、动力传媒和行动。

动力源是人们的内在需求。由动力源产生的动力是原生性动力,由动力主体之间的传导而产生的动力则是次生性动力。类比荒漠有原生性荒漠和次生性荒漠,由于地质时期自然过程形成的原生沙质荒漠和砾质荒漠是原生性荒漠,而由于人类活动造成的类似荒漠景观的严重退化现象则是次生性荒漠。

动力方向指动力与系统运行目标一致或相背,直接关系到动力主体的动力性质。

动力主体的层次不同,动力贮存体的形式也不一样。动力主体分为三个层次:微观层次、中观层次和宏观层次。就微观动力主体而言,其贮存体就是系统各组成要素的特点、功能;就中观动力主体而言,其动力贮存体就是系统各组成要素的集合;就宏观动力主体而言,动力贮存体就是一个系统的整个结构体系。

动力传导媒介是从一个动力主体到另一个动力主体的渠道,也是动力积累和递增的主要凭借之一。它能把宏观、中观、微观三个层次的系统运行动力整合为一体,成为系统运行的整体动力、传导媒介。即三个层次的主体所发生的动力可以通过一定的媒介互相传递。传递既可以在同一层次主体间进行,也可以在不同层次主体间进行。

行动是动力的直接表达。就社会主义社会而言,其动力转化为社会行动,就是要求人们将自身的各种动力转化为社会动力,创造更为丰富的物质、精神产品,满足人们日益增长的需要,要求人们恪尽职守,积极工作,遵守各自的角色规范,推进社会的良性运行。

以汽车动力系统为例,系统的动力源是发动机,动力方向就是促使车辆移动,动力的主体和动力贮存体就是中观的曲轴、飞轮、离合器、变速器、万向节、传动轴、差速器、减速器、车轮这几个要素的集合,动力的传导媒介就是这几个主体的相互作用,动力的行动就是车辆的移动。

总之,动力是驱动一切事物发展的源头活水。系统想要从低级状态上升到高级状态,从较低水平提升到更高水平。如何才能上升?靠什么驱动?这就是动力。其实,动力说到底就是驱动一切事物运动发展并使之达到效益最大化。

动力根本内涵

系统有内在动力和外在动力。内在动力是事物发展的根本,外在动力是事物发展的条件,系统的发展、前进都是内在动力和外在动力共同作用的结果。系统的内在动力有物理动力,外在动力包括物质动力和精神动力。

一、心脏"泵"的作用——物理动力

就系统发展而言,物理动力是其本身所具有的内在动力,是推动系统发展的根本动力,心脏在人体循环中所发挥的效应便是典型的物理动力,笔者将在下文通过对人体循环泵的探索来揭示系统物理动力的根本内涵。

我们知道一个人的心脏如果长时间的停止跳动,那么就意味着这个人已经死亡。因此,心脏是人体非常重要的器官之一,但是不知大家是否知道心脏长时间的停止跳动,人就会死亡的实质在于心脏是人体循环系统中的物理动力。

我们来了解一下心脏的构成。心脏主要由心肌构成,有左心房、左心室、

右心房、右心室四个腔。左右心房之间和左右心室之间均由间隔隔开,互不相通,心房与心室之间有瓣膜,这些瓣膜使血液只能由心房流入心室,但不能倒流。这样的结构为什么会提供人体循环系统中的物理动力呢? 其实,心脏的作用是推动血液流动,向器官、组织提供充足的血流量,以供应氧和各种营养,并带走代谢的终产物,使细胞维持正常的代谢和功能。体内各种内分泌的激素和一些其他体液激素,也要通过血液循环将它们运送到靶细胞,实现机体的体液调节,维持机体内环境的相对恒定。此外,血液防卫机能的实现,以及体温相对恒定的调节,也都要依赖血液循环通过心脏"泵"的作用得以实现。所以,心脏是运输血液的动力器官。

还有很多物理动力的例子,比如物理中学到的等幅振动,振子之所以以恒定不变的振动幅度永不停息地振动,就是因为振动系统除了受到回复力和阻力外,还受到周期性驱动力的作用,所以虽然物体的原有振动由于阻尼逐渐衰减,但驱动力对系统不断做功而使系统维持等幅振动。还有古代人设计的"五轮沙漏"就是通过沙流从漏斗形的沙池流到初轮边上的沙斗里,以此来驱动初轮,从而带动各级机械齿轮的依次旋转。以及大家熟悉的钟摆理论:一个钟摆,一会儿朝左,一会儿朝右,周而复始,来回摆动。这些系统之所以能够自身不断运动,就是其系统内部本身存在物理动力。

可见,物理动力是系统本身具有的,可以由人认识和发现,却并不能被人左右的一种动力。

二、一根香蕉的神奇作用——物质动力

物质方面和精神方面的需求,是人们产生某种动机、导致某种行为的主要原因。从这一层面讲,动力可分为物质动力和精神动力。

那么何为物质动力呢? 在了解物质动力之前,我们先来了解一下物质。

我们熟悉的空气和水,食物和棉布,煤炭和石油,钢铁和铜、铝,以及人工合成的各种纤维、塑料等,都是物质。在世界上,我们周围所有的客观存在都是物质。人体本身也是物质,除这些实物之外,光、电磁场等也是物质,它们是以场的形式出现的物质。总之,物质为构成宇宙万物的实物、场等客观事物,是能量的一种聚集形式,物质是不依赖人的意识并能为人的意识所反映的客

观实在。

　　物质动力一般指的是物质激励，即运用物质的手段使受激励者得到物质上的满足，从而进一步调动其积极性、主动性和创造性。物质激励一般包括金钱、物品等，通过物质激励满足受激励者，激发其努力达到预定目标的动力。

　　美国有一家名为福克斯波罗的公司，专门生产精密仪器设备等高技术产品，在创业初期，这家公司便遇到了难以解决的技术难题，如果再无法解决，公司的生存都会成问题。一天晚上，正当公司总裁为此大伤脑筋的时候，一位工程师急急忙忙地闯进他的办公室，说找到了解决办法。听完工程师的阐述后，总裁豁然开朗，喜出望外，便想立即给予嘉奖。可他在抽屉中找了半天只找到了早上上班时老婆塞给他的一根香蕉，这时，他也顾不上多想，激动地把这根香蕉恭敬地送给了工程师，并说："这个给你！"这是他当时所能找到的唯一奖品了。工程师却为此大受感动，在以后的工作中更加认真、努力，因为自己的努力得到了领导的肯定与赞赏。从此，这家公司授予攻克重大技术难题的技术人员的就是一根金制香蕉形别针。

　　通过这个案例我们看到了一根香蕉的神奇作用。工程师向总裁提出解决办法，得到总裁一根香蕉的物质奖励，这就促使工程师以后有好的意见或办法会热情高涨地向总裁提出来。我们再从公司整体方面分析，这家公司最后决定授予攻克重大技术难题的技术人员一枚金制香蕉形别针，就是旨在从物质上给予员工一种激励、一种动力。

三、对小成就的及时肯定——精神动力

　　精神这个词我们并不陌生，从小受的教育要求我们要有奉献精神、要有大公无私精神、要有吃苦耐劳的精神，等等。所谓精神，就是思想、理论、理想、信念、道德、情感、意志等精神因素对人从事一切活动及社会发展产生的精神推动力量。它是在一定的社会物质生活条件和社会实践基础上产生和发展起来的精神能动作用的集中表现；是指导和推动人们改造客观世界和改造主观世界的精神能动作用的集中表现。

　　精神动力是人类历史发展长河中的特有现象，是人类实践活动的重要因素。自从人猿相揖别，人类在劳动和交往中形成了语言和意识，有了意识或精

神,人才能认识自身的物质需要和精神需要,才能把需要的意识变为满足需要的行动,产生精神动力。精神动力既包括信仰、激励,也包括日常思想工作。精神动力不仅可以补偿物质动力的缺陷,而且本身就有巨大的威力,在特定情况下,它也可以成为决定性动力。

威尔斯在美国加州经营着多家超市,每个月都会和不同分店的经理开会。在举行会议时,威尔斯通常发表半个小时的讲话,让分店的经理及时了解公司的经营状况,以及公司对他们的期望。一年夏天,由于市场疲软,威尔斯的几家超市持续低迷,从业绩报告上威尔斯发现,虽然业绩改善不是很显著,但的确已有了进步。于是威尔斯在会议开始,便全力表扬业绩有进步的超市经理,威尔斯表扬的话还未说完,受肯定的效应便产生了。威尔斯的话音刚落,每位经理都显得神采奕奕,一位超市经理还主动站起来发言,他向威尔斯表示,他在超市实行了一些新政策,力求在下一个季度获得更多的利润。随后,其他的超市经理也纷纷发言,表明自己的决心。这在以前是从来没有过的,从前的会议,都是威尔斯一人讲话,经理们则安静得像雕塑,而这次对工作成绩的小小肯定,使威尔斯不需要问问题,他们便主动让问题浮出水面,并想方设法去解决,这一良好结果是威尔斯所始料未及的。

从这个案例我们可以看出对小成就及时肯定的神奇作用。正是因为威尔斯在精神上给予的鼓励,对小成就的及时肯定,激发了每位经理的积极性,给了每位经理动力,让这些经理主动发现问题、提出问题并解决问题。如果没有威尔斯会议上的表扬,那么每位经理就会抱着无所谓的态度,一直保持沉默并把问题都留给威尔斯。现实生活中,不同层次、不同环境的人都需要精神鼓励,在适当的时候给予人们精神鼓励,会产生一种巨大的精神张力,推动人们积极满足精神需要,从而更好地朝着自己的目标努力。就像著名行为学家赫茨伯格[①]所指出的那样:"对一些小成就的及时肯定,会激励人们试着取得更

---

①　弗雷德里克·赫茨伯格,美国心理学家、管理理论家、行为科学家,双因素理论的创始人。赫茨伯格曾获得纽约市立学院的学士学位和匹兹堡大学的博士学位,以后在美国和其他30多个国家从事管理教育和管理咨询工作,是犹他大学的特级管理教授,曾任美国凯斯大学心理系主任。赫茨伯格在管理学界的巨大声望,是因为他提出了著名的"激励与保健因素理论"即"双因素理论"。

大的成就。"

总之,物质动力和精神动力作为推动系统发展的外部动力,两者紧密联系,互为补充,相辅相成。精神动力需要借助一定的物质载体,而物质动力则包含一定的思想内容。要是能将物质动力和精神动力相结合,那么做任何事都能达到事半功倍的效果。

鲶鱼效应惯性

一个系统无论是从状态1达到状态2还是由状态2达到状态1,这些都是受系统的动力影响的,所产生的影响效果就是动力的效应。

事物的发展有两个方向,要么是上升的、前进的发展,要么是下降的、倒退的发展。同样,动力也有正效应和负效应两个方面。给系统一个动力会产生两种情况:一种是推动系统向前发展,这就是动力的正效应;另一种是导致系统停止或倒退发展,这就是动力的负效应。

首先从管理学中的"鲶鱼效应"来分析针对同一主体,动力趋向不同,产生的效果不同。西班牙人爱吃沙丁鱼,但沙丁鱼非常娇贵,极不适应离开大海后的环境。如果渔民们把刚捕捞上来的沙丁鱼放入鱼槽运回码头,用不了多久沙丁鱼就会死去,而死掉的沙丁鱼味道不好而且销量极差,一般活着的沙丁鱼卖价要比死鱼高出若干倍。为延长沙丁鱼的存活时间,渔民们想尽了办法,后来终于有渔民想出了绝妙的方法,那就是将几条鲶鱼放在运输容器里。因为鲶鱼是食肉鱼,放进鱼槽后,鲶鱼便会四处游动寻找小鱼吃,为了躲避天敌的吞食,沙丁鱼会自然地加速游动,从而保持了旺盛的生命力。如此一来,一条条沙丁鱼就活蹦乱跳地回到渔港。这种被对手激活的现象在经济学上被称作"鲶鱼效应"。

如今,好多企业、团队中都采用"鲶鱼效应",但是应该看到,引进"鲶鱼"除了产生正效应也会产生负效应。

先看"鲶鱼"所产生的正效应。在某一个相对稳定的团队环境里生存久了,人的主观能动性会维持在一个相对稳定的水平,人就会缺乏活力与新鲜感,进而产生惰性,如果这时候找些外来的"鲶鱼"加入到这个团队,通过制造一些紧张气氛,即给予一定的刺激来激活人的创造性,那么就会重新焕发出大家的工作激情。虽然对于不同的员工具体动力有所不同,但最后得到的效果都是他们更积极努力地为团队工作。当把"鲶鱼"放到一个成立时间比较长久的团队里面的时候,那些已经变得有点儿懒散的老队员迫于对自己能力的证明和对尊严的维护,就不得不再次努力工作,以免被新来的队员在业绩上超过自己;而对于那些在能力上刚刚能满足团队要求的队员来说,"鲶鱼"的进入,将使他们面对更大的压力,因为稍有不慎,他们就有可能被清出团队,所以为了继续留在团队里面,他们不得不比其他人更用功、更努力。可见,在适当的时候引入"鲶鱼",就可以在很大程度上刺激团队的战斗力。

但与此同时,"鲶鱼效应"这种引进外部力量刺激内部成员的做法如果运用不当,就会产生一定的弊端,这就是引进"鲶鱼"的负效应。对于一个企业、一个团队来讲,引进"鲶鱼"就相当于从外部引进新的人才,这些新引进人才会在一定程度上阻碍原有成员的晋升,从而扼杀某些原本就非常努力的员工的奋斗激情。对团队中的有些成员来说,他们奋斗的目的就是为了晋升,为了获得更高的职位,为了更大的发展空间,可是如果一旦他们发现自己失去了上升的空间,他们就会选择要么离开,要么消极对待。如此一来,企业的战斗力会被大大地削弱,那么引进"鲶鱼"刺激团队活力的目的就没有达到。如果引进"鲶鱼"的团队负责人不能很好地把握住这个度,过多地把权利与兴趣放到"鲶鱼"身上,势必会引起原有成员的不满,这种不满将会使原有成员的积极性大打折扣。可见,"鲶鱼"的进入能否和原有成员形成优势互补,以及引进"鲶鱼"的团队负责人能否很好地把握住整体的一个度,这两方面都会影响"鲶鱼效应"的最终效果。

不难看出,"鲶鱼效应"中"鲶鱼"的引进一方面可能会激起员工的激情,使员工更加努力的工作,促使企业、团队更好的发展;另一方面也可能激起员工的不满,这种不满情绪将会使员工消极对待工作,导致企业、团队的缓慢发展。这也正是"鲶鱼效应"依据动力趋向,对同一个主体既可能起到动力的正效应,也可能起到动力的负效应。

对于不同的主体,即使给予同样的动力,得到的效果也是不同的。先来看看一只蜘蛛和三个人的故事。雨后,一只蜘蛛艰难地向墙上已经支离破碎的网爬去,由于墙壁潮湿,它爬到一定的高度就会掉下来,它一次次地向上爬,一次次地又掉下来……第一个人看到了,他叹了一口气,自言自语:"我的一生不正如这只蜘蛛吗?忙忙碌碌而无所得。"于是,他日渐消沉;第二个人看到同样的情景,他说:"这只蜘蛛真愚蠢,为什么不从旁边干燥的地方绕一下爬上去?我以后可不能像它那样愚蠢。"于是,他便聪明起来;当第三个人看到这一情景时,他立刻被蜘蛛屡败屡战的精神感动了,于是,他变得坚强起来。

三个人看到的是同一只蜘蛛,看到的是同一种景象,但是最终的结果却截然不同。其实,故事中的蜘蛛就是动力,第一个人看到了这只蜘蛛奋力爬墙,意识到了这个动力,但并没有正确理解这个动力,也就没能抓住这个动力,所以最终他得到的只是动力的负效应;第二个人看到了这只蜘蛛奋力爬墙,意识到了这个动力,同时也抓住了这个动力,但却没有提升这个动力,所以最终他只是聪明起来;第三个人看到了这只蜘蛛奋力爬墙,意识到了这个动力,同时抓住了这个动力,更重要的是他提升了这个动力,所以最终自己强大起来并获得成功,也只有他真正从这个动力中获益。

综上所述,对于同一个主体,动力的趋向不同,动力的效应是不同的;对不同主体,给予同一个动力,对动力趋向把握不同,动力的效应也是不同的。在日常生活中动力有正效应和负效应,同样,对一个系统来说,动力效应不同,系统也会出现不同的情况,有利于系统能量积累的干扰(正干扰)可使系统发生进化,不利于系统能量积累的干扰(负干扰)可使系统发生退化。由此可见,系统的演化就是因为动力的效应不同,所以产生了系统的进化和系统的退化这两种截然不同的结果。

相正效应进化

系统的结构、状态、特性、行为、功能等随着时间的推移而发生的变化称为系统的演化,系统演化有两种基本方向:一种是由低级到高级、由简单到复杂的进化；另一种是由高级到低级、由复杂到简单的退化。

系统演化的动力有来自系统内部的，即组成部分之间的合作、竞争、矛盾等，导致系统规模改变，特别是组成部分之间相互作用的关系改变，进而引起系统功能及其他特性的改变，系统演化的动力还有来自系统外部的，即系统的外部环境。系统运行、发展过程中的每一个环节都与外部环境发生着广泛而密切的联系，环境的变化及环境与系统相互联系和作用方式的变化，都会在不同程度上导致系统发生变化。

系统是在内部动力和外部动力共同推进下实现演化的。当系统内部、外部的干扰超过了系统的自我调节能力时，其稳定性就会遭到破坏，系统的整体功能要发生重大变化。所谓进化，是指系统向结构和功能进一步增强的方向的变化，是由较高级向更高级方向的演化。如果有动力使得系统在演化过程中通过自我调节，不断向更合理的内部结构方向发展变化，不断向更好地适应外部环境的方向发展变化，我们就可以称其为动力的正效应。

与自然系统相比，系统进化的种类组成、系统结构发生了好的改变，系统中要素的多样性增加，系统中各组成部分相互关系发生了好的改变，系统周围的环境也会得到改善。例如，在山区如果发生山崩，裸露出岩石表面，该表面就可能逐渐被稀疏的地衣所覆盖，随后依次出现苔藓、禾草木、灌木丛、小乔木、大乔木等优势种群，并同时伴随有土壤的顺行发展。

系统进化的基本动因是系统要素具有自身目的主动性与积极性，正是这种主动性以及与环境不断适应、相互作用，才使得系统不断发展和进化，这是内因；系统进化的另一个主要原因是系统的内部结构发生了变化。结构在生命进化的过程中越来越复杂，不同级别的生命形式之间的结构体现了从低级到高级，从简单到复杂，这就是环境的选择对生命进化所起的推动作用，这是外因。

总之，系统进化的动力效应就是系统对所受内部或外部力量的推动或刺激，通过系统内部的协调、整合、组织使系统完成进化。

激负效应衰减

系统退化同系统进化相反,指系统向结构性降低、功能减弱方向的变化,是由比较高级向比较低级方向的演化。也就是当有动力使得系统在演化过程中,不断向不合理的内部结构方向发展变化,不断向脱离外部环境的方向发展变化,我们就可以称为动力的负效应。

与自然系统相比,系统退化的种类组成、系统结构发生了坏的改变,系统中要素的多样性减少,系统各组成部分相互关系发生了坏的改变,系统周围的环境也比较恶化。例如,在我国半干旱地区,土地利用方式是长期生产实践过程中形成的农牧交错方式,近几十年来由于人口的急剧增长,盲目扩大农田面积,致使本来就稳定性比较脆弱的生态系统遭到破坏。具体表现为干旱加剧、草场退化、风沙危害严重、荒漠蔓延,使草原生态系统出现逆向演替。再如,人类过度砍伐森林或严重的森林大火必然导致森林生态系统破坏,取而代之的是灌草丛或火迹地。在人类社会中也不乏退化的例子。社会主义作为一个崭新的社会制度比资本主义优越得多,是人类社会的进步表现,是一种社会制度的进化。但是,如果不按照社会主义规律办事,社会主义的优越性就得不到发挥。

系统退化是指系统在自然或人为干扰下形成偏离自然的状态。引起系统退化的主要原因有人为因素和自然因素。人为因素是引起系统退化的主导和诱发原因,而且人为因素对系统的影响往往不确定,它既可以加快系统的退化,也可阻止逆向系统演化。自然因素就是构成系统中的非生物因素,是系统的重要组成部分,自然因素因子的组合是系统形成和演变的基础,贯穿于系统发生和演化的整个过程,自然选择决定系统演化的方向,若是系统不能很好的适应周围的环境,则会朝着一定的方向不断退化。不论是人为因素还是自然因素,若是使得系统偏离了原始的状态,使系统结构、功能低于原有状态,这都是动力负效应的表现。

不管是自然系统还是人工系统,其目的都是为了追求高度有序的稳定状态,系统的退化违背了系统的目的性,所以一旦干扰解除后,系统即可按照本身的组成、结构和功能状况以及周围的环境状况重新开始进化性演化。一般来说,退化性系统进化到原有系统水平几乎不太可能。由于系统退化是系统功能降低的过程,所以在人类生产实践过程中要深入研究系统的结构与功能,尽量避免系统退化的发生,即我们要尽量避免使动力对系统产生负的效应。

总之,系统将沿着何种分支向前发展,这要由系统内部的选择机制和系统的外部条件共同决定。

实现超越自我

有时候我们感到生活没有动力,总是消极应对、疲惫不堪;有时候我们总是把目标挂在嘴边,贴在墙上,写在纸上,每天重复看,但是最后发现这样做并没有给我们增添多少动力,反而使我们离自己的目标越来越远。出现这些状况在很大程度上是因为我们没有找到自己内心的动力,从而无法驱动自己达到目标。那么我们应如何找到正确的动力呢? 一方面,我们可以通过明确自己的目标来找到前进的动力。我们可以提问自己每天这么努力是为了什么? 自己想通过这些努力得到什么? 自己的最终目标是什么? 什么事情可以让自己兴奋并使自己进步? 等等。通过这些问题使自己清楚自身追求。如果自己能很清楚地回答这些问题,那么恭喜你,你已经找到自己的动力了。另一方面,可以通过与人竞争获取动力。这里所说的让自己处于竞争中并不是说让自己与他人比较,而是要让自己处在一个竞争的环境中,因为当你看到周围的人都在不断努力地超越自我时,你还会自甘落后,你还会没有动力吗? 我们可以在不断调节中找到动力的所在。人是情绪化的动物,不可能像机器人一样总保持高昂的激情做事,我们总会遇到挫折,遇到情感低潮的时期,这时候我们就需要学会自我调节,通过每一次的自我调节,争取有所收获、有所成长,最终总会理清自己的思路,找到自己的动力。

对于一个系统,面对动力的正效应和负效应,我们应如何找到正确的动力? 我们应当如何把握? 我们应如何将负效应转换为正效应? 我们应如何有效地提升动力效应？

定位以驴为本

俗语说得好，船要走得稳，舵就要把得准，所以在水上行舟、人生进退中，我们必须找到正确的动力，因为正确的动力是做事成功的保障，只有根据需求，找准动力，才能够及时修正航向，不断朝既定的目标前行。

曾经有一个农民从市场上买了一头驴回家拉磨。忽然有一天，农民发现这头驴干活不太卖力了，拉起磨来走走停停，磨出的豆汁不但数量比一开始少了，质量也不如从前。农民很奇怪，就去找驴问个明白。

"驴子，最近你干活为什么不卖力气啊？"

"不是我不想干活，实在是磨太破了，巧妇难为无米之炊，你看左院邻居家拉的磨多好啊。"

农民跑到左院邻居家一看，磨确实比自家的好，于是回家以后换了一台好磨。

驴子很高兴，卖力地干了几天活，但很快又拖拖拉拉了，农民去问驴是何原因。

"磨换成好的了，可你干活怎么又不卖力了？"

"磨是换了，但我刚刚听说，右院邻居家驴的鞦头比我的好多了，你看我的鞦头多破旧啊。"

驴子提到鞦头的事，农民早就知道，也曾经想给驴子换新的，但为了省几个钱，就拖着没换。现在既然驴子提到了，于是农民就花钱买了一个新的给它换上了。

换上了新鞦头后，驴子的干劲儿好了没几天，就又回到老路上去了，农民发现后又去找驴子交流。

"驴子，又哪里出问题了？"

"是有点儿问题，昨天大嘴驴告诉我，他每天的口粮比我多三个玉米棒子，我吃得这么少，干活哪有劲儿啊？"

农民听了这话有点生气,大嘴驴干什么不好,就喜欢传播小道消息,但他也没办法,因为大嘴驴是前院邻居的。于是,只好把驴子的口粮做了调整。

经过这一番折腾,驴子的干劲儿还真保持了一段时间,但好景不长,转眼到了年底,驴子的干劲又减了下来。农民这回可真生气了,直奔磨坊。

"驴子,你是不是不想让我消停啊?你提的好些要求我都满足了你,难道你还不知足吗?"

"我……我……年底到了,我……我想和您谈谈分红的事。"

"好你个大驴!我什么时候说过要给你分红啊?"

农民被气得扭头就走。他一边走一边想,现在都提倡以驴为本,我也认同这个理儿,但驴怎么不知足呢?到底该怎样做才能让它保持干劲儿呢?他决定找镇上有名的驴把式请教一下。

驴把式听了农民的抱怨笑道:"这很简单,驴要的你基本都满足它了,但它现在还不干活,那是因为你手里缺一根鞭子啊。"

"可我的理念是以驴为本,所以从来没想到打它们。"

"以驴为本也不意味着它们犯了错你不去惩罚,再说,手里拿着鞭子也不一定就打它们啊,吓唬一下也是可以的。"

农民恍然大悟。回到家里,拿着鞭子就来到磨坊,还没等说什么,驴子就自觉地加快了拉磨的脚步。

农民一看真管用,收起鞭子,回屋喝茶去了。

驴子心里却想:"你拿鞭子就是吓唬我,难道还真打我不成?"想着想着,不由自主地放慢了脚步。

这时候,农民刚好喝完茶出来,看到这一情景,非常生气,立即操起鞭子,"啪啪"地抽过去,驴子疼得直咧嘴,立马儿卖力地干活了。

为了防止驴偷懒,农民从此把鞭子挂在了驴最容易看到的墙上。

看完这个寓言故事,大家不禁会问:为什么刚开始农民一直在满足驴子的需求,驴子却仍不满足,仍不努力干活,而到最后农民不再满足驴子的需求,甚至用鞭子抽打驴子时,驴子却卖力干活了呢?原因在于刚开始农民没有准确定位驴子的需求,没有找到使驴子卖力干活的正确动力。驴子提出什么要求,农民总是尽量地满足它,因为农民认为给驴子它想要的,给驴子好的设备就能够使驴子产生干活的动力,而最终农民却发现,让驴子努力干活的并不是这些,而是一个敦促驴子干活的鞭子,这才能使驴子有动力。

对于一个系统来说,如何找到正确的动力呢?首先要意识到动力的重要性,这也是找到正确动力的前提。动力是一切事物发展的源泉,动力时时刻刻存在,只有意识到动力的重要性,我们才会积极主动的去寻找正确的动力。其次,要了解和掌握动力的特点,动力的特点是找到正确动力的依据。动力动态性的特点决定动力是不断变化的,只有掌握动力变化的规律,才能有效地抓住正确的动力。最后,分析动力主体的需求,动力主体的需求是找到正确动力最为关键的因素。动力因主体而异,对同一主体来说因时而异、因环境而异,而最为关键的就是要抓住主体的需求。亚伯拉罕·马斯洛①曾提出需求层次理论,他认为每个人都有五个层次的需要:生理需要、安全需要、社交需要、尊重需要、自我实现需要。生理需要包括食物、水以及其他方面的身体需要;安全需要指的是保护自己免受身体和情感伤害,同时能保证生理需要得到持续满足的需要;社会需要包括爱情、归属、接纳、友谊的需要;尊重需要既有内部尊重,也有外部尊重。内部尊重因素包括自尊、自主和成就感等,外部尊重因素包括地位、认可和关注等;自我实现需要指的是成长与发展、发挥自身潜能、实现理想的需要。生理需要是人类最基本的需求,一个人在饥饿时不会对其他任何事物感兴趣,此时他的主要动力是得到食物。安全需求是比较受关注的需求,一个人在处于危险时刻时不会考虑其他问题,此时他的主要动力就是安全与稳定。社会需求与生理需要和安全需要是截然不同的一种需求,一个人得不到亲朋之间的交往或工作事业中的交往时就会情绪低落,此时他的主要动力是自身的社会存在与依托。尊重需求是一种更高层次的需求,一个人在自尊心或地位得不到满足时就会内心受挫,此时他的动力就是成就、名声、地位和晋升机会。自我实现需要是最高层次的需求,一个人的自身潜能得不到

① 亚伯拉罕·马斯洛是美国著名心理学家,第三代心理学的开创者,提出了融合精神分析心理学和行为主义心理学的人本主义心理学,于其中融合了其美学思想。主要成就是提出了人本主义心理学和马斯洛层次需求理论。代表作品有《动机和人格》、《存在心理学探索》、《人性达到的境界》等。

发挥或理想得不到实现就会郁郁寡欢、迷失自我,此时他的动力就是发挥潜能、实现目标。由此可见,主体需求不同,所需动力是不同的。上面的故事中,驴子有许多需求,但是因为驴子的主人没有对驴子的需求进行分析,没有抓住促使驴子干活的主要需求,而是驴子要什么,他就满足什么,以致驴子一味提出条件却又不好好干活。所以,不管是哪种理论、哪个层次的需求,我们都要对主体的需求进行深层次的分析,从而找到满足其需求的正确的动力。对于一个系统,我们可以从系统内部的目标和功能来分析系统的需求,也可以从系统外部来分析系统对周围环境的需求。通过系统内部和外部的需求,来找到正确的动力使系统满足这些需求,使其朝着更好的方向发展。

转换思维方式

动力对系统具有两重性:它既可以成为系统发展、前进的动力,也可以成为系统发展、前进的包袱。有时候动力的负效应可以转化为对系统有利的正效应,这就要求学会转化思维,发现动力,这里发现的动力指的是将负效应转换为正效应的动力。

人生中,并非任何事情都一帆风顺、一蹴而就,生活的美好、圆满并不总是永久的,人们的需求也并不是总能实现。生活中的伤心、挫折、委屈、失败总是难免的,如果我们只看到这些负效应,那么我们的一生肯定就只会是消极面对、一事无成。但如果将这些负效应转化为自身动力的正效应,那么人生会是另外一番景象,将充满动力,充满激情,著名残疾人励志演讲家尼克·胡哲①就是最好的诠释。尼克·胡哲一出生就没有双臂和双腿,只是在左侧臀部以下的位置有一个带着两个双脚趾的小"脚",他自称为"小鸡脚"。经过长期的训练,尼克·胡哲将残缺的左"脚"变成了自己很好的帮手,成为他所有活动

---

① 尼克·胡哲(Nick Vujicic,尼克·武伊契奇),出生于澳洲,天生没有四肢,这种罕见的现象医学上取名"海豹肢症",但更不可思议的是:骑马、打鼓、游泳、足球,尼克样样皆能,在他看来是没有难成的事。他拥有两个大学学位,是企业总监,更于2005年获得"杰出澳洲青年奖"。为人乐观幽默、坚毅不屈,热爱鼓励身边的人,年仅30岁,他已踏遍世界各地,接触逾百万人,激励和启发他们的人生。

的推进器。他的"小鸡脚"不仅帮助他保持身体平衡,还可以帮助他踢球、打字、游泳等。尼克·胡哲曾说过:"人生最可悲的并非失去四肢,而是没有生存希望及目标!人们经常抱怨什么也做不来,但如果我们只记挂着想拥有或欠缺的东西,而不去珍惜所拥有的,那根本改变不了问题!真正改变命运的,并不是我们的机遇,而是我们的态度。"虽然尼克·胡哲从一出生就遭遇了很多挫折,但是他的思维并没有停留在生活的负效应中,并没有就此消沉、就此放弃,而是转化思维,看到的是生活的积极面,追求生活的正效应,从而很好地因挫折而发现动力,使不利因素发挥出动力的正效应,不仅成就了自己的人生、创造了生命的奇迹,而且踏遍世界各地,接触逾百万人,激励和启发他们的人生。

让我们通过鲨鱼的故事来分析一下鲨鱼是如何将动力的负效应转为动力的正效应。

上帝造了一群鱼,这些鱼种类多样,大小各异。为了让它们具有生存本领,上帝把它们的身体做成流线型,而且十分光滑,这样游动起来可以大大减少水的阻力。上帝使每种鱼拥有短而有力的鳍,使鱼在大海中自由自在地游动。

待上帝把这些鱼放到大海中的时候,忽然想起一个问题,鱼的身体比重大于水,这样,鱼一旦停下来,它就会向海底沉下去,沉到一定深度,就会被水的压力压死。于是,上帝赶紧找到这些鱼,给了它们一个法宝,那就是鱼鳔。鱼可以用增大或缩小气囊的办法,来调节沉浮。这样,鱼在海里就轻松多了,有了气囊,它不但可以随意沉浮,还可以停在某地休息。鱼鳔对鱼来讲,实在是太重要了。

出乎上帝意料的是,鲨鱼没有前来安装鱼鳔。鲨鱼是个调皮的家伙,它一入海,便消失得无影无踪,上帝费了好大的劲儿也没有找到它。上帝想,这也许是天意吧,既然找不到鲨鱼,那么只好由它去吧。这对鲨鱼来讲实在太不公平了,它会由于缺少鳔而很快沦为海洋中的弱者,最后被淘汰。为此,上帝感到很悲伤。

亿万年之后,上帝想起他放到海中的那群鱼来,他忽然想看看鱼们现在到底如何？他尤其想知道，没有鱼鳔的鲨鱼如今到底怎么样了，是否已经被别的鱼吃光了。

当上帝将海里的鱼家族都找来的时候，他已经分不清哪些是当初的大鱼小鱼，白鱼黑鱼了。经过亿万年的变化，所有的鱼都变了模样，连当初的影子都找不到了。面对千姿百态，大大小小的鱼，上帝问："谁是当初的鲨鱼。"这时，一群威猛强壮，神气飞扬的鱼游上前来，它们就是海中的霸王——鲨鱼。

上帝十分惊讶，心想，这怎么可能呢？当初，只有鲨鱼没有鱼鳔，它要比别的鱼多承担多少压力和风险啊！可现在看来，鲨鱼无疑是鱼类中的佼佼者，它有着强健的身体、锋利的牙齿、敏感的神经、敏捷的身手。这到底是怎么回事呢？

鲨鱼说："我们没有鱼鳔，就无时无刻不面对压力，因为没有鱼鳔，我们就一刻也不能停止游动，否则我们就会沉入海底，死无葬身之地。所以，亿万年来，我们从未停止过游动，从未停止过抗争，这就是我们的生存方式。"

鲨鱼没有鱼鳔，它就要承受海中水的压力，就相当于鲨鱼得到的是动力的负效应，按理说，鲨鱼应该是最难在海中适应的，可是最终鲨鱼不但适应了大海，而且还成了海中的霸王，这主要是因为鲨鱼将大海中水的压力，即动力的负效应，通过自身的努力转化成了对自己有利的一面，从而成就了自身。由此可见，有时压力也可能成为前进的动力，即有时候即使动力在一定程度上产生了负效应，但只要我们能很好地转换思维，也能将其转化为对我们有利的正效应。

提升激励主体

对于一个系统来说，我们在找到正确动力，发现能够将负效应转换为正效应的动力后，我们应如何提升动力的效果呢？

要提升动力的效果，最主要的就是给予动力主体激励。激励是根据主体的具体目标，通过满足主体的各项需求，从而激发主体的动力，挖掘出主体的潜能，使之朝着目标有效的前进。激励包括正激励和负激励，正激励指对激励对象的肯定、承认、赞扬、奖赏、信任等具有正面意义的激励;负激励指对激励对象的否定、约束、冷落、批评、惩罚等具有负面意义的激励。正激励和负激励作为两种相辅相成的激励类型,它们从不同的侧面提升人们做事的动力。正激励是主动性的激励,负激励是被动性的激励,它是通过对主体的错误行为进行压抑和制止,促使其幡然悔悟,化压力为动力。单纯的正激励或单纯的负激励都是片面的,只有将正激励和负激励相结合,通过正激励的奖励和负激励的惩罚树立正面的榜样和反面的典型,才会使激励的效果达到最佳,才能更有效地提升动力的效应。

海尔集团是在组织管理中将正负激励结合应用比较成功的公司。一说起海尔集团,大家最初的印象应该都是穿着短裤的海尔兄弟的形象,而如今经过多年创业的拼搏努力,海尔品牌在世界范围的美誉度已大幅提升,海尔集团已经成为世界白色家电第一品牌、中国最具价值品牌。当人们还在谈论企业该多元化还是专业化时,海尔已经走出了国门;当企业感受到全球化的威胁的时候,海尔已然在发达国家站稳了脚跟;当同行们还在探究互联网是怎么回事时,海尔集团总裁张瑞敏又已经提出"要么触网,要么死亡"。海尔集团从名牌战略、多元化战略和国际化战略以至到全球化品牌战略阶段,海尔集团从一个名不见经传的濒临破产的小企业成为世界一流的大企业,它成功的秘诀是什么呢?

笔者认为海尔集团成功的秘诀就是激励机制的运用和发展,海尔集团在正负激励方面做得非常成功。海尔集团刚开始宣传"人人是人才"时,员工反应平淡,他们想:我又没受过高等教育,当个小工人算什么人才?但是当海尔集团把一个普通工人发明的一项技术革新成果,以这位工人的名字命名时,在工人中很快就兴起了技术革新之风。比如工人李启明发明的焊枪被命名为"启明焊枪",杨晓玲发明的扳手被命名为"晓玲扳手"。这一措施大大激发了普通员工创新的激情,后来不断有新的命名工具出现,员工的荣誉感得到极大的满足。正是海尔集团对员工们创造的价值给予了认可,给了员工一个精神激励,而这个激励恰好成为了员工们工作的一个动力,使员工们觉得工作起来有盼头,从而促使员工们更加积极主动的工作,进而激发出了员工们更大的创造性。

另外,海尔集团每月还对所有的干部进行考评,考评档次分为表扬与批评。表扬得 1 分,批评减 1 分,年底二者相抵,达到负 3 分的就要被淘汰。同时,通过制定制度使干部在多个岗位轮换,全面增长其才能,根据轮岗表现决定升迁。这一考评给了所有考评者一定的压力,但同时压力也是动力,正是有了这种压力,才使得每个考评者尽力做好自己的工作,尽力得表扬,从而促使考评者提升了工作效率和工作业绩。

海尔集团一正一负,一奖一罚的激励机制,树立了正反两方面的典型,从而产生无形的压力,也是无形的动力,在组织内部形成良好的风气,使群体和组织的行为更积极,更富有生气。激励的这两种手段,性质不同,但效果是一样的。从管理的角度看,奖惩必须兼用,即正激励和负激励应该同时进行,不可偏废。只奖不惩,就降低了奖励的价值,影响奖励的效果;只惩不奖,就会使人不知所措,人们仅知道不该做什么,却不知道应该做什么,甚至还可能由于人们的逆反心理而产生反作用。所以,必须坚持奖惩结合的制度。

但给予负激励时有两点需要注意:首先,负激励的执行不能产生偏差。宪法中规定"法律面前人人平等",激励的时候也要做到"负激励面前主体平等"。负激励的执行比通常的奖励、表彰等正激励难度较大。负激励一旦产生偏差,主体就会出现反抗行为或者消极面对,从而导致主体偏离目标。其次,正确把握负激励的力度和尺度。拿负激励在企业管理中的作用来说,负激励会给人们造成工作不安定感,有时还会造成下级与上级关系紧张,同事间关系复杂,甚至会破坏组织的凝聚力。过于严厉的负激励措施容易伤害人的感情,使人整天处于战战兢兢的状态,不敢越雷池一步,很容易抹杀个人创新能力和积极性。负激励措施太轻了,成员们就不当回事,处罚与不处罚差不多,不痛不痒,起不到震慑作用,又达不到预期目的。因此,负激励的运用一定要注意把握一个"度",对于不同的主体,需要区别对待。

正激励和负激励结合的同时,也要将物质激励和精神激励相结合。物质激励运用物质的手段使受激励者得到物质上的满足,从而进一步调动其积极性、主动性和创造性。马克思认为:"人们为了生存所进行的创造物质生活条件的实践活动是受一定的物质利益驱动的,物质利益是促进社会发展的内在动因。"物质激励的方式有很多种,我们应根据主体的需求选择相对合适的物质激励方式。精神激励是指精神方面的无形激励,是指以表扬、奖状、勋章、荣誉称号、授权等作为激励手段,通过非物质的手段以满足主体的心理需要,主要考虑主体的责任感、受重视、价值的贡献等精神待遇的需求,从而激发主体良好行为的一种方式。曾庆红在 2000 年担任中央组织部部长期间,提出了"三个留人"的原则:必须认真贯彻"用事业留人,用感情留人,也用适当的待遇留人"的原则。他强调,"三个留人"是一个统一的整体,它既体现了党性第一的原则,又体现了同志感情和时代特点。事业留人是根本、是核心,强调的是要以中国共产党的事业为立身之本。感情留人是纽带,强调的是要加强新形势下的思想政治工作,要求我们领导干部办事公道,以诚待人,以情感人,努力营造一种积极向上、和谐融洽的人际关系和良好氛围,使大家心情舒畅地工作。适当的待遇留人是条件,强调的是要满腔热情地关心广大干部职工,要求领导干部在政策允许的范围内,尽力给干部职工办实事,帮助他们排忧解难,为他们的学习、工作、生活和成长进步创造条件。曾庆红提出的"三个留人"的原则,其实就是我们说的要给予适当的物质激励和精神激励,用事业留人和用感情留人就是要给予一定的精神激励,用适当的待遇留人就是要给予一定的物质激励。物质激励与精神激励是激励不可或缺的组成部分,两者相辅相成。两者结合可以满足主体物质和精神两方面的需求,促使主体朝目标迈进的动力更大,从而很好的提升动力的效果。

综上所述,对于一个系统,首先,通过定位需求,找准系统真正所需的动力;其次,通过转换思维,发现能够将负效应转换为正效应的动力;进而通过给予激励,使动力发挥正效应,最终提升动力。

打开历史印记

中国航天创建于 1956 年,已经走过了 50 多年的历程,中国航天事业始终坚持自力更生、自主创新的发展道路,以较少的投入,在较短的时间里,迸发出中华民族的伟大创造力，取得了令国人自豪、令世界瞩目的辉煌成就。从"两弹一星"到"载人航天"，是什么法宝一直在推动我国航天事业的不断发展？让我们沿着航天历史的印记，一起来探求辉煌背后的秘密。

在中国航天发展的初期，很多人对中国航天发展的意义不是很明确，不是很理解。1986年四位非常有远见的科学家给中央写了封信，信中有四句话对航天发展的意义提出了独特的见解。第一句是谁能准确判断当前世界发展的动向，谁就能够在国际竞争当中占主导地位。现在航天技术的发展动向是什么，重返月球和探测火星是否就是航天技术发展的下一个动向？如果把这个事情判断错了，人家搞，你不搞就丧失机会了。第二句话是高新技术是花钱买不来的。我们干航天的很有体会，你没有什么他就不卖给你什么；当你有了，他来找你，说我的比你的便宜；买他的，你不要搞了。我们深知受制于人的痛苦。因此说高新技术必须靠自己，靠花钱是买不来的。第三句话是要想取得新的成果是要花时间和力气的。不能说想要什么马上就有什么，想要就必须现在作准备。现在我们觉得基础的东西包括材料和环境还是很弱，总是感觉需要的时候基础的东西少，尤其是工程上拿来能用的太少。这与我们投入的不够和投入的晚有关。第四句话是只有大项目、大工程才能凝聚人才和培养人才。

信中第一句就是要准确判断当前世界发展的动向，寻找航天事业的发展动力，可见，动力对航天事业的发展有着至关重要的作用。航天事业要想科学、快速的发展，就要找准每一个时期、每一个大环境下的动力。

遥望浩瀚的星空，人类充满无限的憧憬和向往。与世界其他民族一样，中华民族对飞天的向往由来已久。12世纪，中国人发明了依赖自身喷气推进的火箭。14世纪末，中国明朝官员万户坐在装有47个火箭的椅子上，双手各持一个大风筝，试图借助火箭的推力和风筝的升力实现飞行的梦想，这是人类利用火箭飞行的第一次尝试。千百年以来，中华民族从未停止过对太空执著的探索。现代航天技术的发展使中华民族看到了实现飞天梦想的希望，中国紧跟世界航天发展的步伐，也开始了自己的航天事业。在人们对宇宙星空未知的时期，在航天事业发展的初期，对宇宙的憧憬和向往是中国航天事业发展最初的动力。

　　20世纪50年代,中华人民共和国刚刚诞生,经济基础薄弱,工业、科技非常落后,百废待兴,同时面临错综复杂的国际环境。为了实现民族的独立和国家的安全,中国独立自主地发展核技术和导弹技术,增强中国的国防实力,维护国家的安全,为中国的和平发展与建设争取了有利的环境。在此基础上我们发展了自己的运载火箭,进而开创了中国的航天事业。同时,20世纪50年代的中国,科技力量十分薄弱。中国政府从长远考虑,提出了"重点发展,迎头赶上"和"以任务带科学"的科技发展方针,希望通过搞尖端技术,努力改变中国科学技术的落后状况,迅速跟上世界科技发展的步伐。当时,世界航天事业刚刚进入起步阶段,航天技术对于世界绝大多数国家来说,都是一项非常尖端的技术。中国政府抓住这一有利时机,将航天技术作为重点发展的对象。50多年来,中国航天事业的发展催生了许多基础学科的创立,带动了许多先进技术的发展与应用,极大地促进了中国科学技术的进步。在中国经济基础薄弱,工业、科技比较落后的时期,在面对国际错综复杂的大环境的时期,民族独立和国家安全是中国航天事业起步的基本出发点,是中国航天事业起步的动力。在科技力量十分薄弱的时期,发展航天事业对于一个国家科学技术水平的整体提升有着巨大的推动作用,迅速提高科学技术水平是中国航天事业发展的动力。

　　从20世纪60年代之后,中国作为一个负责任的大国,在解决好自身发展的同时,随着经济实力和综合国力的增强,在自己的能力范围内要承担更多的国际义务和责任。中国航天的发展也更多地关注全球经济、社会、环境的发展和科学技术的进步,积极参与外层空间的探索和空间科学的研究,为人类社会可持续发展作出自己的贡献。1960年11月5日,东风一号近程导弹首次飞行试验成功。1966年10月27日,我国发射导弹核武器试验成功。1970年4月24日,我国第一颗人造地球卫星"东方红"一号在酒泉发射成功。1980年5月18日,第一枚运载火箭发射成功。1988年9月7日,长征4号运载火箭在太原成功发射了风云一号A气象卫星。邓小平同志表彰我国"两弹一星"时提出"没有两弹一星就没有我们的国际地位和民族尊严"。当"两弹一星"的成功让所有中国人为之欢欣鼓舞的时候,中国的飞天梦也正在孕育之中。1999 年 11 月 20 日,我国成功发射第一艘宇宙飞船"神舟"试验飞船,飞船返回舱于次日在内蒙古自治区中部地区成功着陆。2001 年 1 月 10 日,我国成功发射"神舟"二号试验飞船,于 1 月 16 日在内蒙古自治区中部地区准确返回。2002 年 3 月 25 日,我国成功发射"神舟"三号试验飞船。2002 年 12 月 30 日,我国成功发射"神舟"四号飞船。2003 年 10 月 15 日至 16 日,"神舟"五号载人飞船的成功发射,实现了我国首次载人航天飞行,实现了中华民族的千年飞天梦想。这次的成功发射标志着中国成为继苏联(现由俄罗斯承继)和美国之后,第三个有能力独自将人送上太空的国家。2005 年 10 月 12 日至 17 日,"神舟"六号飞船实现了两人五天的太空飞行,标志着我国跨入真正意义上有人参与的空间试验阶段,迈开了从航天大国走向航天强国的新步伐。2008 年 9 月 27 日,中国航天员翟志刚从"神舟"七号飞船上进行了太空行走,中国成为世界上第三个航天员能从本国自主研制的航天器上独立进行太空行走的国家。2011 年 11 月 16 日"神舟"八号无人飞船顺利发射升空。"神舟"八号无人飞船成功执行与天宫一号的首次自动空间交汇对接任务,标志着中国成为继苏、美后第 3 个自主掌握自动交汇对接的国家,也标志着中国已经初步掌握了自动空间交汇对接技术。2012 年 6 月 16 日"神舟"九号载人飞船成功发射,首位女航天员刘洋的升空,天宫一号与"神舟"九号载人交会对接任务的圆满成功,实现了我国空间交会对接技术的又一重大突破。在中国经济实力和综合国力不断增强的时期,在中国航天事业成果众多的时期,服务人类社会和探索科学未来是中国航天事业发展的动力。

中国航天事业的发展就是一步一步根据国家发展的时间和空间的变化,根据世界的或者国家的大环境的变化来不断寻找动力,不断抓住动力,不断提升动力,才使得中国航天事业稳步发展。在中国航天事业以后的发展中,都应该从增强我国综合国力,振奋民族精神,鼓舞和激励全国人民奋力夺取全面建设小康社会这几个方面考虑,都应该抓住这几个方面的动力,使中国航天道路更加科学,使中国航天事业更加辉煌。

第九章　高效运转　事半功倍

世界是物质的,物质是运动和运转的,整个世界就是永恒运动的物质世界,哲学讲的"运动"是指一切事物的变化和过程,这种变化和过程是物质的固有属性,是物质存在的形式。同时,物质在空间和时间中的永恒运转具有本身的规律性。春夏秋冬四季的依次更替,昼夜的循环,生物有机体的新陈代谢,以及社会从低级形态到高级形态的发展等表明,一切事物的运动、发展和运转过程都具有某一种基本的秩序,这就是物质本身所固有的本质的、必然的联系,就是物质运转的规律性。

唯物主义认为规律性是客观事物本身固有的,是不以人的意志为转移的,事物的规律性决定于客观事物本身的性质、内容以及所依赖的客观条件。规律不能由人的意志任意地加以改变,不能被任何人创造,也不能被任意的消灭。

自然规律的客观性早已为自然科学所证明,例如天文学发现,各天体之间的相互关系,它们的运行轨道,相对速度都服从于万有引力定律、惯性定律等客观规律。同样,生物学揭示了物种的进化是按照"自然选择"、"适者生存"等客观规律进行的。社会现象也有自己的客观规律,所谓社会规律,就是指社会发展的必然方向和推动社会向前发展进步的动力,它不以任何个人、阶级以至于整个人类的意志转移,并支配人们的活动,决定社会发展的方向。社会发展的一般规律是生产力决定生产关系,经济基础决定上层建筑。

人不是一种孤立的唯一存在物,也不是一种静止的、绝对的存在物,人在社会中存在并通过活动来表现自己,人的一切问题皆需要通过行之有效的活动表现,也只有通过高效的活动运转,才能真正产生人的价值。

　　欲想活动能事半功倍，行之有效，就需要善于发现人在社会关系中的运转规律，并善于利用和运用。正确把握社会规律和人的主观能动性的关系，是深刻认识人和社会关系问题的关键。社会是物质世界最高级、最复杂的运动系统，其规律是系统的各个层次、各个方面、各种要素相互作用的综合表现。每个历史时期都有它自己的规律。而社会的主体是人，这些规律总是表现人生中，影响着每一个人和多个人生阶段，涉及人的需要、利益。客观世界处在不断运动变化之中，新情况新问题层出不穷，任何一个人再聪明也不可能穷尽对所有事物的认识，总有认识达不到和实践无法解决的新领域、新问题，很难预料社会上所发生的各种事件和自己的行动的全部后果。但另一方面，任何一种事物都具有规律，人生发展也是如此。只有在人生发展过程遵循一些法则，运用规律，那么就会在繁杂的社会现象中看到其内在规律，更好地达到高效的、高质的人生。

　　作为相互联系、相互作用的诸多元素的综合体，任何系统的运转，既可以是系统内的物质循环或能量流动，也可以是一个人一生的发展轨迹。无论是什么系统，它其中的每一个要素、每一种资源也都是运转的，如何使系统实现正向、高效的运转，就要求我们把握住运转的规律，坚持按规律办事，这样才能既节省时间和精力又节约成本与资源，真正达到事半功倍。

　　我们提到高效，当然离不开效率，没有效率岂能谈高效。要提高工作效率，首先，要确定自己对现在的工作是否满意。只有对自己的工作满意，喜欢你从事的工作，清楚地认识这份工作，明白自己工作的内容和含义，明晰自己要做什么。才会为了自己事业和追求去钻研、去投入，才会时刻不忘提高自己在工作上的技能，至少在情绪上真正提高自己的工作效率。

　　时刻总结工作的经验。总结经验是一个好的工作习惯。每次工作结束都要冷静下来总结，把自己的工作理顺一下，看一下自己的收获，想一下自己的失误，综合一下自己的得失。总结一下，自己在哪方面还需要提高，在哪方面有经验值得以后借鉴。而总结也并非一次性的，要经常性地总结自己，做完一项工作、一个项目，就要考虑一下，时刻总结自己，才能避免自己走以前走过的弯路，才能提高自己的工作经验和阅历，才能以自己的经验指导自己走自己的捷径从而提高工作效率。

提高工作技能,掌握正确的适合自己的工作方法。工作技能的提高,来源于知识的积累,来源于自己的经验,同时也来源于对行业技术的追踪。活到老学到老,做了这一行,就要喜欢和钻研这一行。每个人,都需要在自己的工作岗位上不断深入,不断钻研,不断发展,这样,才不至于做事时被知识和业务技能的匮乏所束缚,才不至于因解决不了问题而困步不前。

为工作制定规范、流程。所谓无规矩不成方圆,规范、流程是工作很好的规矩。在工作时,条理清晰,阶段明确,工作流畅,就不会在不同专业工作中产生互相影响的冲突。如果分工明确到一定程度,使得工作流程呈现为流水线的形式,每个人便能将精力集中于一件事上,便会提高整体效率。

规划好自己的时间,安排好自己的工作。一个成功的人士必定对自己的时间有很好的规划,每个人一天的时间至多不过 24 小时,而一般我们的工作时间定义在 8 小时,如何在这 8 小时内,更有效地工作,时间规划便显得非常重要。对自己每天的工作一定要有认真的规划,有哪些工作要做,要达到什么样的结果,重要性怎样,先后次序如何安排,如果未完成如何处理,等等,一定要合理规划。只有合理规划好了时间,安排好了工作,这一天才能有条不紊,工作才能高效。

明确的分工、精诚的合作。工作需要一支团队,在这支团队中,只有进行明确的分工,人员间精诚的合作,才能提高整个团队的工作效率。在合作中,领导者要承担好分工协调的任务,发挥个人的最大优势,使每个人都能心情愉悦、高效率地工作。而对于团队中的每一个人来讲,要认真对等自己的工作,明白自己在团队中的位置,清楚自己在项目(工作)中的环节,与团队中人员多交流,多沟通,做好自己的工作,同时协助别人完成工作,营造良好的工作氛围。提高工作效率,需要每个环节合理有效的完成才能达到效果。效率提高了才能产生经济效应,不管对个人对公司、还是对社会、对国家都会达到一个双赢的结果。

运转无处不在

系统是普遍存在的,它既可以应用于自然环境和社会事件,又可以应用于人生的成长发展之中。同一切事物之间的关系一样,运转也有一定的规律。因此,我们可以把任何一个系统都看做是一个运转的体系。要实现运转的有效性,就必须对其规律进行全面细致的观察和充分系统的分析,把握住运转环节中的每个要素间以及结构间的联系,实现系统化的运转。

对运转的概念,不同时期,不同社会背景的人有着不同的见解:

(1)谓沿着一定的轨道行动。

《庄子·天运》①:"意者其有机缄而不得已邪,意者其运转而不能自止邪?"《淮南子·主术训》②:"主道员者,运转而无端,化育如神,虚无应循,常后而不先也。"《朱子语类》③卷六八:"盖天是箇至刚至阳之物,自然如此运转不息。"艾青④《光的赞歌》诗:"每一个人既是独立的,而又互相照耀,在互相照耀中不停地运转,和地球一同在太空中运转。"

(2)指机器的转动。

---

①　《庄子·天运》,全文大体可以分为七个部分,第一部分至"此谓上皇",就日、月、云、雨等自然现象提出疑问。第二部分至"是以道不渝",写太宰荡向庄子请教,说明"至仁无亲"的道理。第三部分至"道可载而与之俱也",写黄帝对音乐的谈论。第四部分至"而夫子其穷哉",写师金对孔子周游列国推行礼制的评价。第五部分至"天门弗开矣",借老聃对孔子的谈话来谈论道。第六部分至"子贡蹴蹴然立不安",写老聃对仁义和三皇五帝之治的批判。余下为第七部分,写孔子得道,进一步批判先王之治,指出唯有顺应自然变化方才能够教化他人。

②　《淮南子》又名《淮南鸿烈》、《刘安子》,是我国西汉时期创作的一部论文集,由西汉皇族淮南王刘安主持撰写,故而得名。该书在继承先秦道家思想的基础上,综合了诸子百家学说中的精华部分,对后世研究秦汉时期文化起到了不可替代的作用。

③　《朱子语类》,朱熹与其弟子问答的语录汇编。中国宋代景定四年(1263年)黎靖德以类编排,于咸淳二年(1270年)刊为《朱子语类大全)140卷,即今通行本《朱子语类》。此书编排次第,首论理气、性理、鬼神等世界本原问题,以太极、理为天地之始;次释心性情意、仁义礼智等伦理道德及人物性命之原;再论知行、力行、读书、为学之方等认识方法。又分论《四书》、《五经》,以明此理,以孔、孟、周、程、张、朱为传此理者,排释老、明道统。《朱子语类》基本代表了朱熹的思想,内容丰富,析理精密。

④　艾青(1910—1996),原名蒋正涵,号海澄,曾用笔名莪加、克阿、林壁等,浙江省金华人。1932年在上海加入中国左翼美术家联盟。1933年第一次用艾青的笔名发表长诗《大堰河——我的保姆》,感情诚挚,诗风清新,轰动诗坛。以后陆续出版诗集《大堰河》(1939)、《火把》(1941)、《向太阳》(1947)等,笔触雄浑,感情强烈,倾诉了对祖国和人民的情感。新中国成立后的诗集有《欢呼集》、《春天》等。1948年以后发表《在浪尖上》、《光的赞歌》等诗作,出版《艾青选集》等。另有论文集《诗论》、《论诗》、《新诗论》等著作,被认为是中国现代诗的代表诗人之一。1985年,获法国艺术最高勋章。《光的赞歌》是艾青晚年的创作,可以作为他人生观、哲学观、美学观的诗的总结。

宋·范仲淹①《水车赋》:"扬清激浊,诚运转而有时;救患分灾,幸周旋於当世。"清·王士祯②《池北偶谈·谈异四·风磨风扇》:"风来,随表旋动,不拘东西南北,俱能运转。"

(3)谓机构、团体等行使权力,进行活动。

县解《驳之论清廷立宪》:"所谓立宪之特质者,乃在其机关组织之完全,而不任独夫之自由意思以运转统治权,即有监督机关也。"1982 年 3 月 17 日《人民日报》:"党就在眼前,各级党组织都在运转着,人民群众和党的干部每时每刻都有接触。"

(4)犹言转运粮食物资。

汉·荀悦③《汉纪·平帝纪》:"莽(王莽)怒,策尤(严尤)为庶人,以董忠代之,师久屯不行,运转不已,天下骚动。"《北史·魏纪三》④:"夏四月丁未,曲赦徐豫二州,其运转之士,复租三年。"清·侯方域⑤《豫省试策》之四:"以

---

① 范仲淹(989—1052),字希文,汉族,苏州吴县人。祖籍邠州(今陕西省彬县),先人迁居苏州吴县(今江苏苏州),唐朝宰相范履冰的后人。他出生于武宁军(治所徐州)(一说河北真定府)。北宋著名的政治家、思想家、军事家和文学家,世称"范文正公"。他为政清廉,体恤民情,刚直不阿,力主改革,屡遭奸佞诬谤,数度被贬。1052 年(皇祐四年)五月二十日病逝于徐州,终年 64 岁。是年十二月葬于河南伊川万安山,谥文正,封楚国公、魏国公。有《范文正公全集》传世,通行有清康熙岁寒堂刻版本,附《年谱》及《言行拾遗事录》等。

② 王士祯(1634—1711)原名士禛,字子真、贻上,号阮亭,又号渔洋山人,人称王渔洋,谥文简。汉族,新城(今山东桓台县)人,常自称济南人,清初杰出诗人、学者、文学家。博学好古,能鉴别书、画、鼎彝之属,精金石篆刻,诗为一代宗匠,与朱彝尊并称。书法高秀似晋人。康熙时继钱谦益而主盟诗坛。论诗创神韵说。早年诗作清丽澄淡,中年以后转为苍劲。擅长各体,尤工七绝。

③ 荀悦(148—209),中国东汉末期政论家,史学家。字仲豫。颍川颍阴(今河南许昌)人。幼时聪颖好学,家贫无书,阅读时多用强记,过目不忘。汉灵帝时由于宦官专权,荀悦隐居不出。献帝时,应曹操之召,任黄门侍郎,累迁至秘书监、侍中。侍讲于献帝左右,日夕谈论,深为献帝嘉许。献帝以《汉书》文繁难懂,命荀悦用编年体改写。乃依《左传》体裁,写成《汉纪》30 篇,时人称其"辞约事详,论辩多美"。

④ 《北史》是汇合并删节记载北朝历史的《魏书》、《北齐书》、《周书》而编成的纪传体史书。魏本纪五卷、齐本纪三卷、周本纪二卷、隋本纪二卷、列传八十八卷,共一百卷。记述从北魏登国元年(386)到隋义宁二年(618)的历史。《南史》与《北史》为姊妹篇,是由李大师及其子李延寿两代人编撰完成的。

⑤ 侯方域(1618—1654),清代文学家。字朝宗。商丘(今属河南)人。明末诸生。侯方域少年时即有才名,参加复社,与东南名士交游,时人以他和方以智、冒襄、陈贞慧为四公子。侯方域擅长散文,以写作古文雄视当世。他早期所做文章较浅薄,功力不深;后期日趋成熟。时人以侯方域、魏禧、汪琬为国初三大家。他的作品有人物传记,形象生动,情节曲折,均有唐代传奇笔法,具有短篇小说特点。其论文书信,或痛斥权贵,或直抒怀抱,都能显示出他的散文具有流畅恣肆的特色。也能诗。著作有《壮悔堂文集》10 卷,《四忆堂诗集》6 卷。

治河为名而取之民间者,本折工饯,追呼运转之费,种种以什伯计。"

(5)犹转动。

唐·韩愈①《应科目时与人书》:"如有力者,哀其穷而运转之,盖一举手一投足之劳也。"意为:有力者会哀怜其穷迫,而用一抬手一动脚的微劳将其转送到清澈的水中。清·黄遵宪②《纪事》诗:"登场一酒胡,运转广长舌。"

除了以上观点以外,形成于殷商之际的《周易》把世界看成是由天(乾)、地(坤)、雷(震)、火(离)、风(巽③)、泽(兑)、水(坎)、山(艮④)8 种自然成分组成的整体。这 8 种自然成分就是"八卦",8 种自然成分两两组合共构成 64 卦,384 爻。八卦认为,世界万物是由阴阳的不同组合构成的,阴阳组合之变化导致万物的变化。"八卦"和 64 卦分别构成一个整体,每一卦又构成一个整体,每卦 6 爻之间也存在着相互制约的关系。"五行说"把自然界中的金、木、水、火、土 5 种成分看做是世界的本原,并认为这 5 种基本要素按照相生相克的规律,制约着自然界和社会的运动变化。"阴阳说"认为,阴和阳是构成世界万物的本原,如天为阳,地为阴;男为阳,女为阴;背为阳,腹为阴;火为阳,水为阴;外为阳,内为阴;上为阳,下为阴;脏为阳,腑为阴,等等。阴阳既相互独立,又相互联系,而且在一定条件下可以相互转化。"有无说"是道家的中心思想,它集中体现在《老子》⑤(又名《道德经》)一书中。"有无说"认为,世界万物都是有和无的统一,都是有和无相生、有和无转化的过程。"有无说"

---

① 韩愈(768—824),字退之,汉族,唐河内河阳(今河南孟县)人。自谓郡望昌黎,世称韩昌黎。唐代古文运动的倡导者,宋代苏轼称他"文起八代之衰",明人推他为唐宋八大家之首,与柳宗元并称"韩柳",有"文章巨公"和"百代文宗"之名,著有《韩昌黎集》四十卷,《外集》十卷,《师说》,等等。

② 黄遵宪(1848 年 4 月 27 日—1905 年 3 月 28 日),晚清诗人,外交家、政治家、教育家。字公度,别号人境庐主人,汉族,广东省梅州人,光绪二年举人,历充师日参赞、旧金山总领事、驻英参赞、新加坡总领事,戊戌变法期间署湖南按察使,助巡抚陈宝箴推行新政。工诗,喜以新事物熔铸入诗,有"诗界革新导师"之称。黄遵宪有《人境庐诗草》、《日本国志》、《日本杂事诗》。被誉为"近代中国走向世界第一人"。

③ 巽(xun)。

④ 艮(gen)。

⑤ 《道德经》,又称《道德真经》、《老子》、《五千言》、《老子五千文》,是中国古代先秦诸子分家前的一部著作,为其时诸子所共仰,传说是春秋时期的老子李耳(似是作者、注释者、传抄者的集合体)所撰写,是道家哲学思想的重要来源。道德经分上、下两篇,原文上篇《德经》、下篇《道经》,不分章,后改为《道经》37 章在前,第 38 章之后为《德经》,并分为 81 章。是中国历史上首部完整的哲学著作。

提出"道(即规律)生一、一生二、二生三、三生万物",也就是说,道产生于统一而未分化的原初之物,谓之"一";"一"又生阴阳二气,谓之"二";"二"又生出天、地、人,谓之"三";"三"又生出万物。这一思想强调了自然界的和谐统一性和运转的动态变化性。

运转规律的共同特性表现在:任何运转规律都是事物运转过程本身所固有的联系;任何运转规律都是事物运转中的本质联系;任何运转规律都是事物运转过程中的必然联系。

厘清运转规律和运转规则之间的关系有着重要的意义,两者的区别在于:首先,运转规则是人们规定出来供大家共同遵守的制度或章程;运转规律则是事物运转过程中固有的、本质的、必然的联系。其次,性质不同,运转规则是人们制定的,可以修改、补充或废除,它是主观的;运转规律则不能被修改、补充或废除,它是客观的。因此,两者不可混为一谈。当然,运转的规律与规则也不是毫无联系的,一个正确的合理的规则总是根据客观规律指定的,是对客观规律的反映。

运转规律所表现的客观性在于规律是客观的,指的是它的存在和发生作用不以人的意志为转移;也指规律既不能被创造,也不能被消灭;还集中表现为它的不可抗拒性。运转规律是客观的,但并不等于说人们在客观规律面前就无能为力,人们是能够认识规律并利用规律的。

万事万物虽千变万化,但总有其运转规律,我们在看待事物时要尽量学着透过表面现象抓住其根本规律,也就是通过前后比较、通过对各种情境下事物的不同运转特点的比较分析来在变化中找到不变的因素,只有这样才能把握事物的来龙去脉,也才能"对症下药"。

而客观事物运转过程中的本质联系,具有普遍性的形式。运转规律和其本质是同等程度的概念,都是指事物本身所固有的、深藏于现象背后并决定或支配现象的方面。然而本质是指事物的内部联系,由事物的内部矛盾所构成,而规律则是就事物的发展过程而言,指同一类现象的本质关系或本质之间的稳定联系,它是千变万化的现实世界中相对静止的内容。规律是反复起作用的,只要具备必要的条件,合乎规律的现象就必然重复出现。在枫叶上,露珠闪烁出耀眼的红色;在荷叶上,露珠有着泪滴般苍白的透明。这是因为背景的不同而使得露珠有了不同的色彩,但实质上它就是一颗普普通通的露珠。因此,我们不能只看表象,要透过现象看本质。

世界上的事物、现象千差万别,它们的运转都有各自的、互不相同的规律,但就其根本内容来说可以分为自然运转规律、社会运转规律和思维规律。自然运转规律和社会运转规律都是客观的物质世界的规律,它们的表现形式有所不同:自然运转规律是在自然界各种不自觉的、无目的的动力相互作用中表现出来的,社会运转规律则必须通过人们的自觉活动表现出来。然而思维规律则是人的主观的思维形式对物质世界的客观规律的反映。

运转的规律是客观的,既不能被创造,也不能被消灭;不管人们承认与否,运转规律总是以其不变的必然性在起着作用。马克思、恩格斯创立了唯物史观,并发现了人类社会运转的一般规律,才使人们第一次真正认识到,人类社会和自然界一样,也是按照自己固有的客观规律运转和循环的。自然科学和社会科学的规律都是对事物运转过程的客观规律的反映。

顺应自然法则

一百多年以前,凯巴伯森林里一片葱葱郁郁,生机勃勃。小鸟在枝头歌唱,活泼而美丽的鹿在林间嬉戏。但是鹿群的后面,总是跟着贪婪而凶残的狼,它们不停地寻找机会对鹿群下手。当时森林里的鹿大约有四千只,人们也要时刻提防这些狼的暗算,当地居民着实恨透了狼,于是他们组成了狩猎队,到森林中捕杀狼。枪声打破了森林的宁静与安详,在冒着青烟的枪口下,一头接一头的狼,哀嚎着躺在了血泊之中。凯巴伯森林的枪声响了 25 年,狼和其他一些鹿的天敌总共被杀掉六千多只,从此凯巴森林成了鹿的天堂,它们不停地生儿育女,很快,鹿的总数就超过了十万只。可是随着鹿群的大量繁殖,森林中闹起了大饥荒。小树、嫩枝、灌木、树皮……一切能吃的植物,都被饥饿的鹿吃光了。整座森林像着了火一样,绿色在消退,枯黄在蔓延。然而更大的灾难紧接着就降临了,疾病像梦魇一样在鹿群中游荡,仅仅两个冬天,就死去了六万多只鹿。到了 1942 年,凯巴伯森林中只剩下了八千只病鹿。人们做梦也想不到,他们所捕杀的狼,居然是森林和鹿群生长、繁衍的"功臣"。狼吃掉一些鹿,使鹿群不会发展得太快,森林也就不会被糟蹋得这么惨;同时狼吃掉的多半是病鹿和弱鹿,反倒减少了传染病对鹿群的威胁。而人们特意要保护的鹿,一旦在森林中过多地繁殖,倒成了破坏森林、毁灭自己的"祸首"。

这则表现自然规律的小例子揭示了宇宙运转中万物生存、进化、发展的总法则,那就是:适者生存。换句话说就是:顺应自然规律则运转健康,平稳发展;违背自然规律则运转失灵,招致祸患甚至付出生命。

自然界由无数个小循环、小系统所构成,它所包含的运转是庞大和复杂的,一旦一个小环节出了问题,导致的将是整个大环境的变化。早在人类出现之前的几十亿年,地球上的生态平衡就已经存在了。此时地球上的运转完全是由自然规律来加以调节的,因此是和谐的。人类出现之后,随着人口的增加,知识和能力的增长,特别是到了工业化时代,人类活动对自然界的影响和破坏也越来越大,温室效应、海平面上升和臭氧空洞就是最好的例子,正是由于人类不遵守自然规律的行为使地球运转失常,才导致了一系列环境报复人类事件的发生。

面对自然,人类往往喜欢以主宰者的身份自居,喜欢以自己的好恶来评判生物界的是非曲直。例如,将鸟类简单地分成益鸟和害鸟;将虫类简单地分成益虫和害虫等;仅仅因为"猫头鹰"的叫声不好听,就把它列为邪恶的象征加以捕杀;仅仅因为"喜鹊"的叫声好听、造型好看,就把它当成吉祥如意的象征加以保护。但在自然面前,生物的出身并没有贵贱之分,它们只是分工不同,都是生态系统中不可缺少的一环。

在中国的古代,麻雀要偷吃人类的粮食,人们就把它列为害鸟加以消灭,而恰恰相反,麻雀主要的食物是虫子,是生态平衡的重要一环,当麻雀消灭殆尽的时候,虫灾便开始泛滥了。

在挪威,政府为了保护雷鸟这种有重要狩猎价值的动物,便采用大力嘉奖的方法,以鼓励人们大量地捕杀雷鸟的天敌,比如狐狸和各种猛禽类等,以为通过这种方法就可以帮助雷鸟大量繁殖。可是,结果却适得其反,正因为大量雷鸟的天敌被捕杀,导致鸟群中的球虫病及其他疾病急剧增加和扩散,导致大批雷鸟相继死去,数量反而明显下降了。

大自然是通过怎样的力量或方式来控制和维系生物界的运转平衡呢? 就拿食草动物和食肉动物来说,它们之间的关系就是相当微妙的,它们的数量总是保持着某种合理的比例。如果仅仅为了生存,食肉动物当然繁殖得越快越好了,只有这样才不大容易断子绝孙,而这也正是它们所必须面对的严酷现实。那么,是什么力量在迫使它们实行着严格的"计划生育"来维系生物界的健康运转呢? 例如鲸鱼,当它们的数量明显减少时,性成熟期就会自动提前,并且其受孕率也会明显提高。也就是说,它们会自动提前交配,而且尽可能多的繁育后代。相反的事例也屡见不鲜,例如,当某种生物繁殖得过快,其数量超过周围环境的承受能力时,就会自动地减少自己的数量,如旅鼠的自杀和北极狐狸的"疯舞病"。

不管人类对大自然认识了多少,都无法改变自然环境,只能适应自然环境。大自然本身的运转有着强大的平衡力,当人类小范围地打破运转平衡时,大自然会利用他的修复能力来恢复运转的平衡;当人类对自然平衡的破坏超过了大自然修复能力的时候,报复和惩罚将会是相当严厉的。多年来人类已经无数次地接受了这样的惩罚,在惩罚面前人类的头脑才开始变得清醒。其实,两千多年前老子就已经告诉我们"道之尊,德之贵,夫莫之命而常自然。"人类却总是在接受惩罚以后才开始总结自己。

人在环境面前并不是完全消极被动的,人们在实践中,通过大量的内部及外部现象,可以认识或发现各种运转规律,并通过用这种认识来指导实践,也就是应用客观规律来改造自然,改造社会,为社会谋福利。同时人们要想在实践活动中获得预期的目标,取得成功,就必须从实际出发,坚持实事求是,认识并尊重客观规律,按照客观规律办事,否则就会受到客观规律的惩罚。

运转道法自然

老子在《道德经》中说:"人法地,地法天,天法道,道法自然。"这里强调的

"自然",就是要按照自身的内在规律去运行。

"道法自然"。"道",就是按照自然规律运行。任何事物的运转都有它的发生、发展、变化的规律,谁能掌握这个规律,按这个规律办事,谁就顺应了"道",就能做成事。反之,违背了事物运转的规律,就要受到惩罚。自然界有其"道",就是自然运转的规律。

老子认为,自然规律是宇宙万物普遍存在的,虽然它看不见摸不着,但它却主宰万物的运转。要想实现目标,就要按规律办事。这就教育人们做事一定要循"道",最大的"道"就是顺应自然。顺应自然,遵循规律行事,这就合乎"道",可以"没身不殆",一切顺利,没有危险。相反,违背自然之道,"不道早已",人类就会遭受"道"(即自然规律)的惩罚,自食恶果。可以从两个方面来分析。

第一,"天地与我并生,万物与我为一"——人与自然和谐相处是"天道"(自然规律)决定的。

人是自然界演化的产物,并与自然界共生融会为一体。在老子看来,人是在"道"产生宇宙、天地万物之后才产生的。庄子亦认为人是自然界的产物,同时,"天地与我并生,而万物与我为一"①。《黄帝内经》②认为"天地已成,黔

---

① 语出《庄子·齐物论》。《齐物论》是庄子哲学思想的代表作。这篇文章的宗旨在于论述万物齐一和是非相对,既谈到了从无到有的本体论问题,也涉及了主体与客体关系的认识论问题。在本体论问题上,主要倾向是主观唯心主义,但也有某些唯物主义因素;在认识论问题上,主要表现是万物齐一和否定是非的相对主义和不可知论,但也有较丰富的辩证法内容。本篇分三个层次:从"南郭子綦"到"怒者其谁邪?"论述了"吾丧我"的精神境界,指出诸家争鸣都是各持己见的结果,要想停止纷争,就得做到"忘我"。第二部分,从"大知闲闲"到"故寓之无竟",由十个自然段组成,是作者在本书中论述的中心内容。这一部分中,主要论述了各种主观世界的争论纠葛,是迷失自我的表现,是主观成见所致使,要想停止争论,就得用"莫若以明"的认识方法,排除成见,开放心灵,达到"万物与我为一"的齐物境界。第三部分,用"罔两问景"和"庄周梦胡蝶"两个故事来说明万物融化为一的"物化"过程,得出"物化"的万物齐一的结论。

② 《黄帝内经》分《灵枢》、《素问》两部分,为古代医家托轩辕黄帝名之作,为医家、医学理论家联合创作,一般认为成书于春秋战国时期。在以黄帝、岐伯、雷公对话、问答的形式阐述病机病理的同时,主张不治已病,而治未病,同时主张养生、摄生、益寿、延年。是中国传统医学四大经典著作之一(《黄帝内经》、《难经》、《伤寒杂病论》、《神农本草经》),是我国医学宝库中现存成书最早的一部医学典籍。它是研究人的生理学、病理学、诊断学、治疗原则和药物学的医学巨著。在理论上建立了中医学上的"阴阳五行学说"、"脉象学说"、"藏象学说"等。

首乃生"，即天地形成后就产生了人。《列子·天端》①中指出，人与万物都是自然界的产物，经过太易、太初、太始、太素等阶段才产生气。"清轻者上为天，浊重者下为地，冲和气者为人。故天地含精，万物化生"。既然人是自然界的产物，并与自然界融会为一体，那么，这就从运转法则上决定了人必须与自然和谐相处共生，而不能对立。

第二，"无以人灭天"，"天与人不相胜"——人与自然和谐发展是"天道"（自然规律）的客观要求。

人应该与自然和谐相处。人虽然在自然界占有很重要的位置，但是不应该与自然对立，做破坏自然的事情。只有在顺应自然运转规律的基础上发挥人的主观能动性，才不会遭受自然的惩罚。庄子认为，"无以人灭天，无以故灭命，无以得殉名"②。每个人的身体、器官、性命及其子孙都是自然界的产物，所以，人应该与自然和谐相处。自然的运转自有其规律，只有做到"天与人不相胜"③的人才能称为"真人"。这种要求人与自然和谐相处的思想，亦即"天人合一"的思想，不但深刻地影响了中国的传统文化，而且对人类现今的

---

①　《列子》又名《冲虚经》，(于前450至前375年所撰)是道家重要典籍。列子指列御寇，据说能御风而行，战国前期思想家，是老子和庄子之外的又一位道家思想代表人物，其学本于黄帝老子，主张清静无为。

②　选自《庄子·秋水》。《秋水》是《庄子》中的又一长篇，用篇首的两个字作为篇名，中心是讨论人应怎样去认识外物。全篇由两大部分组成。前一部分写北海海神跟河神的谈话，一问一答一气呵成，构成本篇的主体。这个长长的对话根据所问所答的内容，又可分成七个片断。后一部分分别写了六个寓言故事，每个寓言故事自成一体，各不关联，跟前一部分海神与河神的对话也没有任何结构关系上的联系，对全篇主题的表达帮助也不甚大，似有游离之嫌。篇之强调了认识事物的复杂性，即事物本身的相对性和认知过程的变异性，指出了认知之不易和准确判断的困难。

③　选自《庄子·大宗师》。《大宗师》以义名篇。"大宗师"的"大"就是老子的"强为之名曰大"的"大"。大在这里指道。"宗"就是老子说的"为万物之宗"的"宗"，即是万物的主宰。"师"是天地万物所效法。所以，《大宗师》是庄子对老子道的思想的发挥，其主旨是讲道是世界万物的主宰，这是庄子的本体论。由"知天之所为"到"而比于列星"。在庄子看来，天人的关系是天人合一的，只有真人才能认识道。道的性质是"有情有信，无为无形；可传而不可受，可得而不可见；自本自根，未有天地，自古以存；神鬼神帝，生天生帝；在太极之先而不为高，在六极之下而不为深，先天地生不为久，长于上古而不为老。"并讲了道的作用。由"南伯子葵问乎女偊"到"天之小人也。"主要讲真人的修养方法，死生是不以人的意志为转移的应当忘掉死生变化而与自然合为一体，听从命运的安排。从"意而子见许由"至篇末。主要写真人当忘仁义，忘礼乐，坐忘。就是要达到"离形去知，用于大道"的境地，最后还是"至极者命也"，任凭命运安排的定命论。

生活、未来世界的发展都提供了极其丰富的思想火花。

人们努力地从个人阅历中总结出富有价值的规律，并把这些规律应用到以后的工作中，这样不仅对企业有益，对个人更是有好处，因为人们有规律地进行工作可以提高工作效率，可以创造更多的财富。尽管人们从事不同的行业、身处不同的企业、坚守不同的岗位，而且对工作规律的要求也不同，能够总结出的规律内容更是不同，但是工作有规律会产生更大的效益是不变的真理。

人们从经验中总结出来的运转规律，对过去的事情不会产生影响，但是却会对未来产生巨大的作用。有规律的工作为解决问题提供了便利，而且也可以积累更多的经验，从而形成一个良性循环，产生更高的工作效率。能够在工作和生活中获得成功的人是指那些能够从经验中迅速找到富有价值的规律的人，这样他们就会有更大的发展空间，能以更小的代价换取更大的收益，从而走向成功。

这点不仅适用于个人，在企业里也同样适用。一个好的企业就需要员工不仅关注自己的经验，更关注自己能够从经验中提炼出哪些有价值的规律，因为这样的员工可以为企业创造更大的价值，产生更多的财富。判断一个人成长的速度是否更快、进步的幅度是否更大，要看他能不能从自己的经验中迅速地提炼出有价值的工作规律，并把这些工作规律应用到接下来的工作中去，创造出更多的价值。

顺水治寻本原

任何事物的运转都是有规律的，我们常讲的实事求是，这里的"是"，就是事物本来的面貌和事物运转的规律。藐视规律、违反规律，必将受到规律的惩罚。在此，还要特别强调的一点是，规律中有很多是前人总结的成功经验，我们应该善于学习前人的科学经验，以免出现走弯路、低水平重复的问题。

任何运转都是有规律的，近代科学奠基人伽利略①认为，自然界是一个简

---

① 伽利略，意大利物理学家、天文学家和哲学家，近代实验科学的先驱者。其成就包括改进望远镜和其所带来的天文观测，以及支持哥白尼的日心说。当时，人们争相传颂："哥伦布发现了新大陆，伽利略发现了新宇宙"。今天，史蒂芬·霍金说，"自然科学的诞生要归功于伽利略，他这方面的功劳大概无人能及。"

单有序的系统,它的每一个进程都是规律性的。

系统工程的思想其实就是要求我们一切从实际出发,客观地揭示事物内在联系和运转规律。调查分析是我们搞研究、作决策的重要方式和工具,也是我们探求运转规律的重要途径和方式。学习过程的一个重要表现,就是我们是否能够通过科学的观察和实践找到正确的运转规律,用以指导生活和工作。对于这一点,我们一定要有清醒的认识。

大禹①是我国古代一名伟大的传奇人物,近几年来在电视银屏上也出现了不同版本的故事,但这些故事大都围绕着一个流传数千年的典故——大禹治水。

远古时期,天地茫茫,宇宙洪荒,人民饱受海浸水淹之苦。尧在位的时候,黄河流域发生了严重的水灾,庄稼被淹了,房子被毁了,老百姓只好往高处搬。尧②召开部落联盟会议,商量治水的问题。他征求四方部落首领的意见:派谁去治理洪水呢?首领们都推荐鲧③。尧对鲧不大信任。首领们说:"现在没有比鲧更强的人才啦,您试一下吧!"尧才勉强同意,开始起用禹的父亲鲧治理洪水。

鲧忽视了自然界运转的规律,采取"水来土挡"的策略治水,逢洪筑坝,遇水建堤,采用"堙"④的办法,九年而水不息。鲧花了九年时间治水,没有把洪水制服。鲧临死前嘱咐儿子"一定要把水治好。"

舜⑤继帝位后,洪水仍然是天下大患,便命已成为夏部族首领的禹继续治

---

① 禹为鲧(gǔn)之子,又名文命,字高密。相传生于羌(今甘肃、青海一带),后随父迁徙于崇(今河南登封附近),尧时被封为夏伯,故又称夏禹或伯。是中国第一个王朝——夏朝的建立者,同时也是奴隶社会的创建者。

② 尧(前2377—前2259),姓伊祁,名放勋,史称唐尧。公元前2377年农历二月初二,在唐地伊祁山诞生,随其母在庆都山一带度过幼年生活。15岁时在唐县封山下受封为唐侯。20岁时,其兄帝挚为形势所迫让位于他,成为我国原始社会末期的部落联盟长。他践帝位后,复封其兄挚于唐地为唐侯,他也在唐县伏城一带建第一个都城,以后因水患逐渐西迁山西,定都平阳。唐尧在帝位70年,90岁禅让于舜,约公元前2259年,尧118岁时去世。

③ 鲧(?—唐尧七十年),姓姬,字熙。黄帝的后代,昌意之孙,姬颛顼之子,姒文命(大禹)之父。

④ "堙"(yīn)。

⑤ 系舜,中国传说中父系氏族社会后期部落联盟领袖,也称虞舜,因生于姚地(今天河南濮阳),以地取姓氏为姚。姚姓族人是黄帝、舜的后裔。历来与尧并称,为传说中的圣王。

理洪水。禹欣然领命,但没有贸然行事,而是首先认真总结前辈治水的教训,寻找治水失败的原因。然后带着尺、绳等测量工具到全国的主要山脉、河流作了一番周密的勘察。率领伯益、后稷等一批忠实助手,从冀州开始,踏遍九州,跋山涉水,顶风冒雨到洪灾严重地区进行实地考察。了解各地山川地貌,摸清洪水流向和走势,制定统一的治水规划,在此基础上才展开大规模的治水工作。他发现龙门山口过于狭窄,难以通过汛期洪水;他还发现黄河淤积,流水不畅。他鉴于前辈治水无功主要是没有根据水流规律因势利导,而只采用"堕高堰库"(《国语·周语下》①)筑堤截堵的办法,一旦洪水冲垮堤坝便前功尽弃的教训,大胆改用疏导和堰塞相结合的新办法,于是他确立了一条与他父亲的"堵"相反的方针,叫做"疏",就是疏通河道,拓宽峡口,让洪水能更快地通过。

禹采用了"治水须顺水性,水性就下,导之入海。高处就凿通,低处就疏导"的治水思想。根据轻重缓急,定了一个治水的顺序,先从首都附近地区开始,再扩展到其他各地。按《国语·周语》所说,就是顺天地自然,高的培土,低的疏浚,成沟河,除壅②塞,开山凿渠,疏通水道。他带领群众凿开了龙门,挖通了九条河,把洪水引到大海里去,地面上又可以供人种庄稼了。他和老百姓一起劳动,戴着箬帽,拿着锹子,带头挖土、挑土,由于脚长年泡在水里,禹连脚跟都烂了,只能拄着棍子走。历时十三年之久,终于把河道疏通,使水由地中行,经湖泊河流汇入海洋,有效地解决了水患。因治水忙碌,大禹三过家门而不入。禹治水13年,耗尽心血与体力,终于完成了这一名垂青史的大业。

就笔者看来,任何事物、问题或系统都处于不断的运转和演化之中,但万变不离其宗。面对瞬息万变的事物、问题或系统,有的人屡屡碰壁,不知从何下手;有的人则驾轻就熟、游刃有余。究其根源,就在于认知系统时,究竟是停留在系统的表面,还是直击到了系统的本质。

---

①　《国语》是中国最早的一部国别史著作。记录了周朝王室和鲁国、齐国、晋国、郑国、楚国、吴国、越国等诸侯国的历史。上起周穆王十二年(前990)西征犬戎(约前947),下至智伯被灭(前453)。包括各国贵族间朝聘、宴飨、讽谏、辩说、应对之辞以及部分历史事件与传说。

②　壅(yōng)。

1875 年某日,美国某肉类食品公司的老板在报纸上看到一篇报导——墨西哥发生了畜瘟疫。他想,如果墨西哥真的发生了瘟疫,必然会很快影响相邻的美国的加利福尼亚和得克萨斯州,而这两个州都是美国的肉类食品供应地,一旦发生瘟疫,政府必然会下令禁止这两个州的肉类食品外运。这不仅造成这两州肉类食品积压浪费,还会造成美国东部肉类食品供应紧张。于是,这位老板立即派他的私人医生到墨西哥进行实地考察。第二天,医生打来电话,说那里确实发生了畜瘟疫,而且情况非常严重。这位老板立即从上述两州购买牛肉和生猪,并火速运往美国东部。几天后,瘟疫传入美国,政府下令禁止这两个州的肉类外运,而之前外运的肉类食品一定程度上缓解了美国市场肉类食品短缺问题,此公司还因此获利 9000 万美元。

规律虽然是客观存在的,不以人的意志为转移,不可创造、不可抗拒、不可消灭,但人们可以充分发挥主观能动性,去认识和利用规律为人类造福。案例中的美国某肉类食品公司的老板就是自觉运用了价值规律以及价格与供求之间的相互影响和相互制约的关系,才在激烈的市场竞争中运筹帷幄,决胜千里,最终赚了个盆满钵满。

我们只有抓住系统运转的本质,才能在做事情时既简单从容又效果甚佳。因此,我们要深刻洞察运转的本质,寻找最佳途径,这就要求我们在做事情过程中,首先要究其实质、确其内涵,从而把握基调,寻找更为妥善的解决途径。

军事谋略运转

军事问题是国家的重要问题,关系到国家的生死存亡。孙子兵法有云:兵者,国之大事,死生之地,存亡之道,不可不察也。所以不可以忽略军事问题。

一部《孙子兵法》,五千余言,却是对整个战争系统本质属性及其运转规律的高度概括。只有深入探索事物运转规律、把握规律,才能真正做到"不出户,知天下;不窥牖①,见天下"的境界。

---

①　牖(you)。

　　一个将帅掌握着人民的安危,他既可以带来国泰民安,也可以招致民不聊生,若爱国,则国家兴旺;若叛国,则国家危亡。打仗不在于兵力越多越好,只要不轻敌冒进,并能集中兵力,判明敌情,知己知彼也就足以战胜敌人了。那种无深谋远虑而又轻敌妄动的人,势必成为敌人的俘虏。

　　中国兵学家的思维能力在 2500 多年前已发展到一个崭新的阶段。人们不再对以往的战争经验进行简单积累,对战争史实进行笼统追述。春秋末期著名军事家孙武在他的《孙子兵法》中,阐述了不少朴素的系统思想和谋略。他所阐述的谋略思想和哲学思想,被广泛地运用于军事、政治、经济等各领域中。《孙子兵法》有丰富的系统思想,书中讨论了与战争有关的一系列矛盾的对立和转化,如敌我、主客、众寡、强弱、攻守、胜败、利患等。《孙子兵法》正是在研究这种种的矛盾及其转化条件的基础上,提出其战争的战略和战术的。这当中体现的系统思想,在中国系统思维发展史中占有重要地位。

　　《孙子兵法》采用“舍事而言理”的归纳推理方法,从个别事实中概括出一般性原理,全书最重要的方法是传统辩证思维方法,传统辩证思维方法的重要组成部分是把握全局,即从整体上分析与战争相关的各种因素和相互关系的朴素系统思想。《孙子兵法》所提出的“五事七计”可以说比较全面地概括了决定战争胜负的基本要素。《孙子兵法》强调“经五事”,即从道、天、地、将、法五个方面来分析战争的全局,“五事”之间有轻重主次之分,却缺一不可。这里所讲的“道”,就是要内修德政,注重战争是否有理,有道之国,有道之兵,能得到人民的支持,这是胜利之本。此外,还有天时、地利的客观条件。而将领的才智、威信状况,士兵是否训练有素,纪律、赏罚是否严明,粮道是否畅通等原则是主观条件。在注重整体分析的基础上,它还特别强调“求善”,即寻找最优化的方法,表现在非此即彼的选择时,要择优汰劣。如“凡用兵之法,全国为上,破国次之;全军为上,破军次之;全旅为上,破旅次之;全卒为上,破卒次之;全伍为上,破伍次之”(《谋攻篇》)。当存在多种选择可能的时候,就要努力寻求最优方案。如它认为百战百胜并不是令人最满意的结局,“不战而屈人之兵”才是“善之善者也”。而在“上兵伐谋,其次伐交,其次伐兵,其下攻城”的几种军事行动中,最值得称道的是前两种。

为了深入观察和认识战争领域中的各种矛盾现象和运转规律,《孙子兵法》通过借用、构建和改造等多种方式最终确立了一系列反映军事理论认识对象的范畴。与"先胜"理论关系密切的范畴群主要包括描述战争胜负要素的道、天、地、将、法等"五事",它们在结构和内容上都比较简单;反映治兵内容的分数、治乱、勇怯、赏罚等范畴则多是能够揭示对象内部矛盾和对待关系的对偶性范畴。与"战胜"理论相关的范畴群则包括说明战斗能力状况的虚实,与该范畴有直接联系的形名、动静、劳佚、饥饱、远近、害利、强弱、众寡等,以及反映不同兵力部署和运用方法的奇正。

值得注意的是,《孙子兵法》诸范畴群中有一个结构性的中介范畴——常变。它强调了战争事物的对立不是绝对的,是相对的,是可以互相转化的。在转化过程中,人的主观能动作用可以得到充分发挥,"兵无常势,水无常形,能因敌变化而取胜者谓之神"(《虚实篇》)。《孙子兵法》范畴体系中的最高范畴是势。势是军事实力的表现、使用和发挥,而分数、形名、奇正和虚实则分别可以看成它在军队编组、阵式队形、作战指挥和战斗能力等方面的具体体现,道、天、地、将、法则与它的构成有着极为密切的联系。《孙子兵法》指出:"计利以听,乃为之势,以佐其外。势者,因利而制权也。"(《计篇》)可见势在战争指导方面居于极其重要的地位。《孙子兵法》诸范畴以含蓄简练的语言阐明战争中的矛盾现象,有助于人们用理性的思维来把握它们之间的对立统一关系。但这些范畴往往缺少明确的逻辑推导过程,读者需跃过概念元素的分解与综合阶段,直接达到对战争哲理的"顿悟"。其范畴概念也缺少明晰的界定,更多的是以自然界的现象来比喻,比如说势是"激水之疾,至于漂石者""如转圆石于千仞之山者"(《势篇》),造成后人对这些范畴的理解歧义频出。对此现象,人们不难从华夏文明所特有的整体直观的思维中找出深层原因来。

《孙子兵法》是一部揭示战争规律的杰作,对战争系统的各个层次、各个方面以及它们的内在联系都进行了全面分析和论述,从而在整体上形成了对战争系统运转的规律性认识。

探索求是规律

实现科学运转的关键在于尊重和把握客观规律,尤其在社会主义建设的工作进程中,更要按照客观规律办事。毛主席在《改造我们的学习》①一文中指出:要使马克思列宁主义的理论和中国革命的实际运动结合起来,是为着解决中国革命的理论问题和策略问题而去找立场,找观点,找方法的。这种态度,就是有的放矢的态度。"的"就是中国革命的胜利,"矢"就是马克思列宁主义方法论。我们中国共产党人之所以要找这根"矢",就是为了要射中国革命和东方革命这个"的"的。这种态度,就是实事求是的态度。"实事"就是客观存在着的一切事物,"是"就是客观事物的内部联系,即规律性,"求"就是我们去研究。我们要从国内外、省内外、县内外、区内外的实际情况出发,从其中引出其固有的而不是臆造的规律性,即找出周围事物的内部联系,作为我们行动的向导。而要这样做,就须不凭主观想象,不凭一时的热情,不凭死的书本,而凭客观存在的事实,严谨分析有材料,在马克思列宁主义一般原理的指导下,从这些材料中引出正确的结论。

尊重和把握客观规律要求我们积极地探索和实践。这就要求我们要进行翔实的调查研究。《汉书·晁错传》②说,"调查城邑,毋下千家。"重视和坚持调查研究,是保证正确掌握运转规律并进行科学决策的前提。毛泽东同志说:"没有调查,就没有发言权。"只有深入调查研究,才能体现出实践的意义,以

---

① 党在 1941 年发动了著名的延安整风运动,对全党和全体干部进行一次深刻的马列主义教育。在整风运动中,毛泽东同志作了《整顿党的作风》、《反对党八股》和《改造我们的学习》的报告,作为整风的指导文献。《改造我们的学习》主要是针对党内在学风中存在的问题,在文中毛泽东同志号召全党坚持理论联系实际,反对主观主义。阐述精辟透彻,论证充实有力,不但在当时整风中发挥了重大作用,就是针对今天的理论学习仍有指导意义。

② 《汉书》,又称《前汉书》,由我国东汉时期的历史学家班固编撰,是中国第一部纪传体断代史,"二十四史"之一。《汉书》是继《史记》之后我国古代又一部重要史书,与《史记》、《后汉书》、《三国志》并称为"前四史"。《汉书》全书主要记述了上起西汉的汉高祖元年(公元前 206 年),下至新朝的王莽地皇四年(公元 23 年),共 230 年的史事。《汉书》包括纪十二篇,表八篇,志十篇,传七十篇,共一百篇,后人划分为一百二十卷,共八十万字。

致更好地掌握运转规律,切实提升系统的运转能力。通过观察、实践,在掌握大量第一手材料的基础上,再进行全面、系统、深刻的分析、综合、提炼,从理论与实践的结合上进行理性思考,发现科学的规律进行科学系统的决策,从而在保持系统平稳健康运转的前提下实现高效快速的运转。

尊重和把握客观规律要求我们一切从实际出发,统筹兼顾。1979 年邓小平同志在《关于经济工作的几点意见》①中说:"所谓鼓实劲,不鼓虚劲,拿科学的语言来说,就是按客观规律办事。经济工作要按经济规律办事,不能弄虚作假,不能空喊口号,要有一套科学的办法。"邓小平同志的话,语重心长,话语虽然非常简朴,但是却说得非常到位,我们每一个人都应该认真地学习体会。在这里,实事求是地制定一个切实可行的发展目标非常重要。每一地区和部门的实际情况不同,不能够搞"一刀切",不应该盲目地"贪大求快"。而应该统筹兼顾,协调发展。陈根楷②书记说得好:"发展才是硬道理,硬发展没道理!"

尊重和把握客观规律要求我们努力实践、认识、再实践、再认识。我国传统文化非常强调格物致知。所谓格物致知,就是要从探察物体而得到知识。毛主席 1962 年 1 月 30 日《在扩大的中央工作会议上的讲话》③中强调说:"社会主义建设,从我们全党来说,知识都非常不够。我们应当在今后一段时间内,积累经验,努力学习,在实践中间逐步加深对它的认识,弄清楚它的规律。一定要下一番苦功,要切切实实地去调查它,研究它。"我们要从具体的实践中积累案例,然后对之进行理论上的探索和升华。"实践、认识、再实践、再认

---

① 在改革开放起步阶段,邓小平同志提出的一些非常精辟而又富有远见的重要思想观点。《关于经济工作的几点意见》就是在这方面很有代表性的一篇著作。这篇著作是 1979 年 10 月 4 日邓小平同志在各省、市、自治区党委第一书记座谈会上的一篇讲话,从六个方面阐述了有关经济工作的一些带有根本性的重大问题。其中很多重要观点,对目前的经济工作仍有重大的指导意义。

② 陈根楷:曾任中山市委书记、市人大常委会主任、党委书记,十届全国人大代表。

③ 1962 年 1 月 11 日至 2 月 7 日,中央在北京召开了扩大的工作会议。出席会议的有中央、中央局、省、地、县(包括重要厂矿)五级领导干部,共 7118 人。人们习惯地称这次会议为"七千人大会"。这是我们党在执政后召开的一次空前规模的总结经验大会。《在扩大的中央工作会议上的讲话》,就是毛主席在这次会议上的讲话,会上,发扬了民主,开展了批评与自我批评,初步总结了 1958 年"大跃进"以来的经验教训。这次会议对于统一全党思想,提高认识和纠正工作中发生的"左"的错误,起到了积极作用。

识,循环往复,而每一循环,都比较地进到了高一级的程度。这就是辩证唯物论的全部认识论,这就是辩证唯物论的知行统一观。"寻求真理的唯一途径是对事物客观的实践,实践的过程不是消极的袖手旁观,而是有想象力、有计划的探索。

尊重和把握客观规律关键就在于实践,这是马克思主义认识论的基本原则,也是科学发展的基本内涵。正确认识客观规律,尊重事物运转的客观规律,按事物运转的客观规律办事,在这个基础上,充分发挥人的主观能动性和创造性,积极推进社会的健康和谐发展。

所以,一个不断变化又相对稳定的系统,其稳定性得以发生作用是由于掌握了内部运转规律并保持一定的和谐与平衡。同样,系统中的经验要素、理论要素以及结构要素也不是各自孤立分离的,它们相互依存、相互作用。所以,我们要在它们的辩证运动中,而不是采取悬置或孤立的方式,来考察它们的这种运转规律。

掌控终极目标

遵循客观规律,实现规律运转,是系统运转的本质要求。规律,是事物运动过程中固有的、本质的、必然的联系,对事物发展特别是系统运转具有极其重要的作用。推动系统运转的关键是提高把握规律的能力。遵循规律是规律运转的本质要求,认识规律、把握规律能力的高低,自然成为能否实现规律运转的关键。

孔子带他的弟子瞻仰鲁桓公宗庙,在案桌上发现一只形状古怪的酒壶。孔子问守庙人:这是什么酒器? 守庙人回答:是君王放在座右作为铭志用的酒壶。"啊,我知道它的用处了!"孔子回头对弟子们说,"快取清水来,灌进这口酒壶里"。子路舀来一大瓢清水,徐徐注入酒壶,大家都屏息静气地看着。只见没有注水时,壶身是倾斜的,接着当水达到壶腰时,酒壶却又立得端端正正的,再继续灌,水刚满到壶口,酒壶就砰的一声翻倒在地。大家都莫名其妙,一齐抬头看着孔子。孔子拍手叹道:"对啊,世上哪有满而不覆的事物啊!"子路问:"老师,请问这个酒壶虚则顷,中则正,满则覆,其中可有道理?""当然有"!孔子对大家说:"做人的道理也同这只酒壶一样,聪明博学,要看到自己愚笨无知的一面;功高盖世,要懂得谦虚礼让;勇敢孔武,要当作还很怯弱;富庶强盛,要注意勤俭节约。"人们常说的不偏不倚,截长补短,也就是这个道理。怪酒壶有它自身的属性和规律性,当孔子的弟子"遵循规律"时,"中则正",没有按规律办事时,便"满则覆"。这启示人们:只有正确地认识并利用规律为我们办事,才能达到预期的效果。

规律反映了事物运转的内在联系和要求。把握正确的规律,就能在"山重水复"之际,探明前进的方向,摸准运转的路径;规律决定成效,因为规律是一种科学,按规律办事,就能科学地指导运转的具体实施,事半功倍地取得运转成效。解决任何矛盾和问题,别无他法,只有通过仔细观察、探索实践、找准规律、把握规律、利用规律来实现平稳健康、高效快速的正向运转。要辩证地看待各类矛盾和问题,不要"盲人摸象",自行其是,各有一套;要增强对运转过程的预见性、前瞻性和针对性,不能"夜入深池",东碰西撞,来回折腾。总而言之,就是要善于观大势、谋大局,由表及里、由浅入深地发现规律、揭示规律、把握规律,按规律办事,按规律运转。坚持在运转的过程中善于探索规律性的东西,自觉地按规律运转。

从广泛而深入地观察,全面掌握情况,深入分析问题,把握问题实质;到根据实践结果作决策,既不唯书,也不唯上,既不盲从,也不蛮干,而是具体问题具体分析,才能找出科学的运转规律与现实要求的最佳结合点,找准运用规律与满足需求的最佳切入点。

规律不是抽象的,而是十分具体的。比如最贴近我们生活的科学发展观,它提出的以人为本,全面、协调、可持续的发展要求,以及"五个统筹",既是对发展理念的重大突破,也是对社会运转规律的科学认识。我们之所以保持了社会的健康平稳运转,就在于对科学发展观的坚持和把握。胡锦涛总书记指出:"科学发展观,是指导发展的科学思想。只有求真务实,认识规律,把握规律,才能得其要旨。"遵循规律,是科学发展的"生命"。现在我们说要把握科学运转规律,按规律运转,最根本的就是树立和落实科学发展观,用科学发展观统领经济社会发展运转的全局,保持持续协调健康发展的良好势头。大量实践均已证明,什么时候按科学的运转规律办事,我们的经济社会发展就一帆风顺,成效卓越;什么时候违背了科学的运转规律要求,我们的经济社会发展就会陷入困境,甚至倒退。比如,30多年的改革开放,遵循和运用了"生产关系要适应生产力的发展"等一系列规律,从而使我国的社会主义建设取得了举世瞩目的成就;而发展中曾经出现和目前正在凸显的一些问题,很大程度上是因为未能尊重发展规律、不按规律办事所造成的,比如少数地方一些不讲成本的政绩工程、形象工程等就违背了客观规律,从而极大地影响了科学发展的进程。因此,我们要有对运转规律的敬畏感,凡是符合科学运转规律的事情就应当全力以赴地去做,凡是不符合运转规律的就应当毫不迟疑地去改。只有这样,我们才能无往而不胜。

　　要坚持按规律办事,并有力的推动规律运转,就必须不断提升认识规律、把握规律的能力。要做到这一点,"根"在观察。规律是客观存在的,但是它并不会主动示人。只有不断的观察,不断提高知识水平、不断增强认知能力,才能更深入地认识规律、更准确地把握规律。正确地反映客观规律的要求,是我们认识和掌握客观规律的锐利武器。"重"在实践。实践是谋事之基、成事之道,是我们把握规律的正确方法和途径。只有深入地探索、实践,才能掌握大量的第一手资料,掌握更多的信息与方法;只有反复研究、思考,才能在纷繁复杂的表面现象下准确把握事物的本质与内在联系。因此,深入的探索实践是认识规律、把握规律的重要途径。实践出真知。勇于实践、善于实践,从实践中积累案例,然后对之进行理论上的探索和升华,是认识规律的根本途径,也是提高把握规律能力的必由过程。在这一过程中,要有敢于探索的勇气、不断深入的思考和务实的态度,做到在实践中认识规律,在实践中尊重规律,在实践中顺应规律,通过实践提高把握客观规律的能力。"贵"在坚持,任何事情都不是一蹴而就的,我们即使掌握了规律,也不能急于求成,要踏实稳重,持之以恒,这样才能使我们不断的进步,不断的掌握更多的运转规律,不断的提升运转的能力。

　　又如我们现在处于社会主义市场经济体制下,自由经济是市场经济的一部分,宏观调控也是市场经济的一部分。如果任由"看不见的手"指挥经济发展,往往会产生许多负面影响,就会造成经济无序和失控。在经济运转失去平衡或出现过热苗头的时候,运用宏观调控手段调节经济,可以使经济运行回到健康平稳可持续的运转轨道上来,也可以使市场竞争更加有序化、规范化。宏观调控从本质上说,也是生产关系的调整,体现了市场经济的运转规律,把握这一规律,有助于我们克服市场经济的负面影响,更好地完善社会主义市场经济体制。

实现规律运转的基本原则是坚持实事求是。规律在不同时代、不同环境的表现不同,所起的作用也不同。要按规律运转、使运转规律,就必须从实际出发,坚持实事求是。这是遵循系统运转本质要求、实现规律运转的基本原则。一切从实际出发,就要形成"遵循规律但不机械套用规律"的思维方式,同时善于解放思想,灵活而非机械地看待运转规律,尤其是坚持从实际出发,根据变化了的时机、变化了的条件、变化了的事物和变化了的人来考虑,作出恰当的判断;注重发散思维,联系而非孤立地认识运转规律,特别是要认识到多种运转规律综合作用表现出的复杂性与多变性,避免"一叶蔽目,不见泰山";还应当坚持与时俱进,用发展的眼光、前瞻性的思维看待系统运转。发展而非停滞地把握运转规律,随着认识领域的不断拓展而不断深化对运转规律的认识,不断提高按照运转规律作出决策能力和水平。

中国古代的儒家认为,事情要做的不偏不倚才好,做过了头和没有做到位是一样的,这就是所谓的"中庸之道"。而下文中的马车夫就表现过头了。

东野稷①十分擅长于驾马车,于是他去求见鲁庄公,想给鲁庄公当马车夫。鲁庄公接见了他,并叫他驾车表演一下,来考察他的技艺。只见东野稷驾着马车,前后左右,进退自如,十分熟练。他驾车时,无论是进还是退,车轮的痕迹都像木匠画的墨线那样的直;无论是向左还是向右旋转打圈,车辙都像木匠用圆规划的圈那么圆。鲁庄公大开眼界,他满意地说:"你驾车的技巧的确高超,实在是太好了!"东野稷受到了称赞,也自信地说:"我相信我驾车的本

---

① 稷(jì)。

事已经无人能比了。"鲁庄公意犹未尽地说:"可以再跑几圈让我看看吗?"东野稷为了讨鲁庄公的欢心,就回答说:"再跑一百个圈子也没问题。"于是他又驾着马车跑了起来,并玩出了花样,鲁庄公也看的眉飞色舞,大声叫好。这时,一个叫颜阖①的人看到东野稷这样拼命的驾车用马,于是对鲁庄公说:"我看,东野稷的马车很快就会翻的。"鲁庄公正在看表演的兴头上,听了这话很不高兴。他没有理睬站在一旁的颜阖,心里想着东野稷会创造驾车兜圈的纪录。但没过一会儿,东野稷的马果然突失前蹄,弄了个人仰马翻,东野稷因此扫兴而归,见了庄公觉得很是难堪。鲁庄公不解地问颜阖说:"你怎么知道东野稷要翻车呢?"颜阖回答说:"马再好,它的力气也总有个限度。我看东野稷驾的那匹马力气已经耗尽,可是他还要让马拼命地跑。像这样蛮干,马不累垮才怪呢。"听了颜阖的话,鲁庄公无言以对。

东野稷没有尊重客观规律,不能充分考虑到马匹的承受能力,急于表现,结果适得其反。有些人为了让自己早点儿出人头地,拼命的压迫自己学习,超过了自己的承受能力,造成神经衰弱、身体透支,断送了美好的前途。我们学习或工作,也不能急躁,只要每天都有进步,就不怕没有收获。

按规律运转,并不是只顾及眼前利益,或者在鱼和熊掌的选择中左右为难,而是必须要有全局观和系统观,防止走极端和片面性。要看到在一个大的系统内运转规律之间的相互关联,提高规律运转的成效。我们要充分认识到,把握运转规律的重要意义,把它作为规律运转的依托,平稳健康的运转是运转规律的核心,任何系统只有在促进各个领域、各个环节、各类要素、各种资源的"总动员",才能形成一加一大于二的协同效应。

在这里我们还要强调"及时总结经验、善于吸取教训"的实践态度。由于我们对运转规律的把握在很多时候不能一步到位,在按规律运转时也可能出现失误,必须经常总结经验,坚持即将成功的,及时弥补不足的,虚心改正错误,突破思维定式,不断进行创新,从而不断有所收获、有所创造、有所进步。

规律闪耀着科学的光芒,牢牢把握运转规律,实现规律运转,就是用科学

---

① 阖(he)。

照亮我们的发展之路!

运转为之胜利

我党在抗日时期的发展,可分为三个阶段。1937 — 1940 年为第一个阶段。在此阶段的头两年内,即在 1937 年和 1938 年,日本军阀重视国民党,轻视共产党,故用其主要力量向国民党战线进攻,对它采取以军事打击为主、以政治诱降为辅的政策,而对共产党领导的抗日根据地则不重视,以为不过是少数共产党人在那里打些游击仗罢了。但是自 1938 年 10 月日本帝国主义者占领武汉以后,他们即已开始改变这个政策,改为重视共产党,轻视国民党;改为以政治诱降为主、以军事打击为辅的政策去对付国民党,而逐渐转移其主力来对付共产党。因为这时日本帝国主义者感觉国民党已不可怕,共产党则是可怕的了。国民党在 1937 年和 1938 年内,抗战是比较努力的,同我党的关系也比较好,对于人民抗日运动虽有许多限制,但也允许有较多的自由。自从武汉失守以后,由于战争失败和仇视共产党这种情绪的发展,国民党就逐渐反动,反共活动逐渐积极,对日抗战逐渐消极。共产党在 1937 年,因为在内战时期受了挫折的结果,仅有四万左右有组织的党员和四万多人的军队,因此为日本军阀所轻视。但到 1940 年,党员已发展到 80 万,军队已发展到近 50 万,根据地人口包括一面负担粮税和两面负担粮税的,约达一万万。几年内,我党开辟了一个广大的解放区战场,以至于能够停止日寇主力向国民党战场作战略进攻至五年半之久,将日军主力吸引到自己周围,挽救了国民党战场的危机,支持了长期的抗战。但在此阶段内,我党一部分同志,犯了一种错误,这种错误就是轻视日本帝国主义(因此不注意战争的长期性和残酷性,主张以大兵团的运动战为主,而轻视游击战争),依赖国民党,缺乏清醒的头脑和缺乏独立的政策(因此产生对国民党的投降主义,对于放手发动群众建立敌后抗日民主根据地和大量扩大我党领导的军队等项政策,发生了动摇)。同时,我党吸收了广大数目的新党员,他们还没有经验;一切敌后根据地也都是新创的,还没有巩固起来。这一阶段内,由于时局开展和党与军队的发展,党内又生长了一种骄气,许多人以为自己了不得了。在这一阶段内,我们曾经克服了党内的右倾偏向,执行了独立政策,不但打击了日本帝国主义,创立了根据地,发展了八路军新四军,而且打退了国民党的第一次反共高潮。

1941年和1942年为第二阶段。日本帝国主义者为准备和执行反英美的战争,将他们在武汉失守以后已经改变了的方针,即由对国民党为主的方针改为对共产党为主的方针,更加强调起来,更加集中其主力于共产党领导的一切根据地的周围,进行连续的"扫荡"战争,实行残酷的"三光"政策,着重地打击我党,致使我党在1941年和1942年这两年内处于极端困难的地位。这一阶段内,我党根据地缩小了,人口降到5000万以下,八路军也缩小到30多万,干部损失很多,财政经济极端困难。同时,国民党又认为他们已经闲出手来,千方百计地反对我党,发动了第二次反共高潮,和日本帝国主义配合着进攻我们。但是这种困难地位教育了共产党人,使我们学到了很多东西。我们学会了如何反对敌人的"扫荡"战争、"蚕食"政策、"治安强化"运动、"三光"政策和自首政策;我们学会了或开始学会了统一战线政权的"三三制"政策、土地政策、整顿三风、精兵简政、统一领导、拥政爱民、发展生产等项工作,克服了许多缺点,并且把第一阶段内许多人自以为了不得的那股骄气也克服下去了。这一阶段内,我们虽然受了很大的损失,但是我们站住脚了,一方面打退了日寇的进攻,另一方面又打退了国民党的第二次反共高潮。因为国民党的反共和我们不得不同国民党的反共政策作自卫斗争的这些情况,党内又生长了一种过左的偏向,例如以为国共合作就要破裂,因而过分地打击地主,不注意团结党外人士等。但是这些过左偏向,也被我们克服过来了。我们指出了在反摩擦斗争中的有理有利有节的原则,指出了在统一战线中又团结又斗争和以斗争求团结的必要,保持了国内和根据地内的抗日民族统一战线。

1943到现在为第三阶段。我们的各项政策更为见效,特别是整顿三风和发展生产这样两项工作,发生了根本性质的效果,使我党在思想基础和物质基础两方面,立于不败之地。此外,我们又在去年学会了或开始学会了审查干部和反对特务的政策。在这种情形下,我们根据地的面积又扩大了,根据地的人口,包括一面负担和两面负担的,又已上升到8000余万,军队又有了47万,民兵 227 万,党员发展到了 90 多万。

1943 年,日本军阀对中国的政策没有什么变化,还是以打击共产党为主。从 1941 年至今这三年多以来,60% 以上的在华日军是压在我党领导的各个抗日根据地身上。三年多以来,国民党留在敌后的数十万军队经不起日本帝国主义的打击,约有一半投降了敌人,约有一半被敌人消灭,残存的和撤走的为数极少。这些投降敌人的国民党军队反过来进攻我党,我党又要担负抗击 90% 以上的伪军。国民党只担负抗击不到 40% 的日军和不到百分之十的伪军。从 1938 年 10 月武汉失守起,整整五年半时间,日本军阀没有举行过对国民党战场的战略进攻,只有几次较大的战役行动(浙赣、长沙、鄂西、豫南、常德),也是早出晚归,而集中其主要注意力于我党领导的抗日根据地。在此情况下,国民党采取上山政策和观战政策,敌人来了招架一下,敌人退了袖手旁观。1943 年国民党的国内政策更加反动,发动了第三次反共高潮,但是又被我们打退了。

1943 年,日寇在太平洋战线逐渐失利,美国的反攻增强了,西方的希特勒在苏联红军严重打击之下有摇摇欲倒之势。为救死计,日本帝国主义想到要打通平汉、粤汉两条铁路;又以其对重庆国民党的诱降政策还没有得到结果,有给它以再一次打击之必要,故有在今年大举进攻国民党战线的计划。河南战役已打了一个多月。敌人不过几个师团,国民党几十万军队不战而溃,只有杂牌军还能打一下。汤恩伯部官脱离兵,军脱离民,混乱不堪,损失 2/3 以上。胡宗南派到河南的几个师,也是一触即溃。这种情况,完全是几年来国民党厉行反动政策的结果。自武汉失守以来的五年半中,共产党领导的解放区战场担负了抗击日伪主力的重担,这在今后虽然可能发生某些变化,但这种变化也只能是暂时的,因为国民党在五年半以来消极抗日、积极反共的反动政策下所养成的极端腐化状态,今后必将遭到严重的挫败,到了那时,我党抗击敌伪的任务又将加重了。国民党以五年半的袖手旁观,得到了丧失战斗力的结果。共产党以五年半的苦战奋斗,得到了增强战斗力的结果。这一种情况,将决定今后中国的命运。

整个抗日战争期间,中国军队共进行大规模和较大规模的会战 22 次,重要战役 200 余次,大小战斗近 20 万次,总计歼灭日军 150 余万人、伪军 118 万人。战争结束时,接收投降日军 128 万余人,接收投降伪军 146 万余人。

毛泽东根据对于敌我力量对比及其消长的分析,根据对于中日战争全过程及这一战争之特殊形态的预见,提出了正确的战略方针。抗日战争是持久战,但是怎样进行持久战呢? 毛泽东写道:"我们的答复是:在第一和第二阶段即敌人进攻和保守阶段中,应该是战略防御中的战役和战斗的进攻战,战略持久中的战役和战斗的速决战,战略内线中的战役和和战斗的外线作战。"他解释说:敌分数路向我进攻,敌处外线,我处内线,敌是战略进攻,我是防御,我利用地广兵多两个长处,采用灵活的运动战,以几个师对他一个师,几万人对他一万人,几路对他一路,从战场的外线突然包围其一路,打他个措手不及,迅速解决战斗。这样,敌人战略上的外线和进攻,"在战役和战斗的作战上,就不得不变成内线和防御",而其战略的速决战也不得不变成持久战;我之战略上的内线、防御和持久,在战役和战斗的作战上就变成了外线、进攻和速决。毛泽东的这个方针中包含着把游击战争提高到战略地位这个重要原则。在中外战史和兵学史上,游击战只有战术地位,而没有战略地位。毛泽东认为在抗日战争的第二段"游击战将升到主要形式",并且游击战逐步向正规战发展。第三阶段运动战将升为主要形式,"但这个第三阶段的运动战,已不全是由原来的正规军负担,而将由原来的游击战提高到运动战去担负其一部分,也许是相当重要的一部分"。中国抗日战争中的游击战"将在人类战争史上演出空前伟大的一幕"。

第一个阶段,是敌之战略进攻、我之战略防御的时期。第二个阶段,是敌之战略保守、我之准备反攻的时期。第三个阶段,是我之战略反攻、敌之战略退却的时期。

毛泽东的抗日战争的战略方针,指导了抗日战争,抗日战争的进程又检验了毛泽东的战略方针。抗日战争的实践证明了毛泽东的战略方针是正确的,他的预见都应验了,从基本上说,都一一变成了现实。它指导我军用战役和战斗上的外线、进攻、速决的方针,大量杀伤了敌人,壮大了自己,逼迫敌人不得不把他的外线、进攻变成内线、防御,把侵华战争的速战速决变成持久战。

这就是说，毛泽东抗日战争的战略方针，实际上还指挥、调动了敌人的军队。对敌人的消耗和损伤最大的是敌后游击战争，抗日战争的中坚力量也是在游击战争中发展和壮大起来的；1945年上半年敌后游击战完成了向正规战的转变，在反攻阶段除了苏军对日军的歼击不计，真正的反攻力量就是在敌后游击战争中发展、壮大起来的八路军和新四军。它在反攻阶段已达100万人，较之抗战开始时的四万余人增长了25倍，部队的质量显著提高，武器装备也大为改善，它成了决定中国命运的正规部队。毛泽东对于抗日战争的战略方针的论述和对于实施这个战略方针的进程、结局的描画，与后来的事实对比，几乎不用进行校正，只要去掉几个"将"字，就好像是事后的总结了。

毛泽东《论持久战》对抗日战争的进程、战争形态及其结局的预见，为什么能够如此准确？归根结底在于他把握住了战争的运转规律。因为有了杰出的观察能力，因为把经他发展了的马克思主义的唯物辩证法应用于研究中日战争，所以才能够用客观的科学的态度，对中日战争的基本因素作出全面的深刻的分析，从而发现中日战争的特殊规律性，所以才能够集中和概括实战经验，集中和概括各级将领和广大抗日军民的创造、智慧，提到理论的高度，得出正确的抗日战争的战略方针。

第十章　严格程序　恪守规则

　　人生是一个庞大的系统，是由无数个具体的活动组成的，而每一个具体活动都是具有自身演绎的程序，人对这些具体活动程序的有效掌握达到什么范围和程度，那么这些活动对人的意义就体现出怎样的影响，就如同计算机运行一般。

　　谈到程序，人们会首先想到计算机的运行程序，这个程序是为解决一个信息处理任务而预先编制的工作执行方案，也是由一串 CPU 能够执行的基本指令组成的序列，每一条指令规定了计算机（国家和社会也是如此）应进行什么操作（如加、减、乘、判断等）及操作需要的有关数据。例如，从存储器读一个数送到运算器就是一条指令，从存储器读出一个数并和运算器中原有的数相加也是一条指令。

　　计算机程序或者软件程序（通常简称程序）是一组指示计算机每一步动作的指令，通常用某种程序设计语言编写，运行于某种目标体系结构。打个比方，一个程序就像一个用汉语（程序设计语言）写下的红烧肉菜谱（程序），用于指导懂汉语的人（体系结构）来做这个菜。通常，计算机程序要经过编译和链接而成为一种人们不易理解而计算机通用的格式，然后运行。未经编译就可运行的程序通常称为脚本程序（script）。

　　当要求计算机执行某项任务时，就设法把这项任务的解决方法分解成一个一个的步骤，用计算机能够执行的指令编写出程序送入计算机，以二进制代码的形式存放在存储器中（习惯上把这一过程叫做程序设计）。一旦"启动"程序，计算机就会严格地一条条分析执行程序中的指令，便可以逐步地自动完成这项任务。为了一个程序运行,计算机加载程序代码,可能还要加载数据,从而初始化成一开始状态,然后调用某种启动机制。当然,在最始层上,必须由一个引导序列开始。在大多数计算机中,操作系统例如 Windows 等,加载并且执行很多程序。

近年,天宫一号(Tiangong-1)是中国首个目标飞行器,于 2011 年 9 月 29 日 21 时 16 分 3 秒在酒泉卫星发射中心发射。它的发射,举国欢腾,这标志着中国迈入中国航天"三步走"战略的第二步第二阶段,同时也标志着中国国力的进一步增强。众所周知,飞行器的发射是一项复杂的工程,要使这项工程能够得以顺利实现,就必须做大量的工作,其中,按照严格的发射程序一步步走是十分重要的,这个程序包括飞行器制造阶段、飞行准备阶段、发射阶段等,都有极其严格的步骤,特别是发射阶段,缺少一个步骤或者有分毫的时间误差都是不行的。这程序是保障任务目标完成的有效手段。没有程序,任何系统则会混乱,任何目标都难以实现,我国天宫一号的发射过程便是明证。

创造宇宙神话

航天工程采用的技术成熟度,用来表示型号中关键技术成熟的程度,它是人们在大量工程实践基础上,对技术成熟规律认识的一种总结。国外在对大量成功的项目和出现严重问题的项目进行分析后认为,在一些关键技术未达到一定程度就提前转入工程研制阶段是导致项目出问题的重要原因,并总结出了在项目研发的各个里程碑关键技术需要达到的技术成熟度"门槛"的最佳工程实践。技术成熟度保障了工程的程序化,使得技术未到相应的标准不能进入下一阶段的工程研发。

中国航天的同志们在长期的科研和工程实践过程中提出了一套研制阶段划分方法。"探索一代、预研一代、研制一代、生产一代",航天型号研制一般划分为:模样阶段、初样阶段、试样阶段。这就是中国航天生产科研的程序,它保障着一个又一个航天奇迹的诞生。

严格的程序保障在航天工程中也表现得淋漓尽致。比如,天宫一号的发射就是在程序上有力的保障下得以顺利时行。某日 17：20 酒泉卫星发射中心的科技人员开始撤收火箭上的水平测量仪和电缆。随后,火箭上的所有设备电源断开,用于火箭自毁的引爆器和爆炸器的插头开始连接。

负 3 小时　火箭封舱。火箭进行状态检查,清理舱内人员和物品。火箭测试发射指挥员离开测发大厅,与火箭测试发射各系统人员一起乘车前往发射塔架。

负 2 小时　发射前准备。发射各系统进入射前程序,开始给火箭供电,装订飞行程序,并试运行程序。

负 60 分钟　静候点火,发射塔架的第四组回转平台已经打开。

20：50　第三组回转平台打开,乳白色的长征二号 FT1 火箭,托举着天宫一号目标飞行器,紧紧依靠着高大的发射塔架,完整展现在人们面前。

21：07　北京飞控中心零号指挥员宣布:发射点火时间设定为 21 时 16 分 00 秒。这意味着,由天文台授时的误差在毫秒级的火箭点火时间,已经装订到火箭的飞行程序上,到达这个时间时,火箭将自动点火起飞。

21：11　发射进入负 5 分钟准备。

21：16　发射升空。

21：17　火箭向东稍偏南的方向实施程序拐弯。此时,火箭距地面高度为 211 米。

21：19　火箭助推器分离。

21：19　火箭一二级分离成功,一级坠落。此时,火箭已经飞过了平流层和中间层,正在接近大气层边缘。

21：20　整流罩分离,抛整流罩。

21：24　二级火箭主机关机,北京飞行控制中心内,大屏幕不同角度切换天宫一号飞行器在空中的情况,前方不断传回"一切正常"的声音。

21：26　天宫一号与火箭成功分离,高度约 200 公里。

21：28　天宫一号帆板展开正常。

21：36　北京飞控中心宣布天宫一号入轨。

21：38　载人航天工程总指挥常万全宣布:天宫一号目标飞行器发射取

得圆满成功。

在 2012 年 6 月 24 日天宫一号与神舟九号当日中午成功实施第一次手控交会对接。此次对接任务在航天员的手动控制下完成,标志着中国已掌握手控交会对接技术。

自 6 月 18 日天宫一号与神舟九号成功实施自动交会对接、航天员飞行乘组首次进驻天宫一号以来,组合体运行正常,3 名航天员状态良好,各项科学实验顺利实施,实现了短期有人照料的组合体飞行,达到了预期的目的。

中国载人航天工程新闻发言人 23 日下午宣布,经天宫一号与神舟九号载人交会对接任务总指挥部研究决定,计划于 6 月 24 日 12 时许,实施天宫一号与神舟九号手控交会对接。

航天员当天晚上开始进行手控交会对接各项准备工作,并于第二天早晨离开天宫一号,进入返回舱,等待神舟九号与天宫一号分离。

第二天 11:08,北京航天飞行控制中心下达分离指令,神舟九号与天宫一号随后成功分离。飞船自动撤离至 400 米左右停泊点。

短暂停留后,飞船开始自主接近天宫一号,随后进入 140 米保持。

12:38,飞船转入手动控制。

12:42,飞船对接环接触。

12:50 许,对接机构成功捕获。随着对接锁锁紧,天宫一号与神舟九号再次形成一个组合体,手控交会对接顺利完成。

在此次手控对接任务中,航天员刘旺挑起"大梁"。他坐在中间,用右手边的姿态控制手柄、左手边的平移控制手柄来控制飞船的速度和位置,整个对接过程操作精准,完成手控交会对接。

手控交会对接的操控难度很大,航天员此前操作手柄进行了 6 个自由度、12 个方向的操控训练。航天员实施了在轨训练,进行了组合体撤离训练,对手柄进行了试操作。

航天员开展了航天空间医学实验。很多实验和实验方法是第一次在轨使用。实验积累了大量有价值的数据,对于进一步认识人在空间长期飞行的生理变化规律、完善将来中长期飞行健康保障技术、提升人在太空作用能力等具有重要意义,也为将来空间站的工程设计提供了重要依据。此次对接任务完成后,三位航天员将再次进入天宫一号驻留。

其实无论工程的大小,在其实施的过程中,都是按照严格的程序进行的,它的每一步都在严密的计划之中。天宫一号的发射就是整个中国航天载人计划中一个阶段的一小步,正是因为这样环环相扣,才保证了中国航天事业的顺利发展。那么,中国载人航天计划三步走战略是什么?它又是按照怎样的规则和程序去制定的呢?

第一步,发射载人飞船,建成初步配套的试验性载人飞船工程,开展空间应用实验。掌握载人航天技术,使我国成为世界上第三个能够独立研制、成功发射和顺利回收载人航天器的国家。这项任务,已在发射 4 艘无人飞船的基础上,以杨利伟于 2003 年 10 月中旬乘坐神舟五号载人飞船在太空遨游 21 小时 23 分钟绕地飞行 14 圈并安全返回地面为标志而圆满完成。

第二步,在第一艘载人飞船发射成功后,突破载人飞船和空间飞行器的交会对接技术,并利用载人飞船技术改装、发射一个空间实验室,解决有一定规模的、短期有人照料的空间应用问题。突破航天员出舱活动与飞行器空间交会对接的关键技术,实施空间实验室工程。2005 年 10 月费俊龙、聂海胜乘坐神舟六号飞船开始真正意义上有人参与的空间科学试验,标志着中国载人航天第二步计划启动。2008 年发射的神舟七号飞船,乘载了 3 名航天员升空,并由 1—2 人出舱进行太空行走。此一创举,为空间站进行舱外维修和科学实验储备技术。值得注意的是,20 世纪 60 年代,苏联和美国都是在第八次载人航天时进行太空行走的,而我国则是在第三次载人飞行时就进行太空行走。

第三步,建造载人空间站,解决有较大规模的、长期有人照料的空间应用问题。2015 年以后将建造 20 吨级的空间站,解决有较大规模的、长期有人照料的空间应用问题。在掌握飞行器空间交会对接和空间实验室技术的基础上,我国将运用新一代运载火箭,陆续发射多个性能不同的舱段,在太空近地轨道上实现对接组装,逐步建成具有中国特色的空间站。驻站人员的交替、实验设备的更换和所需物资包括生活用品的供给,将由神舟号系列飞船承担。飞船升空后将与空间站上的专设装置进行对接,实现站船联袂飞行。待完成任务后,飞船能够脱离空间站单独返回地面。由于每组驻站航天员只能搭乘运送自己进站的飞船脱离空间站,站上又不能断人,即必须等到下一组航天员进站完成工作交接后方能离站,故而站上至少要设置两个飞船对接口,始终有1艘飞船与空间站联体飞行。那时,站上开展的多种科学实验和获得的丰硕成果,将为和平利用外层空间资源、振兴中华、促进人类文明和推动社会进步作出更大贡献。

中国政府一直把航天事业作为国家整体发展战略的重要组成部分,坚持以和平为目的的探索和利用外层空间,使外层空间造福于全人类,中国作为发展中国家,其根本任务是发展经济,不断推进国家现代化建设事业。航天事业发展的宗旨是:探索外层空间,扩展对宇宙和地球的认识;和平利用外层空间,促进人类文明和社会发展,造福全人类;满足经济建设、国家安全、科技发展和社会进步等方面日益增长的需要,维护国家利益,增强综合国力。中国载人航天三步走计划是按照缜密的程序设定的,每一步实现中又蕴涵着无数小的步骤,其中每一步的实现为整个计划的实现做好了铺垫。大家都知道程序是按照一定的规则或者原则去制定的,都是有依据的,而非无稽之谈。中国载人航天三步走计划是按照以下规则制定的:

(1)坚持长期稳定、持续的发展方针,使航天事业的发展服从和服务于国家整体发展战略。中国政府高度重视航天事业在实施科教兴国战略和可持续发展战略,以及在经济建设、国家安全、科技发展和社会进步中的重要作用,将航天事业的发展作为国家整体发展战略中的重要组成部分,予以鼓励和支持。

(2)坚持独立自主、积极创新、推进交流与合作。中国立足于依靠自己的力量,进行航天技术攻关,实现航天技术突破;同时,重视航天领域的国际交流与合作,按照互利互惠的原则,把航天技术自主创新与引进国外先进技术有机地结合起来。

(3)推进国情国力,选择有限目标、重点突破。中国发展航天事业已满足现代化建设的基本要求为目的,选择和国民经济与社会发展有重大影响的项目,集中力量、重点攻关,在关键领域取得突破。

(4)提高航天活动的社会效益和经济效益,重视技术进步的推动作用。

中国谋求更加经济、更加高效的航天发展道路,力求技术先进性和经济合理性相统一。

(5)坚持统筹规划、远近结合、天地结合、协调发展。中国政府统筹规划并合理安排空间技术、空间应用和空间科学,促进航天事业全面、协调的发展。

追溯了天宫一号发射的根源后,我们应该很清楚地认识到程序和规则的重要性,并且两者之间有着千丝万缕的联系。

在制定程序时,必须考虑到规则的各个方面,不能有任何疏漏,否则制定出来的程序也是不完善的,不能完成系统从原始状态到目标状态的过渡。规则也必须完善,要考虑各个方面的因素,包括自然因素、社会因素,等等。相信"规则"这个词对于大家来说耳熟能详,生活处处有规则,比如,在车站排队买票要重规则,过马路也要重规则,甚至玩网络游戏也要有规则。随着各项社会事务中规则的不断完善,人们素质的普遍提高,我们的工作和生活也因此变得井井有条。但是其中也不乏很多办事不讲规则的人,最后不但害了自己,也严重影响了他人的正常工作。相对于规则而言,很多人对于程序及其重要性的认识更为片面。一部分人认为程序只属于形式,没有内容那么重要;另一部分人觉得程序是细枝末节,可有可无;有人甚至把程序当做繁文缛节,不但不重视,而且很反感。现实生活中不讲程序、违反程序的现象屡见不鲜,结果既影响办事的质量和效率,又容易助长不正之风,给工作和事业带来巨大损失。再者,程序之中有规则,规则之中有程序。讲程序、重规则是我们处理日常事务中不可或缺的两个方面。

所谓讲程序、重规则,就是要我们建立健全程序、要我们去遵守规则。然而,面对纷繁复杂的社会环境,我们大多数人做得还远远不够。这主要有两方面的原因,一方面,不少社会事务本身缺乏必要的程序安排;另一方面,不讲程序、不重规则的思想已严重蔓延、自由主义现象随处可见。无数实践表明,建立健全办事程序,培养讲程序、重规则的良好习惯,不仅对个人的成长至关重要,对整个国家和民族的发展亦是非常重要。

强化程序内涵

俗话说得好:万物有理,四时有序。这里的"序",是顺序、次序、程序的意思。不仅自然界如此,人类社会亦如此。事物运动变化的过程和步骤是客观规律的体现。反映到工作中,它要求我们办事情必须讲程序。任何单位办任何事情必须讲程序,为什么这么强调程序? 现在我们的所有工作,无时无处不在强调程序。试问一下程序的概念到底是什么呢?

英国伦敦于第 29 届北京奥运会后,接过奥林匹克运动的大旗,举办了第 30 届夏季奥林匹克运动会。作为世界顶级的运动会,世界各国基本都要参加,这是一个各国实力派选手的竞技舞台,更是一场重规则、讲程序的比赛。每个比赛项目都有具体的比赛程序,每一个比赛也有严格的评分规则。比如摔跤比赛所遵循的程序:

(1)称量体重:各级别比赛前一天称量体重,时间持续 30 分钟。

(2)抽签:运动员称量体重,离开磅秤时自己抽符号,并依此为基础编排配对。

(3)最初的排列顺序:如果有一名或数名运动员未参加称量体重或者超重,称量体重结束后,依据从小号到大号的原则重新排列运动员的序号。

(4)编排:依据运动员所抽的签号进行分组配对。按抽签的顺序进行排列如:1 对 2,3 对 4,5 对 6,依次进行配对。

(5)比赛的淘汰:比赛按参赛的人数分两大组进行淘汰赛,直到各组产生最后一名获胜者,他们将进行冠亚军的决赛。除在比赛中负于 2 名进行决赛运动员而参加争夺 3—8 名复活赛(Repechage)的运动员外,其他比赛中的负方将被淘汰,其最终名次将根据所获名次分(ClassificationPoint)排列。这五项程序,从称量体重到抽签,再到编排,直至最后淘汰赛中冠亚军的产生,每一项都缺一不可,前一项的完成是后一项完成的基础和前提。正是由于这种严谨的程序,才保证了比赛公平公正得进行。但是这还远远不够,比赛中不仅要讲程序,还要重规则。

如跳水运动的主要规则如下:

(1)跳水竞赛规则规定,比赛项目分为有难度系数限制的自选动作和无难度系数限制的自选动作两类。

(2)在每一个项目的比赛中,运动员都应跳完全部比赛动作,随后将所有比赛的得分数累加,以得分数多者为优胜。

(3)跳水比赛的动作须在跳水竞赛规则的"动作难度表"中选定。

(4)跳板跳水比赛,男女分别有六个和五个无难度系数限制的自选动作以及各有五个有难度系数限制的自选动作,其难度系数的总和不得超过9.5。

(5)跳台跳水比赛,男女分别有六个和四个无难度系数限制的自选动作以及各有四个有难度系数限制的自选动作,其难度系数总和不得超过7.6。

(6)国际游泳技术委员会规定,凡是奥运会跳水比赛和世界性跳水比赛都须进行预、决赛,从预赛中选出十二名成绩最好的运动员参加决赛。决赛时必须重复预赛时的全部动作,以决赛成绩总分多者为优胜。

(7)运动员的比赛动作必须在不同组别中选出,不能重复。裁判员按以下标准评分:失败0分;不好0.5—2分;普通2.5—4.5分;较好5—6分;很好6.5—8分;最好8—10分。在比赛中,裁判员根据运动员的助跑(即走板、跑台)、起跳、空中动作和入水动作来评定分数。因此,运动员在比赛时助跑应平稳,起跳要果断有力,起跳角度要恰当,并具有一定高度;空中姿势优美,翻腾、转体快速;入水时身体与水面垂直,水花越小越好。5名裁判员评分:5名裁判员打出分数以后,先删去最高和最低的无效分,余下3名裁判员的分数之和乘以运动员所跳动作的难度系数,便得出该动作的实得分。例如5名裁判员的评分分别是5、(5.5)、5、5、(4.5)=15(总和)×2.0(难度)=30(实得分)。(注:括号里的数字是删去的无效分。下同)7名裁判员的评分方法与5名裁判员评分方法相同,但7名裁判员算出的得分最后还应除以5,再乘以3。例如7名裁判员的评分分别是5、(5.5)、5、5、5、5、(4.5)=25(总和)÷5×3×2.0(难度)=15×2.0=30(实得分)。比赛结束后,把所跳动作的实得分相加,便是该运动员的总分。总分最高者为优胜,如两人或两人以上总分相等,则名次相同。在设有全能项目的比赛中,将运动员跳板动作总分与跳台动作总分相加,就是全能总分。这些规则清楚地阐述了运动员跳水动作的选取标准,以及在何种情况下可以得分,按每种动作完成程度的不同而有不同的评分标准,最后总的分数按照什么标准算取,等等,跳水规则中都讲得很清楚。在奥运会中,所有参赛的运动员都来自世界各地,他们都有着不同的文化背景、政治背景,如果没有统一规则的约束,所有人都各行其是的话,那这样的比赛还有什么意义呢?

所以我们所讲程序包含意思是:做事情要讲程序、重规则。讲程序主要体现在做事情要有先后,不能违背规律,比如我们要建一所房子,首先要把地基打好,地基是整个房屋的基础,如果地基不稳,房子就很容易倒塌。其次要考虑整个房子的支柱,要想让房子稳固地站在大地上不受狂风暴雨和地震台风的侵袭,建好房子的支柱是重中之重。再次才是建造屋顶,等等。那么在这儿,规则体现在哪些方面? 规则也就是规矩、规定。比如,在建造房屋时,我们砌砖用的泥灰必须是砂砾和水泥掺水混合在一起的,按照行业规定,这时对水泥的质量、沙砾的大小以及以何种比例掺水都是有硬性规定的,否则就会造成泥灰黏度不够而影响房屋建造质量;还有支撑墙壁的钢筋架构,对钢筋的材质、粗细程度要求更高,因为墙壁是整个房屋的支柱,如果支柱不坚,会很容易出现“豆腐渣工程”,这些都是建筑业的一般规则。由此可见,如果我们想要建一所坚固的房子,既要做到讲程序,同时也要重规则。

系统运行平衡

我们所生活的环境包括自然环境、社会环境等,都可以看做是开放的复杂巨系统。这些系统的运转都遵循着一定的程序规律,就像地球永远绕太阳转,就像日出东方而入于西极一样。

在宇宙世界中,孤立系统至多是组成物质宇宙原一个很小的部分,而世界更多的是不断与外部环境交换着物质、能量、信息的开放系统,开放系统(自然、生物、社会系统)是充满变化过程的沸腾世界。在开放系统中子系统的一个微小起伏,就可能破坏原有的组织结构,使系统从不稳定或非平衡态“自发地"过渡到稳定状态或平衡态,这是沸腾世界演化的基本规律和方式。世间万物万变不离其宗,事物的发生发展都具备一定的程序性。下面我们就来详细地探讨一下为什么系统会因为程序的存在而自发的由不稳定状态变到稳定状态,或者由非平衡态变为平衡态。

在系统中稳定性总是受欢迎的积极因素,不稳定性总是力求避免的消极因素。程序本来就存在于系统本身。系统从平衡态到非平衡态,从近平衡态过渡到远离平衡态,是通过外部对系统施加的非平衡约束来实现的。这里所说的约束指外部环境对系统施加的持续作用,瞬时存在的外部作用叫做对系统的扰动。一般来说,内部扰动使系统暂时离开平衡态,系统自身一种程序的存在将使自己逐步回归平衡态。例如,在中国封建社会长达两千年的时间内,由于封建专制集权统治、自给自足的小农经济生产方式和传统儒家文化之间有很强的内在耦合作用,即使中国历史两三百年就发生一次大的农民起义或外族入侵而引起战乱、改朝换代,也很快地使封建社会系统(包括政治、经济、文化结构)恢复原有的耦合,达到一种平衡稳定态。这正是因为社会这个大系统内部程序的存在,这种程序的存在使得朝代变迁,社会发展。

同时系统具有追求稳定的性质是由系统的自身程序所决定的。因为只有达到有序稳定的结构状态,系统的功能才能最大限度地发挥,否则系统将逐渐解体或崩溃。例如,温带地区某一成熟的生态系统往往具有垂直方向上的多层结构,每一层次的物种在该系统中都执行着一定的功能,其内部的物质、能量和信息交换达到了高度的统一,生产力(功能)也达到最高。此时外来物种很难入侵该系统,即使有干扰系统,也能靠自身的能力消化吸收,所以系统处于最稳定的状态。如果该地区的生态系统不是上述的稳定的系统,将容易受到干扰和破坏,所以在条件允许的情况下,系统会自动地向稳定结构靠拢,按照裸地—苔原地衣生态系统—草原生态系统—灌木生态系统—森林生态系统的序列方向演化,一直到达与当地环境条件相适应的最稳定的生态系统为止。

我们不禁反思,为什么自然界或者人类的变化会以这种方式,而不以其他非稳定的状态去变化? 正是因为程序的存在,事物的变化不会离开自己内部特定的程序:系统总是由不稳定到稳定状态转变,由非平衡态到平衡。由于系统中程序的存在,无论是自然系统还是社会系统总是趋于自身有利的方向变化,所以程序的存在对人类终究而言是有利的。

万物奉行合则

《周易·文言传》说:"夫大人者,与天地合其德,与日月合其明,与四时合其序,与鬼神合其吉凶,先天而天弗违,后天而奉天时。天且弗违,而况于人乎,况于鬼神乎?"这是说人的德性,要与天地的功德相契合,要与日月的光明相契合,要与春、夏、秋、冬四时的时序相契合,要与鬼神的吉凶相契合。在先天而言,它构成天道的运行变化,那是不能违背的自然程序。在后天而言,程序的变化运行,也必须奉行它的规则。无论先天或后天的天道,尚且不能违背它,何况是人呢? 更何况是鬼神啊!

在程序里,我们主要讨论"与四时合其序",《文言传》"与四时合其序"这句话的意思是:春生、夏长、秋收、冬藏! 当生就生,当长就长,当收就收,当藏就藏。这就是合时序了。应时序,就是走运,逆时序,就是背运。走运就会万事如意,背运就会受到惩罚。

汉宣帝时,有一个丞相,名叫魏相,他曾给汉宣帝上奏折,认为帝王和三公都有调和阴阳的责任,请求设立观察阴阳的羲和之官。奏折上说,东方之卦是震卦,其帝名叫太昊,主管春天;南方之卦是离卦,其帝名叫炎帝,主管夏天;西方之卦是兑卦,其帝名叫少昊,主管秋天;北方之卦是坎卦,其帝名叫颛顼,主管冬天;中央之卦是坤卦和艮卦,其帝名叫黄帝,主管四季。在各个季节要按那个季节的卦的特性行事,否则就会造成阴阳不调。举个例子,秋天的卦是兑卦,按这个卦行事,就应当收割庄稼,这时如果把庄稼放在地里不收,全民动员大炼钢铁,就违背了时令,除了会直接造成粮食短缺之外,还会引起若干莫其妙的阴阳不调,例如干旱、社会动荡等,造成重大损失。魏相的主张被汉宣帝听取,观察时令,按时行事。

可见程序不仅仅存在于系统之中,它是存在于世间万物之中的,事物的运转都有其特定的程序,我们不仅不能违背这个自然规律,还要发现并运用之,否则会造成严重的后果。

哈佛大学是世界著名学府之一,是无数学子的梦想。作为一所私立学校,哈佛大学能享誉全球并创造出无限的辉煌,这点与哈佛"让校规看守哈佛"的理念是分不开的,它告诉我们一个道理:规则面前人人平等。规则是针对所有人的,它高于一切。前面提到过的在规则面前,即使哈佛校长自己心里不情愿也不得不开除那位学生。因为学校的规定,对于任何人都不能网开一面。这也是对于规则面前人人平等的最好诠释。

规则是讲程序的原则。没有铁轨的限制,奔驰的列车就会车毁人亡;没有堤坝的围堵,汹涌的河水就会恣意泛滥;没有规则的约束,社会生活就会杂乱无章。规则所体现出的公平与制约,使得遵守规则就如同遵守道德一样,是一种风度,一种教养。

另外,不管规则是天生的,还是人为规定的,只要有规则,便具有制约性,规则是人类社会为了维持秩序而规定的。比如,交通规则用来维护交通,确保交通畅通;法律规则是为了保护公民应有的权力并与此同时约束公民应尽的责任。什么是真正的自由?没有法律的约束,没有各种规则的限制,一个人的自由是不能称为自由的。这就是规则所体现出的制约性。

物极必反效应

辩证法告诉我们,凡事都要一分为二来看待,在肯定规则的正效应时也必须看到规则所带来的负效应。必须遵守程序固然重要,但生活中由于墨守成规而导致严重后果的例子比比皆是:公路收费站的值班人员以规定为由坚决不放行交不出十元过路费的救护车而最终导致急需救助的患者丧命、南宁市见义勇为的英雄鲍光蛇最终倒在了所谓医院就诊程序的文明规则下。这些事件的发生不禁让我们深思讲规则守程序并在提升办事效率的同时是否也带来了无情与刻板,是否只成为形式而失其本质。

南宁市的医院管理相当的规范化,可正是在这种严格的规则制度下,当见义勇为的英雄鲍光蛇被抬到医院时,医院的医生认真地按照医院的程序一项项的给他做检查;也正是在这种冷酷的制度下,英雄流尽了最后一滴血,说医院有错,这好像不太合适,因为它们也是按照规章制度办事的呀。医院的医生都说了,他们历来都遵循这样的规则,总不可能因为一个人去改变,在医院这种急惊风遇上慢郎中的事情并不少见。

随着中国特色社会主义法律体系的完善形成,社会的各项规章制度也趋于完善,各行各业都建立起了比较成熟的规则,这本应该是好现象,是值得我们提倡的。比如,先前我们没有刑法,也没有刑事诉讼法和行政诉讼法。但是在法律日臻完善的今天,我们在享受法律给我们保护的同时也感到一些诧异。比如,在对待农民工按照法律程序追回拖欠的工资的这件事上。据说,按规则程序追讨,每位民工还要再付三千元到五千元的费用。挣的没有付出的多,民工朋友们还敢按照法律程序追逃自己的工资吗?

因此,在讲程序、讲规则同时,也应遵循一定的"度",对于特殊情况应当特殊对待,不能过于死板、故步自封,应当明确规则制定的本意不仅是为提升办事效率,更重要的是为保证办事效果。而且,规则本身并非天生,也需要不断地完善和改进。这种例子也不胜枚举,在1904年美国圣路易斯宝举行了奥运会。比赛进行得很顺利,但是在撑竿跳比赛时,一位滑稽的日本运动员佐间代夫士并没有按照以往的规则来跳高,只见他将撑竿一端插进沙堆,另一端固定在横梁上,顺着杆子往上爬,一直爬到最高处,然后越过横梁后,从另一边顺着杆子往下滑。在场的人看得很吃惊,这个日本运动员竟然用了这种方法取胜,裁判组不知道该怎样评分,因为他并没有违反比赛规则,只是投机取巧了而已。裁判组经过讨论后还是取消了这位选手的比赛资格,但是他很不服气,觉得自己并没有违反比赛规则,裁判组经过讨论后临时制定了一项规则,即比赛时必须有一段助跑的过程。日本选手在第二次试跳时有了助跑的动作,但跑到沙滩附近,他又按照以前的办法。结果他又取得了好的成绩,这让裁判莫名其妙,又不得不承认他钻了规则的漏洞。于是裁判组立即召开紧急会议,确定了撑竿跳要有助跑,并且不能有交替使用双手的动作。这项规则确定下来之后,一直沿用到现在,很有成效。

由此可见,任何规则的诞生要经过无数经验的总结。有人说,新规则产生的背后往往有很多可笑的人或者事。这则近乎笑话的逸闻,让人不禁感到这位日本选手的精明和狡猾,但换一种角度思考,没有那位日本选手,肯定也会有其他人来挑战规则。规则在不断地打破中趋于成熟。所以我们要在实践中用于找出规则的漏洞,不断去修改和完善它,以便使规则能够更好地为社会服务。

程序设计原则

在程序设计中,要遵循很多原则,最基本的原则是程序设计的有效性、完整性、合理性,程序设计最重要的三个方面是其时空性、可行性、最优性,这三个方面看似相互独立,但又是相辅相成、相互制约的。

任何系统都是存在于一定的外部环境之下,它的存在和运行也都有一定的条件,当我们进行系统程序设计的时候,必须考虑到这些条件,不能脱离现有的条件去进行程序设计。在我们用系统工程思想处理生活中的问题或者是解决大的工程项目的时候,不能只考虑程序结构的优化性和简化性,如果一个程序从结构的完整性和功能的有效性上讲都设计得无可挑剔,但是它在现有的条件下如天方夜谭般无法实施,那么这次程序设计终将还是失败的。所以程序设计的可行性是设计程序时必不可少的条件。

系统中程序设计的时空性体现在什么方面?这似乎是一个很抽象的问题,对于用系统工程学思考问题的人来说,时空即时间和空间,程序设计首先必须保证在时间和空间上的合理性,主要表现在程序设计的每一步骤要体现有时间顺序,也就是一步的完成是为下一步做铺垫的,没有前一步的实施后一步自然无法继续;另外在不同的时间与不同的空间下要执行程序的不同步骤。

"最优"一直是人类追求的最高境界,程序设计中的最优指程序的每一步骤当最优,整个设计出的程序在结构上、功能上都应当达到最优。那么在程序设计中最优的标准是什么呢?俗话说得好,"没有最好只有更好",这儿的最优指的是系统所在的环境和现有的条件下,设计出的程序从局部到整体,从其结构到功能等各个方面,都达到最佳的效果。

在这三个原则中,可行性是程序设计的基础,如果一个程序设计出来,不能在系统现有的环境下运行,那么这个程序就只能作废;时空性是程序设计所要遵循的必要条件,我们生活的三维空间中,系统在同一时间不同空间或者同一空间不同时间所运行的程序可能是一样的,也可能是不同的,我们在设计程序时要时时刻刻考虑这点,这样才能保证程序设计的逻辑性;最优性是程序设计所追求的最高标准,在进行程序设计时一定要做到尽善尽美。

科学优化程序

格林说:"往罐子里装大米,如果先装大米就无法把十粒杏仁装进去;如果先装十粒杏仁再装大米,就可以刚好装满盖上盖子。

同样是装大米和杏仁,为什么后一种方法可以将两种东西全部装进罐子里,前一种却不行呢?

格林的那番话想说明的道理是做事情应该遵循一定的程序,这种程序不是胡乱设定的,而是考虑到时间和空间中的各种因素并按照科学的方法所设定。这种程序不是简单的顺序,也不是说我们只要按顺序干完某件事情就可以了,我们最终的目的是要达到自己预期的目标,使系统通过这一连串的程序执行后,从原始状态圆满地过渡到目标状态。如上面所说,将大米和杏仁全部装进罐子并盖上盖子。

为了达到这样的目标,该按照怎样的程序做更合适,这就是该如何科学思考、分析这类问题并最终找出解决问题的办法? 归根结底就是我们做事情时,需要按照程序走。这时就要有一套理论方法作为支撑,使我们在面对复杂的系统时有了在时间和空间上设计程序的依据,让我们知道如何从原始状态到目标状态做到系统程序设计的最优化。对于处理复杂的系统工程问题,具有重要意义。下面就让我们来探究一下这种方法。

第一步要认识问题。因为只有明确问题才能确立目标,做事情不能像一只无头苍蝇一样乱飞,由于系统工程研究的对象复杂,包含自然界和社会经济各个方面,而且研究对象本身的问题有时尚不清楚,因此,系统开发的最初阶

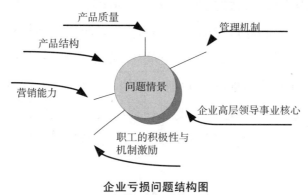

企业亏损问题结构图

段首先要明确问题的性质,特别是在问题的形成和规划阶段,搞清楚要研究的是什么性质的问题,以便正确地设定问题,否则,以后的许多工作将会劳而无功,造成很大浪费。怎样才能很好地做到这点呢?

前人在这个方面做了大量的探索,一般用的方法有直观经验法、预测法、结构模型法、多变量统计分析法。直观经验法中比较知名的有头脑风暴法,这一方法的特点是总结人们的经验,集思广益,通过分散讨论和集中归纳,整理出系统所要解决的问题;在预测法中,系统要分析的问题常常与技术发展趋势和外部环境的变化有关,其中有许多未知因素,这些因素可用打分的办法或主观概率法来处理;复杂问题可用分解的方法,形成若干相关联的相对简单的子问题,然后用网络图方法将问题直观地表示出来,这就是结构模型法的好处;多变量统计分析法利用行为科学、社会学、一般系统理论和模糊理论来分析,或几种方法结合起来分析,使问题明确化。

以上这些方法理论主要用来解决"硬学科"的有关问题,比如当我们遇到一些工程问题的时候,就可以运用这些理论来解决。但是如果面临一些用"软系统"解决的问题时,我们同样可以借鉴并归纳这些思想来为自己找出问题的所在,比如在处理民事纠纷的时候首先要收集与问题有关的信息,表达问题现状,寻找构成或影响因素及其关系,以便明确系统问题结构、现存过程及其相互之间的不适应之处,确定有关的行为主体和利益主体。

下面我们来讨论有关企业亏损中该怎样找出问题所在并最终明确问题,可能有很多原因会导致一个企业的亏损,我们逐个分析了可能引起这一状况

的原因,就需要找出其主要矛盾,具体怎样做,请看以下分解:

企业亏损了,可能是产品质量出了问题,也可能是企业的管理机制出现了问题,或者其他,但是我们找不出具体的原因,这时候我们就需要用科学的方法去分析。如果多个问题产生中发现了可能导致其的主导性因素,那么这个因素可能就是主要原因,这就能比较容易地定出目标。

如果现在考虑的是一系列的片段式问题,其中找不出主导性因素。这时候我们可以按照以下方法去做,具体步骤为:

1. 收集问题情景——往往是一系列导致问题的集合。

2. 对所收集到的素材进行整理,寻找零散问题之间的联系,或对一些问题进行概括,找出其共同特征。以上两个步骤中,步骤 2 抽象的概括出了步骤 1,之所以抽象的概括步骤,是想让读者理解这种方法,并能够把这种方法运用于任何问题中,这才是我们写本书的真正目的。但是具体应该如何去做,这又是一个问题,大家请看下面的例子。

由于企业的亏损,必须对企业中各个部门进行调查,仅对销售部门的调查可以反映出下面一些问题:

(1)从生产线上转过来的销售人员很多,这些员工在生产线工作时往往不受基层干部重视。

(2)只有个别人员具有大专以上学历,在职学习风气不浓。

(3)仅仅采用一简单手段对企业作决策。

(4)在一些重要的交易会上很难找到该企业的销售人员,等等。

综合这些零散的原因,可以比较容易地表达为"销售人员的素质不高",该企业的营销能力出现问题,也使企业亏损。良好的开端才是成功的一半,确定好问题后才会用清晰的思路去进行接下来的工作。

构建价值体系

价值是人们对事物优劣的观念准则和评价准则的总和。要解决的问题是否值得去做,解决问题的过程是否适当,结果是否令人满意等,这就是价值工程、价值体系建立的意义。

或许有人会疑惑,建立价值体系和系统工程之间有什么联系呢? 当我们在决定做一件事或开发一个工程的时候,要考虑其价值所在,手中所做的这些事情会带来什么效益? 它的意义在哪? 它是否安全可行? 而评价体系很好的解决了我们的疑惑。

建立价值体系是我们要做的关键一步,在评价体系中,评价指标如何定量化,评价中的主观成分和客观成分如何分离,如何进行综合评价,如何确定价值观问题等。行之有效的价值体系方法有以下几种:效用理论、费用/效益分析法、风险估计、价值工程。其中,效用理论是从公理出发建立的价值理论体系;费用/效益分析法用于经济系统评价,如投资效果评价、项目可行性研究;在多个目标之间有冲突时,人们也常根据风险估计来进行折中评价。

建立数学模型是实现价值体系评价的有效手段。而系统分析方法是有效手段的工具之一。不论是工程技术问题还是社会环境问题,系统分析首先要对所研究的对象进行描述。其中建模的方法和仿真技术是常采用的方法,通过分析和建模,可以使所要研究的问题更加的明朗化,便于决策者作出决策。对难以用数学模型表达的社会系统和生物系统等,也常用定性和定量相结合的方法来描述。

系统分析的主要内容涉及以下几个方面:

(1)系统变量的选择。用于描述系统演变过程的是一组状态变量和决策变量,因此,系统分析首先要选择出能反映问题本质的变量,用灵敏度分析法可区别各个变量对系统命题的影响程度,并对变量进行筛选。

(2)建模和仿真。在状态变量选定后,要根据客观事物的具体特点确定变量间的相互依存和制约关系,即构造状态平衡方程式,得出描述系统特征的数学模型。在系统内部结构不清楚的情况下,可用输入输出的统计数据得出关系式,构造出系统模型。系统对象抽象成模型后,就可进行仿真,找出更普遍、更集中和更深刻反映系统本质的特征和演变趋势。现已有若干实用的大系统仿真软件。

(3)可靠性工程。一件可靠的元件是组成可靠系统的基础,然而,局部的可靠性和整体可靠性间并非简单的对应关系,系统工程强调从整体上来看问题。钱学森教授提出,如何用可靠性较低的器件组成可靠性高的系统,是个很有现实意义的问题。现在已采用的可靠性和安全性评价方法已经有很多。

系统综合是在给定条件下,找出达到预期目标的手段的系统结构。一般来讲,按照给定目标设计和规划的系统,在具体实施时,总与原来的设想有些差异,需要通过对问题本质的深入理解,作出具体解决问题的替代方案,或通过典型实例的研究,构想出系统结构和简单易行的能实现目标要求的实施方案。系统综合的过程常常需要有人的参与,计算机辅助设计和系统仿真可用于系统综合,通过人机的交互作用,使系统具有推理和联想的功能。系统分析和系统综合的目的都是让我们更好地作出个人决策,使决策更加合理化、科学化。

当我们碰到一些"软科学"问题时,比如待处理的问题不能够建立结构清晰地模型,像管理问题、经济问题、社会问题等,就不能直接运用以上建模方法了,但是可以借助上面方法中的一些思想,提炼出一些解决这类问题的方法,下面我们来讨论一个具体的实例:

根据前面提到的亏损企业的中营销人员素质不高的问题,我们可以初步弄清、改善与现状有关的各种因素及其相互关系,建立一个小的系统,要明确其功能,通过什么途径可以解决问题,以及系统的预期目的,等等。比如上面的例子可以定义为:

(1)明确功能:"有这样一个系统能够提高营销人员的知识水平";

(2)通过途径:"通过营销战略短期课程的培训";

(3)预期目的:"为了提高企业的营销能力"。

再看一个近似的例子,即针对亏损企业中物流管理水平低下的问题,提出以下根底定义:

(1)明确功能:有这样一个系统能够提高顾客对产品订单处理的满意度;

(2)通过途径:通过优化物流工作程序;

(3)预期目的:为了提高客户对企业供货能力的满意度。

这时我们要做的是根据这些预设目标建立模型。由于不能建立精确的数学模型,要用结构模型或语言模型来描述系统的现状,是通过系统化语言对问题抽象描述的结果,其结构及要素必须符合根底所要求设计系统的思想,并能实现其要求。建立概念模型就是要表明规定的系统必须有些什么具体活动内容。概念模型指一组根底定义中 Actor 愿意执行的活动的集合,并且各活动之间有一定的逻辑结构。反映了系统运行的"理想"模式。

建立数学模型

讲程序、守规则不仅需要定性化的实现,更应考虑数学化的模型保障。用字母、数字和其他数学符号构成的等式或不等式,或用图表、图像、框图、数理逻辑等来描述系统的特征及其内部联系或与外界联系的模型,是现实世界的简化而又本质的描述。数学模型是研究和掌握系统运动规律的有力工具,采用形式化的数学语言表达和刻画程序,构造数学模型描述和实现规则,是走向程序科学、规划科学的保障。

通过建立数学模型,实现程序或规则主要表现在解释、判断和预测三个方面。也就是说数学模型能用来解释某些程序或规则存在的问题及产生的原因;可以用来判断原有程序或规则的可靠性、可行性;也更能用来预测程序或规则未来的发展规律,或为控制某一程序或规则的发展提供某种意义下的最优策略或较好策略。数学建模是利用数学方法解决实际问题的一种实践,即通过抽象、简化、假设、引进变量等处理过程后,将实际问题用数学方式表达,建立起数学模型,然后运用先进的数学方法及计算机技术进行求解。数学建模其实并不是什么新东西,可以说有了数学并需要用数学去解决实际问题,就一定要用数学的语言、方法去近似地刻画该实际问题,这种刻画的数学表述的就是数学模型,其过程就是数学建模的过程。数学模型一经提出,就要用一定的技术手段(计算、证明等)来求解并验证,其中大量的计算往往是必不可少的。天体运动的规则——万有引力定律的发现,就是建立数学模型发现的。

15 世纪中期,哥白尼提出了震惊世界的日心说。丹麦著名的实验天文学家第谷花了二十多年时间,观察记录下了当时已发现的五大行星的运动情况。

第谷的学生和助手开普勒对这些资料进行了九年时间的分析计算后得出著名的开普勒三定律。牛顿根据开普勒三定律和牛顿第二定律,利用微积分方法推导出牛顿第三定律即万有引力定律。

建立数学模型的方法和步骤有以下七个步骤:

第一,模型准备。首先要了解问题的实际背景,明确建模目的,收集必需的各种信息,尽量弄清对象的特征。

第二,模型假设。在明确建模目的,掌握必要资料的基础上,通过对资料的分析计算,找出起主要作用的因素,经必要的精练简化,在合理与简化之间作出折中,提出若干符合客观实际的假设。

第三,模型构成。在所作假设的基础上,利用适当的数学工具去刻画各变量之间的关系,用数学的语言、符号描述问题,建立相应的数学结构——即建立数学模型。

第四,模型求解。可以采用解方程、画图形、证明定理、逻辑运算、数值运算等各种传统的和近代的数学方法,特别是计算机技术,对所建数学模型,利用适当的数学方法、软件和计算机技术进行求解。

第五,模型分析。对计算结果进行必要的误差分析、统计分析以及模型对数据的稳定性分析。

第六,模型检验。与实际现象、数据比较,检验模型的合理性、适用性,检验通过模型即可应用,否则进行修改。

第七,模型应用。将建立好的数学模型应用于拟解决的各类实际问题,应用中也可能发现新问题,需继续完善。

如果说程序是用代码实现对计算机的管理,规则是通过制度对现实问题的约束的话,那么数学模型则是对程序和规则的科学评价和全系统描述。根据程序或规则的描述、分析、预报、优化、决策、控制等不同目的可以建立不同的数学模型。根据数学模型建立的维度,可以分为:

(1)时间序列模型。时间序列分析是根据系统观测得到的时间序列数据,通过曲线拟合和参数估计来建立数学模型的理论和方法。它一般采用曲线拟合和参数估计方法(如非线性最小二乘法)进行。时间序列分析常用在国民经济宏观控制、区域综合发展规划、企业经营管理等方面。建立时间序列数学模型主要用于：①系统描述。根据对系统进行观测得到的时间序列数据，用曲线拟合方法对系统进行客观的描述。②系统分析。当观测值取自两个以上变量时，可用一个时间序列中的变化去说明另一个时间序列中的变化，从而深入了解给定时间序列产生的机理。③决策和控制。根据时间序列模型可调整输入变量使系统发展过程保持在目标值上，即预测到过程要偏离目标时便可进行必要的控制。

（2）空间数据模型。是关于现实世界中空间实体及其相互间联系的概念，它为描述空间数据的组织和设计空间数据库模式提供着基本方法。具体分为：①概念模型（分三种：a：场模型：用于描述空间中连续分布的现象；b：对象模型：用于描述各种空间地物；c：网路模型：可以模拟现实世界中的各种网络）；②逻辑数据模型（常见的模型包括：矢量数据模型，栅格数据模型和面向对象数据模型等）；③物理数据模型（物理数据模型是指概念数据模型在计算机内部具体的存储形式和操作机制，即在物理磁盘上如何存放和存取，是系统抽象的最底层。）对空间数据模型的认识和研究在设计 GIS（地理信息系统 Geographic Information System）空间数据库和发展新一代 GIS 系统的过程中起着举足轻重的作用。

总之，通过数学模型的科学建立，是解决人类日益复杂的各种各样的问题的需要形成并发展起来的；反过来，它被应用在现实问题的解决之中，为各种的科学、有效、客观的程序和规则的制定提供理论和方法支撑。建立高度抽象概括的数学模型，就可以纵观全局、洞察入微，为程序或规则的制定奠定坚实的理论基础，避免缺乏远见和短视行为的发生。

最优化方法，目前应用最广的仍是线性规划和动态规划，非线性规划的研究很多，但实用性尚有待改进，大系统优化法已开发了分解协调的算法。当然，多目标问题也可用加权的方法转换成单目标来求解，或按目标的重要性排序，逐次求解，这类方法很多，其中目标规划法的几个程序可说明如下：

决策——系统的要求提升，决策管理系统也会日趋完善。

决策的种类很多，可分为个人决策和团体决策、定性决策和定量决策、单目标决策和多目标决策等多种。在系统分析和系统综合的基础上,人们可根据主观偏好、主观效用和主观概率作决策。决策的本质反映了人的主观认识能力,因此,就必然受到人的主观认识能力的限制。近年来,决策支持系统受到人们的重视,系统分析者将各种数据、条件、模型和算法放在决策支持系统中,该系统甚至包含了有推理演绎功能的知识库,以便决策者在作出主观决策后,力图从决策支持系统中尽快得到效果反应,以求得到主观判断和客观效果的一致。决策支持系统在一定条件下起到决策科学化和合理化的作用。但是,在真实的决策中,被决策对象往往包含许多不确定因素和难以描述的现象,例如,社会环境和人的行为不可能都抽象成数学模型,即使是使用了专家系统,也不可能将逻辑推演、综合和论证的过程做到像人的大脑那样,有创造性的思维,也无法判断许多随机因素。群决策有利于克服某些个人决策中主观判断的失误,但群决策过程比较长。为了实现高效率的群决策,在理论方法开发方面,许多人做了大量工作。如多人多目标决策理论、主从决策理论、协商谈判系统、冲突分析等着手研究。

三步战略程序

在中国共产党领导下,改革开放走过的"三步走"战略是实践程序、规则的经典。为了规划中国现代化发展的蓝图,邓小平设想了著名的现代化发展"三步走"战略,即:第一步,从 1981 年到 1990 年,国民生产总值翻一番,实现温饱;第二步,从 1991 年到 20 世纪末,再翻一番,达到小康;第三步,到 21 世纪中叶,再翻两番,达到中等发达国家水平。2000 年,我们已胜利地实现了"三步走"战略的第一步、第二步目标,全国人民的生活总体上达到了小康水平,人均 GDP 达到 848 美元,实现了从温饱到小康的历史性跨越。这是中华民族发展史上的一个里程碑。下一步将开始全面建设小康社会,即达到中等发达国家程度的现代化发展战略第三步阶段。

在改革开放"三步走"的战略部署上,有什么值得我们学习的地方呢? 首先,邓小平同志结合我国的基本国情,明确了我国存在的基本问题,改革开放

"三步走"计划的设计是基于这些问题上的;其次,在小平同志领导下,整理出有关国计民生的一些问题,把复杂问题分解成一些简单的小问题;再次,建立评价体系进行风险评估和价值预算,把整个国家存在的问题进行综合分析,设计出几套可执行的方案,从中选取最优的方案。由此可见,"三步走"计划不仅体现了一定的程序性,它的制订也是按照一定的程序设计的,我们要学习这种按照程序走的路子,这会对以后学习生活带来莫大的好处。

江泽民同志在党的十五大上提出了一个新的"三步走"发展战略。按照这个战略部署,我们从 20 世纪末进入小康社会后,将分 2010 年、2020 年、2050 年三个阶段,逐步达到现代化的目标。2010 年前,是第一步。2010 年国民经济和社会发展的主要奋斗目标是:实现国民生产总值比 2000 年翻一番,人民的小康生活更加宽裕,形成比较完善的社会主义市场经济体制;从 2010 年到 2020 年,是第二步,根据十六大的规划,到 2020 年实现国内生产总值比 2000 年翻两番的目标;从 2020 年到 2050 年,是第三步,通过 30 年的奋斗,基本实现现代化。

"新三步走"战略是在新的历史起点上对邓小平提出的"三步走"战略的进一步展开。这对于全面继承和完成邓小平的现代化"三步走"战略,全面规划党和国家未来 50 年发展的蓝图,是非常必要的;对全面落实"三个代表"要求,凝聚全国人民的力量,向富强民主文明的社会主义现代化国家的目标迈进,实现中华民族的伟大复兴,也是非常有利的;是新世纪率领全党全国人民努力奋斗的方向和旗帜。比较起来,"新三步走"战略在中华民族发展史上将具有更加重要的意义。"新三步走"战略是在新的历史阶段和时代条件下,中国人民全面加速实现现代化的努力与追求。完成这个阶段之时,中国社会的面貌将焕然一新,不仅完全实现了小康,而且全面进入了现代化社会,中国人民千百年来梦寐以求的理想将得以实现。一个世界上人口最多的国家实现现代化,是世界上最伟大的事业和壮举,具有划时代的意义,可以说是开辟历史的新纪元。

无论是"老三步走"计划还是"新三步走"计划都遵循着程序设计的原则以及程序设计的步骤,显然"三步走"计划为一个有着严密逻辑的程序,它符合程序设计的原则表现在时空性上时,即在时间上每一步骤都是按照时间顺序依次执行的,前一步的执行是后一步的铺垫,并且前一步的例行程度影响着下一步骤进行周期的长短和效果;在不同的时间段和不同的空间段执行的步骤也是不一样的。从可行性方面来讲,在"老三步走"计划中,前两步已经按照预期计划完成,这足以证明"三步走"计划的可行性,同时新"三步走"计划也按期完成了其中的第一步;在最优性上讲"三步走"计划无论从局部还是整体上都达到了程序设计最优性。这就是为什么改革开放"三步走"战略会走得如此顺利。

第十一章　把握时空　稳操胜券

一切事物都处于一定的时空中,人生也是如此,每个人都处于整个社会的大空间,与周边的环境发生联系,并随其变化而变化。人在与他人的交往中不应随心所欲,必须自觉地把自身置于社会圈的相互依存的关系网络中,关注社会整体对人生道路的选择和制约,尊重社会内部各阶层之间的利益协调。

近代物理学认为,时间和空间不是独立的、绝对的,而是相互关联的、可变的,任何一方的变化都包含着对方的变化。因此把时间和空间统称为时空,在概念上显得更加科学而完整。

如果宇宙是静止的,那么天体物质就不会收缩膨胀、不会有物理、化学反应,光也不会射到地球上来,因为它还没有产生,生命也不会存在,所以世界只能是绝对运动的。物质的运动构建时空,宇宙中的时与空是没有"间"的,"间"是人为的划分,人把地球绕太阳转一圈划分为一年,地球自转一圈划分为一日,太阳系绕银河系时就没有划"间"了,因为没用;有"间"才有用,无"间"不可用。按物质的运动区域划空为间,比如太阳系、银河系,而实际上所有星系的空间都是不断移动变化的,空间和时间一样都是不断流动变化的,所以宇宙中的绝对定位是不可能的,因为一切都在变化。没有物质运动,时间和空间也是不存在的。有物才有空,无物无空,物动时自成,物质有不同的成分,通过物理运动形成不同的组合产生不同的化学反应,不同化学反应产生不同的生命,生命产生思维,思维根据主体利益需求分割时空,就叫做时间与空间。

任何事物都处于一定的时空之中。

"空间"一词其实不够确切,时空(四维)与空间(三维)有着相差一个维度的区别,它们也不同于通常所说的希尔伯特空间。把宇宙看做四维时空,有一个很重要的原因在于它恰好可以全面地描述在我们能够认知的三维空间中发生的一切事件。

　　任何系统都是一个不断演化的过程。一个系统随着时间、空间发生演化,不仅系统内的各个要素在不断的运转、流动;系统外大环境的各要素也都在不断演化。系统工程不但要研究系统的时间演化轨迹,同时还要研究其空间运动模式,即系统的时空运转规律。任何资源,不论是系统内部的还是外部的,都要从时间和空间上进行配置。我们想要最终实现之前所提到的"成功人"①,就必须要利用时空合理配置现有资源并不断优化其配置。

　　人在任何社会,任何时期都是与当时当地的现实状况以及自身的经历、地位等现实情况联系的。人生不是力求停留在某种已经形成的东西上,而是处在变化的绝对运动中。人通过活动不断改变和创造着新的生活环境,生活环境的改变又反过来塑造着人,人的活动不是前后隔绝的,而是承前启后的,现在的活动既继承"过去",汲取着前人活动的成果,又面向未来,创造着理想的新生活。所以,人永远处于动态的时空之中,绝不可能长久地停留在已达到的某种状态或已获得的某种成绩上,而必须把握时空,继续前进。一个人的一生总是处于这种动态的变化发展之中,不断地参与社会生活,逐步提高自己的社会化水平,逐步塑造和实现着自己的人的本质。抓住了时间和空间,我们就能洞察人和社会关系的本质、全局和过程,把握人和社会关系变化发展的规律。

时空不可贩卖

　　"世界上的有形资源毕竟有限,所以靠贩卖有形之物,你永远无法发大

---

　　① "成功人":见《人生科学发展系统工程》苗治平、薛惠锋著。一个成功的人就是在一个有价值的目标驱动下,通过一系列的过程完成预期目标的主体,也可以说是实现自我价值的主体。

财。"这是十岁时,卡洛斯·斯利姆·埃卢①的父亲教给他的一句话。

斯利姆的父亲是黎巴嫩人,经营着一家干货店,他从小就在店里长大,耳濡目染了父亲的经营技巧。他深深地爱上了经商,那种靠经商来成就理想和价值的信念在他幼小的心里扎根,期待着开出无比绚烂的奇葩。父亲也看出他有经商的天赋,有心把他锤炼成商海里扬帆远航的巨舰。于是到他可以独立思考的时候,父亲每周给他5比索零花钱,要求他记下花销的项目,然后抽空检查账单,帮他分析如何花费更合理。后来,他渐渐有了微薄的积蓄,经常跑到廉价市场上淘玩具,再转手卖给其他同龄孩子,开始了自己的经营生涯。

有一次,他碰见渔民扛着一条大比目鱼在一个集市上卖,开价200比索。凭着多年跟随父亲学来的经验,他知道买下它再转手卖出能挣一笔钱,于是买下鱼后放到另一个集市去卖,最后赚取了160比索。他兴奋地将此事告诉父亲,没想到父亲却惩罚他站了一下午,到吃晚饭时才对他说,如果将那条鱼晾干放到冬天卖,价格将是现在的两倍,而如果明年海产歉收的话,价格将会再涨一倍以上。他这才知道自己错了,只顾眼前利益,而错失了远期赚大钱的机会。原来作为商人,赚不赚钱并非重要,重要的是不能犯下未及高价就轻易将产品卖出的错误。

听了父亲的话,斯利姆愣愣地望着父亲,憨憨地问:"您的意思是,卖鱼本身并非最赚钱,而选择何时买,又选定何时卖,中间的时间差才最赚钱?"

父亲微笑着点点头:"真正的商人不是靠眼力,唯有靠心中的听力,听到别人听不到的声音,听见现在和未来的差别,才真正算得上懂经营。"

他将父亲的话铭记于心,从此再不去贩卖玩具,而开始选购印有球员头像的棒球卡,以锻炼自己心的听力。与其他喜欢收集棒球卡的孩子不同,他从不购买那些球场上格外抢眼特别风光的球员头像,而是留心揣摩今天表现一般

---

① 卡洛斯·斯利姆·埃卢,墨西哥电信巨子,毕业于墨西哥国立自治大学土木工程系,2010年3月10日美国《福布斯》杂志,在纽约揭晓了2010年度亿万富豪排行榜,墨西哥电信大亨卡洛斯·斯利姆·埃卢以590亿美元资产,取代美国微软公司创始人比尔·盖茨成为新的世界首富。他名下企业的总市值占到目前墨西哥股市总市值3660亿美元的近一半,而其个人所拥有的财富总额相当于墨西哥国内生产总值的8%。2011年福布斯全球富豪榜显示,斯利姆再度登顶傲视群雄,以740亿美元身价继续蝉联全球首富。

但潜力巨大的球员,然后批量地购进,待这些球员表现日益突出后再转手,赚取高额的差价。

掌握了赚钱的方法后,斯利姆如鱼得水,正是凭借着用心听出的"时空差",创下最近 10 年全球个人资产增值速度最快的纪录,其个人财富一举超过比尔·盖茨,成为新的世界首富。

在谈及成功的秘诀时,他轻松地说:"经商就跟小时候进行卡片交易一样,关键是要判断清楚供给和需求,在其他男孩都渴望得到更多卡片时,你手中持有以前低价买进的大量卡片,自然就能赢得更高价值。"

卡洛斯·斯利姆·埃卢之所以能超过比尔·盖茨,成为新的世界首富,就是因为具有驾驭时间差和空间差的时空观,而且这两者是必须同时存在的,是缺一不可的。

在刚开始,斯利姆买下一个集市的一条大比目鱼转手卖到另一个集市,结果赚取了 160 比索,第一次赚到这么多钱,反而被父亲惩罚,这是为什么呢?就是因为斯利姆对时空观念的认识不完整、不全面。对于一条鱼,一种资源,他只看到从一个集市到另一个集市的空间差异,而没有看到将那条大比目鱼拿到另一个季节销售会赚更多的钱,没有看到资源配置的时间差,资源配置的时空观不成熟。最后,正是由于他听从了父亲的教导,对于资源,不但注重空间差,同时重视时间差,这时他已具备了资源配置的时空观。

或许致富并不像我们想象的那样困难,只要掌握并驾驭资源配置的时空观,使一切可利用的资源得到优化配置,我们任何人都有可能成为具有致富能力的人,可以通过资源的时空配置最大限度地发挥自己的能力,使自己的价值得到最大限度地体现。

同时我们不能只看到短期的资源时空配置,更要看到长远的资源时空配置,不能为了一时的成就而沾沾自喜。烟囱和浓烟的故事就充分说明了这一点。烟囱从早到晚不断地排出一股股浓烟,这本来就是它应该做的事,所以它从来不声不响,更不为这件事而自吹自擂。而浓烟则不一样,他从烟囱里出来的时候,总是大模大样,张牙舞爪,忽东忽西,忽南忽北地朝天空里飞去,它永远是洋洋自得,不可一世。

有一次,浓烟忽然俯视了一下烟囱,就嘲笑起烟囱来:"多渺小,多可怜啊! 你那样一动不动,不嫌乏味吗? 我看你像一根呆板的木头,你是什么时候站在我身子底下的? 你注意到我高超的舞蹈技艺了吗? 你看了不觉得惭愧吗?"烟囱便回答道:"你比我高,比我粗大,还会舞蹈,这都不假。只是你的行动没有一定的方向,你永远只会随风飘荡,这也没有什么值得骄傲的。"浓烟冷笑了一声说:"你这是妒忌,不过嫉妒也白搭,你看我千变万化,你看我越来越大……"浓烟继续自我欣赏,继续在摇摇摆摆中升腾。他一边飞一边膨胀,可色儿越变越淡,声音也越来越微弱。飞呀,飞呀,他不断膨胀,不断扩散,终于完全消失了。烟囱仍然沉默地矗立着,准备继续排出新的浓烟。

浓烟的消失和烟囱依然的矗立,说明了进行资源配置时短期效益和长远效益的区别,浓烟只看到了眼前短暂的时间和空间优势,而烟囱看到的是长远的时间和空间优势。

时空是客观存在的,驾驭资源配置的时空观很重要。时间和空间是一切存在的基础,是每一个系统、每一个要素正常运行的基础,尤其是对系统中的资源来说,要使资源能够被合理利用,达到最优配置,我们就要从时间和空间两个方面来考虑,善于利用空间和时间,从而使各项资源发挥出最大的效用。

效益互为转换

古今中外的许多哲学家都穷心竭力地探索时空问题,建立起形形色色的时空观,但都表现出明显的局限性。不同于以往的哲学家,马克思既反对从抽象物质、从实体出发去讨论时空问题,也反对把时空问题自我意识化、纯粹主观化。而是立足于实践,从人的实践出发,探讨时空观与人的实践方式的关系。

马克思在社会实践活动基础上提出了具有划时代意义的社会时空理论。社会时间是指实践活动过程的持续性、顺序性,表现为某种实践活动存在和延续的久暂、一种实践活动和另一种实践活动依次出现的先后顺序和间隔的长短。社会空间是指实践活动过程的伸延性、广延性,表现为人类实践活动所需要的场所、不同实践活动之间彼此的并存关系或分离状态。

社会时空特性是由社会运动及其特点决定的,与自然运动相比,社会运动的重要特点是其运动速度不断加快,这一特点是由每一个人、每一代人在自然时间上的有限性与自身需要的无限性这样一对矛盾决定的。这一矛盾决定了人对自身活动效益的必然追求,在对活动效益的追求中,时间的耗费始终是不可避免的,人所能做的只是最大限度地减少为达到自身目的所进行的活动,而一切节约归根结底都是时间的节约。这样,人们便能腾出时间去开拓新的活动空间,在新的活动空间里,人们同样追求活动的效益,再用节约的时间去进一步开拓更新的活动空间。这种追求的结果,在社会整体上就表现为社会运动速度的加快和社会时间在不同社会活动空间里新的分配,这种分配向着缩短社会必要劳动时间,增加人的自由时间的构成方向发展。以使人们拥有更多的自由时间去不断扩展人自身全面发展和不断进步的自由空间。这就是马克思所说的时间是人类发展的空间。时间实际上是人的积极存在,它不仅是人的生命的尺度,而且是人的发展的空间。马克思的这一社会时空理论表明,社会时间、社会空间是可以互易的。因此我们同样可以说,空间是人的发展的时间,空间也是人的积极存在,它不仅是人的生命活动范围的尺度,而且也是人的发展的时间。互换性是社会时空的基本特性。

以社会时空互换特性为基础,时空互换模式便具备了一种新的功能——资源配置的时空互换。在对以人的目的性活动为研究对象的活动中,资源配置的时空互换成了实现人的目的性活动的一种重要模式。这种模式的运用最直观地体现在军事活动中,例如,在防御战中,防御者充分利用地形地貌,然后辅以现代化的工程器材来创造对空间有利的条件,从而大大增加进攻者的困难,延缓其进攻的速度,这就是利用战争空间换取战争时间。而通过加速己方的战争运动,快速、准确地进攻敌方,获取和拓展战争空间,则是用战争时间换取战争空间,所谓的"闪电战"就是如此。在日常生活、工作中,我们常常会计划做完一件事就去做另一件事,这就是时空互换模式的实际运用,只是我们并未自觉地意识到这一点罢了。

在一次时间管理的课上,教授在桌子上放了一个罐子。然后又从桌子下面拿出一些大小正好可以放进罐子里的鹅卵石。当教授把石块放完后问他的学生道:"你们说这罐子是不是满的?""是",所有的学生异口同声地回答说。"真的吗?"教授笑着问。然后再从桌底下拿出一袋碎石子,把碎石子从罐口倒下去,摇一摇,再加满,又问学生:"你们说,这罐子现在是不是满的?"这回他的学生不敢回答得太快。最后班上有位学生怯生生地细声回答道:"也许没满。"

"很好!"教授说完后,又从桌下拿出一袋沙子,慢慢地倒进罐子里。倒完后,再问班上的学生:"现在你们再告诉我,这个罐子是满的呢? 还是没满?"

"没有满",全班同学这下学乖了,大家很有信心地回答说。"好极了!"教授再一次称赞这些"孺子可教"的学生们。称赞完了后,教授从桌底下拿出一大瓶水,把水倒在看起来已经被鹅卵石、小碎石、沙子填满了的罐子中。当这些事都做完之后,教授很严肃地问他班上的同学:"我们从上面这些事情得到什么重要的启发?"

班上一阵沉默,然后一位自以为聪明的学生回答说:"无论我们的工作有多忙,行程排得有多满,如果要逼迫自己一下的话,还是可以挤出更多的时间来做更多的事情。"这位学生回答完后心中很得意地想:"这门课到底讲的是时间管理啊!"

教授听到这样的回答后,点了点头,微笑道:"答案不错,但并不是我要告诉你们的重要信息。"说到这里,这位教授故意顿住,用眼睛向全班同学扫了一遍说:"我想告诉各位最重要的信息是,如果你不先将大的'鹅卵石'放进罐子里去,你也许以后永远没机会把它们再放进去了。"

这则故事告诉我们的并非简单的时间管理,而是资源配置的时空互换。资源的优化配置是以合理配置为前提,我们经常处于一定的空间内,但空间的容积是有限的,鹅卵石、碎石子、沙子、水都是我们在一定时间内要完成的事。怎么充分利用空间,又怎样在一定时间内把所有的事都做到最好,是当今社会许多人都亟待解决的问题。但如果我们分不清事件的重要性和主次性,分不清资源的重要性和紧急性,我们永远无法在有限的时间和空间内做完、做好任何事情。鹅卵石就好比最重要的事,碎石子、沙子次之,水是最平常的小事,但如果一开始就让细小烦琐的水充斥了整个空间,那么即使你还有时间,也无法将鹅卵石再放进去。处在什么时期就要先完成这一时期最主要的事情,否则时过境迁,到了下一阶段就很难有机会再去补救。

斯宾塞[①]曾说:必须记住我们学习的时间是有限的。时间有限,不只是由于人生短促,更由于人事纷繁。我们应该力求把我们所有的时间用去做最有益的事情。

应当指出的是,资源配置的时空互换功能和意义并不仅仅在于对时空互换的直观理解和使用上,正如前面对社会时空特性的分析中所表明的那样,它的深刻意义反映在人们对时空效益的追求中。也就是说,用时空互换模式对资源配置这类事物进行思考,就是用时空效益对资源配置进行评价和规范,时空互换模式也就是时空效益模式。通过资源的优化配置,人们可以把更多的时间转化为自由时间,并把自由时间转化为人类发展的社会空间,从而促进人类的发展。人类在时间中进行的资源配置,其成果就以"积淀"的形式表现为日趋拓展的社会空间状态,这表明时间的值可以由空间的值来反映,从而使得我们在空间中发现时间的历史,看到人的本质力量,如手工磨表征的是封建社会时代,蒸汽磨表征的是资本主义时代。同样,社会空间结构无论是以实体形式存在的地理空间还是以关系形式存在的交往空间也会对人的实践活动或产生加速,或是延缓的作用,从而影响人类活动的时间进程。

我们必须从点式、线式、面式思维超脱出来,养成多维思维的习惯。所谓多维,一般包括三维的空间与一维的时间,就是说,它至少也是时空四维。不论何时何地,我们都要把空间的开发利用同时间的因素联系起来,同一空间在不同时间或不同的季节里,其利用的方式就不尽相同,要尽力使其在有限的时间内,发挥出资源配置最大的效益就必须从现实存在的每一个具体的系统出

---

① 赫伯特·斯宾塞(Herbert Spencer,1820 年 4 月 27 日至 1903 年 12 月 8 日),英国哲学家。他为人所共知的就是"社会达尔文主义之父"。他所提出把进化理论适者生存应用在社会学上尤其是教育及阶级斗争中。但是,他的著作对很多课题都有贡献,包括规范、形而上学、宗教、政治、修辞、生物和心理学,等等。

发,研究组成它的各个要素在其系统中所占的地位,以及它对正常系统的影响与作用。如果该系统是一个巨系统或母系统,就要进一步考察构成这个巨系统或母系统和各个子系统的功能,要研究这个系统所占用空间的位置,它对相关系统所占空间的影响,并且考察这个空间在时间的过去与未来的变化,以及如何控制、开发、利用这些系统,才会最大限度地发挥出资源配置的效益。同样,我们还必须了解组成各个系统的分子、要素的空间状态及在时间长河中的变异情况,既要全面把握各个分子要素的全貌,又要了解它们和各种内在规定性形成的网络。为此,对于一个真实存在的物体,它具有多少个面,我们就要考察多少个面,它有多少条规律就要揭示多少条规律,并且在时间的流动中,动态地考察它在不同时间中的变化和可能产生的效率,唯有如此,资源配置的时空观念才能贯彻到实践中去,才可使其认识真正转化为伟大的力量。同时,资源的时空优化配置具有:推动科学技术和经营管理的进步,促进生活水平、效率的提高;引导人们需求的优化资源配置组合,实现社会精神文明的大发展、大繁荣;增强时间危机意识,促进资源时空互换,最大限度地发挥人的能动作用等十分积极的作用。

人类社会的生产过程,就是运用资源,实现资源配置的过程。它包括:

(1)资源在不同时空之间的配置;

(2)资源在一个时空内不同系统之间的配置;

(3)资源在一个系统内的优化配置及利用;

(4)资源在组成系统的不同结构成分之间配置。

由于资源的稀缺性,投入到某一时空资源的增加必然会导致投入到其他时空的同类资源的减少,因此,人们被迫在多种可以相互替代的资源使用方式中,选择较优的一种,以达到工作的最高效率和组织及社会利益的最大满足。从这个意义讲,自我实现的过程,就是人们不断追求实现资源的优化配置,争取使有限的资源得到充分利用,最大限度地满足自己生存和发展需要的历程。

跨越必须破限

系统中的各种资源以各自的形式分布于一定空间之中,并因此而具有地域性。由于不同空间的客观存在,无论是人力资源、物力资源,还是财力资源,都因此分散地分布着,从而影响到一定空间内以及不同空间之间的资源配置,并使得资源的调配成为必然。在建造故宫的过程中,对建筑材料的调配就将这一点体现得淋漓尽致。

很多人都游览过故宫,并为它的雄伟壮观所折服,故宫作为皇家庭院,自然是集天下工巧于一身,组成这些宏伟建筑的每一砖每一瓦,都充满了神奇色彩。然而建造如此浩大工程的栋梁材料,并非随手拈来。所有的上好材料,均出自不同的产地,祖国辽阔的大地上,各个区域的特产原料各不相同,正是这些源于不同空间的各种资源的汇集,才铸就了金碧辉煌的紫禁城。

故宫中最引人注目的汉白玉建筑物莫过于保和殿后的石雕,其构图严谨而且形象生动,堪称我国古代石雕艺术的瑰宝。石雕长 16.57 米,宽 3.07 米,厚 1.70 米左右,重 250 吨,如此巨大的石雕完全使用一整块汉白玉雕琢而成,令人惊叹。而这优质的汉白玉,就来自北京西南的房山,具体来说,就是房山的大石窝镇。房山大石窝的石料开采历史悠久,可以追溯到汉代,所以历代的封建王朝,特别是明清修建的宫殿、寺庙等大型建筑所用的汉白玉大多采自这里。房山大石窝的汉白玉以其白如雪、坚如玉、清丽淡雅、庄重伟岸而成为高贵典雅的象征,成为房山这一特定空间的特殊资源。

支撑太和殿的七十二根大柱也使人印象深刻,它们均由楠木摇身变成。楠木是一种极为高级的木材,美丽淡雅的色泽、坚硬细密的材质、优美匀整的纹理、湿润柔和的质地以及收缩性小、遇火难燃、耐湿不腐、有幽香等特点使其成为古代木建筑的上乘材料。然而这些楠木并不生长在北京城,而是生长在原始森林中,从四川运送而来。

另外,大家都知道太和殿又名金銮殿,是因铺在地上的金砖而得名。这些金砖表面淡黑油润而又光亮、不涩不滑,虽不是金子所做,但是贵如黄金。金砖的制造过程非常复杂,先后有选土、练泥、澄浆、制坯、阴干、熏烧等诸多工序。单是选土这道工序,就有掘、运、晒、推、舂、磨、筛七道工序。成砖之后,要求"叩之有声,断之无孔",其制造工艺之高可见一斑。然而皇宫所用的金砖也不是哪都能制造的,这些金砖都来自苏州陆慕御窑村一带,因为这一带土质细腻,杂质少,可塑性大,澄浆容易,制成的砖质地坚硬。

还有撑起整个皇宫的殿基——贡砖。这种砖产自山东临清,由于临清地处黄河冲积平原,土壤细腻,富含铁质,当地俗称"莲花土"。用这种土烧制的砖异常坚硬,密度比一般的砖大三倍有余。

北京城虽大,但其有限的空间中依然缺乏上述所需的各种优质原料,这一状况对建造宫殿过程中的资源调配提出了要求,而各个空间的距离更是给资源调配的方法出了不小的难题。

调集上千骡子

重达250吨的汉白玉是怎样运到目的地的呢?明朝运送石料有四种方式:人力、畜力、旱船、冰船。其中人力和畜力只能运送重量较小的石料,而吨级别的石料需靠旱船或者冰船运输。旱船运石料时,路必须平坦,在石料下面垫上圆滚木,用人力或者畜力拉拽。

冰船指的是冬天在运送的途中每隔一里挖一口井,泼水成冰,将巨石放在坚硬的木架上,再在冰面上滑行。云龙石雕就是通过冰船运送的,征用民夫两万人,调集了上千的骡子。

对于楠木,则由官员与百姓冒着生命危险将其从原始森林砍伐后拖到水边,用毛竹、粗麻绳结成木筏,这些木筏带着楠木经过金沙江向北漂流,在宜宾附近驶入长江,然后在长江与京杭大运河交汇之处的扬州暂泊,再沿大运河北上京城。苏州制造好的金砖是通过京杭大运河运到北京,抵达京东通州金砖码头后上岸。临清地处大运河之畔,于是贡砖自然也是通过大运河送到北京。

从1407年明成祖下令营建宫城,此后备料和现场施工就持续了13年,可见为实现宫殿建造的最优,故宫的建造者们在资源的配置上下了大量的工夫,在资源广泛分布的情况下实现资源的优化配置实属不易。

虽然当今社会发展迅速,社会面貌发生了翻天覆地的变化,但是各种资源的广泛分布是客观的,即使在社会不断进步的今天,不同空间的地域分化依然影响着资源的集中利用,这种限制同时影响着资源的配置,而人们也在不断地努力将这种空间对资源协调的限制缩减到最小,"南水北调"工程就是典型的一例。

我国南涝北旱,水资源在不同空间的分布极不均衡,南水北调工程通过跨流域的水资源合理配置,大大缓解了我国北方水资源严重短缺问题,促进南北方经济、社会与人口、资源、环境的协调发展。该工程分为东线、中线、西线三条调水线。西线工程在最高一级的青藏高原,在地形上可以控制整个西北和华北,因为有限的长江上游水量,只能为黄河上中游的西北地区和华北部分地区补水;中线工程从第三阶梯西侧通过,从长江支流汉江的中上游丹江口水库引水,可以给黄淮海平原大部分地区供水;东线工程位于第三阶梯东部,因地势低需要抽水北送。

南北两方的空间分布,使得水资源的配置无法达到最优,南水北调通过跨流域实现水资源的合理配置,正是逾越了不同空间对资源流通的限制,将这种限制对合理配置资源的影响减到最小,可谓取长补短,最大限度地实现了最优。对上述的物力资源是这样,对于越来越受关注的人力资源也是如此。特别是对于当今众多的跨国公司,其经营跨越不同的空间,资源的分布跨度也是可想而知,对整个企业的资源配置提出了更高的要求。

跨国公司,已经成为经济全球化的主要载体和表现形式,其竞争力不仅体现于拥有雄厚的资本、先进的技术、完善的销售网络以及科学的管理等诸多方面,更重要的是针对资源在不同空间的分布,而展现出的人力资源全球配置的能力。目前的跨国公司已经越来越多地以全球为中心配置人力资源,这也是在空间对资源分割情况下提出的要求。主要表现为在全球范围内挑选合适岗位的人才,更多的是技术人才和高层管理人才,近年来,在一个跨国公司的董事会或经理层中往往聚集了来自许多不同国籍的高层管理人才。瑞典跨国公

司伊莱克斯①的首席执行官声称,在聘用高级管理人员时并不局限于其所在
国家,只要他具有适合该职务的能力就行。雀巢公司②董事会由6种国籍的
经营、法律等方面的专家搭建而成,执行董事会(相当于经理层)的成员由来
自10个不同国家的经营专家组成,位于瑞士韦威的雀巢总部则由来自80多
个国家的员工构成。可见,不同的空间对人才的划分只是限定了他们的国籍,
不同才能的众多人才广泛地分布于不同的国家与地区,看似不集中,不及本地
企业易于管理,对资源配置造成一定的难度,但跨国公司的经营正是将这些资
源整合起来实现优化。

　　一方面,空间对资源的流通形成一定的限制从而影响着资源配置,另一方
面,空间对资源配置的影响还体现为对其利用途径提出了较高的要求。拿建
造故宫来说,无论是人力、畜力、旱船、冰船的运送方式,还是通过运河运送原
料,其中为资源的配置付出的代价是巨大的。如今交通、通信手段都不断发
展,但是不同空间的资源配置依然对沟通途径与工具有较大的要求。资源在
不同的空间中分布是不争的事实,合理配置资源实现最优化是不争的目标,那
么通过良好的协调工具架起调配资源的桥梁就成为必然。社会在发展,我们
沟通资源的途径必然不能总停留在人工或者运河的层面。

商圈交叉配送

　　沃尔玛③作为全球最大的零售商,其资源分布的广泛性不言而喻,对资源

---

　　①　伊莱克斯(Electrolux)股份有限公司是世界知名的电器设备制造公司,是世界最大的厨房设
备、清洁洗涤设备及户外电器制造商,同时也是世界最大的商用电器生产商。1919年创建于瑞典,由
Lux有限公司和Elektromekaniska有限公司合并而成,总部设在斯德哥尔摩。目前在60多个国家生产并
在160个国家销售各种电器产品。

　　②　雀巢公司,由亨利·内斯特莱(Henri Nestle)于1867年创建,总部设在瑞士日内瓦湖畔的沃韦
(Vevey),是世界上最大的食品制造商。在全球拥有500多家工厂,为世界上最大的食品制造商。公司
起源于瑞士,最初是以生产婴儿食品起家,以生产巧克力棒和速溶咖啡闻名遐迩。

　　③　沃尔玛百货有限公司由美国零售业的传奇人物山姆·沃尔顿先生于1962年在阿肯色州成立。
经过四十多年的发展,沃尔玛公司已经成为美国最大的私人雇主和世界上最大的连锁零售企业。目前,
沃尔玛在全球15个国家开设了超过8000家商场,下设53个品牌,员工总数210多万人,每周光临沃尔
玛的顾客2亿人次。1991年,沃尔玛年销售额突破400亿美元,成为全球大型零售企业之一。

配置途径的要求也不一般。应此要求,沃尔玛建立了强大的物流配送中心,以协调资源。

沃尔玛的配送中心是设立在沃尔玛 100 多家零售卖场中央位置的物流基地。通常以 320 公里为一个商圈建立一个配送中心,同时可以满足 100 多个周边城市的销售网点的需求。配送中心的一端为装货月台,另一端为卸货月台,800 名员工 24 小时倒班装卸搬运配送。同时,沃尔玛首创交叉配送的独特作业方式,没有入库储存与分拣作业,配送时直接装车出货。在竞争对手每 5 天配送一次商品的情况下,沃尔玛每天送 1 次货,至少一天送货一次意味着可以减少商店或者零售店里的库存,使得零售场地和人力管理成本都大大降低。所有这些装卸分开、交叉配送、每天送货的独特方式,恰恰帮助沃尔玛提高了流通速度,降低了作业成本。围绕着高效的配送中心,沃尔玛逐步建立起一个"无缝点对点"的物流系统。该配送系统的配送成本仅占其销售额的 2%,是其竞争对手同比成本的 50%。

到 20 世纪 70 年代,沃尔玛建立了物流管理信息系统,负责处理系统报表,加快了运作速度;1983 年,沃尔玛采用了 POS 机,销售始点数据系统的建立实现了各部门物流信息的同步共享;1985 年建立了 EDI,即电子数据交换系统,进行无纸化作业,所有信息全部在电脑上运作。1986 年的时候它又建立了 QR 快速反应机制,快速拉动市场需求。凭借包括物流条形码、射频技术和便携式数据终端设备在内的信息技术,使沃尔玛得到了长足的发展。沃尔玛是全球第一个实现集团内部 24 小时计算机物流网络化监控,建立全球第一个物流数据处理中心,使采购、库存、订货、配送和销售一体化。

沃尔玛的物流配送系统使人惊叹,用如此高水平的方式将各个空间的大量资源有效地整合起来,正是当今配置不同空间的资源的要求。

对于我们每个人而言,空间也对我们所拥有的资源有所限制,谁都没有分身术,看似我们不可能在同一时间做多件事情,但是并非原料不在一地就不能建造故宫,并非水资源分布不均就任其旱涝各自泛滥,并非人才资源分布于不同国家就放弃对他们的集中培养和利用,也并非资源分配广泛就任其瘫痪散乱。每个人做任何事情,都应该正视系统中"空间"这一元素对资源分配的影响,进而将这种不利影响的削减到最小,通过各种途径与方法,将自己的各方资源有效会聚,合理配置,争取在有限的时间与空间中,做尽量多有效的工作,使效率最大化。这便是"团结一切可以团结的力量,组织一切可以组织的资源","有组织"地做事情,集中力量办大事。从汶川救援到灾后重建,从神舟一号到天宫对接,无不充分体现出我们社会主义集中力量办大事的优越。汶川地震,全国18个省市无偿对口援建,10余万援建大军,3000余万干部群众,正是执政党对时空的把握,善于统筹资源,调动一切积极因素,集中力量,才让灾区实现了脱胎换骨的奇迹巨变;作为一项十分复杂的系统工程,载人航天工程包括航天员、飞船应用、载人飞船、运载火箭、发射场、测控通信、着陆场七大系统。为了神舟飞天,数百研究单位,数万工作人员为之贡献力量。这样浩浩荡荡的大军,正是在党中央领导下,统一指挥,统一调度,统一调动,形成严格、缜密、庞大的组织网络,实施重点突破,才能保证神舟的研制、建设、飞行各个环节高效运转,最终推动我国载人航天事业的跨越式发展。

推移所有因素

宇宙空间中的所有物质都在永不停息地运动着,这些运动绝不可能恢复到原来的空间位置,也不可能重复原来的运动轨迹,它们永远不会做同一空间上的重复运动,宇宙中的物质运动是不可逆的,所以时间就永远不会停止,也永远不能重复,这就是时间的一维性。正是由于时间的这一特性,时间才不可倒流,而是一去不复返的。但在这一维的时间轴上,随着时间的流逝有些资源同样一去不复返,然而时间将要延续,资源也不可耗尽,于是在这种情形下,时间对资源的配置提出了"可持续"的要求。

从古至今,随着时间的推移,人口的增长,包括空气、水、陆地、森林、矿产、能源等在内的地球资源不断满足着人类的需要,而且人类对地球资源的需要不断增加,正是地球资源的开发和利用,为人类文明进程提供了必要的物质基础。然而地球资源是有限和不可再生的,尤其是对矿产资源的过度掘取和不合理的开发利用,必将带来资源的枯竭和对地球生态环境的负面影响,但是人类依靠不可再生资源而生存并不是一朝一夕的事情,所以合理有效地利用地球资源,维护人类的生存环境,已经成为当今世界所共同关注的问题。

地球是人类栖身之所,衣食之源。地球上已知的矿物有3300多种,它们构成了多样的矿产资源。人类目前使用的95%以上的能源、80%以上的工业原材料和70%以上的农业生产资料都是来自矿产资源。人们所利用的环境中的任何东西都是自然资源。然而当不可再生资源被过度开发利用时,最终必将会枯竭。

矿产资源被誉为现代工业的"粮食"和"血液",是人类社会发展的命脉。它不仅是人类社会赖以生存和发展的重要物质基础,更是全球经济的产业基础,在经济领域和政治领域都显示出重要的价值。纵观20世纪大大小小几百次战争,无论是两次世界大战,还是海湾战争,除了对领土的争夺外,各种矿产资源的占有权更是引发战争爆发的导火索。

其他的一些资源如:煤炭、石油、天然气、水等都是重要的资源。煤是由远古的植物长期埋在地下而形成的一种固态化石燃料。虽然煤炭的燃烧会造成环境污染,但在未来的100年里,煤炭仍然是一种主要的能源。石油又叫原油,是一种浓稠的黑色液体,由几亿年前生活在海洋中和较浅的内海中的动物、海藻、原生生物形成的。石油的形成需要几亿年的时间,从这一点上讲,它是一种不可再生的资源。天然气是储存于地下多孔岩石或石油中的可燃气体,它的成因与石油的成因相似。其形成时间之长不得不让我们考虑在漫长的时间轴上对它们进行合理的分配和利用。时间不会因为资源的枯竭而停滞,因此在每个时间段上都应顾忌资源在整个时间轴上的合理配置。

可再生资源指的是在太阳光的作用下,可以不断自己再生的物质,它们可谓不可再生资源的替补队伍。主要包括水能、太阳能、风能、生物质能、地热能、潮汐能等。随着矿物燃料的日渐减少和人类对矿物燃料产生的环境影响的重视,可再生能源的快速发展,已逐渐成为社会能源需求的优先选择。其中,水能是目前技术成熟、应用广泛、且前景广阔的替代资源。河流、潮汐、波浪以及涌浪等水的运动均可以用来发电。此外还有一种被人们誉为是取之不竭用之不尽的资源——太阳能,这是一种可以广泛利用的清洁能源。

　　传说阿基米德就曾经利用聚光镜反射阳光,烧毁了来犯的敌舰。在日照充分的地方,人们在生产和生活中已大量使用太阳灶、太阳能热水器和干燥器。这种大力发展和应用可再生能源的现象,正是"可持续"理念的重要体现,为长时间的资源充沛存在提供了一定的保障。

　　地球上的生物物种也是宝贵的不可再生自然资源。任何一种生物的灭绝意味着地球永久性地丢失了一个物种独特而珍贵的基因库。因此,如果是由人的活动造成的物种灭绝,其损失将无法估量。在这里,资源分配是指同域物种为了保持自己的生存和减少种间竞争消耗,通过自然竞争形成不同物种在选择利用食物资源的大小和分布位置等方面的差异。资源分配对同域物种是一个普遍现象,是同域物种共存的必要条件,是自然选择的必然结果。能源是可以为人类提供能量的自然资源,是人类赖以生存和社会赖以发展的物质基础。

　　从整个宇宙系统来说,时间的一维性表现在许多地球资源的不可再生;对于每个人而言,时间对我们配置资源的影响表现在:时间转瞬即逝,一去不复返。然而在特定的有限时间内,我们只能做有限的事情,我们凭一己之力所能配置的资源也是有限的,然而这种限制同样需要我们将其对立面减少到最小,只要方式方法得当,具备时空观念,在有限的时间内事半功倍也未必不可。

善于驾驭时空

　　俗话说得好:"一寸光阴一寸金,寸金难买寸光阴。"时间在我们生活中的地位不言而喻,其价值无法用金钱衡量。大家都知道比尔·盖茨是曾经的世界首富,传闻他看见地上掉着1000美元,都不弯腰去捡,不是他不把1000美元放在眼里,而是因为他认为时间实在是太宝贵了。按比尔·盖茨的总资产来计算,他一秒钟就可以赚10000美元,而弯腰捡钱却要用6秒钟,用6万美元来换1000美元,那不是太可惜了吗? 而在平常的生活中我们常听到这样的抱怨:"我的时间太少了,根本不够用。""我要是在大学多学点东西就好啦!""我应该少看些电视,好好地约束自己,多读点书!",等等。时间真的是不够吗？有一群学生跑到老师面前说："老师，你布置的作业太多了，我们根本没有时间做其他事情了。"老师听后做了类似之前我们曾提到的那个鹅卵石的实验。他搬来一个大水桶，里面放满了石头，接着老师叫同学们往桶里放石头，不一会儿，老师又说："在这个水桶还可以放入一些水，你们如果能挤出这么多时间，生活肯定会变得更充实。"可见，时间并非不够用，而是我们能否将身边的时间充分利用。

危重的病人在深夜迎来了他生命中的最后一分钟，死神如期来到了他身边。病人乞求他："再给我一分钟好吗？"死神疑惑地问："你要一分钟干什么？"病人回答："我想利用一分钟看看天，看看地，想一想我的朋友和亲人，如果运气好的话，我还能看到一朵花由含苞到开放……"死神说："你的想法不错，但我不能答应你。因为这一切，我都留了时间给你欣赏，你却没有珍惜。你看一下这份账单：在你60年的生命中，你有1/3的时间在睡觉；在剩下的30年里你经常拖延时间，曾经叹息时间太慢的次数是1万次，平均每天一次，这包括少年时期在课堂上，青年时期和朋友约会时以及和朋友打电话时，你甚至为生活琐事而大发脾气。其明细账单大致可罗列如下：你做事拖延的时间，从青年到老年一共耗去36500小时，折合1580天；你做事有头无尾，马马虎虎，你经常埋怨责怪别人找借口，而自己却找理由推卸责任；你利用工作时间和同事调侃，在工作时间内"呼呼"大睡，你还和无聊的人煲电话粥；参加了无数次无所用心、懒散昏睡的会议，这使你的睡眠远远超出了20年。同时你还主持了许多类似这样的会议，使更多人的睡眠时间和你一样超标，还有……"没等死神说完，病人就后悔而死。死神遗憾地说："如果你在活着时，能节约一分钟的话，就能听完我给你记下的账单了。唉，真可惜，世人怎么都这样？总等不到我动手就后悔而死。"

第十二章　科学决策　克局服整

　　人的活动是为了满足需要，人的一切形式的活动都具有为我性，即人能自觉地按照自己的需要和满足需要的对象来设定活动的目的。一方面，要根据客观的现实条件遵循社会发展的规律；另一方面，又要按照自己的需要和满足自己需要的现实力量，把自己的内在尺度运用到事物发展过程中，而这个过程首要环节就是科学决策。

　　一位高级领导同志曾说："领导就是拿主意，干部就是干好事"。"拿主意"即作决策，是主体为实现系统最优目标对已有备选方案的选择；"干好事"即是决策的有效执行，是实现系统最优目标的具体实践。国家的发展、社会的进步、个人的成功，往往都是一系列成功决策的结果，如何通过正确的决策使人生和社会系统功能持续改进、达到最优，是系统工程追求的终极目标，也是系统工程的灵魂与主旨。

　　决策，就是为了实现一定的目标，提出解决问题和实现目标的各种可行方案，依据评定准则和标准，在多种备选方案中，选择最佳方案而进行分析、判断并付诸实施的管理过程。人们从不同角度对决策下过不同定义：从选择的角度看，决策被认为是对一些可供选择的行动方针所做的抉择；从信息运动角度看，决策被认为是将信息转换为行动的过程。最通俗的解释，认为决策就是拍板或是拿主意。一般而言，决策是管理者在一定环境下进行的，它绝不能脱离开实际进行，必须依靠一些科学的工具和方法进行，而不仅仅是经验的积累。科学的决策要经过一系列步骤，它们有机地联系在一起，被称为决策程序。大体上说，一个完整的决策过程包括明确问题、设定目标、制定备选方案、评价与选择方案、决策方案实施与效果评估等几个环节。

恰当的政策和决策是追求成功的关键要素,个人能力、人品修养等都将在解决问题、处理事务的政策、决策上集中展现,并通过其实施效果影响个人发展。如果说,普通百姓的决策更多地影响自己的人生,那么,执政者的政策选择则关乎国家命运、民族前途、社会未来。当前,资源短缺、环境污染、贫富差距加大、食品安全性不高等都在妨碍社会安全与发展,政治体制改革、人口发展政策、社会保障方式亟待推进,我们必须借助系统科学、抓住主要矛盾、坚持目标导航,在过程管理中规避风险,在全局的视角下正确决策,以持续改进的理念选择和实施政策方案,在问题解决与目标实现中推动社会经济的可持续发展。

防左务必纠偏

毛泽东同志曾说,"政策和策略是党的生命"。毫无疑问,毛泽东同志及其领导的共产党人所作的一系列成功决策,是改变我们党、国家和民族命运的关键所在,从建党、建军到革命胜利、建设新中国,无数的历史经验都证实了这一点。在建党之后的很长一个时期里,"路线"问题是我党关注的焦点之一,而广泛地开展调查研究、实事求是地认识和分析问题,无疑是正确决策,把握正确路线的关键。解放战争期间,主持西北局工作的习仲勋同志在陕甘宁纠偏,保卫战争胜利果实,避免"'左偏'把一切破坏得精光"的实践,就充分说明了这一点。

1946 年 7 月,国民党悍然发动内战,对解放区发起全面进攻。但在之后的一年时间里,人民解放军在多个战场取得胜利,扭转了被动态势,迫使国民党军队转为防御。1947 年 9 月,解放军发起全国规模的大反攻。为了调动解放区广大人民的抗战积极性,保卫胜利果实,团结一切可以团结的力量,1947 年 10 月,中共中央批准了全国土地会议通过的《中国土地法大纲》,"废除封建性及半封建性剥削土地制度,实行耕者有其田的制度",以"没收地主牲畜、农具、房屋、粮食及其他财产"的政策,代替过去"征购地主土地"的政策。

　　《全国土地法大纲》制定的一系列政策决议,无疑是完全正确的。但是,相对于多个解放区的情况复杂,《大纲》的很多内容仍旧不够细致、准确,导致土改开始时,大量解放区出现了"左"倾。仅就陕甘宁边区而言,由于没有把边区里老区(占2/3)和新区(占1/3)的不同情况区分开来,没有划清一般地主和恶霸地主的界限,没有对中农、工商业和三三制等政策解释清楚,片面地强调"依靠贫农"和"平分土地",在反对"右"倾时对防止"左"倾注意不够,致使在土地改革和党的工作中一些"左"的做法在一些地方蔓延,个别地方发展到相当严重的程度。当时,习仲勋同志在西北局主持工作,仅在子洲县调研的不到十天时间里,就列出了以下九种土地改革中存在的不良现象:一是把中农甚至错把贫农定成富农进行斗争,只要有吃有喝的人,就是斗争的对象。二是地主富农不加区别一律斗争和拷打,用刑很惨,把马刀烧红放在被拷打者的嘴上,也有用香燃油去烧,这是破坏党的政策。三是凡定为地主富农者,个个必斗,斗必打,打必拷,将他们扫地出门。四是不坚定地深入发动群众,而是被搞所谓"斗争"冲昏了头脑。五是在贫农和中农之间划了一道鸿沟,把贫农神秘化。六是不能正确对待老党员、老干部。七是曲解土地法关于用暴力手段没收土地的含义,认为就是要多吊拷人,多打死人,多用肉刑来贯彻土地法令。八是凡搞斗争的地方,大吃大喝成风,既不利于救灾,又浪费了胜利果实。九是在土改运动中干部包办代替多,没有形成群众自觉的行动,要创造党内一种新作风。①

　　在听取部分同志汇报工作时,习仲勋同志针对一些地方在土改中出现的"左"的偏向,总是提醒在运动中要防"左"纠偏,并再三叮嘱工作中要讲政策、讲纪律,切莫头脑发热。从1948年1月初,习仲勋同志通过到子洲县检查工作、与延属负责同志谈话、约见三边分区同志了解土改运动进展情况、参加地方土改检讨会等方式,了解了地方的真实情况。一份翔实的调查报告,很快呈送西北局并被转报中共中央。当时中央正在致力于纠正全国土改中的偏差,这份来自基层、事实充分、观点明确、分析透彻的材料,成为中央正确决策、做

---

　　①　贾巨川、习仲勋:《陕甘宁边区土改纠偏》,《百年潮》2008年6月。

出指导工作十分及时和宝贵的材料。

半个多月的调查研究之后,习仲勋同志主持召开了西北局会议,进一步传达和讨论了中央精神,根据陕甘宁边区的实际情况,把中央决定的各项政策目标具体化,提出使土地改革循正轨执行的步骤和办法。1月19日,习仲勋就陕甘宁边区近期的实际工作情况,特别是防止和克服土地改革中"左"的偏向问题,再次致电毛泽东,提出了土改中应该注意的九个问题,并获得了毛泽东同志的完全同意。这些意见也成为全国各解放区的参考意见。

通过实地调研了解地方真实情况,习仲勋同志还对全国的新解放区、半老解放区、老解放区的概念进行了界定,通过准确地划分三类解放区,进而明确不同地区阶级成分,最终制定了更加准确有效的决策和措施。他从实际出发提出的关于新老区土改的诸多思想观点、工作建议,受到了党中央、毛泽东的肯定,不仅在当时,而且在新中国成立后进行的全国大规模土地改革中也发挥了很好的借鉴和指导作用。"没有调查就没有发言权",正确决策无疑是夺取胜利、获得成功的关键,而调查研究、获取真实信息,则是准确划定目标,做出正确决策和纠正执行偏差的重要手段。2007年,胡锦涛同志提出对中共十七大报告起草工作的要求:"在党的十七大报告起草过程中,我们自始至终都要重视调研工作,深入基层、深入实际、深入群众,广泛听取各方面意见和建议,真正摸透实际情况,准确掌握群众意愿,不断提高对做好各项工作规律性的认识,特别是要注意总结好人民群众在实践中创造的新鲜经验和成功做法,加以概括提炼和系统化,并在报告中充分体现……"①

2012年5月,习近平同志在《学习时报》上曾刊文要求我党必须"坚持实事求是的思想路线",指出"实践反复证明,坚持实事求是就能兴党兴国;违背实事求是就是误党误国。"他强调,"坚持实事求是,必须始终坚持一切为了群众、一切依靠群众,从群众中来,到群众中去的群众路线",必须"深入基层了解情况,深入群众听取意见","及时发现、总结、概括人民创造的新经验",才

---

① 社会系统工程专家组:《北京实现者社会系统工程研究院》,《中国领导层有关社会系统工程言论汇编》(8.07版)[R].2011.

能使"各项决策和各方面工作符合实际情况、符合客观规律、符合人民意愿"。这些要求充分说明了深入基层、调查研究,对于系统认知现实、把握客观规律、最终做出正确决策的重要性。

事关生存发展

邓小平同志曾说,"发展才是硬道理","革命和建设都要走自己的路","要发展、要走自己的路",都需要正确决策,国家如此,个人亦然。对于党和政府而言,采取何种战争策略、制定怎样的外交政策、走什么发展道路,关乎国家安全与发展、影响战争胜负成败、事关民族复兴与崛起。对于个人而言,生活工作中的一系列决策则决定了其是否能够更好地生存与生活,影响了其是否能够为社会更好地奉献。

新中国成立初期,中央政府对台基本政策是武力解放台湾。随着形势发展变化,周恩来同志于1955年首次提出,中国人民解决台湾问题有战争方式和和平方式两种选择,在可能的条件下,中国人民愿意争取用和平的方式解决问题。至1963年,根据两岸发展新形势和总结、评估对台工作的十年经验,中央政府提出了"一纲四目"的对台工作新方针。虽然由于国外反对势力的破坏和中国"文化大革命"的爆发,干扰了对台工作和祖国统一大业,但是和平解放台湾的探索与尝试,"一纲四目"战略方针的提出,都为之后制定"和平统一、一国两制"战略决策,提供了有益的借鉴和参考。

20世纪70年代末,海峡两岸和国际局势都发生了巨大的变化,为和平统一提供了十分有利的环境。在大陆,通过思想上、政治上、组织上的拨乱反正,中共中央提出将工作重点转移到经济建设上来,实施改革开放;在台湾,中美关系正常化后国民党实行"经济保台",并随着"开放党禁"和"言论自由","台独"势力膨胀;在国际上,中国重返联合国,各国纷纷与我国建交。同时,中美正式建立外交关系,美国对台"撤军、废约、断交",虽通过《与台湾关系法》,继续对台提供军事装备,但仍然为和平解决台湾问题提供了良好的有利的国际条件。另外,香港、澳门回归倒计时逐渐临近,早日解放台湾、实现祖国统一的历史性课题再一次摆在中国共产党人的面前。如何才能做到既使香港主权回归，维护祖国统一，又能保持香港和澳门的长期繁荣稳定发展；既实现"台海"统一，又不致引起台湾社会动荡，保持经济繁荣、社会稳定，成为我们党高层决策者的头等重要的大事。其中维护主权安全、实现国家统一是根本目标，保持香港、澳门和台湾的长期繁荣稳定发展也是需要考虑的重要方面，它们看似矛盾统一的几个方面，必须"综合考虑，不能单打一"。

在以上的环境背景和目标指导下，1978年12月，邓小平同志在中共中央工作会议上提出了统一台湾的相关政策。1979年元旦，全国人大常委会发表《告台湾同胞书》，郑重地宣布了和平统一祖国的大政方针，开始了新时期、新形势下解决台湾问题、完成祖国统一大业的新征途，标志着中国共产党对台政策在邓小平同志的推动倡导下开始了新前景。1981年9月，全国人大委员长叶剑英发表"和平统一祖国的九条方针"，再次勾勒出"一国两制"构想的具体框架，主要包括台湾回归祖国之后，可作为特别行政区，享有高度的自治权，可保留军队，中央政府不干预台湾的地方事务；经济制度不变，私人财产受保护、台湾当局和各界代表人士，可担任全国性政治机构的领导职务等。1982年1月，邓小平指出，以叶剑英委员长提出的九条方针，实际上就是"一个国家，两种制度"。从而第一次将新时期中国共产党对台方针政策的新变化和新思想正式概括和表述为"一个国家，两种制度"的科学概念。

"一国两制"政策，实质上是以邓小平同志为核心的中国共产党在"民主集中制"下，对国家统一政策所作出的重大选择，充满着第二代中央领导集体的睿智、果敢与勇气。从此，"一国两制"成为解决大陆与台湾的和平统一，实现香港和澳门回归的战略方针，成为中国特色社会主义下的制度创新。在这一政策指导下，香港和澳门分别于1997年和1999年顺利回归祖国，制定和实施的《香港特别行政区基本法》和《澳门特别行政区基本法》，更是展现了中国政治设计中的制度创新，实现了使香港主权回归，维护祖国统一，又能保持香港和澳门的长期繁荣稳定发展的战略目标。

香港和澳门回归祖国的十几年间，在"一国两制"的政治制度安排下，保持了繁荣和稳定，与内地实现了相互促进共同发展的良好态势。而海峡两岸经过双方的共同努力,进一步扩大了交流和合作,两岸关系取得了新的突破和进展。2005年,前台湾国民党主席连战、亲民党主席宋楚瑜访问大陆;2008年,萧万长参加博鳌论坛,两岸实现"三通";2009年,《海峡两岸金融合作协议》《海峡两岸空运补充协议》《海峡两岸共同打击犯罪及司法互助协议》,等等。事实证明,作为有中国特色社会主义的理论和实践的重要组成部分,"一国两制"的方针政策是我党根据新时期的历史条件,为实现国家统一、民族团结、社会繁荣所作出的伟大战略决策;是我党求真务实、超越既往和自我的大智大勇、大量大度的体现。

"一个国家、两种制度"是中国共产党在20世纪80年代初面对新的国内外形势,制定的实现民族团结和国家统一的伟大战略决策。在这一新的政策方针指导之下,香港、澳门顺利回归祖国怀抱,并维持了经济社会的繁荣稳定;两岸实现"三通",文化、经济、政治交流愈加密切。事实证明,这一战略决策有利于实现国家统一的伟大目标,符合当前我国和平发展战略方向,必将为党和政府早日实现国家统一作出重大贡献。

生活中,决策同样随处可见。当在思考今晚的菜单时,我们已是一名决策者,而每天像这样类似的事件俯仰即是。再比如,这个周末有很多电影上映,而我们准备选择其中的一场与朋友共度周末;又比如,下个月是母亲的生日,我们想给她一个惊喜,虽然你已经有不少备选礼物,但仍然需要在最后时刻作出选择。诸如这样的例子数不胜数,静思一下,我们会为自己每天作出决策的数量感到惊讶。的确,我们随时随地都可能要作出决策,而这些决策也在影响我们生活的方方面面,并直接或间接地影响我们的未来。

假设,最近我们手头有了一些多余的积蓄,而且是一笔不小的数目,可以用它来购买一辆新车,换掉原有的、经常抛锚的汽车,从而节省上下班时间和修车费用。同样,也可以用它来购买一些股票或基金,试图让你的积蓄增值。对此,又将如何作出决策,是购买汽车还是持有股票,依然非常重要。

当然,以上仅仅是对个人而言重要的决策,更多重要的决策发生在诸如公司一样的组织中。仔细想想一家公司每天的工作,实际上就是作出各种各样影响公司发展的决策,小到生产设备的采购决策,或公司人员的任职决定,大到公司上市、收购等重大事务,都是非常重要的决策。因为,如果设备采购决策失误将有可能严重影响公司产品的生产质量,为公司带来巨大损失;人员安排不慎则有可能导致公司办事效率下降;而收购失误则有可能直接导致公司破产。很显然,决策的重要性在公司运营中展露无遗,作为一个庞大的系统,公司所要作出的决策纷繁复杂,犹如一项巨大的工程,如何作出各种正确的决策使系统效果达到最优,是每一家公司实现生存与发展的根本。

又如,刚刚返回地球的神舟9号航天飞船,从最初设计飞船开始,就要面临一系列复杂的决策,包括飞船表面材料的选取、发动机燃料的配比以及内部空间的布局,等等,甚至每一颗螺丝钉的选取都是经过仔细筛选作出的决定。之所以能够取得圆满成功,顺利返回地面,正是得益于一项项正确决策所带来的最终结果。嫦娥一号卫星的轨道从大的方案上看有两种选择,一是直接奔月,二是经过三次调相轨道后奔月。其实,这两种方案都可以达到工程目标,但由于直接奔月对火箭的运载能力要求很高,在确定使用长征三号火箭的情况下,经调相轨道后奔月,嫦娥卫星的推进剂量可以满足近月制动和绕月飞行姿轨控的能量需求,因此,最终选择调相轨道的方案。

无数的实践已经表明,决策的普遍性与重要性毋庸置疑。但究竟怎样系统认识决策,如何才能作出合理决策,它的依据、注意的主因素等,都需要我们系统认识。

借助系统科学

温家宝同志曾说:"正确决策是各项工作的前提。"确实,决策是人类在政治、经济、技术和日常生活工作中普遍存在的一种行为,是一种经常发生的活动。只是对于政府决策而言,其关系到的社会经济系统更加庞大,所产生的影响更加重大、面对的问题更加复杂、面临的风险普遍更高。就个人而言,其决策则更多地对自身或周围利益相关者等小范围内产生影响。

关于决策的概念内涵,不同领域的专家学者有不同的理解。诺贝尔经济学奖获得者西蒙曾说,"管理就是决策",他认为决策是管理的核心,管理的成功与否取决于决策是否科学有效。一般而言:"从两个或两个以上的备选方案中选择一个的过程就叫决策"。用更加通俗的理解,就是在"鱼与熊掌不可兼得"时,选择"鱼"还是"熊掌"的过程。但是当决策所面临的问题艰巨,所处系统边界不明确、内部结构复杂时,决策会成为一个复杂的过程。"鱼"和"熊掌"间的选择也许比较简单,那么,"生"与"义"呢? 像《亮剑》中谈到的,"古代剑客们在与对手狭路相逢时,无论对手有多么强大,就算对方是天下第一剑客,明知不敌,也要亮出自己的宝剑。即使倒在对手的剑下,虽败犹荣。"生命明明对于所有人都是最重要的,可是为何还有那么多"舍生取义"的仁人志士! 所以,很多时候方案的选择并不是那么简单,即便是类似于确定今晚菜单这样简单的决策,也不再是选择米饭还是面条的问题,因为"营养学"早已风靡全球。

事实上,每一项重要决策的过程都是一项复杂的系统工程。系统,尤其是复杂系统是由多个子系统或要素组成的。系统中的决策,则可以看成是系统为实现从低级状态向高级状态或目标状态的跃迁,系统最高级控制器对子系统或要素的行为、功能的统一选择与控制。通过这种集中选择与控制,协调各个部分行为和关系,使各要素在系统当中发挥出最大作用。在这种控制过程中,首先必须系统考虑,全面规划,做到整体最优。2001 年,温家宝同志在江苏、山东考察南水北调东线工程时讲:"南水北调工程是涉及全局的复杂的系统工程,要从长计议,全面考虑,科学选比,周密计划。要按照'先节水后调水、先治污后通水、先环保后用水'的要求,充分考虑调水的经济效益、社会效益和生态效益,对东、中、西线进行全面规划,科学论证,慎重决策。"南水北调工程的指导思想,充分体现了系统决策中的整体最优要求。另外,在这种统一控制过程中,为保证系统的总体目标达到最优,克局服整,甚至不惜牺牲局部要素的利益。当然,这也是为什么当利益关系复杂时,政策出台会变得那么困难。例如,为应对气候变化,减少国际压力,我国出台了节能减排"十二五"规划,并对温室气体排放和能源消费实行总量目标控制。为了实现国家温室气体减排和能源消费总量控制目标,则需要各个地区共同努力,甚至有时需要牺牲地方经济利益。这时,方案的制订、下达、甚至执行就会遇到重重阻力,必须经过中央相关部委一次次协调,与下级部门一次次对话,才能保证方案的实施与目标的完成。

从系统的角度看,决策还应当关注以下两点:

首先,系统思维下的决策方案选择,必然是对系统要素行为的统一协调和控制,这种协调与控制应以总体最优为根本原则。例如,分配节能减排指标的过程,实质上是中央对地方的统一协调与控制。部分省市作为我国的重工业基地如果承担过高节能减排义务,则有可能影响产业发展、不利于经济增长,反之,如果不分配节能减排指标,则可能导致全国目标的难以完成。因此,指标的确定需要在全国范围内不断的协调,同时,在指标确定后,还需要建立评估机制、考核机制,以便督促地方政府完成指标。

其次,系统决策及其实施过程,都是在一定的环境条件下进行的,伴随着物质、能量、信息的输入输出过程,因此,必须考虑系统环境的未来发展变化。就环境大系统而言,决策系统只能是其子系统或要素,因此,决策系统也必然接受环境大系统的统一选择与控制。决策系统所选择的行为方案,必须符合环境大系统状态最优的要求。比如,可再生能源由于其发展时间较短、技术成熟度不够、发电成本较高等,尚无法与常规能源竞争。为此,国家制定了总量目标政策、固定电价政策、全额保障性收购等促进可再生能源产业的发展。其中最重要的一项政策是,要求电网对风电、太阳能等可再生能源电力以国家规定的高电价优先收购并网,同时,国家在全国范围对每度电多征收8厘钱的电力附加,作为支持高电价的资金来源。能源企业在作出是否发展可再生能源的战略决策时,如果仅考虑能源行业系统的竞争情况,不考虑国家对可再生能源行业的扶持,则必然不会选择大规模发展可再生能源。而因预测到国家扶持政策,而选择大力开发风电等可再生能源的第一批"吃螃蟹"的企业,则基本都取得了极高的收益。

注重过程管理

决策的过程管理,实际上是将决策视为一个可控的系统过程,按照总体最优原则,寻找关键决策过程,进行决策策划、实施、评估和持续改进。不同的决策类型,其关键过程要素不同,需要按实际进行管理。

根据不同的标准,决策可以划分为多种类型。比如根据决策对整个系统的重要性,可以分为战略决策与战术决策;根据决策目标的多少,可分为单目标决策与多目标决策等;根据决策在系统中的重复性可分为程序型决策与非程序型决策;根据决策可控程度可以划分为确定型、风险型和不确定型决策等。认识不同的决策类型有助于准确把握决策的概念,正确识别决策目标、分析决策环境、选择决策方法,加强过程管理最终采用正确的方案措施。

根据决策制定对系统的重要程度,所影响的时间范围,可以将决策分为战略决策与战术决策,前者决定"干什么",后者决定"怎么干",前者影响效益与发展,后者决定效率与生存。

战略决策是对个人、组织或国家的长远目标与发展方向等重大问题作出选择,具有全局性、长期性和战略高度的决策。如大学毕业后的职业取向,可能是关乎今后一生事业发展的选择;企业的远景和发展蓝图则直接影响着其未来的投资方向,是决定其能否维系生存获得快速发展的关键;而一个国家,尤其是一个发展中大国,走何种发展道路、采取何种战略,则与整个世界的和平与稳定息息相关。

战术决策是个人或组织针对短期问题所作出的决策,它必须以实现战略决策为前提。如企业为应对金融危机宣布减少员工录用人数,国家为反倾销对某种商品征收各种税费等。

按照决策主体的多少可以将决策分为个体决策与集体决策。个体决策由最高领导或相关主体个人最终作出决策,决策迅速、责任明确,一般用于处理紧急问题。集体决策则由两个或两个以上主体共同协商作出决策,通过民主集中,可以统一思想、集成智慧,一般用于处理战略性重大问题。

个体决策过程多取决于决策人的技术经验和价值判断,需要决策主体"眼界宽、思路宽、胸襟宽",否则必会产生很多"三拍"决策(作出判断拍脑袋、执行不力拍桌子、效果不佳拍屁股)。

集体决策,其决策权分属于各个主体,最终决策需要由所有人共同商定,但是当决策人分歧较大时,需要最高领导做出最后决断。通常来讲,集体决策相对于个体决策还有以下优势:1.可以获得更多的相关信息,而信息是决策的重要依据;2.能够列出更多的可行方案,以备选择;3.往往能够得到更多人的认可。当然,集体决策也有不足,比如容易产生"从众效应",决策过程烦琐、速度较慢,造成责任不明等。

组织或个人通常要面对两类活动:一类为经常性、重复性任务,也称运作;另一类为一次性、临时性无例行制度规范可依任务,也称项目。由于系统环境具有一定的稳定性和规律性,通过自适应,当遭遇类似环境刺激时,系统主体往往吸取经验教训,会作出类似的过程反应,最终形成一套固定的反应模式或规则,也就是程序。

程序化决策是在处理经常性、重复性问题时所进行的决策,它是组织运作的一种,往往可以参考已有的先例、经验,规定、行事规则,通过常规方法就能处理,而不需决策者获取大量信息或耗费大量精力;非程序化决策,则是处理偶然出现的或新出现的问题,所进行的决策,它无相关规范可依、无先例可循,需要决策者花费精力作出正确判断,才能进行。随着社会经济发展,大量新技术层出不穷,生活节奏加速,国内外形势快速变化,瞬息万变的环境对决策提出了新的挑战,非程序化决策已经成为系统运行关注的焦点。

决策的最终产生是一系列思考、研讨、分析的反复权衡交互过程。注重决策的过程管理,尤其是全生命周期的管理,持续提取过程中的风险要素、误差产生点、优化决策过程,实现最佳决策。

规避决策风险

当环境复杂时,决策主体的一种行为经常会产生多种影响、达到多种目的,一个决策可能包含多种目标。这样根据决策目标多少可将决策分为单目标决策与多目标决策。

单目标决策在决策过程中只针对完成决策主要目标而选择执行方案,对其他次要目标不做过多考虑。比如在审批项目时,采用的环境标准"一票否决制"，就是在决策时，首先考虑环境目标，对无法实现该目标的方案，即使经济效益更大，仍旧放弃。或是生活中，在购买新车时，有很多目标可能会影响决策，要安全性高、性价比好、车形美观、操控简易、节能省油等，但考虑到经济实力有限，因而只能将价格作为主要决策目标。

多目标决策则需要对整个决策问题的目标系统进行决策的决策方式，其中包含若干决策目标，而这些目标之间往往又相互制约、相互矛盾，决策者需要对这些目标进行综合考虑才能作出决策。比如在处理南海问题时，既要维护国家主权和领土完整，又要坚持和平发展、维持周边环境和谐稳定，还要减少国家压力、保持国际形象，这种互相联系、互相制约的决策目标，要求选择行动方案时综合协调、统筹考虑。

根据决策掌握信息和可控程度，可以将决策分为确定型决策、风险型决策与不确定型决策。

确定型决策是在所需情报、信息已经完全掌握，环境条件可知、可控的情形下作出决策的方式。在这种情况下，由于决策者确切知道每一种状态发生的结果，因而可以作出精确的选择。例如，在战争中通过卫星、无人机侦查和信息解码破译获知敌人行动方案情况下，可以快速制定应对措施打击敌人。在飞机因事故迫降在冰冷的雪原后，如果乘客确切知道距离最近村庄的方向、距离及沿途路况和未来几小时的天气情况，那么他们完全可以轻松作出决策，向村庄迅速进发，从而幸免于难。

风险型决策是在所需情报、信息不完全掌握，环境条件不完全可知、可控的条件下作出决策的形式。在这种情况下，决策者只拥有决策所需的部分信息，只知道某些事件发生的大概可能性，要作出正确的决策通常带有很大风险，因此被称作风险型决策。风险型决策是复杂系统通常所遇到的决策类型，在战争中、谈判中，一般是难以掌握对方确切行动方案和谈判底线的，这时做出的决策其效果预测一般具有不确定性。在飞机事故的案例中，如果乘客没有人知道距离最近村庄的确切距离，而只是根据飞行员迫降前所说的大概距离和方向就冒昧让所有人或部分人前往附近村庄，则那些人将可能冻死途中。因为，在飞机迫降前飞行员已经迷航很久，所指出的附近居民点位置也只是大概估计,因而都是不完全可靠的信息,如果乘客们根据这些信息就贸然前行必然面临很大的风险。

不确定型决策是在决策所需情报信息未掌握、环境条件不可知、不可控的条件下进行决策的方式。在这种条件下,决策者不知道有多少种状况可能发生,或者即使知道某些情况可能发生,也不知道发生的可能性有多大。因此,要在这种情况下作出正确的决策是非常困难的。例如第二次世界大战中德国在签订互不侵犯协定的情况下,对苏联进行突然袭击,对其造成了重大打击。又如果在飞机事故的决策案例中没有人提前听到过附近地域的天气情况,也没有人知道附近村庄的方向与距离,那么要前往附近村庄将更加困难。

由于环境的复杂性、目标不确定性和信息获取、筛选的困难较高,系统决策一般都要面临多种风险。分析决策问题,把握系统目标,辨识环境信息,根据不同决策类型识别风险,选取适当的方法加以规避对于正确决策至关重要。

抓住主要矛盾

不管是何种类型的决策,虽然其划分和关注的焦点不同,但却具备很多共同特点,了解这些特点有助于更加深刻地理解决策的本质,抓住主要矛盾,以便更好地作出决策。

任何决策,都是主体为实现系统目标所进行的,而最终是否实现系统目标,也是评估决策是否恰当的根本标准。所以,目标导向性,是决策最鲜明的特点之一。对一般系统而言,发现问题、明确系统状态偏差,是制定决策目标的前提。此时,认识和分析问题就成为决策过程中最为重要也是最为困难的环节。在系统运行过程中,很多问题往往是互相联系的,而关键性的问题也常为众多的表象所掩盖,必须进行深入的分析。

决策是在一个以上的行动方案中作出选择,可选择性是决策的基本特点,也是决策的困难根本所在。试想如果你有能力同时买下两套房子,那么你还需要为究竟选择哪一套房子作为新婚喜房而感到烦恼吗?答案是显然的,但通常我们当中的大多数人只有能力购买其中一套,因而需要作出艰难的选择。

当然,从另外的角度看,即使你有能力同时购买两套房子,在你作出这种决定时,实际上它已经成为你的第三种选择,而你极有可能在权衡利弊之后首先就排除这种选择,因为它将占用你的大量资金,产生机会成本。归根结底,决策始终是要在多种方案中作出选择,而且毫无疑问,决策总是在综合考虑情况下最佳方案的选择。如果只有一种方案,那就没有选择余地,谈不上所谓最优,也谈不上什么决策。也就是说,决策的选择性不是仅仅表现在要从数量众多的方案中进行选择,而且是要在优劣相当的方案中作出最佳选择。

决策的最终目的是要通过执行方案达到预期效果,而决策方案的实现往往有很多限制,比如必要的人力、物力、财力等资源,否则再好的方案也只能是空中楼阁。例如,推动经济快速发展、实现人民共同富裕,是每一届政府的共同愿望,但是经济发展与共同富裕同时实现在一定的历史条件下,不具备可行性。为此,改革开放后,我国作出了"允许一部分人先富裕起来"的重大决策,保证了我国社会经济快速发展。简言之,决策本身就隐含着可实现性,只有具备可行性的方案才应成为最终决策的备选方案,而那些不具备可行性的方案则应尽早排除,不作考虑。

决策的模糊性主要包含两个方面:一方面是指决策目标具有模糊性,即大多数时候决策的整体和局部目标并非一目了然,而是具有很大的模糊性,尤其是在多目标决策时,需要决策者对众多目标进行权衡定位,进而确定核心目标,制定决策方案;另一方面是在对决策方案进行评价时往往具有模糊性,即很难对决策方案之间的差别进行明确区分。比如,当你在几只花瓶之间进行选择时,花瓶的外形、颜色、质地等都是非常接近的评价标准,要在这些标准的基础上作出选择显然是非常困难的。这种情况下,决策人的主观意志、兴趣偏好往往决定了决策的最终选择。系统工程一般要求能够定量则定量,是为降低模糊性,而模糊评价等方法也是面对这类问题的重要选择。

决策的不确定性主要体现在作决策时所依赖的信息内容往往具有很大的不确定性,同时,环境的快速变化也使得决策的执行效果存在不确定性。决策所需要收集和整理的数据往往是海量的,众多的冗余数据需要筛选和剔除,这种过程难免会出现信息偏差。同时,在信息确认之后的传输失真等也是影响信息的真实可靠程度的重要因素。由于"噪音"存在的客观性,信息的真实性往往随着传输环节的增加而降低,这会为决策带来风险。另外,决策相对于信息而言,往往具有滞后性,在决策作出后,执行条件可能已经发生了剧烈变化,决策必然无法达到预期效果。不确定性在决策中是普遍存在的,系统决策的基本要求就是降低不确定性,因此,决策制定的重要任务之一就是降低信息的不确定性,从而增加决策的可靠性。

决策所具备的目标向导性、可选择性、可行性、模糊性等各种特点,要求我们在作出决策时,必须抓住系统的主要矛盾,在多目标、多选择、模糊不确定中实现突围。

坚持目标导向

如何做出正确决策,自古以来就是人类经常思考的问题。古人由于对自然世界认识的不足,往往崇天命、信鬼神,决策时经常向神僧教士等寻求指示,东方的周易和阴阳五行学说、西方的占星术等都是人们决策的重要依据。同时,"先哲"、"圣人"、"长者"的言行,也都是判断是非的准则,是人们作出众多决策的标准。实际上,目的才是作决策的根本依据,正确的信息是作决策的基础,环境、时空、程序、决策者等都是决策的主要影响因素。

任何决策都是建立在为实现某种或某些目标的基础之上而进行的,目标体现了系统要达到的预期状态,是决策者作出决策的根本依据,因此必须坚持目标导向。

一方面,正确的目标是作出正确决策的根本前提。如果目标本身是错误、不符合客观规律的,那么,方案越优秀,反而会给系统带来更大损失。如1958年的"大跃进",目标是在较短的时间内赶超英、美,跑步进入共产主义。其目标和结果正如邓小平同志所说:"完全违背客观规律,企图一下子把经济搞上去。主观愿望违背客观规律,肯定要受损失。"当年在"以钢为纲,全面跃进"方针下,制定的钢铁产量比1957年翻一番,达到1070万吨的目标,抛起了全国大炼钢铁的热潮。当时的决策执行可以说是全面彻底的,但结果导致"村村点火,户户冒烟",对生态环境和物质资源造成了严重的破坏和浪费,反而造成了群众生活的严重困难。对整个经济系统造成了不良影响,轻工业产品的生产品种和产量也大幅度减少,直接导致人民生活日用品供应极其紧张。这正是目标不正确,导致损失的典型案例。

另一方面,如果目标明确,将有利于决策者作出更加准确的决策。尤其是在多目标决策中,分清楚主要目标与次要目标十分关键,这样才能抓住主要矛盾①,另外,很多目标看似零散实则相互联系,很多要素看似不相关实则可能非常关键,需要我们从系统观点考虑,深入思考。2009 年 5 月,习近平同志在中央党校春季学期第二批进修班暨专题研讨班开学典礼上指出,领导干部阅历丰富,独立思考能力比较强,要带着问题读书,养成边读书边思考的习惯,在广泛阅读的基础上,联系实际,开动脑筋,对现实中的疑惑进行深入思考,力求把零散的东西变为系统的、把孤立的东西变为相互联系的、把粗浅的东西变为精深的、把感性的东西变为理性的。所以一定要理论联系实际,作出决策之前,一定要深入思考、把握联系、抓住本质,才能制定正确的、准确的决策目标。

在确定了决策目标之后,在目标导向下,收集和辨识正确信息将成为分析决策的基础,执行反馈的依据,面对海量的信息源,如何甄别筛选出充足、可靠、有效的信息至关重要。

《孙子兵法》有云:"知己知彼,百战不殆"。"知己"和"知彼"实质上就是收集个人与他人情报信息,得出各种优势劣势、机会挑战的过程。因此,决策过程应当在信息、质量和数量上下工夫。

决策是实现系统由现有状态向目标状态演进的要素集体控制,目标状态成为所有调控手段的前提。同时,决策环境、系统状态甚至决策本身,都是以信息的形式表达的,贯穿于决策全过程。因此,正确决策必须坚持目标向导,将辨识目标与掌握信息作为关键抓手。

---

① 温相:《习仲勋延安时期二三事》,《同舟共进》,2008 年 12 月。

科学筛选决策

决策受环境、时空、程序、决策者等多种要素影响。科学筛选决策必须注重提高环境可控性,对时空资源及要素时空配置加强调控,建立和完善决策程序,从而有效提高决策科学化、民主化、规范化。另外,实施方案的制订及其选择,皆由决策者作出,系统决策必须充分考虑人的因素,才能更有效地规避风险。

如前文所言,决策系统通常可以被看做是环境大系统的一个要素。系统在作出决策过程中,必须符合环境大系统的发展要求,因此,提高对环境系统的认知和预测,加强环境可控性十分关键。这里认为,决策主体对环境的可控程度主要取决于两个方面,即对环境不确定性的把握能力,其内涵主要包括对环境两个方面因素的控制:一是对环境变化程度的可控性,二是对环境复杂程度的可控性。

首先是环境的变化程度,如果决策者面临的环境构成要素不经常发生变动或变动很小,那么他所处的决策环境就相对稳定,因而较为容易认知环境,做出合理决策的可能性也就较大;但如果决策者面临的环境经常发生变动,他要做出合理决策的难度显然更大,我们将这种决策环境所处的动态状态称为动态决策环境。不同行业的公司由于所处行业环境的变化程度不同,在作出决策时所面临的困难也将截然不同,比如诺基亚所处的手机行业,各种新技术层出不穷、市场环境变化瞬息万变,决策者在制订公司手机开发方案时所面临的是高度动态的决策环境,要保证始终能够作出正确的决策,引领手机市场非常困难。事实也证明,正是由于诺基亚没有察觉到日新月异的手机市场需求变化,最终在作出是否转型智能手机市场的决策中落败于苹果公司和三星公司,成为智能手机市场上的失败者。而 Zippo 公司所处的打火机市场,其决策环境相对于诺基亚所处的手机市场稳定许多,因而在决策时所面临的困难也要比诺基亚小很多。

其次是环境的复杂程度,这主要是指构成决策环境的要素数量以及决策者对这些构成要素的了解程度。如果决策者面临的系统环境非常复杂,有很多因素影响着决策方案的选择,而决策者对这些因素的了解程度又很低,那么可想而知决策者要在这种情况下作出合理的决策的难度有多大。假如你要用积攒多年的工资购买股票,而你的大概想法是要在最后选择三到五只股票进行投资,如果你直接打开电脑或走近证券交易大厅,那么你要面对的是在几千只并不怎么了解的股票中选择三到五只股票进行投资,其难度可想而知。但如果现在有一位股票高手愿意向你推荐十只股票,或者再多一点,三十只股票,并向你详细介绍这些股票的具体情况,那么对你而言,要作出这项决策的复杂性将大大降低,因此有理由相信你会作出更加合理的选择。

特定的系统,一般只存在于特定的时空中,这时它可以看做是对时间与空间的占用。系统运转则是要素在时间、空间上所发生的改变。因此,决策中,一方面要将时间和空间作为一种资源进行考虑,另一方面则是对要素按照一定的时空序列进行调控。通常,是考虑决策的时间紧迫性和决策方案中对各种资源在时间与空间上的安排。

在战斗决策中,把握时空因素至关重要,而对各分支部队在时空上的部署也非常关键。敌我双方对抢占战略要地,提高部队的机动部署能力的要求,实际上是欲占有更多时间和空间资源的鲜明体现。而像"围点打援"、中途阻击等,都是通过在时间与空间上的合理安排,在恰当利用地形、拖延敌人增援时间等基础上,歼灭敌人。

"塔山阻击战"是世界最著名的 100 个阻击战役之一,对解放军攻克锦州,奠定整个辽沈战役的胜利基础,发挥了关键作用。在辽沈战役中,中共东北野战军准备首先攻克锦州,从而一举将东北国民党全军封闭在关外。而蒋介石经过精心筹划,决定集中 22 个师,组成东西两兵团,分别从锦西、沈阳出动,夹击围攻锦州的东北野战军。1948 年 9 月底,蒋介石从关内调大军海运至葫芦岛,连同原驻锦西(今葫芦岛市)的第 54 军共 11 个师,组成"东进兵团",增援锦州。由于两锦之间距离仅为 50 公里,东北野战军负担阻击任务的兵力很少,打锦州的部队极易陷入敌人内外夹击之中。为阻止国民党两大军团会师,东北野战军于国民党军西进兵团驰援锦州的必经之地"塔山地区"占领阵地构筑野战工事,组织阵地防御,为围攻锦州争取时间。东北野战军领导人林彪、罗荣桓、刘亚楼指示阻援部队"准备在此线死守不退"、"必须死打硬拼",以保障野战军主力全歼锦州守敌。为打通两锦交通线,国民党军队于10月10日开始对塔山发动猛烈进攻。至14日,当我攻锦部队10时向敌发起总攻时,战斗仍处于胶着之中。15日,锦州战役接近尾声,敌在塔山地区仍未能前进一步,最终由于偷袭不成,强攻无效,于12时全线败退。当日18时,锦州传来解放的消息。塔山3万守军在无险可守的情况下,面对敌海陆空协同作战的10万大军,仍然守住了阵地,最终保障了主力部队的侧后安全和攻锦作战的胜利。

另外,推行程序化也是科学决策的基础和保障。系统如果离开了程序,就会散架、乱套。程序化是蕴涵系统优化规律的动态结构的表现,是系统工程的基本特征之一。系统工程强调程序化,主要为了实现决策科学化和提高决策质量。在决策过程中,程序化是保证结果有效性的关键,往往事情出了问题,就是因为不讲程序。干任何一件事情,都应当像计算机程序一样,要达到运筹谋略方面的完整。

如何做到决策程序化? 这要求我们想问题、作决策,改变"凭经验、拍脑门"的传统做法,每进行一项决策,都必须按照程序分步地进行,对每个环节都要严肃认真,使决策目标清晰,拟订的方案有可选择余地,选定方案有可行性论证。这样,最后的决策实际是个优选的过程。程序化是完成决策的一种形式,但不是搞形式主义。决策过程也不是一个固定不变的模式,可根据决策问题的实际情况灵活掌握、持续改进。决策程序化的目的在于运用程序中的机制,帮助实现决策内容科学化、民主化的目标。

近年来,我国政府一直致力于完善决策程序,以保证重大决策程序有章可循。温家宝同志在2003年3月21日的国务院全体会议上指出:"正确决策是各项工作的前提。我们要按照党的十六大精神,进一步改革和完善决策机制,推进决策科学化、民主化。要完善重大决策的规划和程序,要建立决策责任制度。"国务院2004年3月印发了《全面推进依法行政实施纲要》,又明确要求建立健全科学民主决策机制。加强政府决策程序建设,有利于推动政府决策科学化、民主化、规范化,可以有效避免决策失误、提高决策水平。

实际生活中处理任何"事"和"物"都离不开人,而判断这些"事"和"物"是否得当也需人来完成,所以系统实践必须充分考虑人的因素。信息往往存在于海量的数据之中,而人的能力与精力是有限的,这就需要决策者具有很好的信息遴选和甄别能力。同时,决策者的智慧、性格特点、对待风险的态度也是决策的重要影响因素。

成与败在一念之间,风险与机会在一线之差,成功的决策,往往闪耀着决策者智慧的光芒。因此,决策者应当是有智慧的人。

南宋绍兴十年七月的一天,杭州城最繁华的街市失火,火势迅猛蔓延,数以万计的房屋商铺置于汪洋火海之中,顷刻之间化为废墟。[①] 有一位裴姓富商,苦心经营了大半生的几间当铺和珠宝店,也恰在那条闹市中。火势越来越猛,他大半辈子的心血眼看将毁于一旦,但是他并没有让伙计和奴仆冲进火海,舍命抢救珠宝财物,而是不慌不忙地指挥他们迅速撤离,一副听天由命的神态,令众人大惑不解。然后他不动声色地派人从长江沿岸平价购回大量木材、毛竹、砖瓦、石灰等建筑用材。当这些材料像小山一样堆起来的时候,他又归于沉寂,整天品茶饮酒,逍遥自在,好像失火压根儿与他毫无关系。大火烧了数十日之后被扑灭了,但是曾经车水马龙的杭州,大半个城已是墙倒房塌一片狼藉。不几日朝廷颁旨:重建杭州城,凡经营销售建筑用材者一律免税。于是杭州城内一时大兴土木,建筑用材供不应求,价格陡涨。裴姓商人趁机抛售建材,获利巨大,其数额远远大于被火灾焚毁的财产。

决策者对待风险的态度,同样影响着决策方案的选择。喜欢风险的人通常会选取风险较高但同时收益也较高的方案,追求稳定的人则会选择收益与风险适当的方案,而厌恶风险的人则会选择风险小收益低的行动方案。比如,某市一家经营防盗门的合伙企业有三位合伙人,其工厂现有生产能力基本可以满足当前市场需求,但根据有关消息披露,该市将在未来一到两年内开始新城建设,届时将会有大量新建房屋需要安装防盗门,因此三位合伙人商量是否需要更新现有生产设备或购买全新设备以生产更加安全的防盗门,迎接未来

---

① 吴鸣:《失火后的商机》,《金融经济》,2007 年第 23 期。

市场对高质量防盗门的巨大需求。其中,第一位合伙人敢于冒险,对政府开发新城的消息持乐观态度,并认为未来市场需要更加优质的防盗门,而工厂现有设备难以满足要求,只有购买全新设备才是谋求企业未来发展的权宜之计,因此建议彻底更换现有设备,购买先进的防盗门生产设备;第二位合伙人较为保守,他认为政府开发新城的消息不可靠,企业不能贸然更新设备,更不能彻底购买新设备,这样会面临很大的投资风险,因此他选择保持现有生产设备不变;第三位合伙人较为乐观,对政府开发新城的消息虽有部分怀疑,但仍然相信改进工厂生产能力很有必要,不过他也不想让工厂承担太大风险,因此建议只更新现有设备而不购买新设备。正如上例所言,价值观、性格特质、人生经历等,决定了一个人面对风险的态度,而具有不同风险态度的人,在面对同一问题时,往往会作出截然相反的决策。因此,每个决策者,必须认识到自己的决策偏好,必要时加以考虑。

第十三章　知行合一　执行有效

在社会生活中,常常会遇到知与行的问题。什么是"知",什么是"行",什么是知行关系呢? 经研究,认为所谓的知行关系是中国传统哲学中的重要内容之一,大致分为"知易行难"、"知难行易"与"知行合一"三大类。知行合一是指客体顺应主体,它是中国古代哲学中认识论和实践论的命题。这其中,"知"是指客观的科学知识和主观思想意识,"行"是指人的道德践履和具体实践行为。"知"与"行"的合一,既不是以知来吞并行,认为知便是行,也不是以行来吞并知,认为行便是知。所谓认识事物的道理与在现实中运用此道理,是密不可分的。中国古代哲学家认为,不仅要认识("知"),尤其应当实践("行"),只有把"知"和"行"统一起来,才能称得上"善"。

这是"知行合一"的古代解释,在实践中,知行关系在现今社会中又该作何解释? 我们又该如何加以理解和诠释? 实际上,"知行合一"推衍到人生和社会的层面,就是将理论学习与躬行实践相结合,将思想认识与个人行为相统一。知中有行,行中有知,两者互为表里,不可分离,也无先后。与行相分离的知不是真知,而是臆想;与知相分离的行也不是笃行,而是冥行。要做到"知行合一",一方面强调人在意识上的自觉性,另一方面要求人在行为上的实践性,不仅要依知而行、以行促知,也要言行一致、表里如一。任何的"知而不行"以及"行而不知"都是"知行不一"的表现。

然而,在现阶段社会中,"知行不一"的例子比比皆是:考试作弊屡禁不止;学术剽窃时常发生;贪官污吏铤而走险;区域发展过度开发(或环境资源过度利用)……我们原本应坚守的纪律、道德、公平、正义在个别人的日常行为中已不复存在。事实上，道理每个人都很清楚，但在实践中却未能做到。世俗的诱惑、名利的追逐使得我们本应坚持的价值理念在执行的过程中丧失殆尽，这些"知行不一"的做法，已经也必然遭到社会的谴责和民众的诟骂，这些思想也理应被人们所摒弃。

明白知行关系，当然也应懂得什么是执行力，执行力是始终贯彻于"知行合一"过程的有效手段，而执行有效是执行力发挥效用的重要保障。

拨迷雾见真知

心学大师王守仁先生，最早于明武宗正德三年（1508）提出"知行合一"这一命题时，并非等同于目前的一般认识，其中"知"主要指人的道德意识和思想意念，而知行关系，当时是指道德意识和道德践履的关系。他认为知行是一个"功夫"的两面，知中有行，行中有知，两者不能分离，也没有先后。道德意识离不开道德行为，道德行为也离不开道德意识，两者互为表里。而随着社会进步与发展，人们对"知"的理解，不再局限于"思想道德"，它成为"科学知识、客观事实和主观思想意识"的统称。

实际上，辨识真"知"殊非易事。《墨子鲁问》里曾记载了墨子与公输班的一段争议。作为春秋末期著名的能工巧匠，公输班被誉为中国工匠的祖师。一次，他精心选材、殚精竭虑，仔细雕琢制作了一只木制喜鹊。功成之后，喜鹊甚至可以在空中翱翔三日而不落地。对此，公输班引以为傲，称为至巧。墨子知道之后，对他说："你做的喜鹊还不如普通木匠做的车轴上的插销。他们片刻即可用三寸的木材削成，把它装在车轴上，虽小，却可承载五十担的重量，功能甚大。所以说，做任何事情，只有对人有功利，才能叫做巧；对人无功利的，再怎么精致也只能算做拙。"作为春秋显学墨家学派创始人，墨子"兼爱非攻，摩顶放踵利天下，为之"。他认为判断认识是否正确的标准必须遵循"有本之者、有原之者、有用之者"，"上本之古者圣王之事，下原察百姓耳目之实，废（发）以为刑政、观其中国家百姓人民之利"。要求必须以历史记载的前人经验为依据、以广大人民群众的实际发现为依据、以是否对国家、百姓有利为依据。因此,墨子必然反对公输班劳民伤财、不能为人民带来实际用处、只能供富贵之人赏玩的木鹊,认为其无实际利用价值,不能引为至巧。

从历史的角度看,墨子的标准无疑在当时是十分进步的;但从辩证唯物的角度看,墨子完全否定公输班"巧鹊"的做法,也值得商榷。因为,随着技艺的进步,只供娱乐之用的"巧鹊"也许能发展成飞机的雏形,发挥重要的运输作用。实际上,正如航天系统科学与工程研究院所做的技术成熟度评价的研究,公输班的"鹊"也许在技术上不够成熟,但如果政府加大投入,促进技术发展,也许会在未来产生难以想象的社会价值。我们国家在 20 世纪 60 年代初期,节衣缩食、集中力量发展导弹、原子弹,在当时也同样有很大争议,但从历史的角度看,事实证明,这项决策是完全正确的,对于确保国家主权、维护民族尊严、提高我国国际地位发挥了重要作用。所以说,在特定时期,争议是普遍存在的,对事物认知的差异也是普遍存在的,只有发现真知,实践行为才能得到正确的指导。

那么,如何才能使真"知"拨云见日、水落石出呢?要认识到"现实如此,并非理应如此"的道理,不能简单地以个人的知识水平、人生阅历来判断事物的本来面目,要注意综合集成人类智慧,注意在实践中认识客观规律,同时,还要必须从联系的和发展的视角来对待问题。比如新中国成立之后,限于当时客观条件、苏联社会主义建设成就及经济理论影响,我国参照苏联模式,逐步建立起了高度集中的计划经济体制。国家运用指令性计划,直接掌握、控制人财物资源;权利主要集中在中央,所有的经济活动都在计划规定范围内进行。由于经济制度与当时的经济社会发展状况相适应,1957 年,"一五"计划超额完成,初步形成了比较完整的工业体系,促进了生产力的发展。但是,高度计划经济体制下,由于追求"一大、二公、三纯",致使我国所有制结构过于单一,经济发展方式单一,产品种类更是简单化、粗糙化、低级化。十一届三中全会之前,在农村,几乎所有的生产资料都归集体所有,在城镇,除部分集体所有制企业外,其他企业皆为国营。不允许个体餐馆存在,出门吃饭也只能到国营饭店或集体饭店。由于所有制结构过于单一,政府对企业管制过多,忽视商品生产、价值规律和市场的作用,以及分配中的过分平均主义等,最终妨碍了资源合理流动和社会化生存发展，导致经济缺乏活力和效率，人们劳动积极性不高，不利于生产力发展和人们生活水平提高。当时，在理论上普遍把计划经济看做是社会主义区别于资本主义的重要特征。其实，高度集中的计划经济在当时已不再适应生产力发展条件，而计划经济和市场经济制度也并非区分社会主义与资本主义的本质所在。随后，通过改革开放，实施经济体制改革，我国经济迎来了飞速发展的三十年，社会发展水平极大提高，人民生活得到改善。

毛泽东同志在《实践论》中讲到，认识是从感性到理性的过程。刚开始接触外界世界，属于感觉的阶段；接着，是综合感觉的材料加以整理和改造，属于概念、判断和推理的阶段。人所处的位置，决定人的视野，也必然会决定人对事物的感性认知和理性判断。"不畏浮云遮望眼，只缘身在最高层"，只有高处着眼，才能尽览全局，做到统筹兼顾、系统把握认识，避免"不识庐山真面目，只缘身在此山中"的情况。因此，认知事物必须综合集成人类一切知识、经验的积累，突破个人观念的桎梏去定位、辨析、决策。

另外，对客观事物的认知，必须具备联系和发展的眼光。《吕氏春秋·察微篇》记载了一则子贡赎人的故事。春秋时期，鲁国颁布有一道法令，鲁国之人在他国遇到沦为奴隶的同胞，可以帮其赎身，之后到鲁国政府获得补偿。孔子的弟子子贡，十分富有，他赎回鲁人之后，并未向政府领取奖励，表示愿为国分担赎人之责。孔子训斥了子贡这种行为，认为这种看似高尚的行为实则会祸害无数落难的鲁国同胞！孔子认为，真正高尚的圣人，其所作所为会改变国内的风俗习惯，影响百姓行为，因此，他们不能仅考虑自己的行为而不顾及整个社会人的法理行为。鲁国富人少穷人多，领取奖金对子贡个人没有损失；但是不领取补偿的宣传导向，则可能导致法则不为，用所谓"高尚"换取大多数人的"不为"，甚至其不再利于赎人的状况。

在这则故事中，单独地看，子贡的行为舍己利人，是一种非常高尚的行为。但是，子贡却无形中拔高了"义"的标准。原本赎人的鲁国百姓，通过领取奖励，可不受损失，还能获得同胞的称赞。长此以往，愿意做善事的人就会越来越多。但是子贡的行为产生之后，那些赎人之后去向国家领赏的人，不但可能再也得不到大家的称赞,甚至可能会被国人嘲笑,责问何以不能像子贡一样为国家减轻负担。因为他们不像子贡,财产丰厚,而如果领取补偿反遭指责,那么,很多人会因此不再赎回鲁人,使之能回归故土。这就是孔子对子贡的行为进行训斥的本因。后来,子路救了一位溺水者,获救者赠送了子路一头牛以表谢意,子路收下了。孔子听说后很高兴,认为鲁国人从此一定会勇于救助落水者。

从这一故事可以看出,子贡的思想可以称为高尚,但并不智慧。对待事物,必须用发展的视角分析。将个人与社会视为一个整体的系统,洞察事物之间的联系与相互影响,才能见微知著,发现真知,进而采取恰当的行动。

历史在不断演进,社会在持续进步,必须将指导人类行为的"知",放在历史的角度,从联系的和发展的眼光去看待,在实践中突破个人知识与阅历的桎梏。正如习近平同志所说,对事物客观规律的认识,只能在实践中完成。勇于实践、善于实践,在实践中积累经验,理论升华,再用以指导实践、推动实践,在实践中使认识得到检验、修正、丰富和发展,这就是知行合一,是认识客观规律的根本途径,也是把握客观规律的必由之路。

知荣辱践真行

"古人学问无遗力,少壮工夫老始成。纸上得来终觉浅,绝知此事要躬行"。这是南宋爱国诗人陆游在七十多岁的高龄时,写给自己的小儿子陆子聿的人生谏言。陆游的爱国情操和政治抱负都是在自己的实际行动中表现出来。在"知"与"行"的关系上,强调了"行"的重要性,这符合唯物认识论的观点。这种见解不仅在封建社会对人们做学问、求知识有着醍醐灌顶的作用,就是对今天的人们也是很宝贵的经验之谈,是非常有价值的见解。

孔子的思想就是以实践为理论基础,从而揭示出事物发展规律的真知灼见。孔子认为,人作为"行"的主体,应当有坚强的意志力来支撑行为的发生、发展、延续。《论语·博泰》中提到"笃信好学,守死善道,危邦不入,乱邦不居。天下有道则见,无道则隐。邦有道,贫且贱焉,耻也;邦无道,富且贵焉,耻也"。这是孔子对于"行"的范围的界定,为人之"行"始终要坚持行当行之事,杜绝无道之为。孔子关于"行"的具体内容恰好印证了《礼记·大学》中"修身、齐家、治国、平天下"这一主体思想,这也是儒家思想对于人类道德行为的期望。由此可见,古代思想家在对"行"的期望上,始终保持在一个比较高的水准。良好行为的发生必须依附在一个高级的道德层面上,是"君子";而不符合道德标准的"行",往往拘泥蝇头小利,是"小人"。所以从唯物辩证法的角度来讲"行"可分为两类:"君子之行"为义,"小人之行"为利。这样,"行"便在哲学的角度上有了相对立的解释,即德"行"和利"行"。这两种"行"普遍存在于事物的发展变化之中,并且对立统一。

例如,部分资本家在商业上最大限度地收集生产资源,同时却在另一方面进行着大规模的慈善活动。那么,这样的行为可被称为什么呢? 从表面上看,慈善活动是义举,需要被提倡和赞许;但从更深的层次上分析,进行慈善的资金也是通过资本家对剩余价值的过度追逐而来的,而这样的资本集中可能造成的负面影响就是垄断,和由于垄断引起竞争秩序紊乱和经济效率下降的情况。所以,在事物运行规律的研究中,需要透过现象看本质,明白本质可能是相对的。并且要以唯物辩证法的思想去看待问题,把与"行"关联的一切活动参照"德"这一标准,以事物运行的本质来分析。如此一来,便可以弄清楚理论与现实的对立统一,从而将"行"做到上善若水。

然而,现实中部分形而上学的观点却限制了"行",这和科学的先进思想是背道而驰的。"行"应当是在一定的环境下,产生具有一定典型性的事件解决方法和态度。而形而上学的陈旧观点却以孤立、静止、片面的观点看世界的发展。众所周知,世界是处于不断变化,并不断自我完善的过程中的。在此期间,一成不变的观点显然难以应对全部的问题。这时,个人或者集体"行"的效率性便体现了解决事件的能力。高效率的"行"是处于不断完善、不断进取的过程中的;反之,低效率的"行"则是照本宣科、按图索骥。历史上也不乏此类墨守成规的例子:郑人买履不相信自身情况;胶柱鼓瑟从而学无所成;表水导致水淹三军;刻舟求剑和守株待兔最终贻笑大方。

在事物的发展中遵循规律并改变规律是达到"行之有效"的基本原则,系统工程思想认为,"必须坚持以人为本",这是在现阶段中国特色社会主义发展的首要保障。"以人为本,实事求是"的发展模式,是尊重人民主体地位,发挥人民首创精神的,保障人民各项权益的全面概括。它诠释了我党在新时期的历史环境下,因地制宜地继续开创具有中国特色社会主义,并且在现阶段建设和谐社会的道路上取得了伟大成功。人民安居乐业,国家繁荣富强便是对社会进步的最佳肯定。

实践在我国的治国方针战略上最明显的体现就是在"五年计划"的制订和实施上,体现实事求是、开拓进取的优良作风。2012 年,是实施"十二五"规划承上启下的重要一年,同时我党召开第十八次全国代表大会,时刻把握稳中求进的工作基调,从转变经济发展方式、深化改革开放和改善民生上,都做出了诸多实质性的努力。例如,有效稳定经济增速的波动,竭力避免物价涨幅反弹,保障能源稳定供应,缓解生态环境压力,加快经济发展方式的转化,同时在做好国内稳定发展的前提下,要在激烈的国际竞争中赢得主动。这些任务目标都是在实践中总结出来的宝贵经验,然后经过对现实的度量、权衡,最终又返回到实践本身,从而形成新的行动过程。在具体问题的处理上,系统工程的思想为政府决策提供了实施方案,这已成为解决很多复杂问题的必由之路。例如,为人口控制论提供了理论依托,反映出人口系统本身与经济系统、社会系统、资源系统和环境系统之间的关系;再者,促成中国物价管理的体制改革,体现出系统工程的综合性、整体性、科学性、协调性和实践性。所以,在新时期的背景下,努力加强实践能力是解决问题的本质所在。

总而言之,中国传统儒家思想对于"行"的理解,始终要以道德准则来定义"善行"与"恶行"。这里,不单单是指行为的好与坏,更从本质上说明了行为产生、变化和发展的规律,从而区分行动发生的可行性和有效性。现如今,紧随时代的步伐,与政府一道,时刻以时代的行为准则要求自身,用系统工程的思想解决问题,使我国社会的发展过程循序渐进、井然有序,保持并发扬民主法制、公平正义、诚信友爱、充满活力、安定有序和人与自然和谐相处。胡锦涛同志曾就树立社会主义荣辱观强调,"在我们的社会主义社会里,是非、善恶、美丑的界限绝对不能混淆,坚持什么、反对什么,倡导什么、抵制什么,都必须旗帜鲜明。"而其中"八荣八耻"中就明确定义了"善行"之荣,"恶行"之耻,关于荣辱观的八个方面,概括精辟,寓意深刻。由此可见,只有实施具体行动才能够实现我国现阶段的发展要求。以德促行、以行为善的模式,可以较全面地彰显知行合一、实事求是的卓越品质。同时,也符合了系统工程解决问题的实践准则。"坚持以人为本,树立全面、协调、可持续的发展观",从人民群众的根本利益出发,不断满足人民群众日益增长的物质文化需求,用科学发展观指导实际行动,用系统工程的思想付诸实践,从而开创新时期具有中国特色社会主义的新纪元。

知行易合一难

知不能代表行,行也不能代替知。知与行就其本来真正的意义就是互相包含的,知中有行,行中有知,两者互为表里,不可分离,也没有先后。与行相分离的知,不是真知,而是妄想;与知相分离的行,不是笃行,而是冥行。"知""行"始终结合在一起,它们在发展过程中相互融合、相互包含。知必然要表现为行,不行不能算真知,行是以知为开始的,知是在行中完成的,即知是行之始,行是知之成,这一过程,是事物运行、发展从始伴随到终的整个过程。知行一体,知行永不脱离,是知行合一的立言宗旨。

以知为行,知决定行。具体实践过程中即"行"离不开"知"的指导,同样"知"也离不开"行"。如果"知"离开了"行"就是陷入了"悬空思索"之中,如果"行"离开了"知"的指导就会陷入"冥行妄作"之中。知是行之主意,行是知之工夫,若要等知的真切才去躬行,就会导致终身不"行",终身不"知"。因此,知在实践中起到指导作用,"行"在"知"中起到磨炼作用,知行之间相互联结,相互渗透。

知而必行,行而必知。"知行合一"就是强调:知而必行,行而必知。这可以从两个方面去认知:其一,从"知"的角度,即是"认知",对于个体而言,它不一定是全面完整的,必然需要在著实上下工夫,亦就是在致知上磨炼,在践履过程中检验"知"的深浅,在践履中对"知"进行弥补修正,这就是"知而必行"。其二,从"行"的角度,"行"是"知"的工夫,行在知指导下进行,离不开知,同时,行亦是知的检验手段,不管检验结果如何,都在实践中产生新的认知。对于个人而言,就是在实践中不断提升认知的水平,这就是所谓"行而必知"。

实践中,"知足而行缺"和"行足而知缺"是常见的现象。知行合一一方面体现在做事和处理问题上,反映了一个人或者一个集体在解决事件的过程中是否能够将自身所学到的理论和现实情况相结合,以避免纸上谈兵、华而不实之事;另一方面知行合一更要求一个人在道德层面上要达到思想和言行上的统一,而这一点恰好是当今社会和谐发展最重要的一个环节。就人的本性而言,知行合一的人往往诚实严谨、光明磊落,他们对自身有着较高的要求,始终在生活中保持着原则和正气,言出必行和实事求是便是他们的做人准则。相比而言,知行不一的人最显著的特点就是虚伪,他们在生活中阳奉阴违、鼠目寸光,凡事皆以眼前的利益出发,夸夸其谈,其思想和实际行动有着很大的出入。

知中有行,行中有知,知行结合,做人、做事才能达到"善"。然而现实中很多人往往做不到知行合一,"知"与"行"两者之间很难达到平衡的统一,有时知有余而行不足,而有时行有余而知不足,所得到的结果和理想结果有很大差距。

从广义上讲,知行合一的价值观需要从我国的基本国情出发,将社会发展的需要和人的自身发展有机结合起来,创造出实质上能够认识世界并改造世界的民族发展观念。毛泽东同志的《实践论》系统地阐述了辩证唯物论的知行合一观。书中指出了由于中国共产党内的教条主义和经验主义的错误思想使中国革命在1931—1934年遭受极大的损失,用马克思主义的认识论揭露了中国革命因教条主义和经验主义给党和国家带来的严重后果。其中明确指出了实践在认识过程中的地位和作用,论述了在实践基础上认识发展的辩证过程,即在实践基础上从感性认识上升到理性认识,然后将经过实践获得的理性认识再返还到实践中去,这便是知行合一的认识过程。在这一过程中,要坚决杜绝认识和实践相脱离而产生的"左"倾错误认识论。

在近代革命历史上,"左"倾教条主义引导的错误决策的历史也印证了知行不一的惨痛结果。从 1930 年 11 月至 1933 年,当时的国民党反动派集结了大量的兵力对红军进行了五次大规模的"围剿"活动,前四次反围剿均由于毛泽东、朱德、周恩来等人因地制宜、诱敌深入战术战略而取得成功,而第五次反围剿的失败与当时"左"倾中央实行的军事政策有直接关系。当时王明的"左"倾机会主义在红军中占据了统治地位,拒不接受毛泽东的正确建议,用阵地战代替游击战和运动战,用所谓"正规"战争代替人民战争,使红军完全陷于被动地位。然而,经过一年苦战,最终并未取得反围剿的胜利。

在第五次反围剿期间,中共临时中央领导人博古等却认为,这次反围剿战争是争取中国革命完全胜利的阶级决战。在军事战略上排斥和拒绝红军历次反围剿的正确作战原则和战略方针,继续实行"左"倾冒险主义的战略指导。当时共产国际派来的军事顾问李德直接掌握了第五次反围剿的军事指挥权,他推行沿用欧洲革命战争的战略部署,企图以阵地战、正规战的形式来保守苏区的每一寸土地。所以,在国民党军围剿前夕,未能及时有效地组织苏区军民积极备战,从而错失了战略先机。

从上述实例中可以看出,知行不一是因为对以往教条的生搬硬套,这样并不能有效地解决危急事件。李德和博古等将共产国际在欧洲战场上的经验不假思索地放到了红军反围剿战争中,这种邯郸学步的行为是难以取得期望的结果的。历史上诸如此类的案例不胜枚举,如赵括纸上谈兵,马谡痛失街亭等。这些例子的主人公都有一个共同点,那就是擅长于战争理论、战略部署和战术安排,却缺乏实战经验。由此可见,实践经验所代表的"行",是获取成功的必要条件,而思想意识所关联的"知",会为事件的顺利解决提供合理参考方法。

知有余而行不足,就会教条于理论,实践跟不上理论或同理论背道而驰;行有余而知不足则表现为盲目的行动,缺乏科学理论知识的指导,造成严重的损失。

急功近利的冒进行为就是行有余而知不足的表现,超过客观情况的可能,做事轻率地开始,急躁地进行,由于不顾具体情况和客观事实而冒昧地进行将导致不必要的损失和麻烦,古今中外,此类事情经常发生。

公元1409年6月(永乐七年),明成祖朱棣命丘福为征虏大将军,担任总兵官,率领10万精骑出塞,讨伐谋叛的鞑靼主本雅失里。大军出发前,明成祖朱棣担心丘福会轻敌,特意叮嘱道:出兵要谨慎,到达鞑靼地区虽然有时看不到敌人,也应该做好时时临敌的准备,不要丧失战机,不要轻举妄动,不要被敌人假象所欺骗。等到丘福率师北进后,朱棣又连下诏令,强调丘福要谨慎出战,不能轻信那些关于敌军容易打败的言论。8月,丘福的军队来到了鞑靼地区。他自己亲率1000多骑兵先行,当行进到胪朐河一带时,与鞑靼军的散兵游勇遭遇。丘福挥师迎战,将他们打败,接着乘胜渡河,又俘虏了一名鞑靼小官。丘福向他询问鞑靼主本雅失里的去向,因为这个人是鞑靼人派出侦察明军情况的奸细,便编造说:本雅失里闻大军南来,便惶恐北逃,离这里不过30里地。丘福听后大喜,便信以为真,就决定率先头部队去攻杀。各位将领都不同意丘福的这一决定,建议等部队到齐了,把敌情侦察清楚再出兵。但是,丘福却坚持己见,拒不采纳。他率部直袭敌营,连战两日,鞑靼军每战总是假装败走,这就更加助长了他的轻敌思想。丘福一心想要生擒本雅失里,于是孤军猛追。这时,他的部将纷纷劝丘福不可轻敌冒进,并提出或战或守的具体措施。但是,丘福根本听不进去,一意孤行,并下令说:"违命者斩!"随即率军攻在前面,诸将不得不跟着前进。不久,鞑靼大军突然杀过来,将丘福所率领的先头部队重重包围了。丘福等军士拼命抵抗,无济于事,最后在突围时战死。丘福死后,明朝后续部队不战而还。

丘福急功近利遭兵败,在对实际情况不是很清楚的情况下,贸然行动,不顾身边将领的劝说,最终战死沙场。类似案例比比皆是,如:拔苗助长、大意失荆州、《伤仲永》,等等。在日常生活中,我们也常常会遇到这样的事情,有些人会被一时的利益所诱惑,贸然出手,在投资行业和股票行业这种现象出现较为频繁,可能有些人运气比较好,开始的时候能够达到自己的目标,但是时间一长,必输无疑,惨痛的失败就是最终命运。

知行不一是"知不足"的情况下贸然进行行动,这样并不会有效地解决问题,反而会给自己带来不必要的麻烦。知与行的结合,其实是一种度的把握,两者无论是谁足谁缺,都会导致双方的不平衡,这个度并不是指知与行各占一半就为好。这里讲究的是知行的一种配合,只要两者合理配合就能达到"善"。

所以知行如何才能合一,生活中怎样才能做到知行合一是问题的关键。

知行合一,一方面强调思想意识的自觉性,要求人在内在精神上下工夫;另一方面也重视思想的实践性,指出人要在实践中磨炼,要言行一致,表里一致。

首先,"知行合一"思想,有利于改善政治生态,提升国家政治民主。当今世界绝大多数国家的政治是政党主导的政治,中国共产党作为中国的唯一执政党,在国家政治发展中起着尤为重要的作用。中国共产党对中国民主政治的自觉推进可以分为三个阶段:第一阶段是革命时期,中国共产党历经 28 年的浴血奋战,以新的民主政权取代了国民党在大陆的独裁政权,民主政治的理念有了真正的载体,民主政治的制度在国家层面得以构建。第二阶段是新中国成立到改革开放前夕,这一时期执政党主要用政治强制的手段来推动政治、经济、文化、社会等方面的整合,为民主政治创造出基础条件。第三阶段是改革开放直至现在,执政党进入了民主政治理念和民主政治实践的创新时期,如在民主理念上,提出了"逐步建设高度民主的社会主义政治制度,是社会主义革命的根本任务之一""没有民主就没有社会主义,就没有社会主义的现代化""党内民主是党的生命""人民民主是社会主义的生命"等一系列新理念;在民主政治实践中,实行了基层群众自治制度,完善了人民代表大会制度,实行了党代表任期制,在试点地区推行党代会常任制,推行和完善党委"票决制",等等,不断推进着人民民主制度和党内民主制度的创新。正是有了执政党高度的民主自觉,即随着时代变化不断提升的"知",中国政党才会在政治实践中做出与不同时期、不同阶段思想相适应的政治制度,即"行"。所以,只有知行合一,当代中国民主政治发展才有了充分的政治保障,才有了质的飞跃。

其次,"知行合一"思想,有利于提高国民素质,恢复社会道德秩序。我国改革开放以来,一些人从盲目崇拜政治权威,走向迷恋金钱,一些人认为有了钱,便有了一切,流行的一句话便是"有钱不是让鬼推磨,而是能使磨推鬼",可以说人们崇拜金钱达到了极致,并随之进入道德信仰和精神信仰的一个迷茫期,社会道德和社会风气与日剧下。最近笔者在青年商旅报看到一篇题为"钱不该买什么"的文章,在这篇文章的开始,就引用了桑德尔教授的疑问:"我们生活的时代,似乎一切都可以拿来买卖,这种买卖逻辑不仅应用于商品上,而且正逐渐掌控我们的生活。该是时候扪心自问,我们是否想要这样的生活?"在当今时代,只要肯出钱,你在美国加州只需花82美元就可以在坐牢时选择安静的牢房,你在南非就可以射杀濒临灭绝的黑犀牛,你在中国香港多花一倍的价格就可以买到地铁"头等座"……但这些用钱所得到的东西,即我们的"行"是否与我们内心的"知"相合一呢? 我们心中的"知"告诉我们:有罪恶的人就应该在牢房中接受惩罚,买票、购物插队就应该被人们所鄙视,濒临灭绝的动物就需要得到我们的珍惜、保护……可是我们是如何"行"的呢? 只有做到知行合一,才能使我们的道德价值得以体现,才能使我们的"行"更加合理、有价值。

最后,"知行合一"思想有利于促进学术独立,改变教育方式,展现思想竞放。我们当前容易出现盲目崇拜,比如对明星的崇拜,对金钱的崇拜,对权利的崇拜等等,不管是非善恶,便盲目效仿、追求。现在的有些所谓的"学者"也唯利是图,弄虚作假。比如2008年浙大贺海波论文造假事件,2011年云南中医学院院长李庆生被指论文抄袭,等等。这些就是我们前面所提到的"形有余知不足"。长此以往,国家的希望何在? 学术的独立性、权威性体现于:一是不迷信任何学术权威,须亲历实践方可验之;二是不畏惧和依附任何政治权势,这样才能保证学术的独立性。所以,我们只有知行合一,在"行"的同时不断丰富、提升我们的"知",才能使我们的学术即"知"更加权威、有效。

知与行的完美合一是一种境界,而完美也没有固定和唯一的标准,社会中的人们,往往知行合一,达到比较理想的目标即可。通过前文阐述可知,知有余而行不足和行有余而知不足对我们有很大害处,但是笔者想要表达的意思绝对不是知有余而害怕行不足就不采取实践行动,理论需要实践去检验,实践是检验真理的唯一标准,理论与实践的逐步结合,一点一滴地进行摸索,并通过实践获得的结果反馈给理论,如此才能进步;同样,行有余而知不足时,并不是完全反对大胆的实践行动精神,有些时候,大胆勇敢的尝试很重要。实践行动可以分步进行,利用科学合理的实验来支撑理论知识的发展,人们的认识与科学的预测,指导着行动,想要达到知行合一,丰富的人生阅历、经验很重要,平日的生活、工作、学习中要善于总结经验教训,思考和看待问题要从多角度和全局出发,认真听取他人的意见和建议,善于利用科学手段来实现目标。

确保执行有效

执行,从内涵上讲就是组织和个人完成任务的能力;是组织能否实现预定目标的决定性因素,是目标与结果之间的必须;是各类组织将战略付诸实施的能力,反映战略方案和目标的贯彻程度;是建立科学的运作流程,设立目标与评估标准,明确奖惩规则,通过检查互动,提高执行的速度与品质,确保目标的完美达成。而有效执行是执行的核心,是创造性地实现最初愿景的能动过程。有效执行贯穿和覆盖整个"行"的始终,体现为最终的工作成果。"执行力"源于美国保罗·托马斯和大卫·伯恩著的《执行力》一书。它原指企业管理的关键因素,是21世纪构成竞争力的重要一环。

纵观古今中外,成功的决策者首先便要做到确乎不拔的执行力。从历史的书写者,到文化的奠基人;从科学事业的开拓者,到改革潮流的领航员;从帷幕中的运筹帷幄,再到沙场上的决战千里,站在历史的长河中举目千里,成功者尽是实事求是、脚踏实地,既能够从不断的实践中探求真知,又能够在前人的智慧上学以致用。这样的决策者往往能够因地制宜,将执行力的效用最大化,从而实现长风破浪,有的放矢。秦始皇横扫六国,其成功为"时势造英雄"使然,而最关键的是由上到下毅然决然的执行力,为其功成名就推波助澜。若无训练有素的军纪国策来确保执行力的效用,再好的谋略运筹,也都是杯水车薪。在改革开放年代,由于邓小平同志对于建设有中国特色社会主义市场经济的高瞻远瞩,才有了现如今沿海经济特区举世瞩目的辉煌成绩。"以经济建设为中心"已经成为我国长久以来坚持的基本国策,中国飞跃式的发展与我国新时期领导人始终贯彻落实并加强对政策的执行力息息相关。

老子曾曰："上善若水,水利万物而不争"。在汶川地震期间,社会各界在党和国家的组织带领下,前往灾区实施救援,用行之有效的执行力最大限度地提升救援和重建工作的效率。执行力的高级阶段便是达到上善若水,以"善"来作为执行者的驱动力,用博爱之心福泽万民,这便达到古代哲学所向往的"善"。同时依靠坚决的执行力将"善"带入政策法规的制定和实施中,更加符合了新时期社会安定团结的评定标准。

在商业领域,中国的通信设备制造商已经在世界上处于领先地位,"巨大中华"(巨龙通信,大唐通信,中兴通信,华为通信)凭借着自身技术的成熟和对市场规律的分析,在物竞天择中自强不息,在蓬勃发展中强化执行,一跃成为世界级通信设备的巨头。自2011年来,中兴和华为的商业发展和技术领先已经让美国厂商倍感压力,美国国会便以"危害国家安全",这样"莫须有"的理由封闭中国两家企业在美国的市场。事实上,美国当局并无任何证据指控中国企业,中兴和华为仍以一个高的标准确保在世界市场上的高效执行力。而且,我们可以相信的是,正是凭借坚持贯彻落实执行力的高效率,才确保了中国企业的市场份额。

对于企业而言,执行力是企业竞争力的核心,是把企业战略、规划转化成为效益、成果的关键。观察那些执行力强的组织,我们会发现他们有一些共同特点:执行力组织内部都建立了一种执行力文化。在这种执行力文化框架下,领导者首先对自己的部门、单位有着深刻的了解,他们经常给员工提供培养和指导,他们亲力亲为,以一种开放的对话将所有员工凝聚在一起,为了共同的目标而努力。

对于国家和政府而言,执行力是指政府部门执行法律法规、方针政策、规划计划、决策政令的能力,也是政府通过战略流程、人员流程和运行流程以实现既定工作目标的系统化实践能力。它既反映了组织(包括政府、企业、事业单位、团体协会等)的整体素质,也反映出管理者的角色定位。

当前在世界范围内出现了执行力文化的新现象,也许有人明白"执行力文化"是指执行力组织内部依据自己个性和环境建立起来的能使所有成员共享的价值观念、信念和行为规范的总和。它体现在经营管理的每个环节每个角落乃至全过程。执行力文化不仅体现领导者的管理战略、管理方式、管理风格及目标追求,也体现组织风貌和团队精神,同时执行力本身也需要管理者和组织成员具有"知行合一"的理念作为保障。

进入 21 世纪后,政府的执行力必将对国家的发展和社会的进步起着越来越重要的作用,它将是国家综合国力稳步提升的重要促进因素,也从而成为促进经济蓬勃发展和社会和谐发展的重要因素。要塑造具有强大执行力的组织形象,就必须首先在组织内建立起一种执行力文化。执行力文化才能转化成为一种竞争力,使得国家和民族不断发展壮大,在激烈的国际竞争中始终立于不败之地。

《史记·高祖本纪》中刘邦曾言:"夫运筹帷幄之中,决胜千里之外,吾不如子房。""运筹帷幄之中"的实质,即是制订战斗方案,作出最优决策的过程;"决胜千里之外"的关键,则是对决策方案的有效执行。决策必须具备可行性,必须通过有效执行,才能实现系统状态的跃迁,达成系统目标。另外,在决策方案的执行过程中,需要通过不断的反馈控制,进而修正决策方案,优化执行过程。在决策执行完成后,仍要对其进行评估,一方面明确目标是否完成,另一方面为之后的决策过程提供参考。

系统目标能否达成,一方面要看决策是否正确,另一方面要看执行是否有效。合抱之木生于毫末,九层之台起于垒土,千里之行始于足下,系统从低级状态必须通过行动、通过决策执行才能进入高级状态。

确保执行有效,首先须确保决策方案具备可行性。诚然,决策的关键在于行动,但如若没有可行的决策,就不会有有效的行动,更谈不上执行的效果。"老鼠给猫带铃铛"的故事很好地说明了这一点。一群老鼠吃尽了猫的苦头,他们召开全体大会,号召大家贡献智慧,商量对付猫的万全之策,争取一劳永逸地解决事关大家生死存亡的大问题。众老鼠们苦思冥想,最后,还是一个老奸巨猾的老鼠的主意让大家佩服得五体投地,连呼高明。那就是:给猫的脖子上挂一个铃铛,只要猫一动,就有响声,大家就可事先得到警报,躲起来。这一决议终于被投票通过,但决策的执行者却始终产生不出来。高薪奖励,颁发荣誉证书等等办法一个又一个地被提出来,但老鼠们还在争论不休。由此可见,再好的决策,如果不能去执行,系统状态仍旧无法改变。因此,决策必须能够做到"知行合一",具备很高的可行性。

确保执行有效,还要求主体具有良好的执行力。这首先要求执行主体政令畅通和政令统一,即决策者的命令要与决策相符合,决策者与执行者之间需具备良好的沟通渠道,使得正确的决定能够准确顺利地下达给执行者,负责执行的各级部门必须依据相关制度和原则,统一服从上级领导,严格贯彻和落实决策者的决策和决定。同时也要求执行者不能只做决策决议的"传话筒",而是真正吃透政策和决定,正确领会决策者意图,切实了解客体的特征属性,因地制宜、创新高效地将决定执行和落实。缺乏良好的执行力,则后果将是严重的,教训也将是惨痛的。三国时期的诸葛亮就因为自己的决策没有得到有力的执行和有效的落实,不得不面对"挥泪斩马谡"的结局。诸葛亮本为马谡提供了最佳的战斗方案,但是马谡并未按该方案执行,虽有王平辅佐,但最终街亭失守,蜀国兵损将折,损失甚为惨重,不得不由战略反攻转为战略防御。刘备在永安宫托孤时曾明言,"马谡言过其实,不可大用",但诸葛亮对此没能提高警惕。可以说,马谡言实不符,知行不一,执行不力是街亭失守的重要原因。而当执行者不能具有良好的执行力时,诸葛亮作为管理者和决策者没有给予足够的重视并进行及时的沟通和调整,导致了整个决策的失败,也应负有相当的责任。

为确保执行有效,同样要求系统主体对执行过程实时监控。在"诸葛亮挥泪斩马谡"的事例中,街亭失守的另一方面原因就是诸葛亮未对马谡的执行过程实行有效监控,及时纠正偏差。从系统工程的角度来看,决策的执行过程并非一个单向的流程,而是一个循环的回路。在执行过程中,决策者和管理者需要不时对执行情况和执行效果进行了解和监察,通过与既定目标进行对比,及时发现执行过程中存在的偏差并进行决策上的调整和纠正,才能稳健高效的实现目标,真正确保执行的有效。如果仅是单纯的放任执行者的行为,缺乏反馈和调节,则极容易出现过度执行或者落实不到位的情况,从而导致决策上的失败和战略上的被动,这就体现了监管的重要性。因此,对决策方案执行过程的监督与管控,是决策实施中的应有之义。

执行的反馈,包括执行过程中的纠偏反馈和执行完成后的决策效果评价反馈。前者是决策主体,在监控过程中发现执行偏差时,所作出的纠偏反应,上文"失街亭"的例子已经做了很好的说明;后者是对整个决策过程、执行效果进行评价,进而为之后的决策提供参考。

整个决策程序,是一个循环过程,而即使是最好的决策方案也可能有不完善之处,因此,对整个决策过程、执行效果进行全面评价,可以提高决策主体的能力,持续改进决策过程,使得决策程序成为一个螺旋上升的过程。三门峡水利枢纽工程是新中国黄河治理开发的一次重大实践,但由于当时缺乏经验,决策程序过于简单,对关键性的问题考虑不充分、不全面,在大坝建成后,不仅工程发电量、灌溉面积、下游航运能力等综合效益均没有达到设计要求,而且对渭河流域盐渍化等产生巨大的生态恶果。通过对其决策过程进行评价、分析和总结,增加了决策经验,提出了大量构建重大工程项目决策机制的相关建议,为之后众多的水利枢纽工程,进行科学合理的决策提供了大量现实的借鉴作用。

那么如何才能做到"执行有效"呢?

首先,树立明确的目标体系是有效执行的基础。在实践的过程中,"有效执行"就是如何创造性地发挥主观能动作用,达到预期的效果。目标就是"有效执行"航船的灯塔,有了它"有效执行"之船才能满载靠岸。抓住了目标也就抓住了管理控制的关键,也就可以实现有效地控制,也决定了组织运行时的最终目的,执行时的行为导向、考核时的具体标准。建立目标体系,使组织和个人在工作前,就知道各阶段整体目标、部门目标和个人目标,实施严格的目标管理考核,责权利相统一,既增添了压力,也增加了动力。

有这样一个故事,有个农夫一大早起来,告诉妻子说要去耕田,当他走到田地时,却发现耕种机没有油了,原本打算立刻要去加油的,突然想到家里的三四只猪还没有喂,于是返回家去。经过仓库时,望见旁边有块马铃薯田,他想起马铃薯可能正在发芽,于是又走到马铃薯田去,路途中经过木材堆,又记起家中需要一些柴火。正当要去取柴的时候,看见了一只生病的鸡躺在地上……这样来来回回跑了几趟，农夫从早上一直到夕阳西下，油也没有加，猪也没有喂，田也没耕，最后什么事儿也没有做好。在这个故事里，农夫的初衷是好的，就是想让他眼中看到的一切，都能良好的运转起来。可是在执行的过程中"眉毛胡子一把抓"，执行力过于低下，在执行过程中不分主次，导致没有达到预期的效果。

其次，构建组织运行机制是有效执行的重要保障。一是建立完善的制度体系。"没有规矩不成方圆"，必须要用联系的、发展的观点，进行长期的、统一的规划，尽可能地避免短期行为。二是实施有效的过程控制。实践证明，"有效执行"是在进行深入的调查和研究，认真总结工作规律，吸收和借鉴成功管理成果的基础上完成的。三是创新管理手段。四是建立标准化实践机制。执行的有效性，就在于统一标准。从改革和发展的角度，科学地配备人员、明确工作量、制订工作计划，最大限度地调动人的积极性和创造性，取得"有效执行"的最终成果。

"金门战役"就是典型的未做到"有效执行"的经典案例。1949年10月24日，第10兵团第28军和第29军85师攻打金门。第28军军前指挥作出了一个理想化的决定：将攻金部队分为三个梯队，第一梯队为3个兵团，约9000人。第一梯队登陆后，船只迅速返回，再运送第二、第三梯队。考虑到第一梯队登陆时的损失，我部队仍有1.3万人左右，而对方守大金门的敌军估计只有1.2万人左右，在一对一的情况下，取胜是有把握的。中野首长粟裕提出三条要求：1. 敌25军1.2万人，增加一个团就不打；2. 没有一次载运6个团的船只也不打；3. 要求苏北或山东沿海挑选6000名经久考验的船工，船工不到不打。到了10月24日晚战役开始，攻金第1梯队在金门登陆，由于船只缺乏，原计划随第一梯队登陆作战的第82师指挥所未能成行，整个登陆作战的部队中没有一名师以上的指挥员。同时，第一梯队并没有及时组织船只返航，致使船只全部被敌军炸毁和烧毁，这个失误为登陆部队后来陷入孤立无援的境地埋下了致命的隐患，而且由于调集不到船只，解放军原定再运送1.1万人登岛作战的计划无法实现，前方急盼着支援，而后方因为没有船只，只能心急如焚地看着海面着急。结果在金门守敌的疯狂反扑下，仅经过一天的苦战，登陆部队的官兵就损失过半,到了 10 月 26 日晚,登陆部队弹尽粮绝,官兵们已两昼夜粒米未进,部队已经没有完整的连和营,直到 10 月 28 日下午 3 点金门岛战役结束,没有一个人归来。这次惨痛的失败就在于对敌情的估计不足、缺乏海战经验(后援不济,困兽犹斗)、没有群众基础、战役准备不足(船只),但最重要的还是没有坚决执行粟裕的指示,没有良好的作战机制,最终惨败而归。

再次,建立科学的评估标准是"有效执行"不可或缺的组成部分。一是为了保证"有效执行"少走弯路,就必须对确定的目标进行科学的评估,即抓住三个重要环节:事前评估、事中评估、事后评估。这三个环节是相辅相成的,事先评估是基础,事中评估是手段,事后评估是提升,不能割裂对待。二是建立公正的绩效考核。目标评估可以说是对完成事项的前瞻性预测,绩效考核是对实施"有效执行"效果的最后检验,是对完成目标事项的综合评价。

执行是否有效是全局性问题、系统性问题、战略性问题。能否做到"执行有效",是知行合一的具体体现。无论是治国理正还是日常工作学习,都应牢牢把握这一大局。知和行不是割裂的,也不存在哪个先哪个后的问题。"知"就是一种探索和学习,探索世界未知的事物的本质,明晓事物的来龙去脉;"行"是将知的积累应用到现实世界的改造中,为社会创造出财富,而"知行合一,执行有效"则是手段和目的。

决策统筹保障

在现实世界里,不论是个体、组织甚至国家,要想达到既定的目标,实现系统从底层级向高层级的跃迁,决策的作用毋庸置疑,可以说决策决定成败。然而好的决策并不一定能够使事情圆满,尚需有效地执行加以保障。在决策的制定和具体的执行中,都要有"知行合一"的思想作为指导,才能最终保证整体的有效性。不仅仅是个人在面对困难和抉择时,国家在政策的制定、计划的执行、社会的管理、城市的建设、灾害的救援、外交的处理等过程中,也需对"知行合一"加以正确的理解和准确的把握。

辨识真"知"是做好决策的重要前提和基础。好的决策是在尊重客观事实和符合主观价值的基础上得来的。对于我们当中的大多数人而言,在日常生活中作出某项决策时,无论是代表个人还是组织,很少有人会特意总结或回顾自己作决策所遵循的逻辑思路。但大量的事实表明,如果能够以一个合理的程序作决策,那么就能对决策环境有着更为清晰和准确的认识,从而能够大大提升决策的合理性和有效性。决策制定的过程一般包括八个基本步骤:识别决策问题→决定决策指标→为决策指标分配权重→拟定备选方案→评估备选方案→选择备选方案→实施决策方案→评价执行效果。

整个过程开始于识别决策问题和确定决策标准,以及为每个决策标准分配权重;然后拟订、评估及选择备选方案,这些方案要能够实现决策目标;之后,是决策方案的实施和决策执行效果评价。同时,整个过程的各个步骤也是个反馈回环的过程,例如在评估备选方案后,可以对备选方法重新拟订,直到满意为止。这个过程既可用于很多国家政策仿真的选择,也适用于生活中日常问题的解决;既适用于描述和解决个体决策问题,也适用于解决集体决策问题。它是一个较为普通的决策程序,以下将以飞机事故乘客求生作出合理决策的过程来说明这些决策步骤。

事例描述:一架载有 12 人的小型飞机在飞行途中因飞行故障于 9∶03 与基地失去联络,并于 12∶35 迫降在中俄边境,时值 1 月,迫降后温度计显示气温在 -24—-40℃ 之间。迫降地点为中俄边境的一处林区,存在 10—40 厘米深的积雪和冰封的小湖河,林区内隐约可以听见野兽活动的声音。同时,飞机上航空图显示西北方向有个小村庄。可用的物资包括:磁罗盘,航空图,打火机,手枪,巧克力糖,报纸,猪油罐头,手斧,厚帆布,烧酒,毛线等。

"人们总是根据问题来作决策,而不是需求。"决策过程始于一个存在的问题,那么就需要首先对问题进行认知,更具体地说,就是认识现状与目标状态之间的差异。以飞机事故求生的抉择威力,此时迫切需要决策的问题是为了 12 位乘客生存应当采取怎样的行动最为合理,即面对恶劣天气、仅剩的 12 件物品和一些不确定的信息,他们应当采取怎样的行动拯救自己。

一旦决策者明确了所关注的问题,就要对影响因素进行认知,其中包括要素内容和要素权重。对于解决问题来说,首先重要的是确认决策指标,即决策者必须确定哪些因素与制定决策有关。毫无疑问,在飞机事故中,最终目的是要生存,要让 12 位乘客安全返回,那么哪些因素与他们的生存息息相关呢?这些因素可能主要包括以下这些方面:缓解乘客的紧张情绪从而稳定人心,做好防寒措施,制作抵御野兽的武器,准备食物对抗饥饿,决定是否派人前往附近村庄。

第二步所确定的决策指标并非都是同等重要的,因此,决策者必须为每一项标准分配权重,以便明确它们的优先级。那么怎样给决策标准分配权重呢?一个简单的方法是各项指标打分,给予最重要的标准 10 分的权重,然后参照这一权重为其他标准分配权重,从而重要性只相当于权重为 10 分标准一半的指标其权重便为 5,其他以此类推。当然,你也可以用 100、1000 或者任何其他的数字作为最高权重,然后在此基础上为其他标准打分。

在飞机事故案例中,当时最重要的是生存问题,而生存面临的最大威胁是寒冷和无望,至于饥饿、野兽等威胁则为其次。若要保证全体人员走向村庄,其成功的可能性几乎为零。对于上面提到的决策标准,其优先次序应当如下:

首先应当做到稳定人心,飞机迫降后乘客必然会出现紧张的情绪,使所有人都稳定下来才能进行下一步的计划,故其权重 10 分;其次是要抵御寒冷,因为无论是留守等待救援,还是前往村庄寻求帮助,寒冷的威胁都是致命的,因而它的重要性几乎等同于稳定人心,故其权重为 9 分;当确保能够稳定人心和对抗严寒之后,可以将生存的重点放在准备食物上,其权重为 7 分;再次是抵御野兽,权重为 6 分;最后是确定是否有人前往附近村庄,由于此项应当建立在先前保证生存的基础上,故其权重最低,为 5 分。需要注意,此时,决策者的认知能力十分重要,如果其"知"的能力不足,导致权重分析失误,其后果可想而知。

在正确认"知"的基础上,根据分析要求决策者列出可供选择的备选方案,这些方案要能够解决提出的问题。这实际上就是决策制定的过程。通俗地讲,决策就是行动的指导。决策过程既要对行为的主客观环境进行再认知,也要对行为实践的可行性和预期效果进行分析,这必然要求决策的制定必须

讲求"知"与"行"结合,"行"与"知"相符。在此事件中,乘客们提出的备选方案可能包括:

方案一:全体人员尽快向西北方向的村庄前进,争取天黑前赶到,准备打火机照明。携带物品的优先次序为:磁罗盘、航空图、打火机、手枪、巧克力糖、报纸等。

方案二:稳定人心后,多数人员向西北方向的村庄前进,个别走不动的原地待援;走的人带着磁罗盘、航空图、手枪、巧克力、烧酒;给原地待援的人留下手斧、猪油罐头、厚帆布等。

方案三:稳定人心后,少数身强体壮的向西北方向的村庄前进,多数的原地待援;走的人带着磁罗盘、航空图、手枪、烧酒、打火机、毛线、报纸;给原地待援的人留下巧克力糖、手斧、厚帆布等。

方案四:稳定人心后,所有人留守原地,做好抵御寒冷的准备,争取找到更多的食物,想办法发出求救信号,等待救援人员的到来,这样的话12件物品都可以使用。

一旦确定了备选方案,决策者就必须认真分析每一种备选方案,并对其效果进行评价,而评价标准则是在第二步与第三步中建立的那些决策标准,以及他们的重要性。在此对以上方案作出如下分析:首先,稳定人心最为重要,相比于恶劣的天气和有限的物资,弥漫在12人中的绝望气息更为致命,一旦有人因此崩溃将导致局面失控;其次,北方中俄边境大约是北纬50°—55°之间,1月太阳光照射时间很短,下午至多只有三四个小时的白昼;而-24—-40℃的严寒,以及深及10—40厘米的积雪,对于身着普通防寒服的乘客来说都是难以克服的客观条件;而且西北方有村庄的消息也并非准确,因为飞机迫降之前已经迷航三个小时,而且航空地图不适用于地面交通,所以贸然前往附近村庄的危险性非常的高;最后,由于物资和人力均有限,将其分开势必会导致物资短缺或人力匮乏,从而无法支撑到救援的到来。因此,前三个方案都有一定的局限性,并没有很好地解决先前所提到的各项问题。

方案四充分考虑到了当时各种条件的客观情况,知道冒昧前往附近村庄只能是死路一条。因此只能先稳定乘客情绪,让大家明确目前面临的困难并非不可战胜,从而坚定获救信心,然后协力合作,争取更长的存活时间,并发出信号等待救援。事实上这样做得救的可能性最大,因为他们乘坐的班机从上午9∶03与基地失去联络到现在12∶35,时间已经过了三个半小时,民航部门与各级政府以及附近村庄正在行动起来进行搜救,只要尽快发出信号就有获救的希望。所以,最有效的办法就是尽快燃起篝火,这样一来既能报警,又能取暖,还能驱赶野兽,但这需要所有人齐心协力,通力合作,因此让一部分人先走的决定显然不明智。另外,如果所有人都留下,全部物品都能派上用场,不至于因为缺少某些重要物品,而让前往村庄的人路死途中。在这个过程需要注意的是,这12件物品必须集中使用,统一管理,直到救援到达。这时就必须有一位强势人物果断站出并控制大局,然后合理地安排时间、物资与人力,最终带领大家成功获救。

实践是检验真理的唯一标准,只有保证执行的有效,才能最终实现决策的成功,而这一切都是在"知行合一"思想的指导和保障下有序进行的。在这个案例中,决策者将执行第四种方案,在稳定乘客情绪之后,为保证生存要素,需迅速组织年轻力壮的人员执行以下几步:取火,砍柴,搭帐篷,维持篝火。在此过程中涉及的选择方案合理性问题,均可以之前所提到的决策步骤予以分析确定。而强势人物必须始终坚守岗位,鼓励大家齐心协力战胜困难,并负责调配人力,其他人则应互相监督、鼓励,争取用最快的时间完成所有工作。

决策过程的最后一步是对决策结果进行评价,看看问题是否得到了解决,选择的方案和实际的结果是否达到了期望的效果。

"工欲善其事,必先利其器"。在明白了决策的一般程序和基本逻辑之后,寻找必要和恰当的决策方法,成为我们要关注的焦点。江泽民同志曾说,我深深体会到现在的领导工作十分复杂,现代领导工作要做到决策科学化。系统工程是处理复杂问题所用的方法,它坚持科学发展观,保持先进的事件处理态度,从而最大程度的达到事件的预期处理效果。它使我们学到一种处理任何工作、思考任何问题的方法,把方方面面都想到,处理得更周密、更完整。确实,科学决策是系统工程和管理科学中的一项重要内容。实现最优策略,尤其是复杂系统的最优决策问题,既需要在思想上,尤其是系统工程方法论上的指导,也需要具体决策技术的支撑。实际上,从系统工程的角度看,决策必须坚持目标导向,决策方法的选择也必须坚持有的放矢,也可以说没有最好的方法,只有最恰当的决策方法。

第十四章　拓展人生　成就智慧

　　人生,就是人们渴求幸福、追求幸福和享受幸福的过程。人类的个体生命从开始到结束所经历的过程,富含哲理性、深邃性,成为文学、影视作品的永恒主题。哲人陈志岁说:"人生,人之生态也。人生,即机体与灭生因素斗争之过程,生存、成长、成熟,我胜病害也;伤残、衰废、死亡,病害竞我也。生而有为,彰生也;生而无为,闷生也。为而利民,谓之惠为、荣为;为而妨民,谓之妄为、鄙为。"(《载敬堂集·民说》)。

　　人的生命是一个社会化的过程,它既是个体融入社会、立足社会的过程,也是个体在社会中实现自己生命价值的过程。而这个过程又是有理性的、有意识的自我实现过程。任何人对自己的人生反思不是在真空中进行的。其对生命过程的反思和设计,都离不开社会的具体历史背景,取决本身具有的智慧,是否能够意识到自己生命存在和发展的内在需求。

　　智慧(wisdom),是指对事物能迅速、灵活、正确理解和处理的能力。依据智慧的内容以及所起作用的不同,可以将智慧分为三类:创新智慧、发现智慧和规整智慧。创新智慧,可以从无到有地创造或发明新的东西,如策划、广告、设计、软件、动漫、影视、艺术等都属于创新类智慧产业的范畴。智慧是人们现实生活的基础。

　　在我们进一步了解"智慧"概念之前有必要分享一些智慧的成就,以便于追随人类全面掌握智慧存在的意义。《圣经》记载:"创造之神在造成智慧成果后曾经一度禁止神造出来的人去神秘园分享这种成果,倘若一旦被魔鬼诱惑的人,违背了神的指示偷吃禁果后,获得神智的人瞬间就知道了以前从未感觉到的事情。"没有智慧的时候,人类不知羞耻、不分善恶、不明是非,更不具备智慧性的系统知识。虽然得到智慧的人被神逐出伊甸园,降临人间遭受苦难的惩罚和各种磨炼,但是智者已经明白天地之间的许多大事了。

到目前为止,大众化的正统词典注释已只能让无知的人浅尝而止,只有不满足于大众化解释的少数人才能进一步发挥自身非凡的潜在智能来应对各种难题。当前人类最大的难题就是如何解开智慧谜团。

芸芸众生,各自有不同的人生轨迹。那么,拥有什么样的生活和人生,成为一个什么样的人,才能获得持久的幸福呢? 而幸福成功的人生,无疑是智慧的人生。"智慧"凝结着人类文明的精华,是人类漫长进化发展史中一切精华的浓缩与升华。作为生物界的物种之一,人类自身的危机意识促使人们不断克服困难,积极进取;在激烈的进化竞争中,人类发现了个体力量的局限,追求更好的发展动力促使人们充分发挥群落和集体的合力,不断从蛮荒走向文明;随着集体的扩大和结构的复杂化,需要有更明确的分工合作,也就愈加凸显领导力和集体中每一个体承担责任的重要性;对于集体系统中的每一个体元素来说,如何协调好自身与集体的关系,使得自己和集体的利益尽可能一致并都最大化? 这都需要集人类大成智慧的系统工程来解决。

常怀危机意识

人生重在设计,但是人们往往忽视这个重要环节。忽视的原因是被生活中这样那样的问题所困扰,被自己在生存、生活和工作中的一些习惯所蒙蔽,甚至被一些快乐、舒适和各方面行为的便利所驾驭,从而不知不觉虚度光阴。当与别人对比或者从某一个方面得到一种警示时,方才突然意识到自己一直在原地打转,而且在时间的流逝中丧失了推动自己前进的动力。这种加动力是我们在不知不觉中丧失的,使得人生没能达到更高的境界与成功,这也就是经常所说的"温水煮青蛙"的道理。

"温水煮青蛙"来源于美国康奈尔大学科学家做过的著名"青蛙实验"。科学家把青蛙放入装着冷水的容器中,然后慢慢加热。青蛙因为开始时水温的舒适而在水中悠然自得，即使水温已经很高，仍然不知道要赶快逃离这个环境。这是为什么呢？因为在慢慢加热的过程中，青蛙已经被动地适应并接受了这个环境，等真正意识到危险的时候已经无力反抗。同样是水煮青蛙实验，当科研人员将青蛙投入已经煮沸的开水中时，青蛙因受不了突如其来的高温刺激立即奋力从开水中跳出。青蛙之所以能够成功逃生，是因为这个突变的环境使它不适应，使它意识到危险的存在，如果不迅速跳出来就会被这个环境吞噬。这个实验给我们很大启迪：人和青蛙差不多，有时候在传统的模式下，人们往往在被动适应环境的同时麻木了自己的危机意识，等真正意识到危险的时候已经丧失了反抗和争取的能力，这是十分可怕和可悲的。因此，人生最需要的也是最难以保持的就是这种危机意识和清醒。只有常怀危机意识，每日三省吾身才能在人生的道路中始终保持一个清醒的头脑。那么，究竟什么是危机呢？

从辩证的角度来看，"危机"就是危险之中包含着机会与机遇。

2011年3月11日，日本福岛核泄漏导致8吨强辐射物泄漏，320万人受到核污染，属重大事故，其后续影响甚至超过了9级地震本身，如此灾难给人类敲响了警钟。如果没有这次地震，人类也许还不会意识到核泄漏所折射的问题有多严重。人类曾有过惨痛教训，如1979年美国三哩岛核泄漏、1986年苏联切尔诺贝利核爆炸，但都未引起足够重视。当今世界已进入了一个风险全球化、危机全球化的时代。由核电站泄漏出来的放射性物质，经由大气、洋流等的传播，不仅可以到达邻近的国家，还能远及千万里之外，从而演变成全球性问题。没有谁能完全超然于外、独善其身。从这个意义上讲，现代社会并不优于传统社会，一旦发生灾难，涉及面和影响程度都将远甚于过往。

而作为邻国的中国，目前已是核电规划和在建装置规模最大的国家。据国家能源局2010年数据显示，已核准34台核电机组，装机容量3692万千瓦，其中已开工在建机组达25台、2773万千瓦。在日本核危机发生之后，中国对核能源的安全性进行了全面的思考与反思。

日本福岛核电站是一座已经服役40年、采用第二代核电技术的"老"核电站,之所以发生核泄漏的一个比较重要的客观因素是地理条件。日本处于地震断裂带,利用核能本身就存在潜在危险性。中国的核电站应当引以为鉴,新的核电站应选择在地质活动较弱的地方,并从长远利益着手,将在抗震和防洪标准提升一个高度。同时适当调整核电的发展规划,并以此为契机,加快核电开发和核安全方面的立法步伐。这就是日本核辐射的危机对中国的启示,在危机中及时发现问题并不断改进。

达尔文"物竞天择"的生物进化理论就是常怀危机意识最好的写照。在非洲,瞪羚①每天早上醒来时,必须跑得比最快的狮子还快,否则就会被吃掉;而狮子知道自己必须追上跑得最慢的瞪羚,否则就会饿死。两者具有动物特有的捕猎天性,在自然界适者生存的环境下,不得不随时做好准备。他们虽没有聪慧的大脑,但同样有危机意识,知道坐等是不可行的。

动物为了自我生存都会有强烈的危机感,何况是处于竞争日益激烈的人类呢?古老而悠久的华夏文明起源于狼性十足的草原游牧民族部落。后随着农耕文明的兴起和儒家思想的教化,人类精神内核中的狼性已逐步被羊性所取代。在1936年德国柏林举行的第十一届奥运会上,中华民国代表团派出了140余人参加了近30个比赛项目。除了撑竿跳选手符保卢进入复赛外,其余人均在初赛时就被淘汰了,被新加坡报刊讥讽为"东亚病夫"。直至1984年许海峰在美国洛杉矶奥运会上一举摘取男子手枪60发慢射冠军,才正式击碎强加给中国人的"东亚病夫"这个称号。

危机是锻炼强者的摇篮。广阔的草原,危机四伏,狼在漫长冬季的冰天雪地中,学会了在冰窖和雪窖里储存食物;在捕杀猎物中,学会了观察天象和使用战术;在生存的危机中,学会了选择居住和逃生的手段;在残酷的战斗中,甚至会选择杀掉病弱伤员……在生与死、存与亡的节骨点上,狼往往会选择更符合自然的生存法则。谁都知道,危机存在于每个事物中,国家不强盛就有可能被分裂,企业不强大就有可能破产,而思维最发达的人类呢?不强就有可能被

---

① 瞪羚是羚羊亚科的一种,属偶蹄目(有2或4趾头/蹄子)。因其两只眼睛特别大,眼球向外凸起,看起来就像瞪着眼睛一样,故称为瞪羚。大多数瞪羚都是群居动物,以嫩的、容易消化的植物为食。

社会淘汰。回想起改革开放后,铁饭碗被打破,大量人员下岗,再加上入世初始,"狼来了"呼声四起时,不正预示着别无选择,勇敢面对、去竞争、去拼搏、去成长。安逸的生活并非一种幸福,而是一种潜在的危险;艰难困苦看似危险,却是历练人的意志、能力与品德的最好途径。

有这么一则寓言故事:一对同胞兄弟同时出门去寻找幸福的生活。走着走着,他们遇见了两位女神,一位是美貌无比的恶行女神,另一位则是朴素平和的美德女神。只听恶行女神霸气的说道:"你们跟我走吧,我包你们尽享荣华富贵,而且无论你们想要什么,我都可以满足你们。"美德女神则显得平静淡泊:"你们跟我走吧,我将教会你们如何勇往直前! 你们自己也能在战胜艰难的过程中变得坚强无比。"

由于意见不合,哥哥和弟弟最后分别跟了恶行女神和美德女神。但是出人意料的情况发生了,哥哥年纪轻轻便在忧郁中死去,弟弟反倒精神抖擞成了长寿之王,而且幸福无比,受人尊敬。这是怎么回事儿呢?

原来,自从跟了恶行女神,哥哥便什么都无须再做,每天过得比神仙还轻松快活。可人无远虑,必有近忧,别的用不着考虑,他便担心起死亡来。想着总有一天自己会死去,恐惧的他渐渐陷入了极度忧郁之中,所以还不到 30 岁,便一命呜呼。而弟弟则在美德女神的教导下,参加了保卫国家的战争。几经生死之后成了战斗英雄,不但被赏赐了美貌无比的女人,还受到人民的爱戴和尊敬。可见只有经历坎坷人生,体验危机情境,才会从心底顿悟。

那么,假如我们的生命只剩下三天,你会做些什么? 海伦·凯勒给了我们一个回答。

假如给我三天光明,第一天,我要看人,看他们的善良、淳朴与友谊使我的生活值得一过。我要长久的凝望我的老师,看看她的嘴巴和鼻子,以及她身上的一切。第二天,我要看光的变幻莫测和日出,看看日出是怎样落下去的,它要奔向何方。看完日出,我想去探索与研究。我将奔向城市,去看看那些有名的艺术馆。第三天,我还要看日出。因为,这将是我能见到光明的最后一天。我要和普通人一样,去为了生活而奔波。以一个盲人的身份想象如果自己能够有三天的时间看到世界,将会去做哪些事——包括去看看帮助过自己和爱着自己的人,以及去感受自然,品味世界和人生!①

智慧人会把每一天都当成生命的最后一天来度过,不要去叹息昨天又错过了什么,逝去的已经随时间远去;也不要幻想明天会有什么样的好事降临,人间世事都是未知的;真正应该把握的只有今天。如果你让今天悄悄地溜走了,那么未来的日子里就会遗憾怎么没有好好珍惜今天呢? 如此反反复复,就陷入了无休止的恶性循环。那么不妨多点儿狼性,少点儿羊性,接受现实的考验,在危机中成长、壮大,不失为最优策略。

避免自我中心

你有没有曾经因为在公共场合摔倒,然后迅速起身,还要装作若无其事的样子? 和初次见面的人一起用餐,不小心打翻了酒杯,或者夹菜时把该送到嘴里的菜意外地掉在桌上或身上,你是否会觉得尴尬? 觉得别人都在看你的笑话? 这种现象在心理学上叫"焦点效应",人会有意识的认为自己的一言一行都在聚光灯下备受瞩目。

这其实是自我中心的一种表现。心理学家基洛维奇曾做过一个实验:让康奈尔大学的一名学生穿上名牌 T 恤进入教室,测验到底有多少人会注意到他。该同学事先估计大约会有一半的同学注意到他的 T 恤,最后只有23%的人注意到了。我们所感受到的往往是自己主观臆断虚构出来的。

奥斯特洛夫斯基曾说过:"只为家庭活着,这是禽兽的私心;只为一个人活着,这是卑鄙;只为自己活着,这是耻辱。"以自我为中心是人际交往中较突出的一种人格障碍。心理学家皮亚杰指出,各年龄段的人或多或少都会保留着若干程度的自我中心倾向。两三岁甚至五六岁的孩子通常都会有自我中心的表现,他们深信所有人的想法都和自己的想法相同,也从不怀疑自己思想的正确性,从不接纳别人的意见。步入青春期后,生理、心理上的各种急剧变化,

---

① 摘自海伦·凯勒《假如给我三天光明》。海伦·凯勒,美国聋盲女作家,教育家和演讲者。其凭借坚强的意志考入哈佛大学的德克丽夫学院,是世界上第一个完成大学教育的盲聋人,被授予"总统自由奖"。

在从客观世界转入主观世界的过程中导致了第二次自我意识的高涨。他们在遭遇交往挫折时，总是一味地埋怨他人，而实际则是过于考虑自己的感受和需要，总用自己的观点和标准去评价他人和社会。

虽然早已能区别自己与他人的想法，但由于自我意识过于高涨，有时还不能区分自己所关心的焦点与他人所关心的焦点有何不同。有的人感觉每一天就像生活在舞台上一样受到别人的关注和批评，心理上的压力很大，在某种程度上过于在意自己的形象；有的人认为自己确实与众不同，别人不理解他们独特的情绪与情感，盲目冲动、多愁善感，渴望被群体接纳；有的人失去自我，凡事顺从他人，最终因不能得到所有人的肯定而陷入绝境；有的人自负，傲气轻狂、自夸自大，过于相信自己而不相信他人，走向极端并逐步发展成为自恋主义者；有的人惧怕他人，从此关闭心门、封闭自我；有的人孤僻、冷漠，孤芳自赏，自命清高，与人不合群，待人不随和，或由于某种怪癖使他人难以接受。对与自己无关的人和事一概冷漠对待，甚至错误地认为言语尖刻、态度孤傲，高视阔步，就是自己的"个性"，致使别人不敢接近自己，从而失去了更多与他人交往的机会，朋友也就越来越少。

刘海洋伤熊行为①的发生源于他想对熊的嗅觉进行测试。究竟是什么导致了他在实施这种行为时不去思考行为的正当性呢？回答很简单，一个人只从本能或自我欲望去看事情和行事，没有考虑可能产生的社会后果。由于不能从他人或社会角度去分析问题，就不能或无法了解他人对此的真正态度以及社会规范对此行为的评价。尽管他已经是一个成年人，却仍没有学会从社会的角度来思考评判自己的行为，以致无法约束自己的行为，在社会认知上仍没有脱离儿童时期的"自我中心状态"。

纵观中国两千多年封建社会的历史，专制主义中央集权造就了一代代崇尚"自我中心"说的封建帝王。他们养尊处优，为所欲为，使得"长治久安"、

---

① 2002 年 2 月 23 日，清华大学电机系四年级学生刘海洋为"考证黑熊嗅觉是否灵敏"，在北京动物园用硫酸泼向黑熊，涉嫌以故意毁坏财物罪，被北京西城公安机关依法刑事拘留一个月，于 3 月 26 日被取保候审。同年 9 月，清华大学根据《清华大学学生违纪处分条例》第六条第 14 款的规定，并参照《清华大学学生违纪处分管理细则条例》第十八条及第十四条第 2 款，决定给予刘海洋留校察看处分。

"万世基业"不过是历代君主的一枕黄粱,愤怒的人民一次次大水覆舟,自我膨胀终难免自食其果。俗话说:"活着为自身,不如一根针。"以自我为中心的思潮是脱离国家前途,脱离人民的希望。谁若被这副枷锁套住,必将由于背着沉重的"自我"包袱而远远落后于时代社会。

随着时代的进步和社会价值取向的变化,家庭、学校、社会环境对自我中心意识起了不同程度的助推作用。家庭环境中,多数孩子都是独生子女,可独享玩具、零食。父母事事为孩子作决定,处处溺爱他们,"含在嘴里怕化了,捧在手心怕掉了"。在学校,"分本位"使学生一分定乾坤,优等生凭成绩之优享特殊优待,遮人格、品德之丑。长此以往,不少成绩优异的学生自私自利、唯我独尊,导致心理脆弱或心灵扭曲。从而当今社会中充斥着诸如拜金主义、享乐主义、极端个人主义等思潮,不少人价值取向功利化,强烈的竞争意识使其为了达到自身目的而不择手段。

我们身边不乏以自我为中心的人,仔细观察不难发现他们当中鲜有成就卓越者。笔者执教多年,发现个别的人或在参与项目的过程中,我行我素,不服从安排,导致项目进程严重滞后;或在学习工作的过程中,脱离组织,自行安排工作地点。这些实例绝非个案。古今中外能成就大事的人,没有一个是不以大局为重的,把个人利益挂在嘴边。真正智慧的人,往往是不会计较个人得失的。那么,如何才能抛弃"自我中心"?

古语云,"己所不欲,勿施于人",切勿"强人所难"。人人都有表现欲,人人都想被人重视、受人尊重。这需要我们在交际中"看轻"自己,尊重别人,不居高临下,虚心地听取别人的意见,多为他人着想。只有如此才能走出"以自我为中心"的旋涡,使自己成为受欢迎的人。

心理学讲究换位思维:当你在与他人的交往过程中,不仅要从自己的角度出发,更要从别人的角度去考虑,多站在别人的立场上看问题,以开放的心态和宽广的胸怀面对客观事实。"将心比心"、"设身处地"正是这个道理。同时可以采用言语暗示的方法,与他人相处时,尤其是产生矛盾和分歧时,一定要在心里问:"我是不是充分考虑了别人的实际情况,关注到了别人的利益和需要?换了我是他,我会怎么想?"

我们与他人之间最大的问题,主要是自我中心主义;我们与自己之间最大的问题是难以约束自己。"一滴水只有放进大海里才永远不会干涸,一个人只有当自己和集体事业融合在一起的时候才最有力量。"这是雷锋同志日记里记载的一句话,充分体现了个人与集体的关系。我们知道个人是微弱的,但团结就是力量。个人和集体是密不可分的,个人是构成集体的机元素、有单元,好比一台机器的各组成部件,而集体则是个人的有机组合,好比各零件组装的机械。单个的零件不管它的用途有多广泛,脱离了机械便发挥不出自己的本事,即使有时看起来发挥了也只不过是很小的作用了,微乎其微,相反即使是很小的一个螺丝钉如果是用得恰到好处的话,在机器飞速运转时也能发挥很大的作用。同时,集体不是简单的个人之和,集体的作用永远高于个人作用的简单加和。这恰好阐明了大海永远胜过无数的一滴水。诚然,人都有自私的一面,但是个人的自私要有度,要保障在不损害集体利益的情况下而谋取自己的利益,而不应只考虑自己,事事以自己为主,办事要掌握好分寸,具体问题具体分析、具体对待。尤其是当个体遇到问题时,也是最容易犯错误的时候,这时要更加注意不能以自我为中心,学会以大局为重,不能因为自己这一个螺丝钉出现问题,而导致整个机器的停运甚至毁坏。淡泊个人的利益,放弃有损于集体利益的个人利益,不是痛苦、不是丧失、不是剥夺,而是爱心的流露、善意的升华、美德的弘扬、人生的智慧。我们知道:一枝鲜花装扮不出美丽的春天,一个人先进是单枪匹马,众人先进才能移山填海。所以个人的成功不是成功,集体的成功才叫真正的成功。只有慢慢向这条线上靠拢,人生才会有意外的收获并充满智慧。

敢于承担责任

在 1968 年的墨西哥奥运会中,来自坦桑尼亚的马拉松选手约翰·亚卡威拖着摔伤且流血的腿,一瘸一拐地跑到终点。虽然获胜者早已领了奖杯,场内也只剩下不到 1000 名观众,当他疲惫不堪地出现在人们的视野时,在场的人无一不为他的精神所感动。目睹这一切发生的见证者中有享誉国际的纪录片制作人格林斯潘,他满怀好奇之心,不知是什么动力驱使这位年轻的选手在比赛早已结束的情况下能够坚持到底跑完全程。岂料这位年轻人的回答让他瞬间对这个小伙子肃然起敬。他说:"我的国家从两万多公里之外送我来到这里,不是叫我在这场比赛中起跑的,而是派我来完成这场比赛的。"多么崇高的精神境界啊!因为他肩负着国家赋予的使命来参加比赛,虽然拿不到冠军,强烈的责任心强迫他不允许自己当逃兵。这是何等崇高的境界!如果没有强烈的责任心,也许他早就当了逃兵半途而废了。那么,何为责任心?

回想一下在工作或学习中,领导都习惯将事情交给什么样的人呢?答案当然是有责任心的人。能力和效果并不是相对应的。能力强的人如果没有责任心也许会眼高手低,觉得领导交代给自己的事和自己的能力并不相当,因此在做的过程中会漫不经心,效果差强人意;而有责任心的人则会踏实工作,在获得别人的满意前先让自己满意。

责任心是一种勇气、一种胸怀,勇于承担责任的人有着博大的胸襟和包容的品质,其所得到的往往比付出的更多,而这种回报便是对责任心的奖赏。当你拥有责任心时,所有的这一切都将随之而来。美国超级食品王国亨氏食品公司曾遭遇过一次危机。有一天,公司的总经理亨利·霍金士在一张食品化验鉴定报告单上偶然发现,公司的食品配方中起保鲜作用的添加剂竟然有毒,虽然添加量微乎其微,但长期服用足以对身体产生危害。摆在公司高层领导面前有两种方案:一是悄然从配方中删除添加剂,二是将整件事公之于众。前者会影响食品的新鲜度,后者会引起同行的强烈反对甚至全社会的声讨,两者对公司的发展都会是毁灭性的打击。但如果不主动公开,一旦被其他人发现,后果将不堪设想。权衡再三,亨利·霍金士先生毅然决定向社会公布:添加剂有毒,即使微量但对人的身体也有害,并承诺以后的食品均不会再使用这种添加剂。如此一来亨氏公司就面临倒闭的危险。但出人意料的是亨氏公司反而得到政府和民众的支持,它的产品成为人们最为放心的畅销货。亨氏公司正因为有很强的责任心才挽回之前的损失。

相反,推卸一时的责任,斤斤计较、患得患失,往往会招致后悔莫及的损失。泰勒曾是一家大型汽车制造公司的车间经理,手下管着一百多位安装技工。有一次，他带着几名员工安装一辆高级小轿车。安装完毕后恰逢总裁带其几位好朋友到车间巡视，其中有一位发现了这辆小轿车安装上的失误，因为总裁在场，泰勒害怕自己挨训，便把责任推给了他的下属。总裁对他的做法，勃然大怒，当着全车间的人把他训斥了一顿。有许多人就像泰勒一样，之所以一生一事无成，皆因为在自己的思想和认识里缺乏责任心意识。他们常常以自由享乐、消极散漫、不负责任、不受拘束的态度对待自己的工作和生活，结果，无可避免地沦落为工作和生活的失败者。

千里之行，始于足下。任何伟大的工程都始于一砖一瓦的堆积，任何耀眼的成功也都是从一步一步中开始的。聚沙成塔，集腋成裘。不管我们现在所做的工作是多么微不足道，首先都必须以高度负责的态度做好它。不但要达到标准，而且要做到精益求精，超出老板和同事的期望，成功也就是在这一点一滴的累积中获得的。那些在职场上表现平庸的人都是不愿受约束，不严格要求自己，也不认真负责履行自己职责的人。如果没有外在的监督，他们根本就不好好工作。任何工作到了他们的手里都得不到认真对待，最终得到的就是年华虚耗、事业无成。以这种态度对待工作还谈什么谋求自我发展，提升自己的人生境界，改变自己的人生境遇，实现自己的人生梦想呢？

美国西点军校认为：没有责任感的军官不是合格的军官。同理，没有责任感的员工不是优秀的员工，没有责任感的公民不是好公民。曾有一位经验丰富的老船长，当他的货轮卸货后航行在浩渺的大海上途中，突然遭遇了狂风巨浪。就在此时，老船长果断地命令水手们打开所有的货舱，往里面灌水。不少年轻的水手都以为老船长是糊涂了，这样做是自寻死路。但随着货舱里的水位越升越高、船慢慢地下沉，货轮却渐渐平稳。老船长望着如释重负的水手们说道："一只空木桶很容易被风打翻，如果装满水是吹不倒的。同样，船在负重时是最安全的，空船时则是最危险的。"后来，心理学家将其称作"负重效应"，用来督促人们应有强烈的责任感。

要想赢得机会，首要的是要有责任感。一个普通的员工，一旦有了责任心的意识之后，他的能力就能够得到充分的发挥，潜力也会不断地得到挖掘，从而可以为公司创造出更大的效益。一个人真正成熟的标志是知道自己对家庭、对整个社会的责任是什么,是拥有承担责任和直面错误的勇气。

早在 1988 年 4 月,一架从旧金山起飞的波音 737 飞机在高空中发生意外,机乘人员齐心协力使飞机安全降落,机上乘客也无一伤亡。随后,波音公司立即召开新闻发布会,对此次事故作出合理解释:空难的主要原因是飞机过于陈旧、金属零件疲劳所致。出事飞机已服役 20 余年,起落超过 9 万次,远远大于安全保险系数。但是在意外发生后,飞机仍能安全降落,乘客无一伤亡,这完全可以证明飞机质量的可靠性。正是波音公司敢于承担责任的精神和不逃避的态度赢得了人们的尊重。事故发生后订单不仅没有减少,反而有了很大的增加。仅当年 5 月,就接到 180 架飞机的订单,这个数字是往年同期的两倍,业绩达到 70 亿美元。如果波音公司没有直面错误,或许会在同行的声讨中销声匿迹。

每个人对待错误的态度是不同的,有些人像华盛顿那样能够勇敢地承认自己的错误,承担应负的责任;也有很多人选择了逃避过错,推卸责任。其实,承认错误,担负责任是每个人都应尽的义务,任何不愿破坏自己名誉、不愿最终破产的人,都必须认真地正确对待错误和责任。面对自己犯下的错误,千万不要利用各种借口来推卸自己的过错,从而忘却自己应承担的责任;面对自己犯下的错误,千万不要找任何理由为自己的过错开脱,让借口成为习惯。借口只能让你的情绪获得短暂的放松,却丝毫无助于问题的解决。抛弃找借口的习惯,要勇于承认错误,并为此承担其责任,更重要的是从错误中学习和成长。抛弃寻找借口的习惯,成功会离你越来越近;良好的习惯是我们成功的前提,但往往我们需要花很长的时间才能养成一个良好的习惯,却可以在短时间内形成坏习惯。所以千万不要寻求任何理由为自己的过错开脱。

勇于承担责任就是要勇于直面错误。记得有这样一句话:"我们不怕犯错误,因为年轻是我们最大的资本。"诚然,年轻人缺少人生道路上的经验储备和知识积累;多了年少的轻狂与浮躁,错误不可避免。每一个人在一生中都会或多或少、或轻或重地犯错误、做错事情。对过错应该勇敢地面对它,而不要试图逃避自己应承担的责任。小时候曾因为做错事而被父母责备,长大了也会因为工作失误被老师训斥,错误并不可怕,可怕的是失去了像华盛顿砍倒樱桃而敢于承认错误的勇气,失去了敢于改正错误的决心是十分可怕的。

美国塞文事务机器公司董事长保罗·查莱普说:"我告诫公司所有员工,如果有谁做错了事,而不敢承担责任,我就开除他。因为这样做的人显然对我们公司没有足够的兴趣,也说明了他这本人缺乏责任心,根本不够资格成为公司里的一员。"当一个人想要实现自己内心的梦想,下决心改变自己的生活境况和人生境遇时,首先要改变的是自己的思想和认识,要学会从责任的角度入手,对自己所从事的事业保持清醒的认识,努力培养自己勇于负责的精神,这才是成功的最佳方法。

勇于负责不仅赢得尊严,而且还表现出一种人格的魅力。一个人要想赢得别人的敬重,让自己活得有尊严,就应该勇敢地承担起责任。一个人即使没有良好的出身、优越的地位,只要他能勤奋地工作,认真、负责地处理日常工作中的事务,就会赢得别人的敬重和支持。反之,一个人即使高高在上,却不敢承担责任,丧失基本的职业道德,仍然会遭到他人的鄙视和唾弃。

提得起放得下

其实,得失总是相随的,合理地选择放弃,也就等于合理地选择得到。不分轻重的抓住一切,最后只会失去更多,甚至让所得再无意义。红军长征前,在井冈山五次反围剿战争中,先后以"敌来我走,敌驻我扰,敌退我追"为游击作战原则、以"厚集兵力,严密包围,及取缓进"为要旨,突破国民党的重重阻挠并取得阶段性胜利。迂回也是一种战术,如果当时没有毛泽东的果断抉择,选择性的放弃,革命是根本不可能取得胜利的。

一个人的时间和精力是有限的。在一个时间段内,也许能集中资源做好一件事情,但不可能同时做好几件事情。著名歌唱家帕瓦罗蒂之所以能够取得成功,就是因为他懂得放弃。帕瓦罗蒂小的时候很喜欢唱歌,并有过人的天赋。毕业时,对是继续学习唱歌还是做一名教师很是苦恼。他本想边做教师边用业余时间唱歌,还是父亲的话开导了他:"如果你想同时坐两把椅子就只会掉到椅子中间的地上,生活也是如此。"于是选择了唱歌。如果帕瓦罗蒂没有在二者中间做一选择,兴许就少了一位歌唱家。

人生就是一个不断选择、不断放弃的过程。放弃是一种智慧,更是一种豪气,也是一种更深层面的进取。我们有时之所以举步维艰,是因为背负太重、顾虑太多,功名利禄常常微笑着置人于死地。诗人泰格尔说:"当鸟翼系上黄金时,就飞不远了。"学会放弃,才能卸下人生的种种包袱,轻装上阵,度过风风雨雨;懂得放弃,才拥有一份成熟,才会更加充实、坦然和轻松。漫漫人生路,只有学会舍取,才能轻装前进,才能不断有所收获。

人生如戏,每个人都是自己生命的唯一导演,即使是圣人也未必能够真正做到"放下"。关键在于放下什么,怎么放下。选择哪些是要放下的,哪些是要坚守的。总是提起,太多的拖累,非常辛苦;总是放下,要用的时候,就会感到不便。所以,做人要当提起时提起,当放下时放下。对于功名富贵放不下,生命就在功名富贵里耗费;对于悲欢离合放不下,生命就在悲欢离合里挣扎;对于金钱放不下、名位放不下、人情放不下,生命就在金钱、名位、人情里打滚;甚至对是非放不下、对得失放不下、对善恶放不下,生命就在是非、善恶、得失里面不得安宁。

在我们所受的教育里,强者是不会认输的。所以常常被一些高昂而英雄气的光彩词语所激励,以不屈不挠、坚定不移的精神和意志坚持到底,永不言悔。诚然,人需要百折不回,要有坚强的意志和毅力向目标努力奋斗。但是,奋斗的内涵不仅是英雄不言悔、不屈不挠地对原来的目标坚定不移、忠贞不贰,人的道路还常常需要修正目标、调校方位,在死胡同坚持走到底的并不是英雄,死不认输只会毁掉自己。

我们都知道:渔民为了捕获章鱼,将小瓶子串在一起沉入海底。章鱼出于本能,看见瓶子就往里钻,无论瓶子有多小、多么窄,结果被囚禁在瓶子里。正因为章鱼在最狭窄的路上越走越远,即使是死胡同也不放弃,最终成了人类餐桌上的美餐。这正是不懂得及早放弃的后果。拿破仑也曾因此吃过不少苦头。滑铁卢之战中,大雨造成道路泥泞,使炮兵行动十分不便,拿破仑不甘心放弃这些炮兵。但是延长行军时间,敌方的增援部队有可能先于自己的援军赶到,那样后果不敢想象,然而,在犹豫之间,几个小时过去了,贻误战机,对方援军赶到。战场形势迅速逆转，拿破仑惨遭失败。

孔子老年时曾在鲁国任职大司寇，并代理丞相一职。据《史记·孔子世家》记载："孔子参与国事三年，鲁国大治：贩卖猪羊的商人不敢哄抬物价；男女都分路行走；掉在路上的东西无人捡拾；四方的旅客来到鲁国的城邑，不必向有司求情送礼，都给予接待和照顾，直到他们满意而归。"齐国害怕鲁国逐渐强大而威胁到自己，于是就送了八十个美女、三十四骏马给鲁国国君。鲁国国君因此沉迷其中，孔子多次劝阻无效，毅然决定辞官离开鲁国。当时有人非常不理解孔子的这种做法，其实他放弃是为了更好地得到，在放弃中进行新一轮的进取。

杨绛在《干校六记》中这样描述：面对人生际遇所保持的一种适度的心态，让自己对生活对人生有一种超然的关照，即使我们达不到这种境界，我们也要在学会放弃中，争取活得洒脱一些。

许多人明知不可为却不愿意放弃，这是因为放弃看起来就相当于承认失败，就是认输。真正的智者，懂得放弃。放弃了才能重新选择，才有机会获得成功。拿得起，也要放得下；反之，放得下，才能拿得起。

人生有所失必有所得，有所得必有所失，要想什么都得到，最后可能将一无所得。有时候，只有放弃才会有更大的获得。学会放弃，这是一种人生哲学，也是一种智慧；善于放弃，则是一种人生的境界，是对人生的大悟，更是一种良好而乐观的心态。人们常说："舍得"，舍得、舍得，有舍才有得。读书也是同样的道理，什么都想学，往往什么都学不精；什么都想得到，往往得不偿失。人要学会"舍得"，不能企盼"全得"。拥有的时候，我们也许正在失去，而放弃的时候，我们或许重新获得。美国作家梭罗就描述得十分形象："我们的生命都在芝麻绿豆般的小事中虚度，毫无算计，也没有值得努力的目标，一生就这样匆匆过去，因此国家也受到损害。"在人生的路上，放弃什么，选择什么，这是一门艺术。有时候，暂时的放弃是为了长远的获得。

君子要有所为，有所不为。人一生中要面对太多的欲望与虚荣，需要抉择的事情很多，到底是选择还是放弃，有时候决定着最终的成功与失败。在生活中，尽管我们不能轻言放弃，但有些东西还是需要放弃的。当一个人伸开双臂的时候,他拥抱的是整个世界,他可以奔跑,可以旋转,可以自由的活动;若一个人只拥抱着自己,他是跑不起来的,即使跑起来了,也是很容易摔倒的。只有勇于放弃、敢于放弃,人才能轻装上阵,在成功的路上越走越快。相反,如果什么都舍不得放弃,背着沉重的包袱前行,人就会被各种包袱压倒,被各种因素牵绊,最终只能对即将获得的成功望而兴叹。放开手时将会拥有整个世界。

懂得放弃的人会获得成功,但并不是说放弃就能成功或者只有放弃才能成功。学会放弃要知道为什么放弃,选择什么时候放弃,不知道为什么放弃,放弃了也是为别人做嫁衣,不知道什么时候放弃,本来能取得的成功也与你失之交臂。

人生弹簧新说

人生也如弹簧,姑且可以叫做"弹簧说"。著名经济学家厉以宁①教授在某大学讲座中时谆谆告诫我们:"不要在求学期间炒股,现在是读书求学的好时光,炒股的事毕业以后有的是机会。"这其中当然有经济学家的思维,用最适宜的资源做最适宜的事,方能取得最大效益。从可持续发展的观点看,能在正确的时间作出正确的事情,也是为了将来"有为"。为了当前利益而耽误人生此阶段该做的事情,则无疑是竭泽而渔。所以人生要学会算总账,才能笑到最后。

人在20多岁时靠的是勤奋、敏捷、胆量来成就学业;30多岁时靠的是奋斗来实现自己的价值;到四五十岁时,人要成功靠的是人际关系和经验造就的睿智;到50岁末的时候,"春种秋成",靠的是一种收获;到七八十岁时,要靠别人来生活。在二三十岁时,这是一个人最好的年代,更是为自己将来打基础的年代,要懂得掌握与规划自己的未来。刚得到法律赋予的种种权力,相对的要尽到义务及学习面对责任的承担。拿回自己对人生的主控权,而非一直受

---

① 厉以宁,祖籍江苏仪征。1930年11月出生于南京,1951年考入北京大学经济学系,1955年毕业后留校工作。现为北京大学民营经济研究院院长,北京大学贫困地区发展研究院院长,北京大学社会科学学部主任,北京大学光华管理学院名誉院长。其论证倡导我国股份制改革,被尊称为厉股份。

人左右影响的去摇摆自己的未来。现代社会物欲横流,外界的信息太多、太庞杂,不断地干扰着我们的想法和生活,多方面因素动摇着我们的认知。大学生用4年来读书,硕士生用2—3年来读书,博士生用3—5年来读书。于是会产生一种想法,每天坐在教室里读书,有什么用呢? 又能为将来创造什么呢? 与其读书,还不如去挣钱,挣了钱,就什么都有了,再去创造生活,又有什么不好呢? 很多在读的学生,都会跟同龄人作对比,观察同龄的已脱离学校学习的人,他们物质丰富,各方面生活都很舒适,于是便会对自己的生活产生怀疑。这种怀疑看起来是正确的,但是你真正地把他放大到更长的人生时间内、更大社会表面的空间中,就会发现,这种判断是错误的。

　　人生一世,草生一秋。人在二三十岁之前,基本上是用于学习的。大部分人都在升学读书中度过,在父母亲友的社会价值观影响或误打误撞的情况下完成基本教育。选择读书,应该一鼓作气,能读多高就读多高。博士、硕士的延伸,使这个年限不停地上升。因此,应该说在30岁以前,基本上是处于学习阶段,55岁以后基本上处于抛物线的下降阶段。有人四五十岁了,还喜欢说出自某某名校,把学校的那几年当成生命的巅峰,其实他从出了校门便开始走下坡路了。在社会上打拼的就是中间这25年左右的时间。其中的10年,还要生儿育女、赡养父母,减去这些时间,实际上在社会上打拼也就是10年左右的时间。在这10年中,还会发生一些其他始料未及的状况。中国的13亿人,缺少的不是舞台,也就是平台。有了舞台,有了平台,找到一个适合自己的岗位,才能够有所作为。在这个舞台上做得够好,才足以保障自己的权益。有位置,才会有作为,才能保证自己的生活安全。在这种前提下,经过折算,最佳的创造时间也仅有5年。

　　可以说,我们很多人都把人生的最好的时间用来读书了。读书的爆发力,是在未来爆发的。通过大量的投入和积累,用以支撑我们未来二三十年的发展。我们身边的很多同学,都明显地展现出这种差距。笔者上大学时,正值改革开放初期,因为读几年大学很辛苦,有很多人就下海经商赚钱。时过境迁,现在看来他们明显的底气不足,他们的投入和产出产生了极大的偏差。所以有时候,需要把拳头缩回来,只有这样,才能积蓄力量,再打出去才能无往而不胜。

人的成长是有阶段的,18—25 岁之前就是必须进行大量的信息的积累与基本的社会能力的形成,所以我们不是单纯地在家里与家人在一起的,也不是单纯地去读书,而是走到学校里,一边提升与社会融合的能力,一边进行知识的积累,之后我们同时进行的任务就是能力、社会融合度的定向形成。

乐于奉献自身

人的一生中不但要有所取,还必须有所予。佛祖说过:心无所欲,则无所不有。我们不能一味地追求己利、索取资源,当我们向社会索取的同时,首先要学会舍弃、懂得付出,唯有这样,才能在物质和精神上有更多的收获。试想:你每天的生活能离开别人对你的奉献吗? 你的衣、食、住、行不都是社会的人们创造性劳动的成果吗?

当一个人站在社会的舞台上,竭尽全力地把已有资源无私奉献给别人的时候,他一定会得到别人的回报。即便当时得不到,早晚也能得到。奉献究竟是什么呢? 罗隐讲"采得百花成蜜后,为谁辛苦为谁甜";李商隐言"春蚕到死丝方尽,蜡烛成灰泪始干";龚自珍崇尚"落红不是无情物,化作春泥更护花"。奉献就是要有蜡烛般的精神,将自焚的痛苦化为光和热,照亮他人;讲究粉笔般的精神,以牺牲自己来为别人传播知识。奉献是一种高尚的情操,它是事业成功的基础,也是社会发展的动力,同时也是人与人之间互相依存的纽带。

人没有一点奉献精神是成不了大器的。俄国著名科学家罗蒙诺索夫[①]留学德国期间,遇到名望很高的物理化学教授沃尔夫。教授在学习上对罗蒙诺索夫严格要求,在生活上却是多方照顾。连罗蒙诺索夫因生活困难欠下的债务都是沃尔夫偿还的。后来有一天《德国科学》杂志突然登出一篇驳斥沃尔

---

① 罗蒙诺索夫(1711 年—1765 年),俄国百科全书式的科学家、教育家、语言学家、哲学家和诗人,被誉为俄国科学史上的彼得大帝,出生于阿尔汗格尔斯克省一个渔民家庭,1731 年到莫斯科,冒充贵族的儿子考入斯拉夫—希腊—拉丁学院,用了 5 年时间修完了 8 年的课程,取得优异成绩,被选派到彼得堡国家科学院深造,半年后被派往德国学习采矿和冶金,1736 年秋先进入马尔堡大学学习物理学和化学,后到弗赖堡学习矿业和冶金学,在伏尔夫教授指导下学习。伏尔夫教授经常告诫学生:"不可以生活在别人的智慧里,即使对著名的学者,也不应盲目信任。"这成为罗蒙诺索夫一生的信条。

夫某错误观点的文章,文章署名是"罗蒙诺索夫",这件事令很多人难以理解。有人说,罗蒙诺索夫无情无义竟然批判自己的导师;也有人说罗蒙诺索夫是一个疯子。可他们不知道的是,支持罗蒙诺索夫发表这篇文章的正是沃尔夫本人。科学是没有先来后到之分的,如果沃尔夫没有奉献精神,就不会允许罗蒙诺索夫发表那样的文章,也不会有科学家罗蒙诺索夫。

中国自古就讲究无私奉献。大禹统率全国治水事务,始终以为民造福为己任。淮河流域治理工程告一段落时,大禹准备顺道回家看看妻子女娇。途中忽然听报:豫州连降暴雨导致山塌地陷,已有数万百姓葬身水底,幸存者危在旦夕。大禹虽思家心切,但救民水火是天职,便火速赶赴灾区。治水十三年期间"三过家门而不入",这种为民造福、勤政为民的奉献精神,使得大禹成为公而忘私、执政为民的代名词。大禹精神是中华民族传统文化的象征,也是中华民族精神的化身。其崇高的奉献精神令万民仰止,被千古传颂。

在革命战争年代,老一辈的革命家毛泽东、周恩来、刘少奇、朱德等同志为了中华民族,奉献了他们自己的才智和年华;也有不少的革命先烈,如刘胡兰、董存瑞、邱少云、黄继光,他们为了人民的解放事业壮烈牺牲在敌人的刑场上、监狱里、炮火连天的战场上。这些无一不是对奉献精神的最好写照。

社会主义建设时期,仍有不少优秀儿女为了祖国的繁荣昌盛艰苦奋斗、无私奉献,创建了不可磨灭的功勋。

20 世纪 50 年代,全国劳动模范时传祥挨家挨户地为群众淘粪扫污。他放弃了节假日休息,有时间就到处走走看看,问问闻闻。哪里该淘粪,不用人来找,他总是主动去。有人问:"这么干不嫌屎臭吗?"他说:"屎嘛,哪有不脏的?可咱要一人嫌脏,就会千人受脏,咱一人嫌臭,就会百家闻臭。俺脏脏一人,怕脏就得脏一街呀。想想这个,就不怕脏啦。"

1959 年 10 月 26 日下午 3 时,所有获邀参加全国先进工作者"群英会"的代表都在等待着国家领导人的接见。刘少奇走到时传祥跟前,一把抓住他那长满老茧、淘过无数粪便的大手,"你是老时吧?"于是两人握手的动作被永远定格在历史瞬间,他们的身份分别是国家主席和一名普通的淘粪工。刘少奇的平易近人很快打消了时传祥的顾虑,两人拉起了家常。刘少奇语重心长地说:"老时呀!你当淘粪工是人民的勤务员,我当国家主席也是人民的勤务员。这只是革命工作分工的不同。我们都要在各自的工作岗位上好好地为人民服务。"这种"宁愿一人脏,换来万人净"的无私奉献精神,使他登上国家给予劳动者最高荣誉的舞台,也使他誉满神州大地。

"君子喻于义,小人喻于利"。当一个人真正能够步入"奉献"的境界时,他的视野将更为开阔,胸怀将更加宽广,进而能够不断地创造出人生的辉煌。相反,当一个人在占据了舞台之后,整天吝惜自己的那点儿资源,斤斤计较于蝇头小利,甚至损人利己的时候,他的眼界、思维与胸襟则被自己束缚,从而不会再有大的作为,其所占据的舞台也就会失去本来的意义。

100多年前采煤全靠手工操作,矿井里没有电灯,到处是一片黑暗。满脸乌黑的矿工下井采煤时,头顶一盏小煤油灯,弯腰驼背用筐往外拉煤。有时瓦斯浓度高时还会引发爆炸,矿工的生命安全无法保障。英国的科学家戴维参观矿井后觉得应该为矿工做点儿什么。于是苦苦钻研,终于设计出一种安全灯,火焰外面有一个金属灯罩,能把火焰的热量很快传走,瓦斯就不易被点燃和引爆了。有人让戴维申请专利,但他拒绝了。他始终坚信自己的存在就是为人类谋幸福,而并非所谓的报酬。戴维的想法就是高尚的奉献精神。不计报酬,不求私利,为他人谋幸福的行动就是奉献。

笔者在西安市政府机关工作时,刚刚开展工作就遇到这样一件事情。"当时是十一假期,我携妻儿回到山西老家看望老母亲,一家人难得一聚,全家其乐融融,正准备吃午饭,突然电话响了,电话接通后,值班的同志告知我,由于连绵阴雨,加之前一天晚上连续大雨,渭河及支流暴涨,严重危及三个区县流域沿线群众的生产生活,市上领导已全部到位,准备分赴受灾区县,亲临一线抗洪救灾。得知此情,我马上高度紧张,以前是镜头屏幕上看到这种场面,现在是我要亲身经历,并且还要协调处理有关事情。这可是大事呀,'我得马上回去',我坚决地对家人说。饭来不及吃了,也顾不得老母亲的唠叨了,急匆匆就往回赶。路上,我在想,现在休假,必须马上通知组织人员,为了不耽搁时间,我直接在车上就拨打了一个干部的电话,结果几次都没有打通,要么占线,要么就是不在服务区,最后打通了。可话还没有说完,手机没电了,真是屋漏偏逢连阴雨。我火急火燎地赶回办公室，一进办公室，我被深深震撼了，我们的同志全部在岗，有机票买好和家人都到了机场又退了票赶回来的；有妻子出差、硬是让12岁的儿子照顾卧病住院的老父亲、自己赶过来的；特别是刚从受灾一线看完情况回来的同志，嗓子都喊哑了。我深深地感动了，这就是我们可爱可敬的同志们，我马上与大家投入工作，联系受灾区县组织制订有关方案，协调处理市级领导分片包干抗洪事宜，然后陪同领导分赴各受灾区县抗洪一线。一忙起来连轴转，两天两夜没合眼，但是，一想周围的同志，一想受灾的群众，我觉得自己累点儿真的不算什么。

之后，还有很多一件件活生生的事例无时无刻不在感动激励着我，当看到液化厂储气库发生险情，我们所有人员不顾危险，全部置身一线，协调指挥，组织救险；当看到值班人员几十年如一日，每每除夕之夜万家团圆时还守护在电话机旁；当面对上访群众，我们从早上一直忙到夜里协调处理，只想着给群众送水备饭，自己却水米未进……我越来越体会到忠诚与奉献的内涵。

现在看来，秘书工作清苦平凡，如果没有忠诚党的事业、崇尚无私奉献的精神，要想耐得住寂寞，守得住清贫，很快适应秘书工作，并真正成为秘书工作的行家里手那是万万不可能的。

奉献并不需要有多轰轰烈烈，有时只需要拿出你的一颗友爱之心。有位盲人在夜晚走路时，手里总提着一个明亮的灯笼，别人看了很好奇，就问他："你自己看不见，为什么还要提灯笼走路？"那位盲人说："其实很简单，我提上灯笼并不是给自己照路，而是给别人提供光明，帮助别人；我手里提上灯笼，别人就容易看到我，不会撞到我身上，这样也保护自己的安全。"

或许在十字路口有人跌到了，而你正好从他面前经过，你是视而不见，还是愿意伸出你的援助之手呢？伸出你的手，也许对你而言只是举手之劳。如果多些这样的人，或许就不会有"小悦悦事件①"的发生。勿以善小而不为，只

---

① 2011年10月13日，2岁的小悦悦（本名王悦）在佛山南海黄芪广佛五金城相继被两车碾压，7分钟内18名路人路过但都视而不见、默然离开，最后一名拾荒阿姨陈贤妹上前施以援手，引发网友广泛热议。2011年10月21日，小悦悦经医院全力抢救无效于零时32分离世。2011年10月23日，广东佛山280名市民据记载事发地点悼念"小悦悦"，宣誓"不做冷漠佛山人"。2011年10月29日，没有追悼会和告别仪式，小悦悦遗体在广州殡仪馆火化，其骨灰将被带回山东老家。

有人人心怀奉献精神,我们的社会才会不断进步。

善用隐忍之术

现在的年轻人,往往喜欢逞一时匹夫之勇,一句闲话或一件小事容易冲动并激发其义气,甚至拔刀相向。佛陀说:"学道的人,如果不能忍受毁骂,对恶毒攻击不能如饮甘露,即不能算是学道的人。"中国人发明了一个"忍"字,那是心字头上一把刀,言简意赅。从里到外透着一个道理:没有勺子不碰锅沿的。人和人不是一个模子刻出来的,脾气秉性岂能一样?一旦产生摩擦,撸胳膊挽袖子地刀尖对麦芒,日子还能消停吗?所以说,"忍一时风平浪静,退一步海阔天空"。在这个世界上,没有解不开的疙瘩,也没有化不了的矛盾。只要彼此都做到体谅,自然会拨云见日,雨过天晴。

忍是智慧,是忍让、忍耐、容忍的意思。联合国教科文组织在 2005 年 12 月 26 日通过的《人权与文化多样性》文件中指出,"容忍"是 21 世纪国际关系中必不可少的基本价值观之一。其实,"容忍"是一种在不太舒服的状态下的共存。在英文中,tolerance 可以解释为一种忍耐力:承认并尊重他人的信仰或行为的能力或行动。

比如在中日关系进入冰点的时期,"凤凰卫视"坚决地反对了仇日排日的民族主义情绪。2005 年 4 月,中国爆发反日游行。《凤凰全球连线》在北京学生反日游行时,采访了时任北大日本留学生会长加藤佳一,请他谈谈感受,加藤佳一在现场连线采访时讲,虽然街上有反日游行,但在学校里大家对他挺好,仍然在一起很愉快地学习。这就是容忍的力量。

能忍的人,并不是懦夫,而恰恰相反,忍是勇敢的,也是有力量的。孟子说:"天将降大任于斯人也,必先苦其心志,劳其筋骨,饿其体肤,空乏其身,行拂乱其所为。所以动心忍性,曾益其所不能。"孔子之忍饥,颜子之忍贫,闵子之忍寒,淮阴之忍辱,张公之忍居,娄公之忍侮。古之为圣为贤,建功树业,立身处世,全都得力于忍也。

孙膑是一个深知忍字秘诀的人。孙膑成年后,拜精通兵法和纵横捭阖之术的隐士鬼谷子先生为师。鬼谷子教给孙膑的知识，不到三天孙膑便能背诵如流，并且根据自己的理解阐述了许多精辟独到的见解。孙膑的同窗庞涓对其才能十分忌妒，后派人邀孙膑共同辅佐魏王。孙膑不忘旧日同窗之情，欣然应允。然而庞涓却玩弄阴谋手段，捏造罪名，诬陷孙膑私通齐国，对他施以膑刑，脸上也刺上字，其目的在于从精神上折磨孙膑。对庞涓所做的一切，孙膑起初毫不知情，后来当他知道使自己成为一个不能行走的废人的元凶就是庞涓时，下定决心要报仇雪恨。他摆脱庞涓手下的监视，装疯卖傻，以粪便为食，与牲畜做伴，暗地里潜心研究兵书战策。后在齐国使者的掩护下逃离虎口。

马陵之战，孙膑根据魏军悍勇轻敌和急于求成的心理，提出退兵减灶的作战方针，忍一忍魏军狂妄之气，诱敌深入。而后齐军故意作出怯战的样子，减少锅灶表示齐军已大多逃亡，以此来麻痹敌人。魏军中计，被一举歼灭。庞涓身负重伤，眼见败局已定，绝无挽回的余地，只好垂头丧气地拔剑自刎，齐军大获全胜。面对命运的不公，面对"朋友"的诬陷，他仍能忍隐不发，潜心等待时机的到来。

生活中只要不是什么原则问题，最好做到能忍则忍。公共汽车上，挤挤碰碰是常见的现象。如果碰了或是踩了别人，说声"对不起"就能够化干戈为玉帛，然而有不少人连"对不起"都不会说了，甚至言语攻击，更有甚者打得头破血流。忍是一种气量。但是，这话说起来容易，做起来却很难。

小不忍则乱大谋，张之洞深谙此道。通常为了达到自己的目的，不逞一时之强，而是委屈自己适应现实的需要，等到为自己积累下了坚实的基础之后，再充分发挥自己的才能，来实现自己的理想，从而达到建功立业的目的。他任两广总督时，开禁"闱赌"，并用这种敛来之财干了许多利国利民的好事。这正是古语所说的"忍恶名而谋美誉"。当你处于弱势时，要忍住急于求成的心理状态，要凭借着良好的外界形势壮大自己的力量。聪明的人总是尽可能地迁就对方，这看似懦弱的举动其实正是生存的智慧。

现实生活中，忍经常遭到曲解。并非一切都可以忍，也不是一切无理的过分的欺人行径都可以无止境地接受，一味地忍气吞声、逆来顺受是胆小怯懦的表现。要有所忍，有所不忍，在原则问题和大是大非面前切不可畏首畏尾。忍的一个最基本的原则是适度。所谓"适度"就是对任何事情本着不走极端的方式,适可而止。这就要求能做到一个"忍"字,保持一种适中的人生态度,比如中庸。

如何掌握这个度,乃是一种人生的艺术和智慧,也是真正作为"忍"的关键。这里很难说有什么通用的尺度和准则,更多的是随着所忍之人、所忍之事、所忍之时空的不同而变化。它要求有一种对具体情境作出具体分析的能力。一味地、毫无界限地"忍"不能算是真正强者的"忍",当然它只是一种懦弱和无能的表现,甚至可以说是一种愚蠢。在中国几千年的封建社会中,一些维护封建专制的没落文化总是告诫人们要"忍",以此来尽忠、报恩,等等。这便是一种不讲界限的"忍",一种愚"忍"。

凡事事不过三。人们对同一对象的"忍",可以是一次、两次,但绝不可一再退让。忍让到一定分上必须有所表示,使对方真正认识到自己的退让不是一种害怕和无能,而只是出于一种"忍",从而不再继续下去。在日常生活中,经常有一些不识好歹的人,他们为所欲为,得寸进尺,把同事及他人的忍让当成是好欺负,因此一而再、再而三的步步紧逼。对待这种人,在经过几次忍让之后,看清了其真面目,则不应再忍让下去,可以适当地给对方一点儿颜色看看,并通过正当的方式勇敢地捍卫自己的权利,使对方认识到自己的错误。当然,这种晓之以利害的方式和途径可以是多种多样的,但目的只有一个,就是让对方了解自己真正的态度和力量。

对方得寸进尺时,不可再忍。有些事情随着自己本身的发展,或是外部条件的变化,会从一种性质变为另一种性质。有些人在侵犯别人的某种利益或权限后,由于对方采取了"忍"的态度,使之得逞。可是,这种人在得逞之后,发现了新的目标、新的利益,从而刺激了其利欲,以至于使原来的行为转化为另一种难以接受的事实。这时,作为当事人,便不能自然保持一种"忍"的态度,而必须随着事物性质的变换毅然决然地予以反击和抵抗。例如,有些罪犯在打家劫舍的时候,起初目的只在于一些金银财宝,但后来发现还有一位年轻漂亮的女子,便顿生邪念,企图强暴。在这种情况下,原来只是出于不愿为一些身外之物而惹来性命的担忧,而克制了自己抵抗。如今事情已经不是一种身外之物了,便不可再行"忍"让了。日常生活中,这种情况是经常发生的。之所以会这样,就在于那些不识好歹之人,常常会由于得到某些不正当的利益之后,使自己的行为在一种恶性膨胀了的邪念的驱使下,由一般的越轨发展为犯罪。

自己濒临绝境时千万不能再忍。有时尽管在同一事件中,人们起初还比较客气,谦逊地作出一些必要的忍让,但由于对方实在是过于无礼,而且行为方式和欲望令人发指,实在是难以接受。在这种情况下,便不应该再"忍"下去,而可以有所表示。有些人以为别人不认识自己,而且以后彼此间很难还会有相遇在一块儿的时候,因而处于一种匿名者的状态中。这样一种状态往往使人在一定程度上摆脱过去所承担的某些义务和责任,也会不同程度地放松良心对自己的约束,因而作出一些不道德的、过分的行为举止。例如:在火车上、在公园里、在公共汽车上,有些人也常常抱着一种大事化小、小事化了,尽量少惹麻烦的心理,对于一些过分的、带有侵略性的行为持"忍"的态度。这样,一方是咄咄逼人,另一方却又是息事宁人,很容易造成一种有利于某些人不断膨胀其侵犯心理的环境和条件。但是,也恰恰是在这种情况下,由于有些人肆无忌惮地一意孤行,也很容易把人们逼到一种"绝境",以至于产生了一种忍无可忍的心理。这时就要采取必要的措施了。

"忍让如同金子一般可贵"。忍是有界限的,在界限中的"忍"是强大的、有力的,在这个界限之外的"忍"便是软弱的、无力的。只有掌握了这个界限才算是真正的"忍"。

承载包容之心

在这个世界上,人与人相处,谁都可能有意无意地伤害别人,那么,如何对待这些人、这些事儿呢?紫罗兰把它的香气留在那踩扁了它的脚踝上,这就是包容。台湾作家林清玄写过这样一个故事,有一位在深山中参禅的老和尚,有一天半夜里从茅厕中出来,见一个小偷从自己房中出来,便说:"你深夜来探望我,不能空手而归,送你这件褂衣路上御寒吧。"说着,就把自己的褂衣披在了小偷身上。第二天,他发现衣服叠得整整齐齐地放在院中。正是老和尚包容的胸怀,使得小偷良心发现才会有第二天早上发生的这一幕。那么怎样才算是包容呢?

在生活中,包容就是能容纳异己和接受与自己愿望不符的人或事。通常,有包容之心的人能很快处理好各种人际关系,能很快地适应各种不同的环境,能融洽地与人合作,充分发挥自己的潜能。蔺相如三让廉颇就是包容,诸葛亮七纵孟获是包容,鲍子牙不计前嫌举荐孙叔敖更是包容。

反之,则易走极端,不容易亲近人,因而人际关系处理不当,在社会上难以立足,更谈不上大有作为。《三国演义》中周瑜被人活活气死的典故恰恰说明了这一点。赤壁一役,周公瑾一战成名,达到了他人生光辉的极点。娶得小乔,与东吴霸主孙权成为连襟,可谓一人之下万人之上。地位、名声、美人,这些多少人梦寐以求的他全部都拥有了,这算得上是上苍的宠儿了。但天妒英才,虽然上苍给了他世人想要的一切,却没有给他宽大的容人气量,到最后却被活活气死,着实令人遗憾!所以说,一个人的容人气量大小直接关系到自身的修身养性,从某种程度上来说,它是一个人人生是否顺达的决定因素。

包容可以算得上是一门做人的艺术。包容并不是一味地忍让,要在心理上接纳别人、理解别人、体谅别人,包括他的优点和缺点。当你遇到事情打算用愤恨去实现或解决时,不妨试着去包容,或许它能帮你实现目标,解决矛盾,化干戈为玉帛。

前苏联教育家苏霍姆林斯基说:"有时包容引起的道德震动比惩罚更强烈。"被毛泽东称为"学界泰斗,人世楷模"的著名教育家蔡元培,在出任北京大学校长时提出了一个办学方针:"循思想自由原则、取兼容并包之义。"在今天看来,依然是包容对现实生活的指导意义。中国能取得如此巨大的成就,均源于总设计师邓小平提出的"改革、开放"四个字。哪里有开放,哪里就有包容。因为包容是开放的心理基础,没有包容就不可能有真正的开放可言!在中国历史上,无论哪一次呈现出繁荣的局面,就一定是当局者在真正启用"包容"二字。包容成就一切。

一个人只有能包容一切,他才会博大,生活才会丰富多彩。高山之所以高,是因它而从不拒绝小草的低矮、泥土的肮脏、丛林的杂乱、顽石的丑陋。如果我们将丑石头搬走了,泥土冲刷了,丛林砍掉了,那么,高山还会成为高山吗? 人生如海,生活也不过如此,一个人若真能做到"大肚能容,容天下难容之事",则必然会"笑口常开,笑天下可笑之人。①"

南非总统曼德拉因致力于南非种族斗争而遭到逮捕,在荒凉的大西洋罗宾岛度过了将近 27 年的监禁生活。当时曼德拉年事已高,又因为是要犯,看管他的看守就有 3 人,而且依然像对待年轻犯人一样对他进行残酷的虐待。然而,曼德拉出狱当选南非总统后,并没有计较前嫌。在总统就职仪式上,曼德拉致辞欢迎来宾:有来自世界各国的政要,还有当初在罗宾岛监狱看守他的3 名狱警。这个举动震惊了世界,被人们尊称为"神迹"。曼德拉的博大胸襟和宽容精神,令那些残酷虐待了他 27 年的人汗颜,也让所有到场的人肃然起敬。后来,曼德拉向朋友们解释说:"自己年轻时性子很急,脾气暴躁,正是狱中生活使他学会了控制情绪,因此才活了下来。牢狱岁月给了他时间与激励,也使他学会了如何处理自己遭遇的痛苦。感恩与包容常常源自痛苦与磨难,必须通过极强的毅力来训练。如果迈出通往自由监狱大门时,仍不能把悲痛与怨恨留在身后,其实和身在狱中一样。"如此胸襟非常人所能拥有。

柏杨先生在《丑陋的中国人》中写过:"洋人可以打一架之后回来握握手,中国人打一架可是一百年的仇恨,三代都报不完的仇恨! 为什么我们缺少海洋般的包容性? 没有包容性的性格,如此这般狭窄的心胸,造成中国人两个极端,不够平衡。"

显然,如果记在心里,耿耿于怀,就不会有好心态。正如美国著名的成人教育家戴尔卡耐基所说:"当我们恨我们的仇人时,就等于给了他们制胜的力量。那力量能够妨碍我们的睡眠、我们的胃口、我们的血压、我们的健康和我们的快乐。要我们的仇人知道他们如何令我们担心,令我们苦恼,令我们一心报复的话,他们一定会高兴得跳起舞来。我们心中的恨意完全不能伤害到他们,却使我们的生活变得像地狱一般。"怨恨的心理会损害人的健康。医生一

---

① 引自《在北大听包容之道》,作者叶舟为心理学博士。

再告诫人们：高血压患者最重要的特征就是容易愤慨。愤怒不止的话，长期性的高血压和心脏病就会随之而来。怨恨的心理会损害人的容颜。怨恨的心理也会损害人的食欲。

如何才能够做到包容？不同的人有不同的解释。

林肯在竞选总统前遭遇参议员的羞辱，采取的是化敌为友的策略。面对政敌的耻笑，林肯如此解释："我非常感谢你使我记起我的父亲，他已经过世了，我一定会永远记住你的忠告，我知道我做总统无法像我父亲做鞋匠做得那么好。据我所知，我的父亲以前也为你的家人做过鞋子，如果你的鞋子不合脚，我可以帮你修正它。虽然我不是伟大的鞋匠，但我从小就跟父亲学到了做鞋子的技术。"并对所有的参议员说："对参议院的任何人都一样，如果你们穿的那双鞋是我父亲做的，如果他们需要修理或改善，我一定尽可能帮忙。但有一件事是可以肯定的，他的手艺是无人能比的。"说到这里，他流下了眼泪，所有的嘲笑都化成了真诚的掌声。包容是一种事业的力量，也是一种生活的武器。林肯广阔的胸襟、非凡的气度与哲人的智慧让人由衷佩服。因此被评为美国历史上最伟大的总统之一。

一位哲人说过，包容并不是给别人一条生路，而是要给自己一条生路；不是释放别人，而是释放自己。你也许不能神圣到爱伤害你的人，但为了你自己的健康与快乐，最好能原谅他们并忘记他们，这样才是明智之举。只有谅解和接受曾经伤害过你的人才能获得心灵上的自由。如果内心一味地充斥着对别人的仇恨，不肯原谅曾经伤害过你的人，不但会使别人生活在痛苦之中，自己的心灵也无法得到解脱。刘少奇夫人王光美正是这方面的典范。在"文化大革命"中，连刘少奇都不敢替自己说话，王光美却能够勇敢地站出来替丈夫辩护，她对信仰和家人不曾有过背叛。身陷监狱12年，可"报复"两字王光美从来未想过。当年6岁的小小（刘少奇和王光美的孩子）唱打倒刘少奇的儿歌，这个教她的人一定是身边的工作人员。王光美并没有选择去调查，而是试着去忘记。有时，即使我们做不到包容，最起码也要学会忘却别人对自己的伤害，不要总是背负仇恨的包袱。

能够包容他人是件很困难的事情，因为有很多人对一些事情很执著，拿得

起,放不下。可以试试以下几种方法:

1. 设身处地地站在对方的立场上想想,你会发现也许自己也有50%的责任。强迫自己同情对方,这样有助于你理解对方所持的那些观点。命令自己停止那些无休止的烦恼和抱怨,别再去想它。

2. 不要自我失望,因为没有一个人是和你受过完全相同的教育和有着完全相同的生活经历的,每个人都会以自己的方式去行事或以自己的观念去考虑问题和评价问题,要承认与你有不同想法的好人是存在的。

3. 没人会想故意伤害你,所以当你觉得自己受到了怠慢时,你就要说出来,让别人知道你的想法,当你遭到对方的拒绝时,你也要礼貌而又温和亲切地再说一遍,让对方知道你的希望。

4. 要做到理解别人,这样你就不会感到失望。要时不时地对自己的要求进行一下判断的检查。因为这种要求不一定总是恰当的,要想一想这种要求是否有些不合理呢?

5. 当别人正被自己的问题所困扰时,很可能会忽视你的感情,你要时刻提醒自己,没人要故意为难你,也许他们没留心或是无意中怠慢了你,也许别人的动机是好的。

6. 当你赠送别人礼物时,不要指望别人给你等量的回赠,送别人礼物是因为能使自己感到愉快,因此无论收到什么礼物都应高兴地接受。

7. 不要等别人来道歉。在现实生活中,我们往往都认为自己是十分正确的,而过错都在他人身上。有时出于面子的考虑,我们会想:除非他(她)来道歉,否则我才不会原谅他(她)呢。这样一种心态无助于我们的人际交往。因为一旦我们坚持这么做,会让我们花很长的时间来消除心中的不平,而付出代价的往往也是自己。我们应该这样面对:一码归一码,一件事归一件事,事情已经发生了,不管其是非曲直,就让它过去吧,我们要认真地去面对下一步的生活。

8. 设想一下自己被他人宽恕后的感受。每个人都会犯错误,我们也会冒犯他人,我们也会请求、渴望得到他人的宽容。当他人冒犯了我们,请求我们宽容时,我们可以想一想,假如我们得罪了一个人,而他(她)却大度地原谅了我们,我们的心情会如何呢?

　　拥有包容之心的人必定是阳光的人,他们总是能得到超乎常人的同情心。因此,每个人都要培养自己的包容之心,那样,我们的生活才会更美好,心灵才会更加纯净。

第十五章　追求卓越　实现最优

与动物的本能不同,人只有通过社会实践,不断地变革,创造适合自己生存、发展和享受的各种资源和产品,才能适应变化的社会环境,获得持续生存和发展的条件。这就决定了作为主体的人不能长久安于现状,停滞不前,必须适应客观情况的变化和实践发展的需要,不断地提高自己的素质和能力,改变自己的主体条件。作为社会的人只能生活在一定的群体和社会中,生活在与他人的相互接触和交往中,必然会产生相互合作,也必然产生相互竞争。是合作还是竞争这需要取决于对人生发展是否有利。

每一个生活在现实社会中的人所具有的社会生活条件(家庭出身、社会关系、个人财产、经历、地位,等等)以及天赋、要素和能力,都是有差别的,通过社会接触,他或她便会产生一种使自己具有更强的能力或实力,能取得比别人更好或更多的成果,以此来表现自己或实现自己的需要和理想的愿望。这种愿望也就是最优理念,通过这种理念,人的感情和能量得到激发,潜能得以开发,能力得到充分发挥,从而推进了人的全面发展。

在当代,以科学技术为基础的生产力的飞速发展和竞争的复杂多变,使人们必须不断学习科学文化知识,接受各种教育和训练以提高自己。同时还要在不断扩大的交往中接受符合现代生活要求的新观念,以便打破狭隘眼界,树立全局、全国以致全球意识。而这些最优理念的出现都有利于人的发展。

强相互作用力乃是让强子们结合在一起的作用力,人们认为其作用机制乃是核子间相互交换介子而产生的。其实,强子们之间的相互作用实际上乃是夸克团体与夸克团体之间的相互作用,夸克团体之间的相互作用则必然是夸克与夸克之间相互作用的剩余。夸克之间的相互作用我们已知它是未饱和游空子重合体之间相互作用的延伸,这才是真正的强相互作用之作用机制。大约地说,当夸克们结合成为强子时,其结构已经较为严密完整,可是,如果强子之间发生了强烈的撞击作用,那么各强子原来的结构则定会遭到破坏。因此,各强子中的大小夸克们则自然会重新产生相互的作用而结合在一起,这也恰是强相互作用的现象。说到底,强相互作用的实质乃是由于未饱和游空子重合体之中心体因其综合循环体的未饱和而通过静空子中间体渗透出中心极性而与别的未饱和游空子重合体之外层循环体产生相互吸引,并且自身的循环体同理也受到对方中心体吸引,因而它们之间则产生了强烈的相互作用从而形成了各种层次的联合构成体,而强相互作用则是其中一个层次上的联合相互作用而已。

在我们的实际工作中,研究收益函数的目的,是选择参与者的最优策略(optimal strategy),即策略集合中能使其效用最大化的策略。当然,我们利用最优控制策略是要把风险降到最低,也是充分研究并考虑波动性风险时多个资产变现的最优控制策略,并利用变分法求出最优策略的解析形式。研究表明,最优控制策略是时间的双曲正弦和双曲余弦函数的线性组合,并且与投资者的风险厌恶程度有关。当投资者风险厌恶程度较高时,他会在早期就迅速降低头寸,以规避风险。在变现过程中,变现成本的减少是以变现成本波动水平的提高为代价的。

总而言之,实现最优是人类不懈追求的梦想,系统工程作为一门集大成智慧于一体的综合学科,从追求系统目标和结果的最优到追求整个系统运转过程的最优,其自身所蕴涵的丰富智慧与哲学本就是用来实现最优的根本方法和技术。因此,最优说在系统工程思想的十大精髓中占有核心地位,是其他精髓投射思想的本质追求与最终目标。

实践最优理念

众所周知,世界上第一颗原子弹由美国人研制而成,它的出现不但决定了整个第二次世界大战的最终结局,而且对战后世界格局的形成产生了深远影响,以至于到现在,拥有核武器仍然是一个国家作为世界大国的强力象征。然而,第一颗原子弹是怎样诞生的,研制如此精妙复杂的武器究竟投入了多少人力、物力、财力和其他各种资源? 最重要的,完成如此庞大的工程又是借助怎样的手段才最终得以成功? 这就是著名的由美国陆军部于 1942 年 6 月开始实施的利用核裂变反应来研制原子弹的计划——"曼哈顿"计划。当时,为了先于纳粹德国制造出原子弹,该工程几乎集中了所有西方国家(除纳粹德国外)最优秀的核科学家,动员 10 万多人,在顶峰时期甚至启用了 53.9 万人,光是各领域的科学家与工程师就多达 2.5 万人。在某些部门,带博士头衔的人甚至比一般的工作人员还要多。整个工程从开始到结束历时 3 年,投入资金高达 25 亿美元,这些都是此前任何一项武器研制所无法比拟的。但就是这样庞大的工程,美国人最终圆满完成了预定目标,于 1945 年 7 月 16 日成功进行了世界上第一次核爆炸,并按计划先于德国制造出了两颗用于实战原子弹。而该计划之所以能够取得成功,就是在计划实施期间大量应用了系统工程思维和方法。

首先,对于整个曼哈顿计划而言,面对如此庞大的工程和众多不确定因素,要想取得成功,就必须拥有充足的人力、物力、财力和其他各种资源,而相比于资源本身,对这些资源的统一调配则更为重要。为此,时任美国总统的罗斯福赋予这一计划以"高于一切行动的特别优先权",使得奥本海默等人能够对整个计划中的所有资源进行统一调配,集中使用。这一决定在随后计划进行的过程中被证明是非常重要和正确的。当时分裂铀 235 有 3 种方法,由于不知道哪种方法最好,为保证整个计划目标的尽快实现,就必须同时使用 3 种方法进行裂变工作,这就需要耗费大量的资源,如果没有最高优先权的保障是不可能实现的。

其次,在研制原子弹的整个过程中,最困难的不是如何提取铀 235,而是怎样保证在最短的时间内完成制造原子弹的终极目标。对此,奥本海默和格罗夫斯认为应当对整个计划进行全盘分析,在明确最终任务的基础上将总任务分解为若干子任务,然后再在此基础上将每个子任务进一步分解为若干工作包。只有这样,才能充分调动一切可利用的资源,让所有参与人员充分发挥自身效应,以小组或团队的形式分别负责研究整个计划中的一部分。正是这一思想的渗透大大减少了工作量,并体现在整个研制过程的各个环节。在当时,为了节约时间,在尚未掌握分离膜制造技术的情况下,就已经开始建立气体扩散工厂并接近完工。而为了节约生产裂变材料所需的时间,则将原本应当先设计再施工的洛斯阿拉莫斯实验室①改为设计与施工同时进行。

尽管如此,奥本海默与格罗夫斯没有就此满足,他们认识到,仅仅分解任务是不够的,要想让所有子任务最终组合起来实现整体最优,达到制造原子弹的终极目标,就必须协调好各个子任务之间的关系,对不同等级和重要度的研究任务赋予不同优先权,从而保证在整个计划进行的过程中总能将关键资源配置到最需要的地方,实现总体最优。

最后,在整个计划进行期间,随时会遇到各种各样的决策问题。面对这些选择,奥本海默始终坚持从全局出发,综合考虑各方面因素,以达到最终目的为行动准则。此外,奥本海默还非常注重倾听他人意见,鼓励科学家们大胆地讨论原子弹的有关问题。比如在生产原子弹燃料这一中心项目上,奥本海默组织大家进行了充分讨论,结果提出了六种方案,但究竟选用哪种方案始终相持不下。面对这种情况,奥本海默在倾听别人意见的基础上,从全局出发提出了一个原则,即首先要保证任务按时完成,其他则是次要的。按照这一指导原则,他又根据可靠性理论中"可靠性低的原件可组成可靠性高的系统"这一原理,最终决定六种方案同时试验,结果正是按照这一思想的指导,实验室最终按时拿到了生产原子弹所需的铀。

综观整个曼哈顿计划,格罗夫斯与奥本海默始终坚持以全局最优为根本出发点,按照系统工程的思想和方法组织、实施全套计划,从而使得世界上第一颗原子弹比预想中诞生的更早。这一计划的成功实施充分体现了系统工程作为一门以追求最优为根本目的的技术所能发挥的巨大效应。也因此,系统

---

① 洛斯阿拉莫斯国家实验室(Los Alamos National Laboratory,LANL,曾被称为洛斯阿拉莫斯实验室、洛斯阿拉莫斯科学实验室),隶属美国能源部的国家实验室,位于新墨西哥州的洛斯阿拉莫斯(新墨西哥州)。该实验室研制了首枚原子弹,曼哈顿计划的所在地,在冷战时扮演美国军事研究的重要基地。

工程思想在战后受到大力推崇,并逐渐成为指导美国和世界其他国家开展大型工程建设项目的有力武器,如我国20世纪60年代开展的"两弹一星"工程,以及之后进行的葛洲坝水利水电枢纽工程、三峡工程、青藏铁路工程、载人航天工程等也都是应用系统工程思想最优化地解决实际工程问题的成功案例。事实上,在人类文明发展的历程中,系统工程的朴素思想与最优理念早就有所体现和实践,古代中国文明的成就更是系统工程思想形成和发展的重要渊源。

在人类历史发展的长河中,系统思想始终与追求最优的理念紧密相连。

领悟最优精髓

在世界范围内,古希腊唯物主义哲学家德谟克利特(约公元前460年—前370年或公元前356年),古希腊的属地阿布德拉人,古希腊伟大的唯物主义哲学家,原子唯物论学说的创始人之一,古希腊伟大哲学家留基伯的学生。德谟克利特很早就提出"宇宙大系统"的概念,并最早使用"系统"一词来描述世界;辩证法奠基人之一的赫拉克利特①则认为"世界是包含一切的整体"。两者观点的共同之处在于都将事物作为有机联系的整体看待,而非人为割裂事物之间的内在联系。同样,早在我国春秋末期,思想家老子②便提出了自己对世界统一性的深刻认识,并将其归结为"道",认为世间万物本就是阴阳相生的统一体,一切事物的内部都不是单一的、静止的,而是相对复杂和变化的。军事家孙武③则将自己对系统思想的理解渗透在军事著作《孙子兵法》中,认为打仗时要想取得全局胜利,就必须注重对道、天、地、将、法五种要素的综合考虑。

---

① 赫拉克利特(约公元前530—前470),是一位极富传奇色彩的哲学家,是朴素辩证法的代表人物,是第一个提出认识论的哲学家,其"逻各斯"思想影响深远,是尝试宗教哲学化的先驱。

② 老子(约公元前571—前471,待考),又称老聃、李耳,字伯阳,是我国古代伟大的哲学家和思想家、道家学派创始人,在道教中被尊为道祖。老子是世界文化名人,世界百位历史名人之一,存世有《道德经》(又称《老子》),其作品的精华是朴素的辩证法,主张无为而治,其学说对中国哲学发展具有深刻影响。

③ 孙武(公元前535—前480),字长卿,被后世尊为孙子、"兵圣"、"世界兵学鼻祖",著有竹书《孙子兵法》13篇等。

这些系统思想的提出不仅使人们意识到应将世间万物作为普遍联系的整体统一看待,更重要的是启发人们若想实现最优就必须用系统的眼光分析和解决问题,而非片面的、支离破碎的看待问题,只有这样才能保证最终结果的实现达到整体最优而非局部最优。而这一观点的正确性事实上也得到了古今中外众多工程实践的有力验证。比如古埃及金字塔的建设与中国古代长城的修建,这些庞大而宏伟的工程即使现在看来也是不朽的建筑奇迹,它们之所以能够取得成功,关键并非当时的先进技术与生产力,而是工程建设组织者应用系统思维从整体上对人力、物力、财力等各种资源进行最优调配的结果。又比如我国古代著名的水利工程都江堰,该工程由鱼嘴分水堤、飞沙堰溢洪道、宝瓶口进水口三大部分和百丈堤、人字堤等附属工程构成,整个工程具有总体目标最优、选址最优、自动分级排沙等诸多优点,是应用系统思想实现最优的经典之作。另外还有宋真宗年间的皇宫修复工程,中国古代铜的冶炼方法等,也都体现了系统思想在实现最优过程中的重要作用。

时至今日,朴素的系统思想已发展成为科学的系统工程思想,但实现最优的理念却始终是系统工程思想的根本所在,体现在系统工程的方方面面,都是以追求最优为终极目标。然而,随着人类社会的发展,科学技术的不断进步,人类所能达到的水平越来越高,对于究竟何为最优的理解,不同学科在帮助人类实现最优的过程中也给出了自己对最优概念的独特见解。

其中,数学作为推动人类发展的重要学科,早就有对最优概念的精深解读,并最早将其称为最优值或最优解,其所体现的思想是通过各种算法达到目标函数所追求的最优状态。而对于这一概念的延伸,则进一步形成了运筹学、统筹学等专门研究如何实现各类问题最优的学科。比如运筹学中的规划论,就是最朴素、最简单的追求,最优思想的集中体现,它所探寻的问题就是如何在有限的资源条件下实现系统输出的最大效益。而其他运筹学中的理论,诸如排队论、对策论、博弈论等也都是为实现系统最优而提出的科学方法,它们都为人类社会的发展作出了巨大贡献。此外,控制论作为一门相对独立的学科,它对最优的诠释则体现在最优控制当中,而所谓最优控制,用控制论的语言来描述,就是指在系统状态方程和约束条件给定的情况下,找出系统最优的控制规律,从而使系统输出达到所追求的最佳指标,比如调节时间缩短、震荡次数减少、输出平稳等。

不难看出,尽管各学科领域对最优概念的理解有所不同,但都体现着一个共同理念,那就是用最少的输入完成既定目标,或者说在有限的输入条件下最大限度地实现系统目标,而这正是系统工程所体现的本质思想。但与其他学科不同的是,系统工程所面临的问题更多,所处的环境更复杂,不确定因素更多。因此,系统工程在追求最优的过程中非常强调整体,强调把握全局的重要性,并关注局部与局部以及局部和整体之间的协调关系,力求在有限的时间和空间范围内充分利用资源,实现系统最优。对于其内涵的理解主要包括以下九层:

强调系统的整体观,在把握全局的基础上谋求最优。这既是系统工程思想的根本出发点,也是系统最优的本质要求。因为只有时刻从整体出发,注重把握全局,才能在系统运行的任何阶段看清问题的本质,抓住系统运行的主要矛盾和矛盾的主要方面,进而保证系统输出目标的最终实现。与此同时,全局观的视角要求我们在进行任何一项系统工程时都不能只见局部而不见整体,在局部利益发生冲突时要始终以全局利益为重,作出适当地权衡取舍,保证系统总体目标的实现。

强调系统结构的合理性,注重系统要素之间的协调关系。系统是由部分组成的,而部分发挥功能则取决于系统结构的合理性,如果没有设计合理的系统结构,系统功能的发挥程度将大打折扣,而系统功能的健全与否又是决定系统目标实现的关键基础。因此,系统工程在追求最优的过程中非常强调结构的合理性。同时合理的结构也是保证系统要素间关系协调的重要前提,只有处理好局部与局部、局部与整体之间的微妙关系,系统功能的发挥才能得到有效保障。

强调系统动力的重要性,注重提升系统动力。动力是系统运转的源泉,任何一个系统,如果没有其内在或外在动力的助推,是不可能达到系统目标的。因此,在任何一项系统工程实施的过程中,都要善于发现、找到或创造能够推进系统运转的动力,并使之不断提升,保证系统的高效运转。

强调把握系统运转规律的重要性,注重按规律办事,推动系统有效运转。运转是系统存在的唯一形式,是系统与外界进行物质、能量和信息交换的重要方式。任何一个系统,大到自然系统、社会系统,小到机器控制系统、管理信息系统,都有其内在运转规律。而能否发现和掌握这些规律,并按规律推动系统健康、高效运转,则是达到系统最优的必要前提。

强调程序的重要性,注重规则。任何系统的健康运行都是建立在一定的程序基础之上,系统规模越大、越复杂,程序的重要性就越突出。系统工程强调的程序则进一步体现为规则,即在处理任何系统事务的过程中,都要有规则、讲规则,只有按规则办事,才能保证系统运行的健康有序。

强调驾驭时空的能力,注重资源的优化配置。任何系统都存在于一定的时间和空间之中,时空是系统生存和发展的基本条件。然而,时间与空间的有限性却对系统的生存和发展提出了苛刻要求。怎样在受限的时空中合理配置资源非常重要,这将决定系统目标的完成是否能够得到关键资源的有力支持,进而实现系统最优。

强调辨识环境的能力,注重利用一切可用资源提升系统运转效率。任何系统都处于一定的环境之中,这种环境既包括系统所处的自然环境,也包括系统面对的社会环境,而能否辨识环境中的有利因素和不利因素,在保持系统和环境平衡协调的基础上充分调动一切可用资源,则成为系统能否实现最优的重要基础。

强调系统建模的重要性,注重利用模型分析问题、解决问题。模型是原型的抽象,是帮助人们理解事物本质的有效工具。在系统的运行过程中,经常会遇到各种各样的复杂问题,面对这些问题我们往往无从下手,模型的建立正是为分析这些问题、解决这些问题而提供的重要手段。对于一个模糊的系统,如果能够建立恰当的模型反应系统本身的特质,那么就能够通过对模型的分析,找到解决问题的最优方法。

强调正确决策的重要性,注重合理决策的科学方法。在系统运转的过程中,随时都会面临各种各样的决策,而系统最优的实现正是建立在一个个最优决策的基础之上。如果说系统工程追求的目标是实现系统最优,那每一项决策的正确与否将是决定系统最优的关键所在。因此，必须学会应用科学合理的方法指导决策，保证决策制定的高质量，进而实现系统目标，达到系统最优。

衡量评价标准

追求最优是每一项系统工程的根本目的，但究竟达到怎样的标准才算实现最优，仅仅是完成系统目标或实现利益最大化就可称为最优吗？在本书看来，最优的概念并非绝对，它是一种相对概念，应该用发展的眼光来看待和衡量系统所能达到的最优状态。

对于任何系统而言，其所能达到的最优状态是会随着时间的推移而逐渐发生变化的，这就好比世界最高楼的修建，随着钢材硬度的不断增加、起重机负荷的不断提升，以及高空挡风玻璃质量的改进和空气动力学的发展，世界最高楼的层数一直在被刷新，如果总是用十年前的技术标准来衡量世界最高楼所能达到的层数显然不合适。

因此，我们无法、也不能用固定的标准来衡量同一系统在不同时期和环境条件下所能达到的最优状态。也就是说，对于系统工程而言，它所强调的最优应该是一种相对最优，是指在某一特定的时间和空间范围内，系统在一定的资源、环境和技术条件下所能达到的最优状态，而这一最优则可借用"费用效益比"的概念来形象描述，即系统用最少的输入达到了输出目标，也就是所谓的费用效益比最高，这可以称为是系统最优的辩证标准。比如同样是研制人造卫星，我国第一颗人造卫星诞生时国家处境异常艰难，内有灾情，外失援助，如何在资源匮乏、技术环境恶劣的条件下以最少的投入尽快研制出属于我国自己的人造卫星成为当时系统最优的衡量标准。时至今日，我国经济发展繁荣，资源丰富，空间技术水平国际领先，但衡量卫星制造最优的标准仍然是以最少的资源投入研制出满足功能需求的卫星，而非一味追求最快、最先进等衡量最优的绝对标准。

由此可见，在实施系统工程的过程中，一方面要有发展的眼光，紧跟系统环境条件的变化提高或降低系统最优的绝对实现标准；另一方面则要坚持用辩证的、相对的最优标准去衡量任何时空条件下系统所能达到的最优状态。只有这样,才能保证在系统最优实现的过程中既具有先进性又不失恒定性。

尽管最优的概念并非绝对,但衡量系统输出结果的优劣仍然意义重大,它是系统价值的直接体现,是对系统工程完成目标质量的重要考核,系统评价作为完成这一任务的重要手段起着巨大作用。一方面,通过系统评价可以有效衡量系统输出结果的优劣,判断系统是否达到最优;另一方面,通过系统评价可以发现系统运行中存在的各种问题,进而反馈给系统工程的实施者,积累经验指导以后的工程实践。但与此同时,在进行系统评价的过程中也会遇到许多困难,比如评价主体的复杂性、评价指标的多样性,以及评价时所要考虑的时空条件等都是非常复杂的问题,需要我们正确认识和看待,因为只有这样才有可能得出客观而公正的评价结果,判定系统输出结果的优劣。

系统工程研究的对象大多是复杂系统,如社会系统、经济系统、水资源系统、航天系统、教育系统等,它们所面临的问题和所处的环境往往非常复杂,是由大量构成要素组成的复杂巨系统。因此,对于系统评价来说,首先要明确的就是系统评价的复杂性,这是做好系统评价的重要基础,也是正确对待系统评价结果的重要前提。具体来讲,系统评价的复杂性主要表现在以下几个方面:

首先是评价对象的复杂性。这是引起系统评价复杂性的根本原因。对于任何一项系统工程而言,无论是社会系统工程,还是经济系统工程,虽然总体评价对象是单一的、确定的,但涉及的具体评价对象却数量庞大。以评价北京奥运会是否成功为例,虽然总的评价对象是北京奥运会,但具体需要评价的对象却涉及整个奥运会的方方面面,比如奥运场馆的建设是否成功、奥运村的整体服务水平如何,以及奥运期间交通运行是否流畅等都是需要评价的具体对象,而且在它们当中还有更多更为具体的评价对象,如奥运村的住宿环境、饮食条件、娱乐服务等,这就要求我们在进行任何一项系统评价时一定要有目的、有重点,在逐步降低评价对象数量的基础上提高评价的准确度,进而判断系统输出的效果是否达到预期的最优目标。

其次是系统评价主体的复杂性。在进行系统评价的过程中往往不是由单个主体决定系统输出结果的优劣,而是由众多相关主体进行的综合评价,以评价北京奥运会来说,本届奥运会的举办是否成功、是否达到了最优效果,并不是由奥运会的举办城市或国家单方认可就可以的,而是要接受包括国际奥委会、国际单项体育组织、各参赛国家和地区、所有参赛的运动员、裁判和观众,以及记者和奥运会合作商等在内的多元主体的综合评价,只有得到绝大多数甚至所有人的认可才算是实现最优。但这是非常困难的,因为不同评价主体对系统评价的目的有所不同,因而很难做到让所有人都满意,所以只需关注少数重要主体的评价即可,如在北京奥运会的评价主体中应特别重视国际奥委会、运动员和观众的评价。

最后是评价指标的复杂性。事实上这也是由评价对象和主体复杂性所导致的必然结果。仍然以北京奥运会为例,一方面,评价对象数量众多,需要建立相应的指标予以体现;另一方面,不同的评价主体拥有不同的文化背景和利益关系,而这些都将导致各评价主体拥有不同的价值取向和评价标准,因此又需要不同的评价指标予以兼顾反应。

任何一项系统工程都是在一定的时间和空间范围内展开的,而如何确定系统评价周期的长短,以及评价范围的大小都是影响系统评价结果的重要因素。

首先,就系统评价周期的确定而言,系统工程追求的最优是全过程最优,如果周期过长,则进行评价的频率会降低,评价次数也会减少,这样做虽然会降低评价成本,但却不能达到及时评价、及时监控的目的,因而并非明智之举;若周期过短,虽可以达到较好的控制效果,但却会增加评价工作的实施成本。因此,评价时期的选择不同就会带来不同的评价效果,事前评价、事中评价和事后评价在评价的标准、实施过程及评价结果的表现形式等方面也都不尽相同,需要评价者根据评价目的、评价对象的性质等作出适当选择。

其次,对于评价范围而言,由于我们所面对的评价系统大多是开放的复杂巨系统,其与周围环境的关系非常密切,系统边界比较模糊,且影响因素众多,这就使得确定合适的系统评价范围变得非常困难。如果评价范围过小,则有可能忽略重要的影响因素而失去系统性;如果评价范围过大,则会导致评价过程的过度复杂化。以确定北京奥运会的评价范围来说,奥运会本身所要体现的价值和发挥的效应包括诸多方面,但根据系统评价的目的,应主要关注北京奥运会所发挥的竞赛效应、环境效应,以及社会效应和经济效应,对它们做出全面而客观的评价,进而判定北京奥运会的举办是否成功,是否达到全面最优。

虽然系统评价的工作非常复杂,往往要求具体情况具体对待,但就评价的一般过程而言,主要包括以下四个步骤:

第一步:认识评价问题,包括对评价对象、评价主体、评价目的、评价时期、评价地点等的全面认识。这是开展系统评价工作的首要任务,如果连这些问题都没有弄清楚就盲目进行系统评价,显然不可能达到预期目的,作出准确评价。

第二步:设定评价准则,并转化为相应的评价指标。这是决定最终评价结果的关键环节,需要综合考虑各方面因素,结合专家意见、系统输出目标以及相关评价主体的建议给出全面而有针对性的评价准则和指标。

第三步:选择评价方法、建立评价模型。这是决定评价结果的另一重要环节。一方面,不同的评价方法可能会得出不同的评价值,进而影响评价结果;另一方面,评价方法本身选取的合适与否也将直接决定评价效果的优良与否。然而,在实际操作中,评价方法的选择并非易事。首先,评价方法的选择取决于评价目的;其次,评价方法与评价对象的特征及信息资料情况和评价的时空条件等也有密切的关系;最后,评价方法的选择还受到评价主体的认识水平和知识结构的重要影响。因此,要想选择适合评价对象的有效方法非常困难,必须充分考虑方法本身所涉及的相关内容,以及评价结果的可检验性。

第四步:分析计算评价值,并做出综合评价结论。这一步要求评价主体按照评价方法的具体过程准确计算评价值,这是决定最终评价结果的根本标准,因此必须认真对待。此外,对于得出的评价值,还应根据实际情况考察计算结果是否符合专家学者的大致预期,如果不符合应重新审核计算过程的各个环节,找出差错,重新计算。

此外,为了做好系统评价工作,还必须遵守以下原则:首先,系统评价要客观公正。系统评价的目的是衡量系统输出结果的优劣,所以必须保证评价的客观性。为此,在进行评价资料收集的过程中就要注意资料的全面性和可靠性;虽然评价人员的偏好各有不同,但在进行评价时应尽量保证个人表态的自由性;与此同时,一定数量的专家也是保证评价客观性的重要基础。其次,评价方案要具有可比性。不同的评价方案要保证在实现评价目的上的一致性和可比性,不能出现一些为了陪衬而设置的无用方案,从而降低评价的可靠性。最后,评价指标要成体系。评价指标要包括系统目标所涉及的一切因素,而且对于定性问题一定要有适当指标予以反应,否则容易造成评价的片面性。

选取适合评价问题的评价方法是得出准确评价结果的必要前提,因此本书将在此对系统评价的方法做简要归纳与介绍。总体来讲,系统评价的方法多种多样,评价思路和特点也各有不同,但归结起来主要有三大类:一类是以定性评价为主的主观评价法,这类方法以专家打分法为代表,主要依靠评价主体的经验、智慧等对系统输出的结果进行综合评价,优点是充分考虑了人的意愿,但缺点也非常明显,即容易受个人因素的影响而导致评价结果失去客观性;另一类是以定量评价为主的客观评价法,这类方法以费用—效益比法为代表,直接利用有关数据进行计算,得出的评价结果客观、准确,但缺点是没有考虑人在设立系统工程目标时的核心地位,缺乏灵活性;最后一类是将定性与定量相结合的综合评价法,这类方法以层次分析法为代表,既考虑了专家意见,又以客观数据为基础,因此成为主流的评价方法。本书在此仅对关联矩阵法、层次分析法和模糊综合评判法这三种常用的综合评价法进行简要介绍,如果有兴趣的读者可以查阅相关专业书籍进一步学习。

关联矩阵法是一种将定量与定性分析相结合的系统综合评价方法,因其整个过程如同一个矩阵排列而得名。关联矩阵法的最大特点是引进了权重概念,对各评价要素在总体评价中的作用进行了区别对待,从而使人们更容易接受对复杂系统问题评价的数学化思维过程。在具体操作过程中,关联矩阵法通过将多目标问题转换为对两个指标进行重要度对比的思路,使评价过程更加简化、清晰,易于选出最优方案。其基本步骤主要包括明确指标体系、确定权重体系,以及进行单项评价和综合评价四个步骤。

层次分析法解决的评价问题往往具有对象属性多样、结构复杂等特点,这些问题仅用定量方法难以直接评价,必须结合定性方法建立多要素、多层次的系统评价体系才能进行评价,而这正是层次分析法的优势所在。其基本思路是将复杂问题分解成若干组成因素,然后再将这些因素按支配关系分组,形成递阶层次结构;接着再通过两两比较的方式,确定相同层次中各要素的相对重要性;最后在此基础上综合有关人员的判断,确定评价方案相对重要性的总排序,进而得出对系统输出结果的综合评价。

　　模糊综合评价法是一种基于模糊数学①的综合评价方法。该综合评价法根据模糊数学的隶属度理论,把定性评价转化为定量评价,即用模糊数学对受到多种因素制约的事物或对象作出一个总体的评价。它具有结果清晰、系统性强的特点,能较好地解决模糊的、难以量化的问题,因而适合对各种非确定性问题进行评价。在实际应用过程中,模糊综合评价法往往可以不受评价对象所处环境的影响,而对评价对象作出唯一评价。

开启最优之门

　　任何一项系统工程的最终目的都是实现系统最优,然而要实现系统最优并非易事。系统工程所研究的对象大都是复杂系统,如上文提到的美国曼哈顿计划,以及我国著名的"两弹一星"工程和北京奥运会等都属于大型或超大型系统工程,其所处环境与面临问题往往非常复杂,要想实现最优就必须对系统需求进行全方位分析,明确系统目标,合理规划,然后在此基础上设计相应的系统结构、运行程序等,进而保证整个系统工程的实施从制定目标开始到最终输出结果始终都能达到最优。

　　从系统工程的角度看,目标是系统期望的产出,是衡量系统工程任务完成情况的重要标准,是工程实施者作出决策的重要依据,它为系统发展提供了方向。而计划则是为实现目标制订的一组相应方案,通常用来描述资源的分配、

---

　　① 模糊数学,亦称弗晰数学或模糊性数学。1965 年以后,在模糊集合、模糊逻辑的基础上发展起来的模糊拓扑、模糊测度论等数学领域的统称。是研究现实世界中许多界限不分明甚至是很模糊的问题的数学工具。在模式识别、人工智能等方面有广泛的应用。

工程进度以及其他用来实现目标的必要行动和手段。合理的计划可以降低系统环境变化对实现目标进度的影响,可以减少系统活动的无谓重复和浪费。因此,对于任何一项系统工程而言,首先要明确系统目标,论证系统目标的合理性与可行性,然后还要在此基础上进一步分解总目标,建立目标体系,进而根据各子目标制定合理的系统发展规划,指导系统工程的实践工作。否则,没有明确的目标与合理的计划,任何工程实践要想取得成功、达到系统最优都是不可能的。

如果把革命抗战比作一项伟大的系统工程,那么每一次抗战的胜利一定都是由一个正确的目标开始,并伴随与之匹配的合理计划;而每一次抗战的失败则必然与模糊或错误的目标直接相关,也必然与有无清晰合理的计划密切相关。土地革命战争时期,红军曾遭到国民党军队多次围剿,其中前四次都已胜利结束,第五次却在艰难奋战一年后以失败而告终。究其根本,虽然造成第五次反围剿失败的原因有很多,但没有根据当时的情况设立正确的目标并辅之以相应合理的作战计划是造成中央红军最终失败的重要原因。就当时实际情况来讲,经过前四次反围剿后中央苏区的势力范围已扩大到 30 多个县,政权建设和经济建设都已取得很大成绩,主力红军已扩大到约 10 万人,地方部队和群众武装亦有很大发展。但面对国民党军采取的堡垒主义新战略和重兵进攻,要想直接与敌人进行正面对决取得胜利显然还有很大困难。

而此时王明、博古等人却错误地将第五次反围剿的目标定位成争取中国革命完全胜利的阶级决战。在军事战略上拒绝和排斥红军历次反围剿的正确战略方针和作战原则,进而提出以阵地战和正规战为主要手段的、与敌人进行殊死一搏的错误作战计划,将红一方面军分为两部,一部组成东方军入闽作战,另一部组成中央军在赣江、抚河间活动,试图创造会攻抚州和南昌的条件。但结果导致东方军打得十分疲劳,中央军却基本无用,以致最后红一方面军既不能集中优势兵力打击敌人,又失去了为反"围剿"准备的宝贵时间,最终走向失败,被迫放弃中央根据地,开始长征。

由此可见,系统目标与计划的合理与否从根本上决定着系统最优的实现性。那些目标不明确、计划不合理的系统,往往会在运行过程中产生严重问题,进而导致系统溃败。因此,不论开展怎样的系统工程,都必须通过科学合理的方法对系统需求和环境等进行全方位分析,进而设立正确的系统目标、制订合理的系统发展计划。

目标是计划的前提,只有先明确了目标,才能进一步作出相应的计划。而系统需求分析则是明确目标的第一步,这是因为,只有明确要求才能根据系统想要达到的最优状态设定相应目标。否则,一旦需求定位出现错误设立的目标也肯定是错误的。以红军第五次反围剿为例,对于当时的中央苏区来说,面对国民党百万大军的重重包围,最重要的是巩固已有战斗成果,加快中央苏区的经济、政治和军队建设,努力扩大影响,通过迂回作战的方式,积极发展革命根据地,在必要的时候甚至可以作出部分牺牲。而王明、博古等人却不从实际情况出发,强调这是保卫中央苏区的大决战,必须与敌人进行殊死一搏,进而确立了错误的"左"倾机会主义思想和战略方针,导致最终失败。

其次,任何系统都存在于一定的环境中,环境是系统生存的基本条件,任何系统的发展都离不开环境资源的支持,时刻与环境发生着物质、能量和信息的频繁交换。环境因素的变化将直接通过系统输入作用于系统输出,而系统本身的变化也将通过系统输出对环境产生重要影响,两者关系极为密切。因此,要实现系统最优,确立合适的系统目标,就必须充分认识系统所处的环境,确定系统与环境的边界,识别系统环境中的不利因素和有利因素,在考虑系统与环境平衡发展的基础上,设立合适的系统目标。否则,如果设立的目标与环境发展不相协调,那么在执行相应计划的过程中一定会遇到很多困难,导致系统目标无法达成。

最后,在制定目标与计划的过程中还要注意以下几个问题:一是要处理好子目标与总目标、短期计划与长期计划之间的关系,即子目标的设定一定是为了更好地实现总目标,不能出现部分子目标的达成可能会降低上一级目标或总目标实现性的情况,同理,短期计划的制订也一定是为了更好地实现长期计划;二是必须保证目标的清晰性,即各级目标的设定应该是以结果而不是过程作为表述,应该是可度量的,这样才更容易确定该阶段计划的目标是否达到;三是必须意识到计划并不意味着不接受任何变化,为了实现系统目标,达到系统最优,在面对动态变化的环境时,作出适当的计划调整非常有必要。

强调整体最优

组织是实现系统功能、完成系统目标的载体,如果没有一个合理的组织结构,要想实现系统目标是不可能的。而组织结构设计则是指根据系统分析的结果,在把握系统总体最优的前提下,针对系统目标所进行的系统功能、结构与工作程序的合理设计。也就是说,对于任何系统工程而言,在明确目标与制订计划之后,接下来需要做的就是根据系统目标和计划设计相应的组织结构,具体来讲主要包括以下几步。

首先,需要对系统功能进行详细分析,即按照系统目标与计划的要求,确定系统所需的各项功能,这是设计出符合系统需求结构的首要任务。否则,如果功能定位不准确或不全面,那设计的相应组织也必定难以完成系统目标所要求的任务;如果功能定位过多,设计庞大的系统结构又会降低系统运行效率。因此,在进行系统结构设计之前,必须准确定位系统所需的各项功能。

其次,根据系统功能分析的结果确定组成系统的诸要素或子系统,以及它们在数量上的最优比例和时空上的最优联系方式,具体设计内容包括:确定合理的组织框架,规定组织机构内各单位、各部门的职责与权力,以及确定它们之间在信息沟通与协调过程中的原则和方法,从而保证系统目标的顺利实现。以“两弹一星”工程为例,在航天型号的研制过程中,整个系统庞大而又复杂,需要不同领域、不同行业、不同单位和部门的工作人员共同参与,在制订了明确的目标与计划之后,面对如此规模的工程,要想取得成功就必须拥有设计良好的组织机构,总体设计部与两条指挥线便是钱学森院士基于这一需求提出的既具中国特色又科学可行的组织设计构想。事实证明,总体设计部与两条指挥线的成立,很好地解决了各个分系统之间的技术协调难题,使整个航天工程的系统实践井然有序。

最后,随着系统规模的扩大、要素间的关系越来越复杂,要想保证组织结构功能的正常实现,就必须制定相应的系统运行程序予以支撑。这是因为,对于任何系统而言,程序即规则,只有遵循一定的规则才能保证系统运行的效率,否则必然导致系统运行的混乱,进而引起系统崩溃。以航天系统工程为例,科研程序不仅是对航天科研生产历史经验的总结与升华,而且是对型号研制规律认识程度的集中反映。航天产品技术状态管理之所以划分为方案、初样、试样、定型四个阶段,是因为每个阶段都有其明确定义,指标完成与否,以及转阶段等都必须经过严格的检查与评审。正是这种严格执行研制程序的做法,使得航天产品在各个阶段的技术状态均能达到最优。因此,必须设计合理的系统运行程序。

在组织结构设计的过程中,为了到达结构设计的最优化,除要明确系统目标及其功能需求外,还有以下几点需要着重强调:

首先,对于任何组织结构设计而言,都要从系统总体最优的角度出发指导组织设计的全盘工作,否则,即使明确了系统目标也会在系统设计的过程中出现各种问题,进而导致系统功能无法正常发挥,系统目标难以达成;其次,在进行组织结构设计的过程中,必须根据系统目标的层级关系,设计不同等级的组织结构,形成职权鲜明的指挥链①。与此同时,还要根据系统的复杂程度,设计合理的管理跨度②,以保证系统信息在整个组织结构中的传递效率和准确性。

再次,权利的分配与下放至关重要,过度的集权化会降低系统决策的效率,而过度的分权化虽然能够提高整个组织作出决策的效率,却有可能导致某些关键问题的决策失误。因此,必须根据系统工程实施者的能力,以及周围环境和所遇问题的复杂程度,作出适当的集分权。

最后,在进行组织结构设计的过程中,为了增强系统与外界物质、能量和信息的交换能力,往往会以增大系统开放性作为实现手段,这会对系统功能的稳定发挥提出巨大挑战。为此,在进行结构设计时应注重系统的可控性,在容

① 指挥链又称指挥系统,是一条权力链,它表明组织中的人是如何相互联系的,表明谁向谁报告。由于在指挥链中存在着不同管理层次的直线职权,所以指挥链又可以被称作层次链。

② 管理跨度,又称管理幅度或管理宽度,是指一个上级直接指挥的下级数目。在组织结构的每一个层次上,应根据任务的特点、性质以及授权情况,决定出相应的管理跨度。

许一定开放性的前提下,通过设计多重反馈闭环的方式来达到对系统内外部因素的有效监测和控制,进而保证系统功能的正常发挥。

组织结构的合理性固然重要,但系统功能的正常发挥不仅取决于结构设计本身的合理性,也与系统要素之间的关系密切相连。否则,尽管各构成要素或子系统具有强大的功能,并可通过优化进一步提升局部功能,但要素或子系统始终是系统的组成部分,其功能提升空间往往也会受到上级系统或其他子系统的限制,从而既不可能实现局部最优也影响了整体最优,更严重的还有可能导致系统要素之间内耗、相互分裂,进而造成系统解体。为此,必须协调好系统各构成要素之间复杂关系,消除系统内诸要素或子系统之间的不和谐现象,减少内耗,提高系统要素间协同性,这是系统存在与发展的重要基础。具体来讲,系统协调主要包括对以下两个方面内容的协调。

一方面,任何系统都是由不同部分构成的有机整体,系统功能的正常发挥依赖于部分之间的协调关系。因此,对系统内部要素之间的关系进行协调既是系统协调的首要问题,也是系统协调的关键问题。在具体协调的过程中,需首先对系统结构进行详细分析,理清系统要素间的层级关系与平行关系,然后在此基础上通过对系统功能的分解和把握,从实现每一功能的具体要求出发,在保障整体最优的前提下协调好各构成要素之间的复杂关系。

另一方面,任何系统都不可能脱离环境而独立存在,系统在发展的过程中既受环境制约,又对环境施加影响,两者关系极为密切。因此,在进行系统设计的过程不能仅仅注重系统内部要素之间的关系协调,还要处理好系统与周围环境的平衡关系,要保证在实现系统功能与目标的基础上与环境和谐相处,只有这样才能相互促进,共同发展。具体来讲主要表现在两个方面:一是不能过度开采环境资源来满足系统目标的实现需求,应合理摄取环境资源,并通过系统输出与环境之间形成良好的互动交流关系,从而保证系统与环境的长期和谐共处;二是千万不能脱离环境,只从系统内部寻找资源支持系统发展,这样将系统与环境割裂的做法是极不可取的,应当认识到系统与环境本就是相互促进,共同发展的有机整体,两者之间的关系既可以看做是系统与子系统的关系,需要协调内部要素之间的关系,也可以看做是两个系统在物质、能量和信息方面的合理交换。总之,必须协调好系统与环境之间的关系,这是保证系统目标实现的重要基础。

强化系统控制

毛泽东有句治军名言:"加强纪律性,革命无不胜"。如果把每一项系统工程都比作是一场战役,那么要想取得这场战役的胜利,实现系统最优,就必须制定铁的纪律予以保障。具体来讲,在实施系统工程的过程中,所谓的纪律就是指为了保证系统运行能够按照既定规划和目标发展而制定的相关约束或规则,一旦系统运行突破这些规则或约束,就必须采取相应的控制措施予以调整,进而保证系统输出的结果始终最优。而系统之所以会出现不按纪律运行的情况,是因为系统本身所具有复杂性和动态性。

一方面,系统的复杂性会带来许多不确定因素,而这些不确定因素往往会破坏系统运行规律,增加系统运行风险,导致系统功能失效难以完成目标。具体来讲主要表现为以下两点:首先,由于系统工程研究的对象规模庞大,构成要素众多,所以在系统运行的过程中往往容易产生摩擦,进而破坏既定规律,导致系统整体功能无法正常发挥。如在阿波罗计划①实施的过程中,由于涉及产品众多,往往容易引起个别企业之间的纠纷和摩擦,进而导致部分零配件的供应无法按时生产。要解决这些冲突,使系统运行回到既定状态,就必须采取适当的控制手段。其次,环境是系统生存的基础,系统输入的来源,如果环境发生变化则极易破坏系统运行的原有规律,进而导致系统输出结果发生变化。因此,在系统运行的过程中为了避免环境从外部扰乱系统运行秩序,也需要对输入系统的环境因素进行有效控制,从而保障系统的正常运转。

另一方面,任何系统都处于动态变化之中,系统的每一个要素都不可能一

---

① 阿波罗计划,又称阿波罗工程,是美国从 1961 年到 1972 年从事的一系列载人登月飞行任务,是世界航天史上具有划时代意义的一项成就。工程开始于 1961 年 5 月,至 1972 年 12 月第 6 次登月成功结束,历时约 11 年,耗资 255 亿美元。在工程高峰时期,参加工程的有 2 万家企业、200 多所大学和 80 多个科研机构,总人数超过 30 万人。

成不变,它们都会随着系统的发展而逐渐发生改变,有些因素会变为更加有利于系统发展的积极因素,而有些因素则会成为阻碍系统发展、破坏系统运行规律的消极因素,必须加以控制,才能保证系统目标的有效实现。如在阿波罗计划中,研究方案经常会发生改变,必须通过有效控制保证目标实现。对于那些可能影响最终产品的形式、装配、功能等的变化,都必须由特定决策机构批准。而为了控制成本则会在每个季度审查各个部分的实际成本,划出超支动向,查出薄弱环节并调整相应的财务计划。

因此,无论是怎样的系统工程,不管其目标与规划设定得多么详细明确,也不管其结构、程序与规则设计的多么合理,系统本身蕴涵的复杂性与动态性都有可能在一定程度上破坏系统运行的原有规律,而为了保证系统输出的效果,就必须采取相应的系统控制手段,纠正系统偏差,或引导系统状态稳定地转变到一种新的预期状态,从而保证系统输出的结果仍然符合预期计划与目标。在实际操作过程中,系统控制的实施是通过设计相应的系统控制方案来完成的,具体内容将在下文详细介绍。

关于系统控制的最优方案,没有一种普遍适用的方案能够满足所有系统控制的需求,不同系统的特征将决定适合各自情况的具体控制方案,但总体来讲可以把系统控制的方案归结为三大类:

第一种是集中控制方案。所谓的集中控制方案就是指在系统中设立一个相对稳定的控制中心,由控制中心对系统内外的各种信息进行统一处理,如果发现问题则由控制中心全权负责,将控制信息和解决方案反馈给相应被控对象。这种方案适用于规模不大、稳定性较强的系统,其优点是能够对所有的系统控制对象进行总体控制,从而保证在把握全局最优的前提下提出合理的控制措施。但是,当系统规模较大、构成因素较多且关系复杂时,集中控制方案的缺点也非常明显,即容易产生时滞、缺乏灵活性、不可靠等。因此,集中控制只是一种较低级的控制手段,适合于结构简单的系统,如小型企业在产品开发过程中所形成的项目小组,或科研机构在开展课题研究时成立的课题小组等都属于这一类简单系统,可以采取集中控制的方案,通过设立项目控制办公室或课题控制办公室对整个项目或课题进行通盘控制。

第二种是分散控制方案。分散控制是根据系统分解的原理,将系统控制中心分散为多个平行的系统控制部门,由它们共同完成系统控制的所有工作。这些部门或机构在各自的范围内各司其职,各行其是,互不干涉,各自完成自己的控制目标。当然,这些控制目标都是从整体控制目标中分解出的子目标,因而相互之间也有一定联系,但有时也会出现部分目标重叠的现象。分散控制的特点与集中控制恰恰相反,不同的信息会流入不同的控制部门,而与此相应的不同的控制命令也会由不同的控制中心发出。这种控制方案的优点是针对性强,信息传递效率高,系统适应性强,缺点则是系统反馈的控制信息不完整,要进行整体协调非常困难。比如在大中型企业运营过程中经常采取事业部制组织形式,由各事业部分别负责不同的产品,这样的组织结构虽然可以在某产品出现问题时将信息立刻反馈到相应事业部并予以解决,但也会由于部门利益之间的冲突造成部门间的恶性竞争,进而不顾整个公司的利益发生内斗现象,导致公司整体业绩下滑。

第三种是多级递阶控制方案。多级递阶控制方案的诞生正是为了弥补集中控制方案和分散控制方案的不足:一方面,集中控制方案虽然能够把握整体,但在面对复杂系统时往往会由于信息量巨大而很难及时作出正确判断采取必要控制措施;另一方面,分散控制虽解决了处理大量控制信息所面临的时滞问题,但却无法总揽全局,从系统整体最优的角度出发采取措施。因此,多级递阶控制方案首先吸收集中控制方案的优点,在系统控制的顶层设置一个综合协调中心,从而保证能够始终从系统整体最优的角度出发考虑系统控制的所有问题。然后再吸收分散控制方案的优点,于综合协调中心下设置多个平行的子控制中心,并可根据系统规模的大小设置多层控制中心,从而保证系统控制能够在同一时间处理大量信息,作出及时反馈。城市交通监管便是通过设置层层分控中心和总调度室相协调的方式一起完成对城市交通运行的疏导和控制工作,其中区域或街道控制中心可以看做是处在最底层的分控中心,当某一路口或街道出现小范围交通堵塞时,该信息会立刻经由负责相应区域的分控中心传到附近执勤交警的对讲机中,并通过附近监控与交警配合一起完成疏导工作;如果出现更大面积的交通堵塞问题,需要跨区域的分控中心协调处理,则信息不但会反馈到相应区域的分控中心,而且会反馈到总调度室,由总调度室统一指挥、协调各区域分控中心共同完成疏导工作。否则,如果没有总调度室的协调,往往会出现"三不管"的现象,或几个区域一起出动大量警力浪费资源的现象。

最后,在采取多级递阶控制方案的过程中还要明确以下三点:第一,在这种方案中上、下级控制中心是隶属关系,上级对下级有协调权,故上级又称协调器,它的决策直接影响下级控制的动作;第二,信息在上下级控制中心间垂直方向传递,向下的信息(命令)有优先权;第三,同级控制并行工作,且可以有信息交换,但不是命令。

优例体现卓越

在北京奥运会结束之后,《洛杉矶时报》曾发表题为"北京奥运胜利"的文章,称本届奥运会的组织工作无懈可击,是中国人向世界证明其能力与自信的一次伟大胜利。《纽约时报》等其他国际著名报纸、杂志以及绝大多数参与本届奥运会的外国官员、记者、运动员等同样给予了北京奥运会以最高评价,认为北京奥运会的组织工作非常到位,几乎无可挑剔。的确,作为一项复杂的系统工程,北京奥运会的成功不但体现了我国综合国力的稳步提升,也体现了我国在举办大型国际赛事方面的高超驾驭能力和先进管理水平,是我国政府和人民齐心协力,应用系统工程思想最优化地解决工程实践问题的卓越表现。现在让我们结合本章内容,探讨北京奥运会的成功所在。

在整个奥运会成功举办的过程中,举国体制作为具有中国特色的组织管理模式发挥了巨大作用。从最初设立北京奥运会攻关课题、公开招标吸引和组织全国各部门、各行业人员共同参与奥运研讨开始,再到后来利用奥运热线、官方网站,以及专家座谈等各种方式广纳民意,都充分体现了举国体制在集中力量办大事方面的优势所在。但最根本的,北京奥运会在组织结构设计方面的考虑则集中体现了举国体制在实现北京奥运会总体最优过程中的关键作用。当时,为了举办一届高水准的奥运会,国家成立了从中央到地方的多级垂直领导体系。在整个体系中首先成立了北京奥运会工作领导小组,全权负责北京奥运会的一切事务,该小组受党中央和国务院的直接领导,任务是计划、组织、指挥、协调奥运会组委会、北京市、青岛市以及中央各部门迎奥运委员会的全部工作。其次则由奥运会组委会和迎奥运委员会根据奥运会领导小组的指示精神,成立奥运会执行委员会以及涉外、宣传、安保、后勤、竞赛、场馆建设、科技攻关、环保、筹资等工作组,一起服务于北京奥运会的涉外系统、宣传系统、服务系统、文化活动与仪式系统、训练竞赛系统、环境建设系统,以及场馆建设系统和市场开发系统,保证整个奥运会举办工作的整体最优。而事实也证明,正是在这一体制的领导下,北京奥运会的举办取得了全面成功。

其中,在场馆建设与布局方面,北京奥运会在充分考虑赛事使用便利性与赛后长久利用之间的关系后,结合北京城市总体发展规划,一方面将部分新建的体育场馆规划在运动设施较少的西部地区,形成了西部场馆群;另一方面则将6座场馆安排在大学校园内,以便赛后向广大师生和周边居民开放,因而实现了奥运场馆建设的最优化。

在比赛场地设置方面,北京奥组委在认真研究之后,决定发挥各地资源优势,采取"一城主办、多城协办"的综合协办方式,让更多的城市和民众直接参与到北京奥运中来,进而推动这些城市的体育运动和城市建设的发展,推进北京与这些城市之间的交往与合作,真正把北京奥运会办成全国人民的体育盛会。

在交通运行与疏导方面,北京奥运会虽然只有17天,但却设有28个比赛大项,302个比赛小项,是历届奥运会比赛项目最多的一次。在京比赛场馆31处,独立训练场馆41处,非竞赛场馆十几处,此外还有上百家签约饭店,几十家定点医院等,交通服务场点遍及整个城市。而参加本次奥运会的运动员与随队官员人数更是达到了1.8万人之多,此外还有技术官员约2800人,BOB转播商、持权转播商和注册文字媒体约2.6万人,赞助商约4万人,工作人员近8万人,志愿者10余万人,观众约700万人次。这些人员除参加或观看赛事活动外,还会有大量的国内和国际性休闲、旅游、购物、娱乐和文化活动,这些问题都对北京市交通运行与疏导工作带来了极大挑战。为此,北京奥组委早在奥运会开始之前便与其他部门联合,成立了奥运会交通运行服务中心,开展相关筹备与服务工作。一方面加强基础交通设施修建,开通了城铁 13 号线、八通线、5 号线、10 号线以及奥运支线和机场线等轨道交通设施,并进行道路整修、道路出入口改造、人行天桥、地道、盲道和无障碍坡道改造和场馆临时交通设施规划,大大提高了交通运行硬件水平;另一方面则积极调整优化公交线网、培训交通服务人员,并根据不同人群的出行需求制定不同的出行应备方案,从而大大提升了交通运行服务水平的软实力;最后,为了全面实现整个奥运期间交通运行的最优化,还出台了一系列相关政策法规来保证各项工作的顺利展开。

除了以上几个方面的最优表现外,奥运村服务工作的成功完全可以看做是整个奥运会成功举办的一个缩影,充分体现了系统工程最优思想在解决大型赛事或工程项目上所能发挥的巨大作用。

在北京奥运会期间,奥运村共接待了来自 200 多个国家的运动员、随队官员和其他工作人员 16000 多人,每天需要换洗约 6000 个床单、6000 个被罩、12000 条毛巾和 12000 条浴巾,再加上 18 万名志愿者,奥运村每小时需要提供不少于 6000 人的用餐服务,每天提供牛奶 7.5 万升、水果蔬菜 330 吨、海产品 82 吨、番茄酱 750 升、饮料 300 万份、奶酪 21 吨和肉类 131 吨等,如何保障如此庞大的后勤服务本就成为一项非常复杂的系统工程。为此,北京奥组委做足工作,从餐饮娱乐到住宿休闲,制订了一系列详细服务计划与目标,并通过设立相应的组织予以保障和监督。

以餐饮服务为例,北京奥组委共负责向 83 个场馆供餐,其中有 31 个竞赛场馆和 43 个独立训练场馆,以及 9 个非竞赛场馆,如国际奥委会下榻的总部饭店、运动员村、媒体村等。其中,运动员村、媒体村、国际广播中心、主新闻中心主要是由国际餐饮服务公司和国内的餐饮服务公司共同提供;31 个竞赛场馆由 6 家国内餐饮服务商提供;公共区、数字大厦、奥组委物流中心等非竞赛场馆属于属地管理,由当地政府选择餐饮服务商,共涉及 43 个独立的训练场馆 5 个非竞赛场馆。进而形成了层次分明、工作高效的餐饮服务梯队,为实现整个奥运会期间餐饮服务的最优化奠定了良好基础。

　　此外,奥运餐饮服务不仅要满足来自世界各国和地区的运动员及随行官员的饮食需求,还要保证奥运会期间食品的卫生安全,这些都是北京奥运会成功举办的关键。为此,北京奥组委有关部门从源头开始堵住每个环节上的漏洞,严格执行奥运餐饮供应标准,对养殖、种植、屠宰、仓储、运输等各个环节都采用跟踪制度,根据供应商的养殖、种植记录来保证食品源头的安全。

　　与此同时,由于奥运村的居民大多数来自国外,且其中有相当一部分来自欧美,所以对西餐的需求会比较多。为此,奥运村内以供应西餐为主,兼有中餐和其他国家的风味小吃,其中中餐占到整个菜品的30%,其余70%是西餐。更为贴心的是,所有食品都标明了热量和建议使用人群,以保证不同类型运动员可以在比赛期间轻松选择利于自己体能或体型保持需求的食物。

　　在住宿服务方面,整个奥运村共有42栋住宅楼,其中运动员公寓为6层或9层的永久建筑,可提供客房9000多间,同时容纳17000多人居住。面对如此多的房间数,这些住宅楼在赛时就犹如42个独立的宾馆一样,会为运动员提供日常所需的各种服务。而服务的管理水平则成为保证这些工作顺利开展的重要前提。为此,村内专门设立了12个居民服务中心,提供前台服务及其他各种综合服务,包括信息咨询、投诉处理、工程报修、"以脏换净"等各种服务,且有休息区、电视室、冰块医疗区等为运动员24小时开放;另外还有商务中心为所有人员提供传真、打印服务。在这12个服务中心里有3个是超级居民服务中心,超级居民服务中心除提供以上服务外还提供电子游戏室和网吧,从早上8:00到晚上24:00开放。最后,每栋建筑里还有50名类似前台服务人员的工作人员,其中合同商的员工有10人,其余40人属于志愿者,按照这个人数计算,整个村子最基层的公寓服务人员就达到2100人。这些都为提供最优质量的住宿服务打下了坚实的基础。

　　事实上,综观整个奥运村的服务工作,之所以能够做到如此细心,正是因为北京奥组委在会前便制订了详细周密的接待计划,并始终按照既定目标,严格遵守程序、执行计划带来的必然结果。而这不仅仅是奥运村服务工作取得成功的原因所在,也是整个北京奥运会取得圆满成功,达到各方面最优的关键所在,必将为我国在今后举办大型国际赛事方面带去宝贵经验。

第十六章　总揽全局　统筹制胜

《六韬·王翼》："总揽计谋,保全民命。"汉·王符《潜夫论·三式》："此於主德大洽,列侯大达,非执术督责,总览独断御下方也。"汪继培笺："览即揽之省。"明·归有光《遂初堂记》："虽孝宗之英毅,光宗之总揽,远不能望盛宋之治。"清·龙启瑞《复唐子实书》："省中总揽全局,与一乡一团之事不同。"太平天国·洪仁玕《英杰归真》："钦奉天命主命,总揽文衡,聿修试典,综核名实,定厥宏规。"

系统是由若干相互联系、相互作用的要素所构成,具有特殊结构与特殊功能的有机整体。小到细胞,大到人类社会,不同的系统作为整体,其中的各部分总是相互关联共同作用,往往牵一发而动全身,且全局与局部也相互依赖、不可分割。因此,做任何事情都要有全局观念,切不可只看局部,不顾整体,即所谓"只见树木不见森林",导致短视。

研究如何在实现整体目标的全过程中施行统筹管理的有关理论、模型、方法和手段,是数学与社会科学交叉的一个学科分支。它通过对整体目标的分析,选择适当的模型来描述整体的各部分、各部分之间、各部分与整体之间以及它们与外部之间的关系和相应的评审指标体系,进而综合成一个整体模型,用以分析并求出全局的最优决策以及与之协调的各部分的目标和决策。统筹理论与方法已渗透到了管理的许多领域。

20 世纪 50 年代末 60 年代初,中国数学家华罗庚在研究了国外的 CPM(关键路线法)、PERT(计划评审技术)、AN(网络计划法)等几十种方法的基础上,吸收其史科学的部分,结合实际情况,形成了具有中国特色的方法,统称为统筹方法,并在中国应用推广,在企业管理、重大项目的研究与管理、规划与方案的论证等许多方面得到利用开发,取得了明显的效果。党的十六届三中全会决定提出的"统筹城乡发展、统筹区域发展、统筹经济社会发展、统筹人与自然和谐发展、统筹国内发展和对外开放"的新要求,是新一届党中央领导集体对发展内涵、发展要义、发展本质的深化和创新,蕴涵着全面发展、协调发展、均衡发展、可持续发展和人的全面发展的科学发展观。对此,我们要深刻理解和准确把握。

"五个统筹"以经济、政治、文化全面发展为内容,以社会主义物质文明、政治文明和精神文明整体推进为目标,以经济、社会、自然协调发展为途径,着眼于全面发展,囊括了当前改革和发展所要解决的一系列战略性、全局性的重大问题,反映了社会主义现代化建设的客观规律,体现了社会主义社会全面发展的战略构想。

经济政治文化协调发展是"五个统筹"的基本内容。任何社会的进步都是经济、政治、文化协调发展的结果,经济是基础,政治是保证,文化是先导,三者紧密关联,互相渗透,相辅相成,统一于社会的发展之中。发展是我们党执政兴国的第一要务,经济增长是发展的重要基础,但经济增长并不简单等同于发展。如果单纯追求经济增长,偏离全面发展观,不重视经济、政治和文化的协调发展,忽视社会主义民主法制建设,忽视社会主义文化建设,那么在"发展"中一些社会矛盾不仅得不到解决,反而会愈演愈烈,最终将会付出沉重代价。在全面建设小康社会、推进社会主义现代化建设的进程中,我们必须坚持"五个统筹",牢固树立全面发展思想,不断促进经济更加发展,民主更加健全,科技更加进步,文化更加繁荣,社会更加和谐,人民生活更加殷实。

国家利益、集体利益、个人利益要三者统筹兼顾才行,就是要总揽全局、科学筹划、协调发展、兼顾各方。十六届三中全会提出的"五个统筹",实际上讲的就是统筹兼顾。

开眼识局经略

魏源①在《圣武记》中提道："额勒登保奏言：臣数载以来，止领一路偏师，今蒙简任经略，当通筹全局。"

王韬②的诗《春日沪上感事》中有："重洋门户关全局，万顷风涛接上游。"

《二十年目睹之怪现状》③中说道："恰好有万把银子药材装到下江来的，行家知道了，便发电到沿江各埠，要扣这一笔货，这一下子可全局都被牵动了。"

毛泽东在《中国革命战争的战略问题》④中说道："然而全局性的东西，不能脱离局部而独立，全局是由它的一切局部构成的。"

一般认为，全局就是事物的整体局面。而系统工程是从整体出发，合理实施和运用系统科学的工程技术。它根据总体协调的需要，综合应用自然科学和社会科学中的有关思想、理论和方法，以电子计算机为工具，对系统的结构、要素、信息和反馈等加以分析，以达到最优规划、最优设计、最优管理和最优控制的目的。结合系统工程的思想，本书认为，全局即系统的整体，包括各个时期系统内外的所有要素，相互联系的各个要素共同构成系统整体，并产生不同于部分或部分之和的新功能，最终谋求系统全局的最优。统筹全局关照整体是全局观的体现，在全局观的指导下正确处理局部利益与全局利益的关系、眼前利益与长远利益的关系、个人利益与集体利益的关系，是系统正常运转的有力保障，在把握全局的同时掌握关节是其精髓。

---

① 魏源(1794—1857)，清代启蒙思想家、政治家、文学家，近代中国"睁眼看世界"的先行者之一。他提出"变古愈尽，便民愈甚"的变法主张，倡导学习西方先进科学技术，并总结出"师夷长技以制夷"的新思想。

② 王韬(1828—1897)，江苏苏州府甫里村（今角直镇）人，中国近代著名改良派思想家。

③ 《二十年目睹之怪现状》是晚清四大谴责小说之一。晚清四大谴责小说包括李宝嘉（李伯元）的《官场现形记》、吴沃尧（吴趼人）的《二十年目睹之怪现状》、刘鹗的《老残游记》、曾朴的《孽海花》。

④ 《中国革命战争的战略问题》是毛泽东1936年12月在中国抗日红军大学的讲演。为了总结土地革命战争的经验，批判王明的"左"倾机会主义错误，毛泽东写这部著作系统地阐明有关中国革命战争战略方面的诸问题。

　　典籍中关于全局的释义虽寥寥数语,其寓意却博大精深,包含了主体对事物的认知、分析、判断、推理、决策、处理的全过程,也贯穿了系统工程的所有精髓,任何系统做任何事情,不识全局无疑是"盲人摸象"、"瞎子射马"。认识系统工程的全局则需要领悟以下几点内涵:

　　第一,全局是"一盘棋"。面对棋局,高明的棋手善于运筹帷幄统领全局。要下好一盘棋,走好每步棋,都需要全面考虑棋子之间的关联关系,考虑整个棋局中棋子布局的动态结构状况,从而在一定的时空中对所有棋子进行总体的布阵与安排。如果"各拉各的调,各吹各的号",天马行空,就会因"一着不慎"而导致"满盘皆输",最终成为一盘散沙毁掉全局。棋局如此,任何系统更是如此。系统中的结构安排连同时空布局均以全局为出发点和落脚点,终究要寻求全局的最优。篮球比赛中的教练对运动员的安排也如同"下棋"。比赛时必须根据队员的特长、体质等情况合理部署其场上位置,才能保证夺魁。经常可以看到接连失利的球队在暂停休息后,教练会重新部署场上力量,力求形势转危为安,甚至转败为胜。可见结构形式的变化是以全局最优为目标的,而其中的变数又影响着全局的状况。

　　在全局中,系统的组合结构非常重要,它可以使系统由小到大、由弱变强,有时甚至决定着系统的生存发展。在第二次国内革命战争时期,我们党领导的红军针对国民党军队的战略围剿进行了反围剿。中共军队的反围剿进行了五次,前三次的情况是:第一次反围剿,国民党约10万人,红军仅有4万人;第二次反围剿,国民党军队20万人,红军约3万余人;第三次反围剿,国民党军队30万人,红军3万人左右。尽管红军与国民党军队的人数相差悬殊,却在这三次反围剿中都取得了胜利。这里的原因是多方面的,但是组合得当无疑是其中一个非常重要的原因,在某种意义上甚至可以说是根本的原因。正是对进军结构的合理安排以及在时空上的合理调配,才使得整个军队赢得了全局上的胜利,书写了以少胜多的传奇故事。

　　第二,全局是"一杆秤"。秤是度量工具,有了它便可以知晓物之轻重,平衡利益之分配。胸怀全局者能够权衡利弊、平衡关系,因而全局犹如"一杆秤"。心中有全局,就如心中有杆秤,轻重知分量,起伏知水平,能够准确把握处事的着力点和平衡点,并以此为基础作出正确决策。面对局部利益与全局利益的抉择,个人利益与集体利益的抉择,眼前利益与长远利益的抉择,等等,均须以"秤"为全局,以"秤"为衡量,取舍得当,决策合理。

第三,全局是"一盏灯"。全局如同"一盏灯",光亮四射,能够"照亮"系统中的每一个局部,每一个环节,普照之处,皆有光明。心中若无全局,就像在黑暗中行路没有明灯,总是摸不着东西,找不着南北;心中有全局,则如同黑暗中有明灯高挂,万物皆存于心中,始终胸有成竹,始终明确前进的方向,始终拥有前行的动力。时空运转,环境变迁,但只要心中有全局,前行的道路上就会有"明灯"的指引,做事情皆有目标、有思路、有程序。

系统是由两个以上的部分组成的,要求保持一定的层次和结构,所以论及系统的全局性,必须先分析系统所包含的那些相互联系、相互作用的组成部分。认识全局中的局部,主要从以下三个方面着手:

第一,局部是组成全局的基础且不能脱离全局而存在。一方面,整体以部分的存在为前提。比如简单的制造系统,一般由工作机、操作者、工具、材料、图纸、工艺卡、电力等要素组合而成。复杂系统则是由许多要素、单元体和活动过程等组成的整体,比如一个工厂通常是由各种类型的设备、各种原材料、能源、生产过程、经营以及各类人员等要素组成的。又如高楼大厦由千千万万的砖瓦组成,企业由许许多多的职员组成,河流由无数的水滴组成,正是点点滴滴的基础部分共同铸就了整体,没有了局部整体便不复存在。另一方面,系统整体中的部分不能脱离系统整体而存在,一旦脱离了系统整体,部分便不再是原来意义上的部分。例如,人的手一旦离开人体,就不再是原来意义上的手了;钟表中的齿轮,机器上的零件,以及房屋中的砖、石、木料、水泥等。一旦离开房屋本身,也就会丧失原有的意义。

第二,局部之间是相互联系的。全局由局部组成,而局部并非相互独立。系统内部各要素之间存在相互作用、相互依赖的特定关系。就拿电力系统来说,它可以分为发电、输电、变电、配电和用电五个组成要素。电力系统生产的特点是产、供、销同时发生。由于生产出来的电力难以储存,所以各个环节之间的相互联系和相互作用尤为密切,任何要素的变化都将影响到其他要素。

例如,发电机出了故障就会直接影响到用户用电;而没有了电力需求,产生的电能会被浪费。这些关系就形成一定的结构与秩序,某一要素若发生变化则意味着其他要素也相应地改变。正如在"田忌赛马"中,三局比赛作为整场比赛的组成部分,是环环相扣彼此影响的,没有第一局用下等马去对上等马,何来之后的用中等马对下等马,又用上等马对中等马,处于局部的三场比赛相互之间紧密联系并共同影响着比赛全局。

第三,全局与局部具有相对性。全局和局部是相对的,是紧跟着范围的改变而改变的。全局是大的范围,局部是小的范围。若将一个范围或环节当成整体或部分,那么经常有:整体是部分,部分是整体。国家是一个整体,但在世界范围里,它是一个部分;太阳系是一个整体,但在银河系里,它是一个部分。当不能分开一些部分,它便是最小的部分;当没有了更大的从属,它便是最高的整体。在这里,点是最小的部分,系是最高的整体。毛泽东在《中国革命战争的战略问题》一文中指出:"世界可以是战争的一全局,一国可以是战争的一全局,一个独立的游击区、一个大的独立的作战方面,也可以是战争的一全局。凡属带有要照顾各方面和各阶段的性质的,都是战争的全局。"就是说,相对于全局而言,处在其中的要素是局部的,但相对于这一要素所管辖的部分而言,要素本身又是全局的,这时也就有了总揽全局的问题。

静心悟局定理

整体非局部的简单相加——系统整体论的核心。水桶能装水,一片片木板随意拼凑在一起却装不了水,这说明了什么? 闹钟能报时,指针等零部件简单地放在一起却没有这种功能,这又说明了什么? 这些都说明:整体还具有部分之和所不具备的新功能。系统不是各组成要素的简单相加或者拼凑,而是呈现出各组成要素所没有的新功能或特征,也就是系统具有各要素或者要素之和所没有的性质。

从系统论来看,任何系统都是开放的、动态的,系统的各个部分及其结构都处在不断的运动与变化之中。系统整体的功能以结构为基础,结构的改变必然引起系统整体功能的改变。当系统结构处于无序、不合理的状态时,其整体功能便小于各部分之和;当系统的结构由无序达到有序,由不合理变为合理时,其整体功能则大于各部分之和。在这一变化过程中,整体等于部分之和是暂时的。

第一种情形"三个臭皮匠,胜过诸葛亮"——整体大于部分之和。

古希腊的哲学家亚里士多德[①]有这样一句名言:"整体大于它的各部分的总和"。一般系统论的创立者贝塔朗菲[②]在阐述系统的整体性时,对亚里士多德的这句名言给予了充分的肯定。他认为:"亚里士多德的世界观及其固有的整体论和目的论的观点就是这种宇宙秩序的一种表达方式。亚里士多德的论点'整体大于它的各部分的总和'是基本的系统问题的一种表述,至今仍然正确"。这样,"整体大于部分之和"便成了现代系统科学的一条著名定理。

在我国流传这样一句俗语:"三个臭皮匠,胜过诸葛亮。"说的就是系统的整体大于它各个部分的简单相加的情形。马克思也曾就此做过充分的论述,他指出:"单个工人的力量的机械总和,与许多人同时共同完成同一不可分割的操作(抬重物等)时所发挥的机械力,在质上是不同的。协作直接创造了一种生产力,这种生产力实质上是集体力。""且不说由于许多力量融合为一个总的力量而产生的新力量,在大多数生产劳动中,单是社会接触就会引起竞争心和特有的精力振奋,从而提高每个人的个人工作效率。""协作的结果是,通过协作所生产出来的东西,比同样多的人在同样的时间内分散劳动生产出来的东西要多,或者说通过协作所生产的使用价值,在另一种情况下是根本不可能生产的。"

产生这种现象的原因在于:第一,在系统整体中,各要素可以充分发挥各自的优势,起到互补的作用;第二,在系统整体中,各个要素的联合可以完成各部分单独无法完成的任务;第三,在系统整体中,各要素的协作可以使系统目

---

①　亚里士多德(前384—前322),古希哲学家,与柏拉图、苏格拉底一起被誉为西方哲学的奠基者。他的著作是西方哲学的第一个广泛系统,包含道德、美学、逻辑和科学、政治和玄学。

②　贝塔朗菲(1901—1972),美籍奥地利生物学家,一般系统论和理论生物学创始人,20世纪50年代提出抗体系统论以及生物学和物理学中的系统论,并倡导系统、整体和计算机数学建模方法,以及将生物看做开放系统研究的思想,为生态系统、器官系统等层次的系统生物学研究奠定了基础。

标提前实现,这种时间上的节约往往能产生巨大的经济效益。

系统整体要大于其各部分的简单相加,关键是这些部分要素之间的联系方式。随着系统自身的不断进化,以及科学技术的不断发展,系统各部分间的联系方式也在不断发生变化,这种变化的最终目标就是:系统整体最优,也就是系统整体的性质和功能达到最优。相反,如若一部分系统不是向着这样的目标前进,或者达不到这样的目标,那么结果就是这些系统或遭到淘汰,或趋于瓦解。

第二种情形"O形封环失效"——整体小于部分之和。

1986年1月28日,美国挑战者号航天飞机,因一个O形封环的失效导致升空73秒后爆炸。就形象地描述了整体小于部分之和的情形。我国农村改革前后的事实也是对此情形的最好说明。在十一届三中全会以前,我国广大农村普遍实行的是"人民公社制度",而这种制度导致了"吃大锅饭"现象的发生。具体来讲,就是农民干好干坏都一样,干与不干也一样,拿一样的工分,在分配上也绝对平均。这样一来便挫伤了广大农民的劳动积极性,最终造成劳动生产率下降,多年无法解决农民的温饱问题,更谈不上富裕。但这种情况在十一届三中全会以后得到了根本的改观,原因在于我们党在农村推行了联产承包责任制,即包产到户、包干到户等。包产到户是由农户对产量进行承包,所承包的部分参加集体的统一分配,超产的部分全部奖给农户,或者由生产队与农户分成。包干到户则是由农户承担农业税和国家征购任务,以及生产队的公积金、公益金等部分,其余全部归承包户所有。正是这种政策打破了多年的"大锅饭"体制,充分调动了农民的生产积极性,不仅使得劳动生产率大大提高,还在短短几年内解决了多数农民的温饱问题,更使一部分农民走上了致富道路。

产生之前情况的原因在于:系统整体中各个部分的组织与协调不当,从而造成摩擦与内耗,结果使系统整体的功能大大降低,反而不如系统整体中各个部分功能的简单相加。具体来说,整体小于部分之和现象的形成有以下几个原因:

一是系统要素相互吸收、相互抵消使得某种属性消失。在任何系统中,但凡相互吸收或者相互抵消的要素相遇,两者本来的功能就会弱化甚至消失,或者其中一种要素的功能弱化以至消失。比如热气与冷气相遇就会出现抵消效应,温度将趋于两者的中间;酸性物质与碱性物质相遇就会发生"中和"反应,原有的酸性与碱性消失。

二是系统要素一方对另一方形成制约关系。系统的形成和瓦解与要素间的生克制化运动有着密切的关系,"生"则系统不断发展壮大,"克"则系统逐渐削弱解体。我国传统哲学中的阴阳五行学说就注重事物的"相克"关系,认为木能克土,土能克水,水能克火,火能克金,金能克木。这便是古人对事物间相互制约关系的抽象概括。

三是系统内部要素之间的掣肘与磨损导致系统某种功能的消减蜕化。在任何系统中,各要素之间的对立、抵触、排斥现象都十分普遍,其结果就是削减系统的正常功能。《克雷洛夫寓言》①中讲了这样一个发人深省的故事:梭子鱼、虾和天鹅要拖动一辆小车,它们使尽全部力量推拉,可小车就是原地不动。究其原因,并非小车太重,而是另有缘故:天鹅在使劲儿往天空中提,虾在向后倒拖,梭子鱼则往池塘里拉,力量相互抵消了。这个寓言就揭示了要素间的掣肘现象。

四是系统要素间缺乏联系媒介从而无法形成有机的协调功能。聚合在一起的要素不一定都能形成有机的整体。有些要素虽然在空间上拼凑在一起,但由于没有中介物质而无法相互融合渗透,也就不能形成功能大于部分之和的整体。这种现象普遍存在:没有针线的连缀,单独的布料难成衣物;没有泥土和铆钉,土坯和木料难成房屋。

五是系统的局部薄弱环节限制或破坏了总体功能的发挥。系统结构中各要素的协调是系统功能得以发挥的保证,局部薄弱环节会不同程度地影响系统的整体功能,关键环节的弱化,甚至会引起整体功能的全线崩溃。正如一匹良马坏掉一只蹄子,其奔驰力就会受到影响。

---

① 伊万·安德列耶维奇·克雷洛夫(1769—1844),俄国著名寓言作家。《克雷洛夫寓言》一书,收集了克雷洛夫一生创作的203篇寓言。这些寓言有着极强的人民性和现实性,且以诗体写成,语言优美、寓意深刻,常借动物和植物的形象,反映广泛的社会生活。

总而言之，一般"大于"现象来自成功的组合，而"小于"现象来自不成功的组合。拿破仑的回忆录中有这样一个事例：两个马木留克兵绝对能打赢三个法国兵，一百个法国兵与一百个马木留克兵势均力敌，三百个法国兵大都能战胜三百个马木留克兵，而一千个法国兵总能打败一千五百个马木留克兵。这是为什么呢？原因在于法国兵骑术不精湛但有纪律，而马木留克兵善于单独格斗却没有纪律。这个故事曾为恩格斯引用，故广为人知。它既说明了"整体大于部分之和"，也包含了"整体小于部分之和"。对于法国兵来说，"整体大于部分之和"；而对于马木留克兵来说，则是"整体小于部分之和"。

全局重于局部

任何系统的运转都围绕"全局最优"这一目标进行，相对于此，系统中的各个要素又有针对于自身的"局部最优"，然而局部最优与全局最优并非一回事。一场战役或战斗的胜利不一定能带来整个战争的胜利，一个将领或士兵的优异不代表整个军队的优秀，个别省市的发达不代表整个国家的繁荣昌盛，个别部门的绩效良好不代表整个企业的运转无恙，个别时期的成功不代表整个人生的辉煌。战争总有跌宕起伏，军队总有参差不齐，国家与组织的发展总有好坏对比，人生总有起起落落，局部最优并不等于全局最优。

在西方经济学中，有这样一个"囚徒困境"的例子。假设两个罪犯同时被抓，因证据不足只能分开审讯。这种情况下每个罪犯都有两种选择：或者招供或者保持沉默。如果两人都招供，那么证据充分各判8年；如果两人都不招供，由于证据不足只能各判3年；如果一个人招供一个人沉默，那么招供的一方从轻处理判刑1年，而不招供的一方抗拒从严判刑10年。从表面上看，两个罪犯相互合作均不招供能得到最好的结果，各自只判刑3年，这是两者的全局最优结果，是一种整体最优化的平衡。然而两个囚犯都害怕自己因对方的招供而遭受10年的牢狱之灾，因此谁也不愿意冒着这个风险保持沉默，可以想象最后博弈的结果就是两个囚犯都招供而各判刑8年。对于两个囚犯来说，都达到了中间水平的一个结果，得到了所谓的公平，看似局部的最优结果，但是这种结局不是前面所提到的全局最优状况,与各判 3 年的情形相比,差别是显而易见的。

纵使系统中的每个要素都达到了自己的局部最优,全局最优也未必实现。正如一幢由所有上乘材料搭建而成的楼房,不一定就是最牢靠的。因为系统中不仅有局部,更有局部之间错综复杂的联系,这些联系使得系统要素不是简单的堆砌,而是相互作用,相互交融,相互合作。全局的最优与平衡常常与局部的此消彼长共存,有时甚至要求牺牲局部的优化来谋求整体的最优平衡态,这时追求局部最优便是次要的甚至是没有必要的,而为全局去放弃局部也并不遗憾,因为整个系统迎来的将是全局的最优结果。这是系统工程全局思想的体现,也是在局部利益与全局利益发生矛盾时应该使局部利益服从于全局利益的原因所在。

说到系统工程的全局思想,就不得不说诸葛亮在草庐之中的隆中对。仅仅是一个联吴抗曹的大局观念,就让当时屡屡兵败的刘备找到了前进的方向,正是在这种大局观念的影响下,才有了吴蜀联手创造的赤壁之战,以及三分天下有其一的局面。可与此相对的是,晚年的刘备因为义弟关羽之死,不顾诸葛亮、赵云等多数谋臣将领的规劝,"以怒兴师,恃强冒进",背弃了以攻击魏国为中心的战略,不惜倾全国之力向东吴复仇,最终在夷陵之战中大败,使得蜀汉大伤元气,丧失了称雄天下的大好形势,刘备复兴汉室江山的梦想也随之破灭,他从此一病不起,亡故于白帝城。

那么,同一支军队,为什么可以在逆境中崛起,而又在盛势时衰落呢?

只因在乱世中崛起的刘备得益于他正确把握全局的观念,这种观念使得这支军队的决策顺应时势,并始终在追求全局最优的正确方向上前进,最终实现了既定目标。而后来夷陵之战的惨败,根本源头在于刘备不顾全局,在国家大义和个人私欲中选择了后者,在复兴汉室和兄弟情义中亦选择了后者,最终因个人情感上的愤怒而舍弃了正确的战略原则。在孤注一掷复仇时追求的只是局部的最优,为了一时痛快解心头之恨,但已经与追求全局最优的目标南辕北辙。很多时候,局部最优与全局最优不一致,服从大局就伴随着牺牲局部,然而只有从全局出发服从大局,才能保证最终的胜利,继而反过来保证局部的存在与发展。

放眼世界,哪一个成功人士不是胸怀全局、目标远大的呢?尽管在奋斗之路上会遇到许许多多的艰难选择和痛苦抉择,但他们在权衡利弊之后都毅然选择了服从大局的利益,坚持不懈地向全局最优的目标挺进。如若当年刘备暂且放弃为关羽报仇的一己私利,一心兴兵攻魏,光复汉室,那么很可能是另外一种结局。直到刘备白帝城托孤,才悔不当初,虽然刘备的遗憾已经随岁月远去,但它依然能够作为"教科书",令后人领悟着眼全局、追求全局最优的重要性。

那么,如何实现整体大于局部之和的效果,达到全局最优呢?邓小平同志曾指出:"个人利益要服从集体利益,局部利益要服从整体利益,暂时利益要服从长远利益,或者叫做小局服从大局,小道理服从大道理。"同时,要处理好局部与全局的关系,还需注重局部并掌握关节。

不谋全局者不足以谋一域——局部利益须服从整体利益。

整体是由若干个局部组成的,整体高于局部、统帅局部,因此局部必须服从大局。大局是一个总系统,而局部是子系统,子系统的正确运行必须依赖于总系统的统一调度安排,并符合总系统的要求。没有总体战略与统一指挥,子系统无论怎样高效运行都会最终"满盘皆输"。局部离不开全局,全局利益的存在是局部利益得以保障的前提,全局利益一旦失去,局部利益终将不复存在。局部服从全局,既是为了全局的利益,也是为了局部本身的利益,更是为了长远的利益。历史与现实中这样的例子比比皆是。例如,1946 年,为了粉碎国民党的围剿,李先念等老一辈革命家率部进行了艰苦卓绝的中原突围,成功牵制了国民党的 30 万大军,最终以牺牲局部为代价,换取了全局的胜利。

综观古今中外的圣人贤者和雅儒名仕,或驰骋疆场,或安邦定国,皆有其安身立命和超然物外之本。而究其"本",无不具备胸怀全局之能。心有全局的人,无论身处何时何地,办事情都能站在全局高度观察问题、思考问题、处理问题,自觉做到从全局出发,以全局利益为重,放眼全局、融入全局并服务全局。

毛泽东作为军事家,就善于随时根据各个战场上战役乃至战斗的情况灵活调整战略布局,并确立全局性的战略目标。他指出:"战争胜败的主要和首要的问题,是对于全局和各阶段关照得好或关照得不好。如果对全局和各阶段的关照有了重要的缺点或错误,那么战争是一定要失败的。"他还要求任何一级指挥员都要胸怀战争全局,具有战略头脑。

那么怎样才能关照好战争的全局呢?毛泽东认为,在指导战争的过程中,当战争的全局和局部发生矛盾时,必须牢固树立全局观念,使战争的局部服从全局。有时从战役战术的局部看是可行的,但从战略全局看是不可行的,这时应该见利不趋,切忌因小失大;有时从战役战斗的局部看是不可行的,但从战略全局看是可行的,这时就应该顾全大局,甚至不惜牺牲局部的利益以换取全局的胜利。

例如,解放战争进入第三年后,敌人在军事、政治和经济上均处于不利地位,因而被迫实行"重点防御",企图"撤退东北,巩固华北,确保华中,经营华南"。正在敌人举棋未定的时候,毛泽东从战争全局出发,权衡利弊,毅然决定首先在东北与敌人进行战略决战。果然,辽沈战役的胜利有力地推动了解放战争的进程。辽沈战役结束时,淮海战役正在进行。这时为了稳住华北,保证平津战役顺利进行,毛泽东又立足全局,暂时放弃了淮海战役中一些局部的有利战机,对杜聿明集团作出了暂不做最后歼灭的决策,使得平津战役顺利进行,并取得了最后的胜利。

邓小平同志提出的"两个大局",也是由局部照顾全局的典范。

"两个大局"的战略思想是邓小平发展思想中的一个重要观点。邓小平指出:"沿海地区要加快对外开放,使这个拥有两亿人口的广大地区较快地发展起来,从而带动内地更好地发展,这是一个事关大局的问题,内地要顾全这个大局。反过来,发展到一定的时候,又要求沿海拿出更多力量来帮助内地发展,这也是个大局。那时沿海也要服从这个大局。"根据邓小平的这一思想,我国制定了"鼓励先富、带动后富、东西联合、共同富裕"和"因地制宜,合理分工,各展所长,优势互补,共同发展"的方针。

以先富带后富,正是从整个中国经济发展的目标出发,总揽全局看到了东部的优势,所以把有限发展的目标放在东部,而由西部这一局部因素暂且照顾全局的发展。

趋利必须避害

实践活动本身的复杂性和过程性,决定一切实践主体都应该具有总揽全局的战略思维能力。不仅仅是领导者,对于处在局部的任何人,都需要首先树立牢固的全局意识。具体来说,就是懂得全局高于局部、局部服从全局的大道理。一切着眼于全局,就是把全局作为观察和处理问题的出发点和落脚点,当局部利益同全局利益发生矛盾时,要毫不犹豫地使局部服从全局。主要包括以下三个方面:

首先,对所做的事情必须从全局谋划。古人说,不谋全局者不足以谋一域,不谋万世者不足以谋一时。目无全局的将领,即使能争得一城一地乃至几城几地,最终也难免全军覆没;目无全局的棋手,纵然能谋得一子一目乃至几子几目,最终也难免满盘皆输。我们应当善于把局部问题放在整体中加以思考,不能只见树木不见森林;善于把当前问题放在过程中加以思考,不能只顾眼前不看将来。这也就是说,对于任何事情都一定要重视规律性、系统性、前瞻性的思考,重视对全局的谋划,努力做到高瞻远瞩,坚决反对事务主义。所谓事务主义,就是对工作缺少全局的谋划,整天忙于事务性工作,工作来一件做一件,不分轻重缓急,事必躬亲,管了许多不该管、管不好、也管不了的事,结果捡了芝麻丢了西瓜,这样是难以成就大事的,是与谋划全局的要求相悖的。

其次,在事关全局的问题上必须坚持立场。全局利益是根本利益,丢掉了全局就是丢掉了根本,因此在事关全局的问题上,一定要立场坚定、旗帜鲜明。而在事关全局的问题上摇摆不定、随波逐流,甚至颠倒黑白、混淆是非,便是丧失原则。即使是妥协、让步、退却等,也必须是基于全局的需要所采取的策略和手段,是为了实现原则性而实行的必要的灵活性。如果离开了原则性,离开了全局的需要,甚至破坏了全局的发展,那就不再是灵活性,而是机会主义;也不再是策略和手段,而成了目的。这当然是要杜绝的。1989 年政治风波过后,针对有人对党的十一届三中全会以来路线的怀疑,邓小平旗帜鲜明地提出:"改革开放政策不变,几十年不变,一直要讲到底。"可见,在事关全局的问题上,我们必须旗帜鲜明。细节问题可以讨论,非原则问题可以让步,但在关系全局的大事、要事上,绝不能含糊和让步。这就是在事关全局的大是大非面前的坚决立场。

再次,判断是非得失必须以全局利益为标准。世界上的事情总是利弊相伴而生,有其利必有其弊,而智者之智在于谋大利而避大害。古人说,"有所得有所失""将欲取之,必先予之""小不忍则乱大谋",等等,讲的都是着眼于全局的大道理。在中国土地革命战争时期,"左"倾军事冒险主义者在敌强我弱、力量对比悬殊的情况下,仍坚持所谓"不丢失一寸土地"的方针,反对一切必要的退却,认为退却会丧失土地、危害人民,结果造成了全局的失败。毛泽东说:"他们看问题仅从一局出发,没有能力通观全局,不愿把今天的利益和明天的利益相连结,把部分利益和全体利益相连结,捉住一局部一时间的东西死也不放。"他们不懂得"将欲取之,必先予之"、"为了前进而后退"的大道理。打仗如此,其他事情也是如此。我们从战略高度出发调整国有经济布局,坚持"有进有退,有所为有所不为"的方针,正是着眼全局,旨在从根本上提高国有经济的整体素质和整体效益;我们实行可持续发展的战略方针,也是着眼全局,为了把今天的发展同明天的发展联系起来,避免今天的发展给明天的发展带来不利影响。邓小平说:"有些事从局部看可行,从大局看不可行;有些事从局部看不可行,从大局看可行。归根到底要顾全大局。"因此,有些事情处理还是不处理,这样处理还是那样处理,马上处理还是放一放再处理,不仅要考虑事情本身的是非得失,更要考虑对全局可能产生的影响。

智谋长远则昌

不谋长远者不足以谋一时——暂时利益须服从长远利益。

眼前利益与长远利益既有一致性,又有矛盾。在一定条件下,眼前利益是长远利益的基础,与长远利益是一致的。而在特定的条件下,眼前利益与长远利益又是相互矛盾的,表现为有时从眼前看是有益的,而从长远看是不利的;有时从眼前看是无益的,而从长远看是有益的。如若只顾眼前利益,长远利益就会受到损害,甚至造成严重的损失,因此要想获得长远利益,就需要遵循眼前利益服从长远利益的原则,适当割舍具有诱惑力的眼前利益。我们每个人想问题、办事情都应该努力站得高一些,看得远一些,想得深一些,要立足于当前,更要着眼于长远,绝不能因贪图眼前小利而招致长远的大害,也不能为躲避眼前的小害而放弃长远的大利,切忌杀鸡取卵、焚林而田。如果一个人总是从眼前利益出发,时时处处只考虑眼前利益,终将会失去长远利益,因小失大,得不偿失,要知道眼前利益是芝麻,长远利益才是西瓜。

有这样一个意味深长的小故事。一个小伙子非常羡慕一位成功人士所取得的成就,于是他前去请教成功的诀窍。成功人士弄清楚小伙子的来意之后,转身去厨房拿来一个大西瓜。正在小伙子迷惑不解之时,只见成功人士把西瓜切成了大小不等的三块儿,然后一边把西瓜放在小伙子面前一边问道:"如果每块西瓜都代表一定程度的利益,你会作何选择呢?""当然是最大的那块!"小伙子毫不犹豫地回答,眼睛也始终盯着最大的一块西瓜。成功人士笑了笑说道:"那好,请用吧!"于是成功人士将最大的那块西瓜递给小伙子,自己却吃起了最小的一块西瓜。结果就是,当小伙子还在享用那块最大的西瓜时,成功人士已经先他一步吃完了最小的一块西瓜。接着,成功人士得意地拿起剩下的一块西瓜,故意在小伙子眼前晃了晃,然后大口吃了起来。其实,成功人士的两块西瓜加起来要比小伙子的那一大块西瓜大得多。这时小伙子马上明白了成功人士的意思:成功人士吃的两块西瓜每一块都没有自己的那块大,但总量却比自己的多,也就是成功人士赢得的利益比自己的多。最后成功人士语重心长地对小伙子说:"要想成功就要学会放弃,当暂时利益与长远利益相冲突的时候,只有放弃眼前的暂时利益,才能获得长远大利,这就是我的成功之道。"

当暂时利益与长远利益发生矛盾时,放弃眼前的利益,使得暂时利益服从于长远利益并不可耻,更不是遗憾。塞翁失马焉知非福,现在失去是为了将来得到更多,只有在面对暂时利益与长远利益时学会放弃,才能获得长远大利。

因此要想成功就要学会放弃和舍得放弃暂时利益,这样才能走出一条与众不同的成功之路。

论及司马迁①完成《史记》,其实也是暂时利益服从整体利益的结果。年轻时的司马迁遵从父亲遗嘱,立志写成一部"藏之名山,传之后人"的史书。然而就在他着手写这部史书的第七年,发生了李陵案。将军李陵在一次与匈奴的战争中,因寡不敌众而战败投降。司马迁为李陵辩解,触怒了汉武帝,被捕入狱,遭受了严酷的"腐刑"。受刑之后的司马迁痛苦万分,曾因屈辱打算自杀,但是想到自己撰写史书的理想还未实现,又忍辱奋起,前后历时 18 年终于完成了《史记》。这部伟大的著作开创了我国纪传体通史的先河,共 526500字,史料丰富而又翔实,历来受到人们的推崇。鲁迅曾以极度概括的语言高度评价了《史记》:"史家之绝唱,无韵之离骚。"而世人如今能够领略如此令人震撼的史书,拥有如此巨大的历史财富,不得不称赞司马迁长远的眼光,他懂得"低头是为了抬头"的道理。在关键时候司马迁没有用一时解脱痛苦的想法代替对长远利益的关照,面对选择,结束生命寻求解脱无疑是司马迁当时最大的眼前利益,而继续忍辱完成著作则是千秋万代的长远利益,司马迁在大是大非面前选择由暂时利益服从长远利益,才成就如此大业。

在对待暂时利益与长远利益的问题上,"科学发展观"的思想值得我们传承。科学发展观是可持续的发展观,"可持续"是一个过程概念,强调的就是在发展实践中要有长远意识。所谓可持续发展,是指发展要有持久性、连续性,既要考虑当前发展的需要,满足当代人的基本需求,又要考虑未来发展的需要,为子孙后代留下充足的发展条件和发展空间,而不能只顾眼前利益,不计代价、竭泽而渔式地谋发展。对于我们每一个人来说,就是要深谋远虑,树立"明天即今天"的观念,而不拘泥眼前的暂时利害得失。现实是未来的基础,而未来是现实的发展,现实是立足点和出发点,而未来是着眼点和目标点。

---

①　司马迁,中国古代伟大的史学家、文学家,被后人尊称为"史圣"。他最大的贡献是创作了中国第一部纪传体通史《史记》(原名《太史公书》)。《史记》记载了从上古传说中的黄帝时期,到汉武帝元狩元年,长达 3000 多年的历史。司马迁以其"究天人之际,通古今之变,成一家之言"的史识完成的《史记》,被鲁迅誉为"史家之绝唱,无韵之《离骚》"。

把握全局就必须用长远的眼光把握未来。

皮亡毛将焉附

古今中外,严格来讲个人利益必须服从集体利益。

一般情况下,集体利益与个人利益是相互依存的关系,两者并不矛盾。一方面,社会、国家、集体都是由一个个的人组成的,甚至可以说集体就是为了共同的目标,或者因为共同的利益而组合成的人的团体。另一方面,在集体内部,个人的利益是基本一致的,这样个人的目标集中起来才能形成集体的发展目标。

但是同时,个人利益和集体利益只能够做到大部分重合,双方只能够做到主要目标一致,任何一个集体,都不可能百分之百地满足每个成员的个人利益。例如一家公司,其中所有成员的目标都是维护公司的正常运营,使其不断创造经济效益,获得更多的社会财富。在这个问题上,老板和员工的目的是一致的。但是在创造财富的过程中,老板希望支付最少的工资,获取最大的经济利益,而员工则希望以尽量少的劳动,获得尽量多的工资回报。在这个问题上,两者之间又是矛盾的。

那么当集体利益与个人利益发生矛盾时,个人利益必须服从于集体利益。

集体与个人永远是大海与一滴水的关系,在大是大非面前,个人利益必须服从于集体利益,个人利益的实现需要集体利益的保障。"大河涨水小河满",只有集体利益得到充分保障的时候,个人的价值才能得到充分的体现。圣人先贤孔子为传播儒学而忍辱负重往复奔波却不疲,共和国缔造者周恩来为复兴中华民族而殚精竭虑却不懈,这些贤者都是以牺牲"小我"来保护"大我",以牺牲局部来谋求全局的典范,是后世景仰的楷模。在中华民族备受列强欺凌的时候,在国家生死存亡的危急关头,无数中华儿女弃小家而顾大家,为了中华民族的伟大复兴抛头颅、洒热血,这些先烈为了国家和民族的利益,不惜放弃个人利益,甚至宝贵的生命。"皮之不存,毛将焉附",没有强大的国家作为后盾,人民就无法安居乐业,个人利益根本无法实现。必要的时候只有舍弃个人利益换取国家、集体的利益，才能使更多的人实现个人利益，如果总是从个人利益出发，时时处处只考虑个人利益，打个人的"小算盘"，那么集体利益必然会受到损害。而集体利益一旦受损，个人利益也就没有了保障。

个人利益服从于集体利益，关键是要心中始终装有全局，凡事想着全局，主动服务于全局，一切为了全局，也为了全局的一切。具体来讲，许多行为都是从集体利益出发使个人利益服从大局的体现，勤于"补位"就是其中之一。俗话说，"相互补位，好戏连台。"全局中的若干个局部均有其重要作用，可谓环环相扣，缺一不可。那么当一个局部出现"缺位"的时候，作为集体中的一员，人人都应该主动去"补位"，以确保全局的正常运转。勤于补位既是大局意识的体现，又是自身素质能力的展现，更是人生智慧的展现。只要有利于集体、有利于群众，即使不是自己的"分内之事"，即使不利于自身利益，也应该积极主动地去承担，做到以己之劳解其之难，千万不能事不关己高高挂起。"各个自扫门前雪、哪管他人瓦上霜"的思想是万万不能有的，否则到头来不仅损坏了集体利益，个人的利益更是无法保障，不仅损坏了自己的形象，还误人误己。

能不能在集体利益与个人利益发生冲突时把党的利益、人民的利益放在首位，是一个人思想境界的试金石。我党历史上涌现了许许多多把集体利益放在第一位，为了党和国家的利益牺牲个人利益甚至牺牲自己生命的先进典型。董存瑞、刘胡兰、向秀丽，等等，都是为了维护党和人民的利益，献出自己宝贵生命的人民英雄。当今社会高速发展，经济结构发生重大变化，人们的价值观也面临着新的考验。我们一直倡导的国家利益至上、人民利益至上的价值观也受到了挑战，一些人片面强调以人为本，偏颇地把个人的利益凌驾于党的利益与人民的利益之上，这些强词夺理的人是必须坚决予以批判的。在整个利益的链条中，整体利益始终居于首位，没有国家利益就没有集体利益，没有集体利益就没有个人利益。正如雷锋同志在他的日记里记载的一句话："一滴水只有放进大海里才永远也不会干涸，一个人只有当自己和集体事业融合在一起的时候才最有力量。"

当然，我们提倡在必要的时候应舍弃个人利益保全集体利益，但并不意味着个人利益应该无条件地一味牺牲。在维护集体利益的基础上,我们还应注重对个人利益的保护。集体就是为了所有成员的共同目标或者共同利益而组成的团体,如果个人利益被过分牺牲,或者集体内部大部分成员的个人利益被牺牲,那么集体的共同目标就会发生改变,共同利益也将受到损害。没有了共同的发展目标和奋斗方向,集体就会失去存在的价值。同样的例子,在一个公司内部,老板如果无限制地压缩员工的工资,或者不能给员工一个安心、稳定的工作环境,员工的工作热情一定会降低,或者干脆选择离开,那么这样的公司最后就只能倒闭了。

与此同时,个人利益和集体利益的实现,需要双方共同的努力。一方面,我们提倡个人利益服从集体利益;另一方面,集体组织也必须保护好每位成员的个人利益,尽可能地实现个人利益的最大化。马克思认为,"在未来的共产主义社会,绝不会以集体利益为借口否定个人利益,更不可能消灭人的欲望。只有阶级社会才会把一部分人的财富和自由建立在另一部分人的痛苦、压抑和无条件的牺牲之上"。虽然目前我们正处于社会主义初级阶段,阶级并没有消失,社会矛盾依然存在,我们必须牺牲一部分的个人利益,来维护社会的健康发展,这是每个中华儿女的责任。但是同时,社会、国家、集体并不会让个人的利益无条件地牺牲。随着经济的发展和改革的深入,国家为个人利益的实现搭建起了更大的舞台,个人利益也得到了前所未有的尊重。

谋全局必重域

学会弹钢琴首先要学会把握全局并同时关注局部与关节。

固然全局利益高于局部利益,但把握全局并不意味着忽视局部,因为全局是由诸多局部构成的,局部会影响全局,关键部分甚至会决定整体功能的发挥。搞好局部,最终目的还是为了整体功能得到最大的发挥。因此,在抓全局时不能忽视局部,更不能忽视局部中的关键之处。

首先,要注重局部。

前文提到,在局部和全局发生冲突时,要能够果断地舍弃局部,保证全局;

但局部是组成全局的基础,它的不足将终究导致全局的失败,因此也必须高度重视局部。

英国查理三世时就发生过这样一个"一马失社稷"的故事:1485 年的波斯战役是决定谁统治英国的重要战役,于是当时的英国国王查理三世决定拼死与对手里奇蒙德伯爵一战。战争进行当天查理派人去给自己的战马钉马掌,当铁匠钉到第四个马掌还剩两个钉子的时候,由于时间关系草草了事。不久查理便与对方交火,大战中一只马掌突然掉了,查理国王被战马掀翻在地,士兵们见状纷纷转身撤退,随即敌人的军队包围上来俘虏了查理。于是就有了"少了两枚铁钉,掉了一只马掌;掉了一只马掌,丢了一匹战马;丢了一匹战马,败了一场战役,败了一场战役;失了一个国家。"的说法。

其实,在我们的工作与生活中有太多这样的"铁钉",也就是任何系统中的局部因素,如若忽视了它们的存在,将阻碍通往成功的道路。成败兴衰之间,有些局部因素看似无关紧要,后来却牵动了大局。任何有序运转的系统,都需要聚沙成塔,离不开对局部的关注。片面强调整体对于局部的支配作用,终将抹杀局部对整体的重要作用,使整体的新功能成为无本之木和无源之水。

其次,要掌握关节。

美国管理学家彼得提出的"木桶原理"说的是:由多块木板构成的水桶,价值在于其盛水量的多少,但决定水桶盛水量多少的关键因素不是其他木板的长度,而是其最短的板块。这就是说,局部会影响整体,关键部分甚至会决定整体功能的发挥。我们在统筹全局的时候不能忽略局部,而在关照局部的时候又不能眉毛胡子一把抓,应该掌握关键之处。

正如强调关照战争全局,并不意味着可以忽视战争局部。战争的局部固然隶属于战争的全局,但反过来又会对战争的全局施以重大的影响。尤其是当具有决定意义的战争局部被破坏的时候,必然会引起战争全局的变化。因此,应当善于分析和比较构成战争全局的各个局部的地位作用,进而确定影响战争全局变化的重要关节。

毛泽东认为,战争的全局和影响战争胜负的关节点,是整个作战行动和作战阶段转换中的关键环节。控制战争的全局才能处于主动地位,而只有选准关节,才能使整个战役有个良好的开端,这是关系到总体战略能否实现的关键所在。在辽沈战役中,毛泽东就从战略全局出发,通过分析比较沈阳、长春和锦州在整个战役中的地位和作用,认为攻克锦州是全战役中具有决定性的一个环节,它不仅可以封锁东北大门,切断东北国民党军回撤关内的退路,而且还可以攻锦打援,打一场前所未有的大歼灭战。因此明确指示东北野战军,必须把注意力放在锦州作战方面,务必尽可能迅速地攻克该城。也正是由于抓住了攻克锦州这一事关战争全局的重要关节,我军最终取得了就地歼灭东北守敌的重大胜利。

毛泽东同志常常以"一个指头与九个指头"来比喻哪个是主要的,哪个是次要的,要求我们善于把握矛盾的主要方面。因为事物的性质主要是由取得支配地位的矛盾主要方面所决定,所以在观察和处理问题时要分清主流与支流,九个指头与一个指头。

全面把握时局

所谓全局,是事物诸要素相互联系、相互作用的发展过程。从空间上说具有广延性,也就是指关于整体的问题;从时间上说具有延续性,也就是指关于未来的问题。全局观念是指一切从系统整体及其全过程出发的思想和准则,是调节系统内部个人和组织、组织和组织、上级和下级、局部和整体之间关系的行为规范。

1947年年初,国民党军对解放区的全面进攻严重受挫,遂改为对陕北和山东两个解放区的重点进攻。在陕北,蒋介石任命其嫡系胡宗南为总指挥,纠集胡宗南集团和宁夏马鸿逵、青海马步芳、榆林邓宝珊部,共34个旅25万人,分五路围攻陕甘宁边区,企图一举攻占延安,摧毁中共中央,或逼迫中共中央东渡黄河,再在华北同人民解放军进行决战。而当时在陕北战场上的人民解放军,只有正规军一个纵队,两个旅,外加三个兼警备区的地方旅,全部兵力约3万人,同进攻的国民党军相比,在兵力和装备上都处于绝对的劣势地位,形势十分严峻。

毛泽东对整体局势分析后,与中共中央定下了"必须用坚决战斗精神保卫和发展陕甘宁边区和西北解放区"的决心,并据此决定:急调晋绥军区第二纵队王震部自吕梁地区西渡黄河,加入西北人民解放军序列;西北人民解放必须从长期战争着眼,依靠自身的力量部署一切;在当前应诱敌深入,必要时主张放弃延安,同胡宗南部主力在延安以北地区周旋,陷敌于十分疲惫、十分缺粮的困境,然后乘机集中兵力逐次加以歼击,以达到牵制并逐步削弱胡部的目的,从战略上配合其他解放区作战,最终夺取西北解放战争的胜利;驻延安的党政机关及群众立即紧急疏散。

在国民党军对陕甘宁边区的进攻迫在眉睫的情况下,我党决定由彭德怀和中共西北局书记习仲勋到前线指挥西北人民解放军作战,由周恩来担任军委总参谋长。那么这个仗到底要怎么打呢? 毛泽东提到:"我们部队数量和装备都比不上敌人,因此我们采取的办法是先打弱敌,后打强敌,先打分散孤立的敌人,后打集中强大的敌人。好比你面前有三个敌手,一个强手,前后失去了照应,他就孤立了,胆怯了,强手就变成了弱者,一打就能倒。把弱的消灭了,强的也变弱了,把分散的打了,集中的也要分散。我们这次打仗,采用蘑菇战术,牵敌人,磨敌人,使他们疲劳,然后再找机会歼灭。一个月歼灭它几个团,过上一年的光景,情况就好转"。毛泽东还谈到自己准备留在陕北,一方面,要和陕北老百姓在一起,什么时候打败胡宗南什么时候再过黄河,另一方面,有几个解放区刚刚夺得主动,如果蒋介石把胡宗南投入别的战场,那里就会增加困难。中央留下,虽负担重些,但是能把敌人拖住,保证整个战局的胜利。

3月17日,国民党飞机开始大规模轰炸延安。17日凌晨,国民党飞机45架分别从西安、郑州、太原机场起飞,对延安地区进行大轰炸,投下59吨炸弹,延安顿时成为一片火海。有一颗重磅炸弹甚至在毛泽东居住的窑洞前爆炸,气浪冲进居室推翻热水瓶,毛泽东依然若无其事地批阅文件,不提离开延安之事。直到18日与周恩来等人讨论了撤离延安后的作战方针问题,又下达了"片纸只字也不要落在敌人手里"的指示,毛泽东才离开延安。

我军撤离后的延安城俨然一座空城,3月19日胡宗南的部队占领延安后，蒋介石兴高采烈地庆祝了一番，还授予胡宗南"二等大绶云麾勋章"，要求他立刻指挥军队对陕北进行"清剿"。

胡宗南命令部队在延安地区略作整顿补充后，令主力向安塞方向挺进，寻找西北人民解放军主力决战，而令整编第二十七师第三十一旅旅长李纪云率部向青化砭担任右翼侧掩护。他们根本不知道撤出延安的人民解放军主力此时正在何方。25日，李部进入解放军设下的口袋，伏击部队立即出击，经过一小时四十分钟的战斗，我军便全部歼灭这股敌军，共毙俘2900多人，而伏击部队仅仅伤亡265人。这是西北人民解放军撤出延安后取得的第一个胜利。

青化砭战役后，胡宗南才发现西北人民解放军的主力在延安东北山区，于是立刻部署部队向延川、清涧挺进，准备"切断黄河各渡口，尔后向左旋包围匪军于瓦窑堡附近而歼灭之"。毛泽东分析了胡军这一行动后确定了这样的思路：只要胡军北进，钻入延安、子长、清涧、延川之间的山沟里，人民解放军就可以发挥自己灵活机动的特长，利用有利的地形条件和群众条件，饥疲困敌人，然后寻机各个歼灭敌人。根据这一意图，彭德怀在青化砭战役后，用小部队不即不离地吸引胡军在千山万壑中游转了12天，行程长达400余里，使得胡军疲困至极却一无所获。

进而在4月14日，国民党军整编一三五旅离开瓦窑堡南下，进入羊马河以北后，遭到早已在此设伏的解放军的迅猛出击，激战八小时，我军全部歼灭该旅，毙俘少将代旅长麦宗禹及其以下4700余人，取得了撤离延安后的第二个胜仗。

羊马河获胜后，毛泽东指出这一胜利给胡宗南进犯军以重大打击，奠定了彻底粉碎胡军的基础。这一胜利不仅证明，只用边区现有兵力，不借任何外援，即可逐步解决胡军，还证明忍耐等候、不骄不躁可以寻得歼敌机会。

歼灭第一三五旅后，西北人民解放军迅速撤离羊马河战场，进入山区、隐蔽休整。胡宗南军主力又经过几日"游行"，数度扑空，携带的给养耗尽，疲惫饥困，不得不回到蟠龙基地进行休整补充。此后不久，国民党军经历了几次对我军行踪的错误判断。直到5月2日，正当胡部主力占领绥德，兴高采烈地庆祝"胜利"之际，蟠龙战斗突然打响了。激战到5日24时胜利结束，全歼守军

6700余人,活捉旅长李昆岗,缴获大批粮食,弹药和其他物资。

至此,在主动放弃延安后的一个半月中,西北人民解放军以不足3万人的兵力,按照毛泽东提出的"蘑菇战术",同比自己多达十倍的国民党军队从容周旋,三战三捷,消灭胡军14000多人,拖住胡宗南军这支蒋介石的战略预备队,有效地策应了其他战场的人民解放军,并为西北战场的胜利奠定了基础。

在延安保卫战中,我军实行蘑菇战役是为了拖住胡宗南这支战略预备队,而拖住胡军则是为了有效地配合其他战场的人民解放军,虽然任务重,却为西北战场的胜利奠定了一定的基础,旨在争取战争全局的胜利。而在适当的时候放弃延安,转战陕北,更是遵从了"为了前进而后退"的大道理。局部战役的最优并不能保证整场战争或者整个战局中各个战场的胜利,所以当局部最优与全局最优不可两全的时候,应该毅然决然地放弃局部保全全局,正如暂时放弃延安是为了在延安以北的山区创造战机,逐步消灭国民党军有生力量,最终谋求整个战局的胜利。

当中共中央决定主动放弃延安的时候,延安的许多人是不理解的。因为延安是红都,在八年抗战中是人民军队、爱国青年、仁人志士的精神家园,而今不经抵抗就弃城而去,无论如何难以让人咽下这口气。然而延安其实是难以守住的,在这种情况下死守不放不但徒增伤亡,还必须调动外线部队驰援,然后与国民党军决战延安。那么结果就是,如果失败了便陷入全面被动,即使一时解了延安之围,大批部队集中在陕北地区也容易将全国战局走成一盘处处被动的死棋。然而放弃延安就不一样了,以中央首脑机关为诱饵牵着胡宗南"天下第一军"的牛鼻子,在陕北这片不易大兵作战的黄土高坡打转,等到把对方拖得完全疲惫了,我军的3万人再冲上去将其搞垮。30万精锐陷在陕北,对华北解放战场的支援不言而喻。因此在毛泽东决定放弃延安时说了这样一段经典的话:"存人失地,人地皆存,存地失人,人地皆失,我们会以一个延安换回整个中国……",他在向百姓解释放弃延安的原因时,还将延安比喻成一个装满金银财宝的大包袱,而把蒋介石和胡宗南比喻成半路打劫的强盗,他提到:"我们暂时放弃延安,就是把包袱让敌人背上,使自己打起仗来更主动,更灵活,这样就能大量消灭敌人,到了一定的时机,再举行反攻,延安就会重新回到我们的手里。"历史见证了这个伟大决策的果断和英明,这也是暂时利益服从于长远利益的体现。蒋介石舍不得放弃长春,结果丢了东北;舍不得放弃徐州,结果丢了山东中原;舍不得放弃平津,结果丢掉了整个华北。而毛泽东则不然,主动放弃一城一地是为了夺取更多的城、更多的地。主动放弃延安,是为了最终得到天下。这里面透出的是博大的胸怀,更是胸中有全局的气魄。

从战略层面上讲,将延安保卫战这个局部战争纳入全国解放战争的整个棋局中,通过毛泽东转战陕北,于险象环生,从容镇定,指挥全国各个战场来展示了他深谋远虑、高瞻远瞩的战略家气魄。而在战术与战斗上,无论是横刀立马敢打硬仗的西野总司令彭德怀还是默默无闻的党员战士刘胡兰,都是胸有全局之人,在个人利益与集体利益中毅然选择后者,甚至不惜献出自己宝贵的生命。

我们举出了许多事例无非是要弄明白全局与局部的关系。全局和局部的区分是相对的,在一定场合为全局(或局部),在另一场合则为局部(或全局)。全局由各个局部组成,高于局部,统率局部。局部是全局的一部分,对全局有不同程度的影响,在一定条件下对全局有决定意义。

具有全局观念的人才会善于把握时局,从组织整体和长期的角度去进行决策考虑,使我们各项工作顺应时代的发展和社会进步,特别是提升社会功能和人生质量。

责任编辑:虞　晖　陈鹏鸣

封面设计:徐　晖

图书在版编目(CIP)数据

人生·社会——修身治国之系统思维/薛惠锋 著. —北京:人民出版社,2012.12
　(2017.10 重印)

ISBN 978－7－01－011572－6

Ⅰ.①人…　Ⅱ.①薛…　Ⅲ.①成功心理-通俗读物-　Ⅳ.①B848.4－49

中国版本图书馆 CIP 数据核字(2012)第 300912 号

人生·社会

RENSHENG SHEHUI

——修身治国之系统思维

薛惠锋　著

人民出版社 出版发行

(100706　北京市东城区隆福寺街 99 号)

北京中科印刷有限公司印刷　新华书店经销

2012 年 12 月第 1 版　2017 年 10 月北京第 4 次印刷
开本:787 毫米×1092 毫米 1/16　印张:26.75
字数:425 千字　印数:15,001-18,000 册

ISBN 978－7－01－011572－6　定价:56.00 元

邮购地址 100706　北京市东城区隆福寺街 99 号
人民东方图书销售中心　电话 (010)65250042　65289539